聿修厥德　绍续家风

——历代钱氏家训选编

钱运春　点注

上海教育出版社

序　一

　　公元 931 年,即武肃王钱镠去世的前一年,他口授了《武肃王遗训》,流传至今。其"善事国家、保境安民、兄友弟恭"等核心价值一直被钱氏后代所传承。明代之后,还有各支钱氏根据现实需要,在融合中华传统家教文化精华的基础上,创立了新家训编入谱中。期冀童而习之,兹以日用常行之道,传为世守不易之规。1 000 多年之后,"钱氏家训家教"先后成为上海市和国家级非物质文化遗产,入选的原因是家训家教的核心价值被概括为"善事国家、重德修身、崇文尚学",是钱家"人才辈出"的文化基因。

　　2013 年,在"钱氏家训及其家教传承"被列入上海市非物质文化遗产保护名录之际,就有人疑问:在非遗代表性文本《武肃王遗训》和钱文选之《钱氏家训》两版本之间,是否还有其他支派的"钱氏家训",上承"临终遗训"之价值,下启"钱氏家训"之精髓,成为两个代表性文本之间的"过渡"? 上海社会科学院研究员钱运春宗亲以此为己任,耗时 10 年,遍阅历代诸谱,搜集 60 余篇家训,倾心点注,反复考证,终成此书,奉献给钱氏宗亲和钱氏文化研究者。

　　我初看全书内容,这 60 余篇家训确实存在承上启下的作用,其家教家风如敬祖、孝悌、睦族、勉学等核心思想,在历代家训中都有,我大致总结出本书如下几个特点:

　　一是搜集资料广泛。本书搜集了 60 余篇各具特色的家训或与之类似的家规、家法等,大部分是族中(诸)尊长执笔,是其人生智慧的总结,跨越上千年时间,呈现了立体化的家教体系。内容主要包括修祠宇、敬长上、和兄弟、正夫妇、睦宗族、教子弟、慎交游、肃闺阁、勤治生、早国课等诸条,短则十余句,长则上千言,可谓谆谆教导,用心良苦。

二是钱氏特色明显。通观全书，不仅是反映中国儒家文化的家国同构思想，教导族人"修齐治平"的中华传统家教文化，而且这本书体现了浓厚的吴越钱氏特色，不少家训具有"原创"性质，特别是多篇引用"家王"和"武肃"讲述其孝亲爱民，"元瓘"突出其兄友弟恭，"弘俶"明晰其家国情怀等，用祖先的"示范"，实现"上承祖志、下示后人"之目的。为了说明家训源自钱氏，作者还在每份家训前面，专用一段文字注明这一支钱氏的来历、与武肃王的关系等。对于一些名人的家训，比如清代状元钱维城、当代名人钱伟长的家训，也作了特别说明。

三是点注颇费工夫。各时期的家谱，绝大部分是繁体竖排，没有标点，对于经济学专业出身的运春宗亲而言，其难度可想而知。历时 10 年，逐字输入文本、校对、句读、注释，其心力耗费难以言表。为了减少自己理解的错误，除出版社的审读外，他自己又找了这个领域的专家把关，其精益求精的态度，让我们很受感动。

四是时代特征鲜明。家训是中国经济社会发展到一定阶段的产物，也是家国关系演进的产物，家国同构功能越来越被强化。比如，明代家训中规定了义庄经费的来源以及去向：来源包括认缴、罚没，去向包括祭祀、修祠墓、对鳏寡孤独的救助等。清代则在管理结构上作了更为明确的规定，比如族长、族正等的产生办法。总体而言，随着朝代更迭，家训内容越来越详细，但家法家规的惩罚性则不断弱化，比如明代可以将族人杖死，到清代后期只是逐出宗祠就罢了。

为响应中央"注重家庭、注重家教、注重家风"的号召，各地出版了非常多的历代家训类著作。但是从一个姓氏角度，将历代家训辑为一册，领悟其人才辈出的文化基因，这类图书并不多见。在这本书中，读者不仅可以看到钱家古代教育子弟的理念，更可以看到中国古代家教理念在钱家的折射。可以说，这本书所展示的核心价值，既是钱家的也是中国的。拥有这样一本书，不仅可以更好地理解中国古代"家国同构"的理念、"移孝作忠"的传统文化价值等，还可以进一步领会中华好家风、好家教引领社会好风气、增进家庭幸福、促进社会和谐的重要意义。

毋庸讳言，在古代传统社会中形成的家训，既有精华也有糟粕。虽然从家训发展脉络角度，书中有些内容应该收录，但是从当代社会主义核心价值观来审视，还需要对书中的部分内容进行扬弃，希望读者在阅读时加以鉴别。

　　是为序。

国家海关总署原署长

钱冠林

2024 年 6 月 5 日

序 二

在中华民族的百家姓里,钱氏占全国人口的比例虽不高,但却是为中华文明作出重要贡献的一个姓氏,吴越钱氏更是钱氏中非常重要的一支。

自吴越国王钱镠开创吴越国并奉行"保境安民"和"善事国家"的国策后,在五代动荡不安的几十年里,三世五王经72年治理,实现社会安定,百姓"至于老死,不识兵革"(苏轼语),打下了"上有天堂,下有苏杭"的经济基础,给长三角的繁荣奠定了基础。宋初,钱镠之孙钱俶遵从武肃王遗训中"善事国家"以及"如遇真主,宜速归附"的教导,放弃王权,毅然"纳土归宋",成为推动国家和平统一的典范,在中国历史上具有里程碑意义。

归宋后,以文僖公钱惟演为代表的钱氏后人继承祖训,发愤读书,以文报国。钱家人才辈出,仅两宋就有进士320多人。唐末五代至两宋400年间,钱氏家族被封郡王、国公者20余人,封侯拜相、入仕内阁者将近百人。明清两代,人才更多,特别是嘉兴钱氏,从明代中叶开始,有16人考中进士,有31人考中举人,成为江南望族。民国时期,无锡钱氏又是群英荟萃,七房桥还出现"一门六院士",是钱氏家族支派中的翘楚。到近代,钱氏人才"井喷",涌现出"一诺奖、二外交家、三科学家、四国学大师、五全国政协副主席、十八两院院士"。实际上,近代以来,仅海内外院士就有数百人,名人上千。其他在经济、社会和文化等领域作出重要贡献的宗贤,更是人才济济,蔚为大观。

钱氏家族之所以人才辈出,既得益于江南鱼米之乡的物质基础和道德与文化传家的修养氛围,也得益于钱家"善事国家""崇文尚学""重德修身"的家教文化。这些价值经过历代家族成员的提炼而形成家训文本,写入家谱,供子孙诵读和践行,成为钱氏家族人才辈出的"文化基因"。

回想起来,钱氏的"文化基因"对我的人生旅程具有重要影响。

我出生后开始记事阶段,已经处于"红袖章"遍地走的时期。那时幼小的我不知道这就是"文化大革命",看着外面的世界口号漫天、风风火火,只是常感内心不安。后来到了少年时期,到了高中阶段,才知道那就是被明确定义的"十年动乱"。何其不幸,我的童年和少年时期成长在那个时代。当时,我的父母、爷爷奶奶、外公外婆若隐若现地传递给我许多不同于当时社会上流行的和大喇叭中宣传的东西,而这一切使得我能够在那样的岁月里健康地成长。后来我才知道,长辈传给我的那些正是源远流长的、历经无数浩劫都不曾中断的中华民族优秀文化传统和规范。

在那段岁月里,有钱是一种罪过,姓"钱"的也被牵连,似乎那是爱财贪钱、资本崇拜的一种标志。那时人们恨不能姓"穷"、姓"革命",甚至越穷越光荣!当时仅有的样板戏和电影中,反派人物、坏人有的就姓"钱"。在小朋友的嘲笑声中,我都羞于姓钱,心想为什么我不能姓其他,干吗要姓钱?!父母在我的姓后加上了表示革命的"红",总算给我带来了一些心理平衡。

这种奇特的因姓氏而起的烦恼,在那个时代,因为爸爸、爷爷的言传身教而得到缓解和舒展,他俩的许多教诲和身体力行不同于那个时代表面所展现的各种流行。当我长大成人,特别是成家立业后接触到"钱氏家训",才恍然大悟。尽管他们从未和我说过"钱氏家训"(可能是由于他们很怕被误解为"封资修"的"余毒",当时人们都争先恐后地烧家谱、毁家训,以显示自己与传统最彻底的决裂,自己是真正的革命者!),而他们身上所展现的正是"钱氏家训"中明示的道德文化修养内涵。更令人惊奇和感慨的是,当我过天命近花甲之时,经后来认识的本书作者、祖辈老乡钱先生运春兄仔细严谨的考证,我方才知晓自己确实还是吴越钱氏的一员,是吴越王钱镠的千年后人。我从内心感激祖上的荫德庇佑和启迪,让自己没有在动荡岁月的大浪淘沙中迷失或走偏;"钱氏家训"的氛围让我的灵魂得以救赎,故而心中时常对钱氏的家教家风充满感恩。

上海开埠之后,海纳百川的城市品格影响日甚。特别是改革开放以后,有大量的外地钱氏来沪创业发展。钱氏家族特别重视教化子孙,绍续家风。2013年,上海市政府将"钱氏家训及其家教传承"列入上海市非物质文化遗产保护名录。2021年,"钱氏家训家教"又被列为国家级非物质文化遗产代表性项目名录。这是钱氏家教文化史上两个重要的里程碑。钱氏家训家教文化早已成为全国人民的财富,对践行社会主义核心价值观将起到非常重要的推动作用。

最后,对促成本书稿顺利付梓的各方人员表示感谢和慰问。

中国工程院院士

华东师范大学校长

钱旭红

2024 年 5 月 15 日

编 写 说 明

一、本书所载家训主要取自历代家谱，按照家谱中家训的成文时间进行编排。不能确定成文时间的，根据内容和成谱时间推定，以靠后时间为准。

二、本书以家训为主，但是一些宗约、宗训、家规、祠规等均具有训的性质，也一并编入。甚至个别家法，作为家训的支持，也少量载入，以体现当时原汁原味的教化。

三、本书以支谱为单位，将谱中的家训、家规、家法选编载入。有的家训经历代修改，原则上以创编时间排列，目的在于看到家谱家训的演变过程。

四、本书中一些引文，与最早的版本有出入者，尽量维持原样，或用"〔　〕"补齐缺漏字句，或在脚注中予以注明。对一些史实错误，在注释中作了说明。书中的家训原文全部改用了简化字，异体字直接改用了通行字体，一些明显的错别字在录入时已直接纠正，以便于读者阅读。

五、虽然书中家训是按照时间顺序选编的，但其中一些词语或语句，比如"舅姑""四民""哀哀父母，生我劬劳"等多次出现，还有一些典故、原文，被多次引用，一般只注释一次。

六、本书的脚注力求精准，多数参照《辞海》(第七版)的内容。对《辞海》没有收录的内容，参阅了其他词典和专业工具书。为了便于读者理解，对于个别难以查找的词语，点注者也综合多种资料和上下文作了解释。

目　录

第四部分　清代分支家训

第五部分　民国时期家训

附录　其他钱氏家训

钱氏简介

中国姓氏的得来通常有这几类：一是以祖先的图腾崇拜为姓氏；二是以祖先名字中的字为姓氏；三是以封地名或国名为姓氏；四是以职业或官职为姓氏；五是以山名、河名为姓氏；六是以住地的方位为姓氏；七是以部落的名称为姓氏；八是因避祸、避仇、避讳、避嫌所改的姓氏；九是帝王赐姓氏。钱氏属于第四类，即以官为氏类。

一、钱氏由来

关于钱氏由来，有好几种说法。本书仅讨论吴越钱氏的由来。

第一种说法，彭祖后裔，以官为氏。唐代林宝之《元和姓纂》始谓"颛顼曾孙陆终生彭祖，孙孚，周钱府上士，因官命氏焉"。南宋郑樵之《通志·氏族略》则改为"彭祖，裔孙孚"。这造成了后世一个大的分歧，有不少家谱认为钱孚是彭祖的儿子，甚至有文献精确到第 28 子；也有不少记载说是 28 世孙。综合来看，如果钱孚是彭祖裔孙，28 世的可能性比较大。按照这种说法，钱氏为彭祖后人因官命氏而来。

第二种说法，仍认为钱氏为彭祖后裔，彭祖姓籛名铿，但认为钱姓为"籛"姓去竹字头所改。这个说法来自清代学者，并不可信。当时姓、氏、名并没有现在分得这么清楚。帝尧之时应无文字，籛铿其名不一定可信，何况为改姓乎？

因此，到目前为止，综合各方面的信息，我们能确定的钱氏由来有三：一是以官为氏；二是西周始得姓；三是钱孚为彭祖后裔，亦为得姓始祖。

二、长三角支派

根据《钱氏大宗谱》记载，从钱氏之先出于少典，少典到钱镠之父钱宽为 80

世,称为远祖。钱镠为近世一世祖,至今已有 40 余世,上千年历史。后人因出仕、经商、建功、征战、战乱等原因,多次迁徙,广泛分布于全国各地,形成了多个支派,以江浙沪为最盛。

杭州支系 杭州有一支后裔以"继承家学,永守箴规"8 个字作为字派,终以卓越成就回报家族。谱系为钱均夫(32 世,原名钱家治)—钱学森—钱永刚家族。钱均夫曾说:"我们钱氏家族代代克勤克俭,对子孙要求极严,或许是受祖先家训的影响!"钱学森后来也常说:"我的第一位老师是我父亲。"博学多才、谦恭自守的钱均夫,营造了家庭宁静的文化氛围与求实精神,对幼年钱学森的成长至关重要。钱均夫堂弟钱泽夫之子钱学榘是出色的空气动力学专家,其孙钱永健(34 世)是诺贝尔化学奖获得者,他们的成功亦得益于良好的家教。钱均夫经常救济钱学榘,体现了"家富提携宗族"的家教训诫。

嘉兴支系 从明代钱琦(20 世)考中进士起,到清末钱骏祥、钱锦孙(31 世)止,有 16 人考中进士,31 人考中举人,包括钱琦、钱陈群(26 世)、钱仪吉(29 世)、钱骏祥等,成为江南著姓望族。这不仅在嘉兴望族史上绝无仅有,而且在中国 1300 年的科举史上也属罕见,主要得益于钱氏家族优秀的家庭教育文化。当代仍有不少重量级人物,包括钱正英(32 世),是全国政协原副主席、中国工程院院士,生前多次回嘉兴祭祖,并积极传播钱氏家训;钱李仁(34 世),是中共中央对外联络部原部长,人民日报社原社长,常回乡祭祖。

湖州支系 自明末迁至湖州,家族中多人在政治、外交、教育、科学等方面成就卓著,在近代历史上有较大影响。钱振伦,清道光进士,其孙为国学大师钱仲联。钱振常为清同治举人,谱系为钱振常—钱玄同—钱三强—钱思进家族。钱玄同为著名语言文字学家,毕生致力于教育文化事业;钱三强为著名核物理学家,中国科学院院士;钱思进为钱三强与何泽慧之子,博士生导师。他们的成功都深受家庭教育影响。

无锡支系 无锡鸿山七房桥涌现了 6 位钱姓院士,这绝非偶然。《新华日报》专门分析了钱氏家族独特的成功之道:世代相传的家训、好读书重教育、互敬互助的家风。主要代表人物包括钱基厚、钱基博、钱擎等。一如钱基博—钱锺书(33 世)家族。钱基博为古文学家、教育家。钱锺书的成功得益于良好的家教,受其父影响之大无可否认。二如钱擎—钱伟长(35 世)家族。钱伟长先后五次去临安寻根问祖,拜谒钱王陵园,题写"寻根认同,振兴中华",指出:"我们钱氏家族十分注意家教,有家训的指引,家庭教育有方,故后人得益很大。"三如钱穆(34世)—钱易家族。钱穆被学术界称为"博通四部,著作等身"的国学大师,他不仅资助钱伟长完成中等教育,而且经常让其陪读。钱易为钱穆之女,清华大学环境工程系教授,中国工程院院士,北京市政协原副主席。

广德支系 钱文选(32世)—钱镇国。钱文选为安徽广德人,晚清举人,毕业于北京大学前身京师大学堂译学馆,当过清朝学部出洋留学生的学监,还被派驻伦敦担任过留英学生的督学。钱文选到杭州时,发现钱王祠破败不堪,便倡议修缮。他热心于家族史,写出了《吴越国五王世家》《钱氏家谱》《钱氏家乘》等书,采辑《钱氏家训》,因承袭武肃王八训和遗训的核心价值,成为教育钱氏族人的重要宝典。其孙钱镇国自1988年开始研究钱氏家族史,1995年和2013年两次再版《钱氏家乘》,成为钱氏寻根问祖、拓展交流的重要依据。

三、钱氏人口

据第七次全国人口普查(下称"七普")统计,钱氏人口在全国约为262万,占全国人口的0.18%,姓氏排名第95位。江苏、浙江、安徽三省为主要分布地,占钱氏总人口超过52%。江苏为钱氏第一大省,约占钱氏总人口的24%。其次是广东、上海、云南,约占钱氏总人口的20%。钱氏人口形成长江三角洲及泛长三角聚集地格局。上海钱氏人口呈下降趋势,总量在姓氏中的排名从20世纪90年代末的20位左右,下降到"七普"时的33位。

四、堂号

堂号是祠堂堂名,是中华姓氏、家族文化的重要内容。堂号不仅可以别姓氏,而且可以别支派。就钱氏堂号而言,其命名一般遵循以下几个原则:一是根据起源地或者郡望,比如彭城堂;二是根据祖先的业绩,比如射潮堂;三是根据宗族的名人轶事,比如万选堂;四是根据族人对宗族繁荣的希望,比如敦睦堂等。堂号一般嵌入谱名或载于族谱扉页,后人甚至可以凭堂号认祖归宗。因为繁衍时间长、分布地域广,所以钱氏堂号数量众多,据不完全统计超过200个。兹择要介绍几个堂号来历。

彭城堂 彭城徐州是钱氏著名郡望,得名于彭祖。彭祖篯铿是大彭国始祖,传说享寿800岁。到西周时,其28世裔孙孚,以官为氏,改氏钱,后为钱姓。

因此,钱氏尊彭城为郡望,支派有用"彭城堂"作为祠堂的堂名。

射潮堂 源自钱镠射潮的传说。由于杭州湾特殊的地理位置和钱塘江河口的形状,在农历七、八、九这三个月秋汛期,潮水是一年之中能量最大的,每逢初三、四和十八、十九,是传统月度大潮汛,威胁杭州一带人民生命财产安全。钱镠认为这是海神在作怪,便带领一批弓箭手前往射潮,潮水应声而退,海神被吓跑了。他迅速利用这个时间差,修建捍海塘,从此水患消除,杭州人民安居乐业。

万选堂 唐代的科举录取比例很低,进士及第,每次不过二三十人,占考生人数的1%～2%,只有宋代的十分之一左右。唐代天宝年间,江苏吴兴(今浙江省湖州市)名士钱起,博学多才,尤工于诗,数试才中。他曾任考功郎中,故世称"钱考功",是代宗时"大历十才子"之一。钱氏后人有一支为纪念这一博学超群之祖,激励后人,遂取堂号为"万选堂"。

衣锦堂 钱镠发达后,在故里建造了很多富丽堂皇的房舍,每次回来都是场面壮观,气势豪迈,山上和树木皆以锦缎覆盖,大宴父老,赋诗曰:"三节还乡兮挂锦衣,碧天朗朗兮爱日晖。功成道上兮列旌旗,父老远来兮相追随。家山乡眷兮会时稀,今朝设宴兮觥散飞。斗牛无字兮民无欺,吴越一王兮驷马归。"但是,其父钱宽对此不以为然,每次都刻意躲开。《旧五代史·世袭列传二》记载:"其父宽每闻镠至,走窜避之,镠即徒步访宽,请言其故。宽曰:'吾家世田渔为事,未尝有贵达如此,尔今为十三州主,三面受敌,与人争利,恐祸及吾家,所以不忍见汝。'镠泣谢之。"钱氏后人用"衣锦堂"为堂号,不是要展示当时还乡盛况,而是用钱宽话语提醒后人居安思危,秉持忠孝,盛大宗族。

照石堂 相传钱镠幼时在家乡临安石镜乡和几个小伙伴到石镜山玩耍,山有圆石,其光如镜,照见人形。石镜中的钱镠头戴冕旒,身着蟒衣玉带,其他小伙伴只照出自己的形象,后来钱镠果然被封为吴越国国王,"照石堂"遂作为钱氏宗祠的堂号之一。

吴越堂 唐乾符年间,钱镠初出,为石镜镇将董昌的偏将,深谙兵法,很会打仗。先后募八都兵和十三都兵,打王郢,退黄巢,剿刘汉宏,灭董昌,略有两浙之地。朝廷因钱镠战功累累,先后封他为镇海节度使、镇东节度使、越王、吴王。到了梁太祖时,封他为吴越王。后梁末帝龙德三年(923)二月,册封钱镠为吴越国王。钱氏后人为铭记先祖功绩,就有了"吴越堂",沿传至今。

丹桂堂 据《堠山钱氏丹桂堂家谱》记载,吴越武肃王钱镠 30 世孙钱维桢受五代宰相冯道"丹桂五枝芳"启发,为勉励族人努力向上,绍兴家业,便以"丹桂"为堂号。因为以前科举中,高中登科被比喻成蟾宫折桂。古时科举考试又是南方秋季桂花盛开之际,因此"丹桂"就被比喻为优秀的人才。钱氏取名"丹桂堂",目的是希望后代子孙都能够成为当代人杰。

锦树堂 相传钱镠在孩童时,经常与村里小伙伴们在大官山的一块空地上玩耍游戏,空地上有一棵大树。钱镠最喜欢坐在树下,自称"将军",指挥小伙伴们操练,玩得不亦乐乎。钱镠衣锦还乡时,故地重游,就把那棵树封为"衣锦将军",后来就有了锦树堂堂号。

潜研堂 清代乾嘉学派代表人物钱大昕(30 世),晚号潜研老人,江苏嘉定(今属上海)人。乾隆进士,官至少詹事,为"吴中七子"之首,也是嘉定"九钱"代表人物。其治学深受先大父(祖父)钱王炯的影响,苦心读书,综贯六艺,终成著名学者。曾先后主讲钟山、娄东、紫阳等著名书院,为国家培养了大量人才,是著名的教育家,著作有《十驾斋养新录》《潜研堂金石文跋尾》《潜研堂文集》《恒言录》等。其后人遂将"潜研堂"作为堂名。

五、上海钱氏

自后梁开始,就有钱氏后人迁居上海,主要分布于金山、嘉定、闸北、闵行、松江和宝山六个钱氏族人聚居区域。一为金山钱氏:钱一夔(22 世)自明朝由奉贤迁入,曾孙钱树立始以校刊书籍著闻,其义庄规模盛大,影响深远。二为嘉定钱氏:明末钱滋迁入,后又分迁外冈、望仙桥、城中(俱为上海之地)等地,诗礼传家是其特征,钱大昕就出自此家族。其后人中杰出的还有外交家钱其琛,钱其琛之弟钱其璈曾任天津市副市长。三为闸北钱氏:民国期间以外地迁入为主。科学家、书法家钱荣民(35 世)是其后裔。闸北宗祠是钱氏家族婚丧嫁娶的重要活动场所。四为闵行钱氏:明末清初迁入,人杰地灵,有名医钱禹珍、民国中将钱桐、著名法学家钱端升、数学家钱端壮等。五为松江钱氏:明代移居松江东门外,钱良臣为宋绍兴二十四年(1154)进士,官至参知政事。六为宝山钱氏:明代万历年间抗倭将领钱世桢是杰出代表,曾任国家卫生部部长的钱信忠是其后裔。其他还有浦东庄(钱)氏。元末钱鹤皋(19 世)因义保松郡犯朱元璋怒,后人被迫改姓庄,庄氏儿科自 1850 年起行医至今,众口皆碑。浦东航头镇钱氏,钱仲昭于明初迁入,传至今约 18 世。

后随着上海开埠,更多钱氏人口迁移到上海,钱氏家族在上海重新融合和发展,他们均重视家训文化的传承与弘扬。如钱伟长曾任上海大学校长,一直居于上海。现任华东师范大学校长钱旭红是江苏宝应人(祖籍江苏沭阳),特别重视家庭教育与大学教育的联结与传承。复旦大学教授钱文忠属于无锡支系,他认为"教育和文化知识应该交给学校,教养和文明应该留在家里"。2012年,上海钱氏邀请美籍华人、六院院士钱煦来杭祭祖,并促成与钱旭红的一场科学对话,为《钱氏家训》赋予新时代内涵。钱文选之孙钱镇国(34 世)是上海钱镠研究会首任会长,现为名誉会长,是当代研究吴越钱氏的代表性人物,他积极传承传播《钱氏家训》和钱氏家庭教育文化,受到全国宗亲的高度赞扬。

第一部分

家训（非遗代表性文本）

"钱氏家训家教"是以吴越钱氏历代各支的家族训诫为基础,形成的对后世子孙行为的教育规范。家训的代表性文本是五代时吴越国王钱镠的武肃王遗训(十训、八训)及其32世孙钱文选采辑的《钱氏家训》。作为家族(家庭)教化的该文本文字凝练,广载于谱乘、匾额、著作、碑刻,成为宗祠祭祖、家族教育的基本内容。家教的核心价值有三:善事国家、重德修身、崇文尚学。表现形式是家长的言传身教和宗族的集体影响。

武肃王遗训①

　　余自束发以来,少贫苦,肩贩负米以养亲。稍有余暇,温理《春秋》,兼读《武经》。十七而习兵法,二十一投军。适黄巢叛,四方豪杰并起。唐室之衰微,皆由文官爱钱,武将惜命,托言讨贼,空言复仇,而于国计民生全无实济。余世沐唐恩,目击人情乖忤,心忧时事艰危。变报络绎②,社稷将倾。余于二十四得功,由石镜镇百总枕甲提戈,一心杀贼,每战必克。大江以内十四州军③,悉为保障,故由副使迁至国王,垂五十余年,身经数百战。其间叛贼诛而神人快,国宪立而忠义彰。无如天方降祸,霸主频生。余固心存唐室,惟以顺天而不敢违者,实恐生民涂炭,因负不臣之名,而恭顺新朝,此余之隐痛也。尔等现居高官厚禄,宜作忠臣孝子,做一出人头地事,可寿山河,可光俎豆④,则虽死犹生。倘图眼前富贵,一味骄奢淫佚,死后荒烟蔓草,过丘墟而不知谁者,则浮生若梦矣!十四州百姓,系吴越之根本。圣人有言:"敬事而信,节用而爱人,使民以时。"⑤又云:"恭则不侮,宽则得众,信则民任焉,敏则有功,惠则足以使人。"⑥又云:"省

---

　　① 武肃王钱镠临终前的训言。钱镠于932年去世。据传此文本为929年或931年所作,存在流变痕迹。载于钱文选辑《钱氏家乘》,1924年出版。

　　② 变报络绎:局势变动的报告络绎不绝地传来。

　　③ 在武肃王临终时,只有十一州一军。纳土归宋时,为十三州一军,新增两州为:后晋天福五年(940),文穆王钱元瓘析苏州,置秀州;后晋开运二年(945),闽国内乱,忠献王钱弘佐派军与南唐瓜分闽国,占领福州。

　　④ 光俎(zǔ)豆:俎和豆,是古代祭祀、设宴用的礼器,引申为祭祀和崇奉之意。句意为:为祖先宗族增光。

　　⑤ 出自《论语·学而》。子曰:"道千乘之国,敬事而信,节用而爱人,使民以时。"意思是,治理一个大国,应该认真办事并讲究信用,政府要节省开支而体谅老百姓,征用劳力要避开农忙耕种的时间。

　　⑥ 出自《论语·阳货》。子张向孔子请教什么是仁。孔子说:"能够以五种品德行于天下,就是具有仁义之心了。"子张问:"请问哪五种?"孔子说:"庄重、宽厚、诚信、勤敏、慈惠。庄重就不致遭受侮辱,宽厚就会得到众人的拥护,诚信就能得到别人的任用,勤敏就会提高工作效率,慈惠就能够使唤人。"

刑罚,薄税敛。"①又云:"惟孝,友于兄弟。"②此数章书,尔等少年所读,倘常存于心,时刻体会,则百姓安而兄弟睦,家道和而国治平矣。至元瑞、元琛、元璠、元瓒、元勋、元禧③,俱系幼稚,不特现在之饮食教训,均宜尔等加意友爱。即成人婚配,亦须尔等代余主持。元璙、元㻛、元㻅④等,中年逝世,遗子尚小⑤,亦宜教养怜惜,视犹己子,毋分彼此。

将吏士卒,期于宽严并济,举措得宜,则国家兴隆。余之化家为国,凤篆⑥龙纶⑦,堆盈几案,实由敬上惜下,包含正气,而能得此。每慨往代衰亡,皆由亲小人远贤人、居心傲慢、动止失宜之故。正所谓"德薄而位尊,智小而谋大"⑧,未有不遭倾覆之患也。尔等各守郡符,须遵吾语。余自主军以来,见天下多少兴亡成败,孝于亲者,十无一二;忠于君者,百无一人。是以:

第一,要尔等心存忠孝,爱兵恤民。

第二,凡中国之君,虽易异姓,宜善事之。

第三,要度德量力,而识时务,如遇真主,宜速归附。圣人云"顺天者存"⑨,又云"民为贵,社稷次之"⑩。免动干戈,即所以爱民也。如违吾语,立见消亡。依我训言,世代可受光荣。

第四,余理政钱唐五十余年如一日,孜孜兀兀⑪,视万姓三军,并是一家

---

① 出自《孟子·梁惠王上》。孟子曰:"王如施仁政于民,省刑罚,薄税敛……"意思是,孟子说:"惠王你如果对百姓实行仁政,减少刑罚,减轻赋税……"

② 出自《论语·为政》。子曰:"《书》云:'孝乎惟孝,友于兄弟,施于有政。'是亦为政,奚其为为政?"意思是,孔子说:"《尚书》上说:'孝就是孝敬父母,友爱兄弟,把这孝悌的道理施于政事。'这也就是从事政治,不然怎样才能算是为政呢?"

③ 元瓒原名"传瓒",即位后,改"传"为"元"。诸兄弟为与元瓒同,皆改为"元"。因此,名字中有"传"的,皆早于钱镠去世。在这里,"元"均应为"传"。

④ 元璙,并非在钱镠之前去世。元璙排在钱镠第八子钱传瓘的前面,后面的钱传璛(890—925)是十四子。因此,元璙应该是前面七子中去世一位的笔误。长子钱传瓘(877—894),有四子;二子钱元玑(877—910),无子嗣;三子钱传瑛(878—913),曾被选为唐驸马,公主未下嫁即亡,无子嗣;钱元璙(880—933),没有排行;五子钱元㻛(886—951);六子钱元璙(887—942);七子钱元㻅(887—941)。在去世的前三子中,只有长子钱传瓘有子嗣。《十国春秋》中没有第四子排行。从出生年份推断,钱元璙应该是第四子,但他在933年去世。因此,"元璙"有可能是"元㻅"的笔误。《吴越备史》说钱传瓘活到了933年,但是后梁封赏钱镠诸子的时候,没有钱元㻅,活到了933年的应该是钱元璙。钱传瓘也有一子,即钱仁俊。

⑤ 这句话应为"元璙、元㻛、元㻅等,[对]中年逝世[之兄弟],[其]遗子尚小"。

⑥ 凤篆(zhuàn):道家所用的文字,引申为道家的经书,也指珍贵的古代典籍。

⑦ 龙纶:圣旨。

⑧ 出自《周易·系辞下》。意思是,德行浅薄却地位尊崇,智能低下却图谋大事。

⑨ 出自《孟子·离娄上》。

⑩ 出自《孟子·尽心下》。

⑪ 孜孜兀兀:孜孜,努力不息。兀兀,用心劳苦貌。

之体。

第五，戒听妇言而伤骨肉。古云：妻妾如衣服，兄弟如手足。衣服破，犹可新；手足断，难再续。

第六，婚姻须择阀阅①之家，不可图色美，而与下贱人结褵②，以致污辱门风。

第七，多设养济院，收养无告四民③。添设育婴堂，稽察乳媪④，勿致阳奉阴违，凌虐幼孩。

第八，吴越境内绫绢绸绵，皆余教人广种桑麻；斗米十文，亦余教人开辟荒亩。凡此一丝一粒，皆民人汗积辛勤，才得岁岁丰盈。汝等莫爱财无厌征收，毋图安乐逸豫⑤，毋恃势力而作威，毋得罪于群臣百姓。

第九，吾家世代居衣锦之城郭，守高祖之松楸，今日兴隆，化家为国，子孙后代莫轻弃吾祖先。

第十，吾立名之后，在子孙绍续家风，宣明礼教，此长享富贵之法也。倘有子孙不忠、不孝、不仁、不义，便是坏我家风，须当鸣鼓而攻。千叮万嘱，慎体吾意，尔等勉旃⑥，毋负吾训。

---

① 阀阅：古代仕宦人家大门外的左右柱，常用来榜贴功状，因称仕宦门第为"阀阅"。

② 结褵(lí)：亦作"结缡"，亦称"结帨"。古代女子出嫁，母亲把帨(佩巾)结在女儿身上，申戒至男家后须尽力家务。后用为成婚的代称。

③ 无告四民：这里指鳏、寡、孤、独四类群体。无告，有苦而无处可求告，形容处境极为不幸。

④ 乳媪(ǎo)：奶妈。

⑤ 逸豫：安乐，舒缓。

⑥ 勉旃(zhān)：努力。多用于劝勉。旃，语助词，"之"和"焉"合音字。

钱 氏 家 训①

个人

心术②不可得罪于天地，言行皆当无愧于圣贤。

曾子之三省③勿忘，程子之四箴④宜佩。

持躬⑤不可不谨严，临财不可不廉介⑥；处事不可不决断，存心不可不宽厚。

尽前行者地步窄，向后看者眼界宽。

花繁柳密处拨得开，方见手段；风狂雨骤时立得定，才是脚跟。

能改过则天地不怒，能安分则鬼神无权。

读经传⑦则根柢深，看史鉴⑧则议论伟；能文章则称述多，蓄道德则福报厚。

家庭

欲造优美之家庭，须立良好之规则。

内外门闾整洁，尊卑次序谨严。

父母伯叔孝敬欢愉，妯娌弟兄和睦友爱。

---

① 载于钱文选辑《钱氏家乘》。

② 心术：心计，计谋。

③ 曾子之三省：《论语·学而》记载，孔子弟子曾子每天都从"为人谋而不忠乎？与朋友交而不信乎？传不习乎？"三个方面自我反省，以提升道德修养。

④ 程子之四箴（zhēn）：宋代大儒程颐的自警之作《四箴》。颜渊问"克己复礼"之目，夫子曰："非礼勿视，非礼勿听，非礼勿言，非礼勿动。"程颐认为宜服膺而勿失也，因箴以自警，分为"视箴、听箴、言箴、动箴"四则。

⑤ 持躬：对待自身。

⑥ 廉介：清廉耿介。

⑦ 经传（zhuàn）：指《诗经》《左传》等中华经部经典。

⑧ 史鉴：指《史记》《资治通鉴》等中华史部经典。

祖宗虽远，祭祀宜诚；子孙虽①愚，诗书②须读。

娶媳求淑女③，勿计妆奁④；嫁女择佳婿，勿慕富贵。

家富提携宗族，置义塾⑤与公田⑥；岁饥赈济亲朋，筹仁浆与义粟⑦。

勤俭为本，自必丰亨；忠厚传家，乃能长久。

社会

信交朋友，惠普乡邻。

恤寡矜孤，敬老怀幼。

救灾周急，排难解纷。

修桥路以利人行，造河船以济众渡。

兴启蒙之义塾，设积谷之社仓⑧。

私见尽要铲除，公益概行提倡。

不见利而起谋，不见才而生嫉。

小人固当远，断不可显为仇敌；君子固当亲，亦不可曲为附和。

国家

执法如山，守身如玉；爱民如子，去蠹⑨如仇。

严以驭役，宽以恤民。

官肯著意⑩一分，民受十分之惠；上能吃苦一点，民沾万点之恩。

利在一身勿谋也，利在天下者必谋之；利在一时固谋也，利在万世者更谋之。

大智兴邦，不过集众思；大愚误国，只为好自用⑪。

---

① 虽：即使。
② 诗书：指《诗经》和《尚书》类的中华经典书籍。
③ 淑女：美好贤德的女子。
④ 妆奁(lián)：女子梳妆用的镜匣。代指嫁妆。
⑤ 义塾：旧时由私人集资或用地方公益金创办的免收学费的学校。
⑥ 公田：指家族共有的田地。
⑦ 仁浆义粟(sù)：浆，泛指饮料。粟，小米，泛指粮食。仁义的浆粟，指救助别人的钱米。
⑧ 社仓：隋开皇五年(585)始设义仓，向民户征粮积储，备荒年放赈。因设在里社，故名"社仓"。
⑨ 蠹(dù)：蛀虫，咬器物的虫子，比喻危害集体利益的坏人。
⑩ 著意：用心。
⑪ 自用：自以为是。

聪明睿智,守之以愚;功被①天下,守之以让;勇力振世,守之以怯;富有四海,守之以谦。

庙堂之上,以养正气为先;海宇之内,以养元气②为本。

务本节用③则国富,进贤使能则国强,兴学育才则国盛,交邻有道④则国安。

---

① 被(bèi):覆盖。
② 元气:人类社会组织的生命力。
③ 务本节用:致力于农业生产的根本并节约开支。
④ 有道:有道义,守道义。

［白话译文］

个人篇

居心处事不要违背客观规律，言行举止都不能愧对圣贤教诲。

不要忘记曾参的"一日三省"，要珍藏程颐用以自警的四则箴言。

对待自身态度不可不严肃，面对财物不可不清廉耿介；处理事务不能优柔寡断，居心不能不宽容厚道。

偏执向前的，给自己所留余地只会越来越小；懂得回头看的，见识才会越来越宽广。

在繁花似锦、柳密如织的环境中，如果还能从容淡定不受诱惑，才是有手段的人；在狂风急雨、挫折潦倒时还能站稳脚跟不被吹倒，才算得上意志坚定的人。

能够改正过错，天地就不会有怒气；能够安守本分，即使鬼神也无可奈何。

熟读经典才会学养根基深厚，了解历史才能谈吐不凡；擅长写作才能著作丰富，蓄养道德就会福报深厚。

家庭篇

想要营造幸福美好的家庭，必须建立良好的行为准则。

门庭里外要整齐干净，尊卑伦理次序要谨慎严格遵守。

对父母叔伯要孝敬承欢，对姆娌兄弟要和睦友爱。

祖先虽然离自己年代久远，但祭祀时仍应虔诚恭敬；子孙即便生得愚笨不智，也必须读书学习。

娶媳妇要找美好贤德的女子，不要贪图嫁妆丰厚；嫁女儿要选才德出众的女婿，不要羡慕对方富贵。

家庭富有的族人，要设立免费的学校和购置共有的田产，帮助家族中的穷人。筹办好钱米，救济饥荒年景时的亲戚朋友。

把勤劳节俭当作持家的根本，一定会富贵顺达；用忠实厚道传承家业，必然能够源远流长。

社会篇

用诚信结交朋友,让恩惠遍及乡邻。

救济寡妇,怜惜孤儿;尊敬老人,关心幼童。

救济受灾之人,满足他们的紧急之需,为人排除危难,化解矛盾纠纷。

修桥和路方便人们通行,造摆渡船帮助人们通渡。

为邻里孩子兴办启蒙教育的免费学校,为里社父老设立用以救济饥荒的民间粮仓。

尽力根除个人成见,全面提倡公众利益。

不要看见利益就动心谋取,不要对有才能的人心生嫉妒。

小人固然应该疏远一点,但一定不能公开成为仇敌;君子固然应该亲近一点,但也不能失去原则一味奉承。

国家篇

执行法令像山一样不可动摇,像爱惜白玉一样保持自己的节操;像爱护自己的子女一样爱护百姓,像对待自己的仇敌一样去除危害集体利益的坏人。

管理属下要严格,体恤百姓要宽厚。

官员如能用一分心力,百姓就能得十分利益;君王如肯受一点辛苦,百姓就能得万倍恩惠。

自己一个人的利益就不去谋取,但是天下百姓的利益就一定要谋;当前一时的利益虽然要谋,但对于千秋万代的利益更要设法谋取。

大智慧的人能振兴国家,不过是因为凝结着多数人的智慧;愚蠢的人使国家遭受祸害,只是因为自以为是。

聪颖明智却以戆直处之,功盖天下却以谦让对待,勇猛无双却以胆小应对,拥有天下财富却以谦逊自守。

居朝为官,首先要培养刚正气节;普天之下,根本的是要培养元气生机。

致力于农业生产的根本并节约开支,国家就会富有;选拔任用德才兼备的能人,国家就会强大;兴办学校,培养人才,国家就会昌盛;与邻邦交往,以道对之,国家就会安定。

［语句出处考］^①

个人

心术不可得罪于天地，言行皆当无愧于圣贤。

明末袁崇焕撰袁姓宗祠通用联："心术不可得罪于天地，言行要留好样与儿孙。"袁氏联见蒲松龄《省身语录》残稿。

曾子之三省勿忘。

《论语·学而》："曾子曰：'吾日三省吾身：为人谋而不忠乎？与朋友交而不信乎？传不习乎？'"武肃王制《大宗谱》载七十五世师宝认为"日三省吾身"是孔门之高节，他自忖能做到，便一心精研载籍，极事亲之道，得乡党之誉。

程子之四箴宜佩。

宋代大儒程颐的自警之作《四箴》。孔子曾对颜渊谈克己复礼，说："非礼勿视，非礼勿听，非礼勿言，非礼勿动。"程颐撰文阐发孔子四句箴言以自警，分为"视箴""听箴""言箴""动箴"四则。

尽前行者地步窄，向后看者眼界宽。

蒲松龄《省身语录》残稿。其中，存一字之异："向后看'的'眼界宽"。同见李叔同《格言别录》。

花繁柳密处拨得开，方见手段；风狂雨骤时立得定，才是脚跟。

明朝陆绍珩所编著《醉古堂剑扫卷》："花繁柳密处，拨得开，才是手段；风狂雨急时，立得定，方见脚跟。"同见蒲松龄《省身语录》残稿。

能改过则天地不怒，能安分则鬼神无权。

清朝石成金《联谨》："能改过则天地不怒，能安分则鬼神无权。"同见清朝金缨《格言联璧·持躬类》。

读经传则根柢深，看史鉴则议论伟。

见蒲松龄《省身语录》残稿："读经传则根底厚，看史鉴则议论伟。"《格言联璧》的语句差异较大，以蒲松龄书为准。

---

① 2014年5月，"《钱氏家训》及家庭教育文化"申遗小组考证。

能文章则称述多,蓄道德则福报厚。

这里泛指文人读书的境界。有文赞欧阳修"道德文章百世师"。

家庭

内外门闾整洁①……

《朱子家训》②第一句:"黎明即起,洒扫庭除,要内外整洁。"

尊卑次序谨严。

《袁氏世范·睦亲》:"长幼尊卑之分,不可不严谨。"

祖宗虽远,祭祀宜诚;子孙虽愚,诗书须读。

《朱子家训》:"祖宗虽远,祭祀不可不诚;子孙虽愚,经书不可不读。"语句略有改动。

娶媳求淑女,勿计妆奁;嫁女择佳婿,勿慕富贵。

《朱子家训》:"嫁女择佳婿,毋索重聘;娶媳求淑女,勿计厚奁。"语句略有改动。

家富提携宗族……岁饥赈济亲朋……

《文昌帝君阴骘文》③:"家富提携亲戚,岁饥赈济邻朋。"

仁浆与义粟。

仁浆义粟:并列仁、义,仁爱而合乎公益的。浆,古时用米熬成浓浓的酸汁,以代酒喝。粟,谷物。此处指用来救济布施的汤水和米谷。晋干宝《搜神记》:"杨公伯雍……公汲水作义浆于坂头,行者皆饮之。"《后汉书·黄香传》:"于是丰富之家,各出义谷,助官禀贷。"

勤俭为本……忠厚传家……

《格言联璧·齐家类》:"勤俭,治家之本。和顺,齐家之本。谨慎,保家之本。诗书,起家之本。忠孝,传家之本。"

---

① 无锡钱氏怀海义庄前有一条河流,名为流啸傲,相传为吴泰伯所开凿,后改为放生官河。当时七房桥正值鼎盛时,房屋整齐,街道整洁,族规严谨,街道上不准牛羊牵入,孩童不准抛砖块到河里;如发现,族规无情,罚家长行差(做义工)。

② 《朱子家训》:又名《朱子治家格言》《朱柏庐治家格言》,是明末清初朱柏庐以家庭道德为主的启蒙教材。全文仅522字(也有版本为524字),精辟地阐明了修身治家之道,是一篇家教名著。其中,许多内容继承了中国传统文化的优秀特点,比如尊敬师长、勤俭持家、邻里和睦等,在今天仍然有现实意义。有钱氏分支直接将《朱子家训》作为族人行为规范。

③ 《文昌帝君阴骘文》:道教重要典籍,在中国历史上具有极其广泛和深远的影响,与《太上感应篇》《关帝觉世真经》等同为社会流行的劝善书。

自必丰亨。

《易经·丰卦》：“丰亨。王假之。”孔颖达疏：“财多德大，故谓之为丰；德大则无所不容，财多则无所不济，无所拥碍，谓之为亨。故曰丰亨。”后即用以表示富厚顺达。

忠厚传家，乃能长久。

有楹联：“忠厚传家久，诗书继世长。”横批为“修善修德”。在中国，许多家庭将之写为春联以教育子孙。此处一语双关，既表示忠厚传家长久，也表示书香门第长久。

社会

信交朋友，惠普乡邻。……救灾周急，排难解纷。

《关圣帝君觉世真经》：“信友朋；睦宗族，和乡邻；救难济急……排难解纷。”

恤寡矜孤，敬老怀幼。

《太上感应篇》①：“矜孤恤寡，敬老怀幼。”同见《文昌帝君阴骘文》：“矜孤恤寡，敬老怜贫。”

造河船以济众渡。

《文昌帝君阴骘文》：“点夜灯以照人行，造河船以济人渡。”

小人固当远，断不可显为仇敌；君子固当亲，亦不可曲为附和。

《格言联璧·接物类》：“小人固当远，然断不可显为仇敌；君子固当亲，然亦不可曲为附和。”《钱氏家训》去掉两个“然”字。同见《联谨》：“君子固该当亲，然亦不可曲为附和；小人固该当远，然亦不可显为仇敌。”

国家

执法如山，守身如玉；爱民如子，去蠹如仇。

来自《格言联璧·从政类》，表述完全一样。

严以驭役，宽以恤民。

清王夫之《读通鉴论》：“严以治吏，宽以养民。”《格言联璧·从政类》表述为：“严以驭役而宽以恤民。”《钱氏家训》少了一个“而”字。

---

① 道教《太上感应篇》的内容融合了较多的佛、儒思想，至今仍有教育意义。

官肯著意一分,民受十分之惠;上能吃苦一点,民沾万点之恩。

《文昌帝君戒淫宝训·解说》"当富则玉楼削籍,应贵则金榜除名"篇:"为官肯著意一分,民受十分之惠;居上能吃苦一点,民沾万点之恩。"同见蒲松龄《省身语录》残稿:"官肯著意一分,民受十分之惠;上能吃苦半点,人沾万点之恩。"

利在一身勿谋也,利在天下者必谋之;利在一时固谋也,利在万世者更谋之。

宋胡宏《胡子知言·纷华》中语句:"一身之利无谋也,而利天下者则谋之;一时之利无谋也,而利万世者则谋之。"另与《格言联璧·从政类》的表述基本一样:"利在一身勿谋也,利在天下者谋之;利在一时勿谋也,利在万世者谋之。"2009年,温家宝总理会见钱复时引用了这句话。

大智兴邦,不过集众思;大愚误国,只为好自用。

与《格言联璧·从政类》的表述完全一样。《礼记·中庸》载,孔子曾说:"愚而好自用,贱而好自专。"蒲松龄《省身语录》残稿:"大智兴邦,不过集众思;专愚误国,只为好自用。"

聪明睿智,守之以愚;功被天下,守之以让;勇力振世,守之以怯;富有四海,守之以谦。

引自《孔子家语·三恕》。

庙堂之上,以养正气为先,海宇之内,以养元气为本。

《文昌帝君戒淫宝训·解说》"当富则玉楼削籍,应贵则金榜除名"篇:"庙堂之上,以养正气为先;海宇之内,以养元气为本。"

务本节用则国富……

"务本节用"出自《荀子·成相》,原文:"务本节用财无极。"

进贤使能则国强……

"进贤使能"出自《礼记·大传》:"圣人南面而听天下,所且先者五,民不与焉:一曰治亲,二曰报功,三曰举贤,四曰使能,五曰存爱。"

交邻有道则国安。

"交邻有道"语出《孟子·梁惠王下》:"齐宣王问曰:'交邻国有道乎?'孟子对曰:'有。惟仁者为能以大事小……惟智者为能以小事大。'"

［英文翻译］

Qian Family Precepts①

Personal

Thoughts and Actions must not offend heaven and earth; words and deeds must not be shameful for the saints.

Always remember Master Zeng's rule of introspecting three times daily; always respect Master Cheng's four guidelines regarding speaking, seeing, listening and acting.

Be rigorous and demanding to ourselves; be honest and incorrupt when facing financial gains.

Be decisive in our actions; be generous and considerate in our minds.

Be aware that the path may be narrow when proceeding forward; our vista would be broad if we look back.

When one can open a path in a place with lush flowers and dense willows, then one's ability has been demonstrated; when one can stand still at a time of gusty wind and heavy rainfall, then one's heels have been proven to be firm.

If one can correct wrong-doings, heaven and earth would not be angry; if one can be righteous and law-abiding, then there should be no fears for gods and ghosts.

Studying treatises and archives would deepen our literary roots; reading history and archives would enhance our abilities for deliberation and

---

① 本文为《钱氏家训》英文版。译者钱煦(Shu Chien),武肃王第 36 世孙,是当今全球最杰出的华人科学家之一,是美国科学院、工程院、医学院、艺术与自然科学院、中国科学院、中国工程院、台湾"中央研究院"七院院士。他在十多年前曾将《钱氏家训》译为英文,供子女阅读。现出于海外钱王后裔学习和传播需要,译者于 2024 年 2 月再次修订英译,并慨然分享给全球宗亲,本书恭录全文于《杭州钱镠研究》2024 年第 1 期,深表谢忱!

discussion.

Writing of good articles would win recognition and admiration; accumulation of good deeds would lead to wonderful blessings and good fortune.

Family

In order to build a beautiful, lovely family, there must be excellent rules and guidelines.

Keep everything clean indoor and outside; maintain a definite order of hierarchy in terms of respect and humbleness.

Be pious and respectful to parents and uncles/aunts and keep them happy; maintain harmony and love with siblings and their spouses.

Although the ancestors are far away, worship ceremonies must be carried out with sincerity; although some children and grandchildren may not be bright, they must study literature and poetry.

Seek daughter-in-laws who are wonderful young ladies, and do not count dowry; select son-in-laws who are excellent young men, and do not covet wealth.

Rich families should give relief to less fortunate relatives and establish free schools and public plantable fields; in years of famine, help friends and relatives by providing free soups and grains.

If life is based on diligence and frugality, it will naturally be full and plentiful; if the family is founded on loyalty and kindness, it will sustain for long times.

Social

Be sincere with friends; be generous to neighbors.

Be kind to lonely people; be respectful to the elderly and caring to the young.

Provide help in times of disasters and urgencies; provide solutions when there are difficulties and disagreements.

Repair bridges and roads to facilitate travel; build boats to help river crossing.

Establish free schools to foster education; establish societal granary to store grains.

Eliminate private opinions; enhance public benefits.

Do not scheme when seeing potential profits; do not envy when discovering talents.

While we should stay away from untrustworthy people, we should not treat them as enemies; while we should be friendly to gentlemen, we should not indiscriminately agree with them on everything.

State (or Nation; note: this seems to be written for the King)

Observe the law as unmovable mountains, care about oneself as precious jade, love people (being governed) as own children, get rid of corruptions as enemies.

Be strict in governing subordinates; be generous in treating people (governed).

When the official pays attention by one fraction, the people will benefit by ten folds.

When those on top can bear hardship by one point, the people will gain ten thousand points of blessing.

Don't pursue actions that would benefit only oneself, always take actions that would benefit the whole; while it is alright to aim at temporary benefits, it is much more important to aim at long-term benefits that would last for centuries.

A great wise leader can make the nation prosperous mainly by combining the thoughts of the people; a great fool can destroy the nation by believing only in oneself.

When one has great wisdom, it should be guarded as unwise; when one has great accomplishments for the nation, it should be guarded by being humble and sharing; when one has the bravery and power to strengthen the world, it should be guarded as if one were careful; when one's wealth covers four seas, it should be guarded with humility.

In the temple and pavilion, the priority is to cultivate the air of righteousness; on land and sea, one must cultivate vitality as the foundation.

By pursuing the fundamentals and being frugal, the nation will be wealthy; by selecting the wise and employing the able, the nation will be strong; by establishing schools and educating young talents, the nation will have prosperity; by interacting properly with neighboring countries in proper ways, the nation will have peace.

第二部分

武肃王训及宋代探索

在南北朝的《颜氏家训》出现之前，中国的皇族、士族虽有家训，但基本不成体系。成体系的钱氏家训是五代时期的武肃王遗训和八训，但这两者又非严格意义上的家训，是国训和家训的统一，对吴越钱氏家族的后来发展影响巨大。

钱氏家训经历了北宋时期钱惟演的提炼，在南宋也得到了一定的传承：一是家训新内容的家族化特征明显；二是钱氏百字派于南宋时期完成，对后世影响深远；三是受《温公家范》《朱子家礼》等重要的家教著作影响，推动后来的钱氏家训家规进一步体系化。

武肃王八训①

  一曰：吾祖②自晋朝③过江，已经二十七代④。承、京⑤公枝叶，居住安国。吾七岁修文，十七习武，二十一上入军。江南多事，溪洞⑥猖獗，训练义师，助州县平溪洞。寻佐陇西⑦，镇临石镜。又值黄巢大寇奔冲，日夜领兵，七十来战，固守安国、余杭、於潜等县，免被焚烧。自后辅佐杭州郡守，为十三部⑧指挥使。值刘汉宏⑨谗起金刀，拟兴东土，此时挂甲七年，身经百战，方定东瓯。初领郡印，寻加廉察⑩。又值刘浩作乱于京口⑪，将兵收复，即缩浙西节旄⑫。又值陇西僭号，诏敕兴兵，三年收复罗平。⑬ 蒙大唐双授两浙节制，加封郡王。⑭ 自是恭

---

  ① 载于钱文选辑《钱氏家乘》，作于后梁乾化二年（912）。但根据文中内容，疑与《武肃王遗训》一样均为临终遗嘱的流变版本。

  ② 按照《大宗谱》记载，钱让（110—172），字德高，东汉长城（今浙江长兴）人，是钱氏远祖，59 世。到武肃王父亲钱宽为远祖 80 世，钱镠为钱氏近祖第 1 世。

  ③ 过江时间有待考证。

  ④ 如果按 30 年一世计算，钱让与钱镠出生时间相差近 25 代。但钱文选版《钱氏家乘》"吴越国武肃王所制世系"中只有 21 代。

  ⑤ 承、京：钱让共生三子：承、京、晟。承公、京公的后人居住在安国（今浙江杭州临安区）。

  ⑥ 溪洞：指山贼。

  ⑦ 陇西：指董昌。杭州临安人。唐末任石镜镇将，后起兵自领杭州。勤于贡献，被授同中书门下平章事，封陇西郡王。乾宁二年（895）称帝，年号顺天，次年为顾全武败杀。

  ⑧ 部：疑为"都"。"都"是五代时期的军事单位。当时钱镠的武装从八都兵发展到十三都兵。

  ⑨ 刘汉宏：唐末将领，本为兖州小吏，唐末义胜军节度使，割据军阀。

  ⑩ 廉察：唐以来对观察使或职权与之相当的官员的简称。光启三年（887），钱镠被任命为左武卫大将军、杭州刺史。

  ⑪ 京口：今江苏镇江一带。

  ⑫ 节旄（máo）：旌节上所缀的牦牛尾饰物。这里代指古代镇守一方的军政长官，即景福二年（893），被唐朝任命为镇海军节度使。

  ⑬ 乾宁二年（895），董昌在越州（今浙江绍兴）自立为帝，国号大越罗平。

  ⑭ 乾宁三年（896）十月，唐昭宗改威胜军为镇东军，任命钱镠为镇海、镇东两镇节度使，加检校太尉、中书令。天祐元年（904），钱镠被封为吴王。

奉化条,匡扶九帝,家传衣锦,立戟私门。梁室受禅,三帝加爵,封锡国号。^① 后唐^②兴霸,重封国号,玉册金符专降,使臣宣扬帝道。受非常之叨忝,播今古之嘉名。自固封疆,勤修贡奉。吾五十年理政钱塘,无一日耽于三惑^③,孜孜矹矹^④,皆为万姓三军,子父土客^⑤之军,并是一家之体。

二曰:自吾主军,六十年来见天下多少兴亡成败,孝于家者十无一二,忠于国者百无一人。予志佐九州,誓匡王室,依吾法则,世代可受光荣;如违吾理,一朝兴亡不定。

三曰:吾见江西钟氏^⑥,养子不睦,自相图谋,亡败其家,星分瓦解;又见河中王氏^⑦、幽州刘氏^⑧,皆兄弟不顺不从,自相鱼肉,构讼破家,子孙遂皆绝种;又见襄州赵氏、鄂州杜氏、青州王氏,皆被小人斗狨,尽丧家门。汝等兄弟,或分守节制,或连缩郡符^⑨,五升国号,一领藩节。汝等各立台衡^⑩,并存功业。古人云:妻子如衣服,衣服破而更新;兄弟如手足,手足断而难续。汝等恭承王法,莫纵骄奢,兄弟相同,上下和睦。

四曰:为婚姻须择门户,不得将骨肉流落他乡,及与小下之家,污辱门风。所娶之家,亦须拣择门阀^⑪。宗国旧亲,是吾乡县人物,粗知礼义,便可为亲。若他处人,必不合祖宗之望。

五曰:莫欺孤幼,莫损平民,莫信谗人,莫听妇言。

六曰:两国管内绫绢绸绵等贱,盖谓吾广种桑麻。斗米十文,盖谓吾遍开

---

① 后梁龙德三年(923),钱镠被册封为吴越国王,正式建立吴越国。

② 后唐:此为史书的称呼。当时认为继承大唐正统的李存勖称后梁为闰朝(伪朝),钱镠也不可能称之为后唐,从这个词的使用也可看出此文被后世修改的痕迹。

③ 三惑:酒、色、财。

④ 孜(zī)孜矹(kū)矹:勤勉不懈的样子。

⑤ 客:客户是中国古代户籍制度中的一类户口,与主(土)户相对而言,泛指非土著的住户,包括地主、自耕农、城市小商贩、无业游民。这里主要指北方南下的移民和难民。

⑥ 江西钟氏:指前镇南节度使钟传,他死后,子匡时嗣立,而次子"怨兄立",勾结淮南势力入侵,导致钟氏灭亡。

⑦ 河中王氏:指王重盈、王重荣兄弟。王重荣在镇压黄巢起义时有倡导之功,后来弟兄相继出镇河中。王重盈死后,他的儿子王珙与王重荣义子王珂为争夺帅位兵戎相见,前者以王行瑜、李茂贞、韩建为靠山,后者得李克用之助,互相攻杀。战争的结果是王珙身首异处。

⑧ 幽州刘氏:指刘守光,唐末五代初幽州卢龙节度使,幽州节度使刘仁恭之子。他为夺取帅位,囚禁了父亲刘仁恭,与兄长刘守文互相攻杀。他在称帝后被俘处死,刘氏政权灭亡。

⑨ 郡符:郡太守的符玺。亦借指郡太守。

⑩ 台衡:台,三台。衡,玉衡,北斗杓三星。皆为位于紫微宫帝座前之星名,用以喻宰辅大臣。

⑪ 门阀:"门第阀阅"的简称。指封建社会中的世代显贵之家。

荒亩。莫广爱资财,莫贪人钱物。教人勤耕勤种,岁岁自得丰盈。

　　七曰：吾家门世代居衣锦之城郭,守高祖之松楸①。今日兴隆,化家为国。子孙后代,莫轻弃吾祖先。

　　八曰：吾立名之后,须子孙绍续家风,宣明礼教。子孙若不忠、不孝、不仁、不义,便是破家灭门。千叮万嘱,慎勿违训。

　　另见《剡北钱氏宗谱》[民国乙丑年(1925)重修]家王八训之跋：

　　右,始祖武肃王遗训八条,载在《家乘》,其垂裕后昆者,甚肫挚②也。虽末叶之式微,愧前献之显赫。然煌煌训辞,命之以忠孝,示之以勤敏,教之以惇睦,迪之以固慎,诏之以廉静,勖③之以仁义,岂独为有土有爵者告哉？盖所以保世滋大克昌厥后者在是,即守身持家、无损厥门者亦在是也。我族自三世五王之后,繁衍不下千亿,虽贵贱贤愚不等,然以王祖视之,孰非子孙,孰非欲以此提命者乎？珪自幼睹此八训,敬铭于心,愧未能振起家声。愿奉此以自饬者,无时敢或斁④也,今谨勒石以传不朽。敢云无忝祖考之训,亦愿为后人者念本源所自,明训所垂,莫不宝兹勿替,以无负前人燕翼至意云尔。

康熙五十三年岁次甲午　裔孙　有珪　立石

---

①　松楸：墓地多植松树与楸树,因以代称坟墓。
②　肫挚(zhūnzhì)：真挚诚恳。
③　勖(xù)：勉励。
④　斁(dù)：败坏。

武肃王临终戒谕诸子①

时予五十载理于钱塘,无一日耽于三惑,孜孜矻矻皆为万姓三军,制舟楫城池,并皆臻固;军粮麦粟,粗有十年支给;子父土客之军,并是一家之体。今则光荣日久,显赫年多。自从今春风气动静,至今三个月医疗未痊,且恐大运有期,生死有定,豫告②诸子,须各审听。

自吾主军六十年来,见天下多少兴亡成败,忠孝于家者,十无一二;于国有忠者,百无一人。予志辅佐九朝,誓正王室,依吾法,子孙可世代光荣。如违吾理道之情,一朝兴亡不定。

吾见江东钟家,养子不训,自相图谋,凶败一家,星分瓦解。又见河中王家、幽州刘家,亦是父亡之后,兄弟不顺,自相鱼肉,构贼破家,子子孙孙并皆绝种。又见襄州赵家、鄂州杜家,皆被小人斗佥,尽丧家门。

汝等兄弟,数人分于节制,数人郡符,五升国号。汝当各分台衡,官小者至于郡符,并是三公之位,家门荣盛,天下无有比伦。吾在世,父慈子孝。则吾殁后,汝等须存吾功业,荣盛子孙。若违吾指教之情,便见自倾之地。大者至小,且须勤奉大国,忠孝宗亲。莫废冈奢华,莫恃强欺弱,莫信谗疾,莫信小人。窥觎主大事者,皆在忠孝立功,次位者亦须奉勤。古人云:妻子如衣服,衣服破而更新;兄弟如手足,手足断而难续。家门世代荣显,祖宗衣锦城池,守松楸之上祖改家为国,今日兴隆,是吾之处置所得也。身后教汝诸子,切莫令毁败吾先祖家门衣锦城池。自后且拣选骨肉,世代安居,固守家乡,勤于王事。一朝忽若有阙,便属他人。千叮万嘱,须存桑梓。莫令内乱于亲,亲之内却被破尽,后代须

---

① 载于吴越《钱氏宗谱》(十卷之七),江苏武进思本堂,光绪戊子年(1888)重修。本篇见于多部家谱中,互相略有差异。

② 豫告:事先告知或通告。

惭。吾在世立志,秉明公私。无挠为官,合道理之人方赏,不合道理之辈方罚。赏罚双行,无偏无党。今则大期忽至,天命有期,告汝等存吾世代之名,立取孝养之事。恭承王法,莫纵骄奢。兄弟相同,上下和睦,自然畏威得所,孝道臻从。若违此言,吾在冥中当不佑汝。

凡人在世,合录纪纲。吾二百战经身,伤痕遍体,今日年将几杖①。勤苦六十年来,岁致风恙不痊,便至如此。元璙②等已下,遵吾遗训,不得辄有不顺之情。府库仓内钱物,亦有正数③,将供三军及分给诸将。锦军钱物,亦有正数贮在大门,可防家乡荒歉之岁。有弟未婚,将此支办;有妹未嫁,亦取作行装。其余备城,仍在宅库,不得乱用广废,破除开报。元璙兼领郡日久,各有家活生计。在府者,即无资财,他日百年之后,量分给与老少钱物。如守郡人应时纳完,不可停滞,为他哂笑。况吾五十年来执法安民,今日荣封两国,立名之后须在子孙绍续家风。子孙若不忠不孝不义不仁,便是破吾家门户。千叮万嘱,涕泣泪言,告汝等知须归孝养。

吾殁后,以吾迁殡归窆④家乡。三年斩衰⑤,遵取孝道。莫信小人,朝三暮四,口是心非。锦军有桑叶三千来筐,蒙唐梁并新朝放税,将此褒功。汝之兄弟,须惜乡土,不可擅将货卖,残破家乡。倘若兄弟不顺不从,便到亡家败业。兄弟可以上忠下孝,世代相承。吾父母只养一身,今日荣乡荣国,皆为立忠于大国,今日显荣。汝等教吾元玑遵吾教化,兄弟或分居之者,有官守之人,官中自有道理;不守官之者,或有不及之者。武库有吾回运钱物,其数极多。上至一万,下至五千,可旋旋分给其余小者及外嫁骨内⑥,各俵⑦一千二千贯。是汝等亲腹兄弟,继二十人,晚长大者以下十六人,各是赤子。收养与亲一般,虽在偏生,亦须怜念。无衣食,与之衣食。长成后,与各婚娶,成人莫违吾指教。

---

① 几杖:坐几和手杖。老人居则凭几,行则携杖。《礼记·王制》:"八十杖于朝。"古时用"几杖"表示敬老。

② 此处有后世修改痕迹,应为传璙(shú)。钱传璙(886—951),932 年之后更名钱元懿,字秉徽,武肃王钱镠第五子。历任清海、武胜军节度使,太傅,同中书门下平章事,封金华郡王。广顺元年(951),在婺州金华去世,年六十六岁,谥号宣惠。

③ 正数:正额,定额。

④ 归窆(biǎn):归葬。

⑤ 斩衰(cuī):亦作"斩缞(cuī)",是五服中最重的一种丧服,用极粗生麻布制作,不缝边,以示无饰。服期三年。

⑥ 骨内:疑为"骨肉"。

⑦ 俵(biào):散发。

家内除儿妇夫人外,其余三四人,是吾出身之时,便在手下主当①及供看年老者,孝养不亏,切须别作一眼。看承②殁后,亦令归安国殡葬。其余内中诸子弟,皆是节给③送来,盖为时势如斯,便令收养。令即吾就归于大道,此内中子女各放归还。骨肉于中有堪婚嫁者便与嫁娶,年小者即还父娘。不得兄弟之中辍怀于奸意,执悋于私处。况汝兄弟官守不小,守职不轻,既承父业绍图,须作世途孝义。莫学他人,行于内乱。是非若在,前程必当不佑。

吾在世,声名遍于万国,处处相依。钱物助于天下之人,功归万口。吾殁后,汝能数内存吾至道,何愁不显于祖宗?若亏坏吾家法之情,便是汝等自求荼毒。他日黄泉相见,此时叹雪冤情④?目下元瓘等已领两道节旄,元球亦在府庭正佐,元璙等在外主郡,亦有歇时,或归来府庭,或令人替换。无灾处即且守法,有灾处即且改移。莫学诸道兄弟不顺不从,便到破家、亡乡、失土!况衣锦军有田宅绍家风者,即令归固护。文章胆勇者,同佐藩条。三弟名镖,已怀悖逆,投在外藩,即是吾家门不幸也。第五弟铧先曾授任,今归阙庭⑤,仰常切安。恤孙男仁健、仁俊、仁侃、仁俒等已管都务,可为手臂股肱。仁杰、仁傑以下,至于诸院小孙,虽未长成,且是吾亲枝骨肉,亦须迭递安存。不及者即给与钱物,长者即与婚媾。至于女孙,长大者亦须嫁遣,凡为亲族,且须拣择门户,不得将吾家骨肉流落他邦、小下之家,污辱门风。人生所恶亲情万代,须择善门,不得看一时顺情,不得小僭语。骨肉若落不净之处,世代难更立名。至于娶妇之家,亦须择拣阀阅。安国旧亲,是吾乡县稍成人物,粗有礼乐,便可为亲;若是他人,恐不济祖宗之望。今日基业粗成,人情遍于九土,大国褒奖,与汝子孙承作光华,如若有一相违,吾在冥中必有阴诛责汝。

吾殁后,衣锦军祠堂立庙,吴越祠堂立庙,西关宝殿置太庙,元瓘等与吾奏上元⑥及奏地府,五十年固护吴越,二百经身相战,为国为民,至于今日。生前

---

① 主当:主持,主领。

② 看承:侍奉。

③ 节给(jǐ):应为"节级"和"给事中"的合称。节级为唐宋时低级武官;给事中在唐代属门下省重要属官,陪侍皇帝左右,执掌驳正政令之违失之事。这里泛指属下官员。

④ 叹雪冤情:指很大的冤情。

⑤ 阙庭:亦作"阙廷",朝廷。

⑥ 上元:指上天。

既立荣盛，殁后只望血食①资②于冥中，切须在意置办。如不违志道，冥阳之中必佑子孙。若安定吴越，前后丧亡，将首以下至于长行③，将计有五万来人，其殁后甲明与吾将随坟内及庙中，要收管为心腹指使。至于当丞相以下文班武幕都头大将，数年随吾东征西伐，同制国朝，各列功名，身居上将，今日共成王事，须各为吾一一安存。至于衙内并上直节给、直殿节给等，是吾十年心腹，委任非轻。吾殁后，各须为吾安存，同安封土④。莫信闲人斗合，损害忠良。僚佐军吏，一般亦须上行下效。莫损孤幼，莫损贫人，莫以信谗，莫听小人之语。亲者却疏于陌路，疏者却亲于股肱。此时卧败族伤风⑤，与人取笑。是汝宗支兄弟子孙，相继一百来人，眷属计逾千百来人，且须一一行行⑥，上和下睦。莫令朝是暮非，存吾墨尺。三十六城坚固，尽经大寇相侵。

今日两国管内，土疆⑦遍垦。绫罗、细绢、棉帛等钱，盖为吾广种桑麻；斗米十文，盖为吾遍开荒亩。两国之内，与天下有殊。吾殁之后，且须依吾条法，好管农事，摘山煮海，不求他人。莫爱他财，莫贪人钱物。教民勤耕勤种，岁岁自得丰盈。兄弟语论，莫以酒色为心，莫以贪财为意，自然有天道神祇助于凡间。况人有期，须归大道。昔者明皇圣主，尚归冥冥之中，吾是凡人，岂能久居于人世？告诸子弟孙者，孝敬宗亲，为吾宝万姓三军，好存人世，恭承礼道，莫作非为，自然禄及一身。安家活计，人生有限，德业有期。千万付嘱之心，难说冥阳之事。吾子好作人世，勿违此言，千千万万，家活事大，军伍数多在世者，切在坚心，莫怀容易。

临终时血泪和书，余在遗言，千万知悉，遗此不多矣。

长兴三年壬辰三月二日嘱

此余烈祖武肃王临终训词也。王年八十余，寝疾三月，不能自书，命记其词，以训诸子。掌记不敢增损一字，子孙不敢稍加润色，故篇中间有反覆不醇

---

① 血食：受享祭品。古代杀牲取血以祭，故称。

② 资：供给。

③ 长行：将首、长行等，都是吴越国的军职。五代百人为都，都的长官被称为都头或者都将。都之下，还存在队、伍等基础编制单位。其中，长行是最低级别的军官。

④ 封土：葬后堆土，或指所堆之土。

⑤ 卧败族伤风：查家谱其他版本，应为"败俗伤风"。

⑥ 一一行(xíng)行：一件一件地。

⑦ 土疆：疆土，领土。

处。而其立言大旨,务在忠君孝亲保民,为国绝不作世俗悲戚态。苟非王平生学问,存心安至,精神已竭,犹能反覆戒谕,谆谆若此乎? 读是篇者,慎弗浅视斯文,妄生疑议于千载之下。

乾隆七年十月六日

谱例家规①

　　兹谱系五色尽五服也，以五服复提。上承其高祖，下系其玄孙，九世再别，而九族之亲，全循此而往。枝联脉贯，百世而不紊。凡老而无嗣者，五世后不提起；幼而未娶未嗣者，亦不提起。幼而多嗣，俟其再修补辑。

　　图中父子则接迹而下，兄弟则比肩而立，谓之世经而人纬。先叙长幼，寓宗法也。其余以次序列，不得紊乱。

　　图中书讳，讳下书字、书行、书生、书娶。注生几子，书寿、书卒、书葬。其事迹别为小传，以表其行。不可一人便书传，以紊名次。

　　祖父出仕者，则书："某官府君，讳某。"不仕者，则书："处士，讳某。"而其配，概称夫人某氏。欧谱以谱为子孙所作，其尊称先世，不得不尔。

　　传中事迹，如有墓志可录者，其生平履历，不必备书，只书其大略，而曰："事详墓志。"如无墓志者，但有事迹可书，只载传中。

　　谱系，序姓氏之根源，书宗族之远近，明爵禄之尊卑，且以志宅居与标坟墓之所在，明妻妾之外氏，载室女之出处，彰忠孝之大小，并以扬道德与表节义之幽隐。

　　立宗谱当以孝敬为先，下气怡色②，承颜养志③。父母有事，为子代其劳，使有疾病，竭力侍奉，违者叱之。

　　谱中有遇为僧为道者，即直书："某从某教。"弃置不录，以绝邪道。

　　谱中有遇外姓混入宗支者，即削除其名。倘本宗子侄曾出立外姓者，亦不便轻易复入。至立同宗承继或因彼亡过复归本支者，无论有产无产，断要填注

---

　　① 载于《吴越钱氏溧阳小宗庆系谱》，光绪七年(1881)印本。本家规创修于北宋天圣五年(1027)。
　　② 下气怡色：形容和颜悦色，一派恭敬的样子。怡色，容色和悦。出自《礼记·内则》："父母有过，下气怡色，柔声以谏。"
　　③ 承颜养志：谓侍奉尊长。承颜，顺承尊长的脸色。养志，顺从父母的意志。

继立名下。

谱中有遇素行不端，经公责逐者，亦削去其名。但念其子孙，不忍灭其宗祀，以恶恶及身而止原之，只于排行上书一字，至字、讳、卒概不详录。至妇改适异姓，不注某氏，使后观者知所儆焉。

凡族属当循次第。长幼有序，尊卑有别，子孝父慈，兄友弟恭，礼亦如谱仪。悖者以不孝不弟①论。

凡族长，当立家规，以训子弟。无废学业，无惰农事，毋学赌博，毋好争讼，毋以恶凌善，毋以富欺贫，违者叱之。

娶妇必须不若吾家者。不若吾家，则妇之事舅姑②必谨。三日庙见拜谒，方许房族尽礼，以见尊敬祖宗之意。

嫁女必须胜吾家者。胜吾家，则女之事人必钦必敬，无违夫子，而箕帚③有托，蘋蘩④有主，不负所育而贻父母忧。

祠堂妥神之处，务须洁净。凡遇朔望，子孙拜谒、行香，俱要肃静，毋得戏慢，违者罚之。

祖宗坟墓如有坍坏，即当修治，不可视为等闲。如值清明佳节，务要拜扫，怠者罚之。

宗族承祭祀者，必推本宗该继子承之，乃昭穆⑤相因，礼之大体。如无本支子孙，择贤于他支可也。

宗族出仕者，当于名下填注："某人子，为某官，仕在某衙门某府某州县。"使后子孙有考究，以慕羡之。

宗族子弟读书，择师训教，宜遵礼法，教以孝、弟、忠、信、礼、义、廉、耻之事，如资质异常者，荐拔之。

宗族子孙，士农工商，各尽其责。务宜勤俭，毋怠惰坏事，以玷祖宗，违者罪之。

祖宗坟所葬地，俱填注谱内名下："某年某月某日葬于某处。"倘后外姓致争，以谱证之，庶不被冒占，宜宝藏之。

---

① 不弟：不悌，不顺从兄长或长辈。
② 舅姑：公婆。
③ 箕帚：旧时对妻妾的代称。
④ 蘋蘩(píngfán)：泛指祭品，借指妇女能遵祭仪或妇职。
⑤ 昭穆：古代宗法制度。宗庙次序，始祖庙居中，以下父子递为昭穆，左为昭，右为穆。

祖宗祀田公产,不许私自盗卖。当立成规,择各房轮流掌管,以供祭祀,毋得废业。

子孙年幼未成殇而死者,只于名下见之,不入行第。年长而故者,当于名下填注:"某年某月某日卒。"凡年十六至十九为长殇,十二至十五为中殇,八岁至十一为下殇。惟长殇无嗣,酌行立继。

宗族相聚,务用和气。叔侄以咸籍①为欢,兄弟以夷齐②为念。不可因财失义,如有不顺理者,以道谕之。

诸图内或有伯叔、兄弟、子侄正名相犯,年小者自当改换别名,毋得因循③苟且,致乖大体。

各处宗谱,俱遵祖宗成法④,彰用五采印信⑤、"忠孝子孙"图书、仁宗皇帝钦赐关防、条记⑥方印信一样,以甲乙丙丁戊己庚辛壬癸为号,分付九大支,旁注天圣四年分派。是吾嫡派子孙,倘后分居异处,缺谱查明,念深武肃王后裔者,贤哉子孙,观此谱辑,毋忽毋忘。⑦

四世孙　左丞相文僖公惟演　纂

---

①　咸籍:指魏晋时期的阮咸和阮籍。两人皆放浪形骸,不务世事。阮咸是阮籍之侄,并称为"大小阮",叔侄关系很好。

②　夷齐:出自《史记·伯夷列传》:"伯夷、叔齐,孤竹君之二子也。父欲立叔齐。及父卒,叔齐让伯夷。伯夷曰:'父命也。'遂逃去。叔齐亦不肯立而逃之。"夷、齐兄弟二人相互谦让,宁可远离父母之邦,也要遵守礼义,推让王位。这种以仁义为先、利益居后的品德,受到后人的赞赏。"夷齐"成为贤者的代称。

③　因循:沿袭,照旧不改。

④　祖宗成法:先代帝王所制定而为后世沿袭应用的法则。

⑤　印信:官府所用各种图章的总称。包括印、关防、钤记等。

⑥　条记:印信的一种。

⑦　今按:此末段大概为后人添加。"忠孝子孙"为明代皇帝所赐封。关防始于明代,此仁宗皇帝故亦为明仁宗朱高炽也。

家政、宗规①（浙江奉化）

始祖昌，授节度使之职，世居台州临海县城东门外，名曰里外钱发派。始迁祖曰一，为昌九世孙，因经商偕弟曰二、曰三迁于奉化后潭桃花岭。

家政

尝谓有公家之政，有私家之政。士君子修一家之政，非求富贵之也，植德而已耳，积善而已耳，好礼而已耳。父子欲其孝慈，兄弟欲其友恭，夫妇欲其敬顺，宗族欲其和睦，男子欲其知书，女子欲其习气，婚姻欲其择当，嫁娶欲其及时，祭祀欲其丰洁，用度欲其节俭，坟墓欲其有守，事业欲其不坏，农务欲其得时，赋役欲其如期，交游欲其必择，行止欲其必谨，事上欲其无谄，待下欲其无傲，有无欲其相通，吉凶欲其相济，患难欲其相恤，疾病欲其相扶，忿怨欲其含忍，过恶欲其隐讳，饮酒欲其不乱，服饰欲其无侈。如是而行之，则家政修明，内外无怨，上天降祥，子孙吉昌，移之于官则一官之政修，移之于国则一国之政修，移之天下则天下之政修。呜呼，有官君子者，其可不修一家之政哉！如不修一家之政，其可与语国与天下之政乎！

裔孙　廪膳贡元、初任龙溪谕、后任鲁山知县懋　建立宗谱敬录
南宋咸淳三年

---

① 载于浙江奉化《钱氏宗谱》（四卷）卷一，同治十三年（1874）重修。

宗规

窃视名族,诗礼传家。族属繁衍,人文郁郁,名世迭出,英贤挺生,七庠赫赫,科名甲第,书香不绝,落落有声,累世簪缨,贵显接踵,并无邪玷。厥有尊祖敬宗之道,律身绳墨①。重修宗谱于万历二十五年丁酉岁桂月,重修至崇祯十年菊月。老幼会族以立宗规,防范后人修身慎行,不坠于门第也。倘于东居西迁,不知其裔道消长,父母且无教子之心,子孙无向学之志,必不勤于礼义而好尚嬉戏,闲游过日,苟至于不肖玷累门风,将何如哉? 乃立宗规,以为防勉者耳。

宗规十条

第一,序得姓之根源。

第二,记世数之远近。

第三,明爵禄之高卑。

第四,序官阶之大小。

第五,表坟墓之所在。

第六,述娶妻之外氏。

第七,适女子之出处。

第八,彰忠孝之进仕。

第九,扬道德之遁逸。

第十,表节义之乡闾。

又六条

一、崇祀以敦孝思。

二、睦邻以会同宗。

三、孝悌以肃家风。

四、耕读以务本业。

① 绳墨：木匠画直线用的工具。比喻规矩或法度。

五、择配以选良家。

六、赈济以活贫穷。

嗣孙　廪膳贡元、任密云谕茂　敬撰

遗训

子孙务宜孝悌为先，和睦为本，凡族内有患难疾苦，必须会议往视扶助，毋得袖手旁观。

子孙须恭敬尽礼，出入有仪，见长者坐必起，行则序，应对必称其名，毋以你我女妇。

子孙只宜耕读为本，或商贾、或百工为事，不许非为卑贱，以污先声。

子孙遇高曾之墓，凡祭扫之时，随宜尽礼，以隆报本，毋弛孝心。

子孙当祖先皆以文翰相承，当以法守相念。毋许持强吞弱，毋得好讼干刑，自贻伊戚①。

子孙婚配，须择良家素娴姆训者，方可聘娶。勿图小利，有妨大义。凡养女出聘者，亦须如择妇之心择婿。

---

① 自贻伊戚：形容自寻烦恼，自惹祸患。

第三部分

明代分支家训

平民百姓兴修家谱是宋元之后的事情。特别是明中后期，由于战乱和洪武赶散等原因，人口大规模流动，使得兴修家谱成风，以不忘祖志，承上启下。自明万历之后，钱氏家族更多的家谱附有家训，有的是录入了武肃王遗训，有的自定了家训。这些家训既继承了祖训的合理内核，又根据自身实际，结合中国优秀家教文化的精华，形成了自身特色。

正旦谕族文①（浙江剡西长乐）

　　武肃王七世孙稹鉴于北方战乱，故携家辗转逃至天台。稹有子名介子，曾官福州罗源令、婺州推官，娶龙图阁直学士山阴薛宗熙女，生五子。薛氏出嫁时有陪嫁田一千余亩，坐落在嵊县长乐。淳熙四年（1177），介子带领三子植、五子楷从会稽进入长乐，命二子在此定居，管理田产。植遂为长乐始迁祖。

　　尝谓为人，尽在于人伦之间而已。五伦始于夫妇，有夫妇而后有父子，伦理造端者也。故夫妇正则家道顺成，夫妇不正则家道堕废，而父不父，子不子矣。为父者莫要②于教子，子知学则能为父矣。子既知学，及其冠，为之择配，择者择其家法及其性行良否耳，非择富而择贵者也。故曰："今虽贫贱，安知异时不富贵乎？今虽富贵，安知异时不贫贱乎？"③

　　然自唐以来，始尚门第，吾浙东之俗，逮今不变。其不学者，既不知择贤，又不知择门第之相当，苟且贪图，或慕其势力，或重其食产，家法门第置之不问。女家贤矣，门第固不足恃，不贤而阀阅又不相当，徒取哂④于亲戚朋友耳。太史公曰："浴不必江河，惟其去垢。"⑤娶不必名阀，惟其贞好。女家不贤，女非贞好，其可不以阀阅自重，而甘于小人之归乎？

　　吾家本吴越之胤，苏长公⑥所谓"世有爵邑"⑦者也。为子孙者，浸不知学，不知自贵？为子娶妇，多惑于势利，既不择门第，又不择贤否，贪图苟且，以致夫

---

① 载于浙江嵊州《长乐钱氏宗谱》，光绪六年（1880）印本。
② 要：应为"如"。出自《增广贤文》："至乐莫如读书，至要莫如教子。"
③ 参见《司马温公家训》。
④ 取哂（shěn）：取笑。
⑤ 出自《史记·外戚世家》："浴不必江海，要之去垢；马不必骐骥，要之善走。"
⑥ 苏长公：苏轼。
⑦ 世有爵邑：参见苏轼《表忠观碑记》。爵邑，爵位和封邑。

妇不正。如前所云,深为可慨。彼以琐末之家,颇殖产业而慕吾族家世,思欲扳附以齿于士大夫之列。而族人无志气者,念子长家贫而请婚之艰,又被诌谀之人利在口腹,为之说诱,被其甘言,竟堕其计而不恤公论。不知以为宗族之耻、亲戚之羞。娶妇入门,至于聚会之时,使世家子女相为姒娣,坐席不安,忝厥^①祖宗多矣。此何为也哉?

余老矣,叨长一族,今正旦^②之日,率族众于祖宗之前共立誓言:凡有议婚而不禀闻族长、通知家众、私与媒议以成婚者,会众声其背盟之罪而责罚之。所婚之妇,其细民^③之女,则止许称名;其郎秀之女,则止许称小娘。不得庙见,不得附谱录,不许预众会聚,称姒娣嫂姤,以厚其别。祖宗有灵,亦不佑之,岂能昌大门户?宜悉此意。今书此若干本,付各房长而贤者各一本,使之互相训饬,永为子孙遵守。

洪武庚午元旦　钱庄　书

---

① 忝厥:有愧于其。
② 正旦:农历正月初一。
③ 细民:普通百姓。

族规①（江西吉水圆塘）

钱惟演弟惟济，官吉州防御使，其子昕，传六世有讳闻者，复判守吉州，因家庐陵三衮源，于宋哲宗元祐六年（1091）来赘于诸沅，传第三世安忠而生六子，于是繁衍硕（为）大，为江乡之名族。世久而族渐以徙，另一支泓溪之祖曰尧翁，通判之十世孙也，仍居三衮源。

县主沈父母序

"钱氏族规"乃文肃公②所以规族后昆者也。予叨令兹土，行部③文昌，而钱生辅朝、隆御等，携此请序，且以《隆德录》见惠。予也展玩再三，不忍释手，因而思曰：钱氏生齿众矣，自文肃公以至于今，不为不远矣。而其后人尚能恪守成规，称文江④望族者，何也？此非特族规足法也，以文肃公之德之隆也。清文硕学，望重朝端，笔削秉公，启沃⑤不怠，而且解荣归老，表率族姓者，十有五年。绎其十规，纤巨靡遗⑥，且丁宁于身教之克端，此岂徒以言训者耶？宜其后之人恪守无斁也。不观之规乎，规惟握中而旋转，故后之为圆塘者，不能不取则焉。族规惟本德以创垂，故后之宜家者不敢轻屑越焉。借令德非隆也，规亦行之不远矣。钱氏后人勉乎哉！《诗》云："毋念尔祖，

---

① 载于《圆塘钱氏宗谱》（钱惟济支派），1996年重修。同见于江西《弘溪钱氏宗谱》（1996年重修）之泓溪钱氏族规十章（略有差异）。

② 文肃公：钱习礼（1373—1461），明江西吉水人，名干，以字行。永乐进士，选庶吉士。卒年八十九，谥文肃。

③ 行部：巡行所视察的地方。

④ 文江：吉水之别称、雅名。

⑤ 启沃：竭诚开导。

⑥ 纤巨靡遗：指族规所有方面都考虑到，没有遗漏。

聿修厥德。"请三复于斯。

万历丙申四月朔日

吉水令姚江沈裕　谨书

尊本始第一（凡六条）

祠堂所以奉先灵也。常须洒扫、扃钥^①，毋令污秽。凡有倾圮^②，辄宜修葺，不可怠缓因循。

祭祀所以报本也。前期祭主、礼生^③、执事斋戒^④、出宿，省牲^⑤、习仪，厥明^⑥行礼，务宜洗腆^⑦诚敬，毋得懈怠苟且。斩衰凶服^⑧，不得与祭；期功^⑨而下，更服行礼。

坟茔，祖宗体魄所寓也。子孙宜以时展省，近茔竹木，毋容剪伐。

每岁元旦，值年者备香烛酒果于祠堂，长幼齐肃祭拜，然后序次行礼。其余朔望，族长设香烛致告。

祭田条墩，具载簿册，岁有常租，值年者依期收取。除输纳粮差外，照例支给所供祀品。敢有盗卖者，责令赎回，仍以不孝罪论。

谱牒所以明尊卑、笃恩义，毋令污坏散逸。每岁冬至祭毕点视，违者议罚。

守法律第二（凡二条）

钱粮差役，庶民之职也。务要依期输纳，以时趋事。如有稽延拖负，该年粮里具呈到祠，族长督并完足，仍行议罚。

过恶罪犯，国有明条，子姓自宜警惧。毋以恶凌善，毋以富吞贫，毋以强凌弱，毋以众暴寡，毋以尊凌卑，毋以幼犯长，毋作非为，毋学赌博。敢有纵欲怙侈、丧名败德，权其轻重，以行惩究，无致紊乱官司。

---

① 扃（jiōng）钥：门户关闭，锁闭。
② 倾圮（pǐ）：毁坏，倒塌。
③ 礼生：襄礼者。祭祀时赞礼司仪的执事。
④ 斋戒：古人在祭祀或举行典礼之前，常沐浴更衣，戒绝嗜欲，使身心洁净，以示虔敬。
⑤ 省（xǐng）牲：古代重大祭祀活动的一项重要准备工作，由专人审查祭祀用的牲畜。
⑥ 厥明：明日。
⑦ 洗腆（tiǎn）：置办洁净丰盛的酒食。多指用来孝敬父母或款待客人。
⑧ 凶服：丧服，孝衣。
⑨ 期（jī）功：亦作朞（jī）功。古代丧服。期，服丧一年。功，又分为大功、小功。大功服丧九个月，小功服丧五个月。

正伦理第三（凡二条）

父母生我也，兄弟同气也。伯叔父母、父母、兄弟娣姒①也，一家之亲，此三者而已矣。孝以事之，顺以承之，则家和而福萃矣。

宗族一本也，情谊非无疏戚，名分自有尊卑。亲其亲而疏者有礼，尊其尊而卑者有恩。吉凶相庆吊，有无相周恤，患难相扶持，庶不忝吾礼义之族矣。

厚风俗第四（凡三条）

忠孝节义，风化所关。其有奋以励志、毅以致行、始终如一者，生则重加庆奖，死则附入祠祀，俾将来有劝。

子弟家众，为家长者，平居训习，各务生业。或有非为妄作、鼠窃狗偷，事露有犯国法家规，族长即宜痛治，毋致紊烦官司。苟恃无赖以欺善良，自行缒刎。意图诬告尤骗者，族长后直呈官究理，无长奸恶。

遇岁凶，富者须从例出货，毋得高价图利。其称贷之家，亦宜照例纳还，不可拖欠，自丧廉耻。

隆世业第五（凡二条）

耕读，吾宗世业也。子弟之聪俊者，教以经学，以求进取，有成材可以入学。及贫乏不能教者，族长资其财费；其顽钝不可教者，责令习务农工生理。不可纵肆游逸，荡移初性。其有流于僧道、俳优、隶卒之类，痛惩改悔。故为不悛者，连坐父兄，仍于谱上削名。

科第，忠孝之阶也。凡沾禄食者，以忠孝为心，恪共厥职。苟或贪墨②覆𫗧③，有累先德者，生，何颜入家庙？死，不容以附祭。

端身教第六（凡三条）

凡为家长，必谨守礼法，以御子弟。少有偏曲，则更相责望，乖戾作矣。要必以身先之，则子弟效德，不令而行。

---

① 娣姒（dì sì）：旧时同夫诸妾互称，年长的为姒，年幼的为娣。也指妯娌，兄妻为姒，弟妻为娣。
② 贪墨：贪污。
③ 覆𫗧（sù）：𫗧，食物。谓鼎足折断，食物从鼎里倒出。比喻力不胜任而败事。

族长,所以维持一族也。必须言行端庄,众所信服者,推而任之。凡入祠堂,俱要整肃衣冠。遇有呈首,两造具备,审察情辞,遵依民国律法①,减科一等,以全亲亲之义,不可怀挟恩仇,徇私武断。如有强梗不服者,举呈官司,惩其奸慝,庶使公道不枉。

罚赎余租,务要明白出纳,以资修理祠堂等费,毋得因而侵克。

慎礼仪第七(凡二条)

冠昏②丧祭,悉遵《朱子家礼》行之。忧③宜称家有无,毋得僭越④勉强。

男女婚姻,毋容苟且。议婚之际,家长先须赴祠报告,以定门阀可否。勿苟慕富贵,亵求非偶;勿贪论财礼,以蹈夷俗。违者,家长一体治罪,责令改婚。

保资产第八(凡一条)

居址田园,所以厚生⑤也。为子孙者,当念创立之难,各宜保守。不可游荡纵逸,自致覆坠。或有典卖,必须明白,不可愚弄掣骗。其有基业连,各分守界,忧⑥得恃强侵夺。

肃闺门第九(凡五条)

夫妇之际,人道之大伦也。凡妇初来,虽未能遽谙识事,为夫者宜渐以家法告晓,尤必以身型之。

妻妾之分,自有尊卑。妻存,妾不得以专内事;妻亡,妾不得以当尊。

妇人有长舌,忌悍无耻,干与⑦外事者,家长责其夫以教戒之;屡教不悛者,必出之。

诸妇有亲姻当见者,必以子弟引导,方许相见。苟亲姻中有为僧道者,虽至亲亦不许相接。

---

① 从这里,可以看出家训流变的痕迹。在乾隆年间修订的家谱中,原文为"大清律法"。本谱后修订于民国,因此,这里从政治正确来讲,自然把"大清"替换成"民国"。虽然这里写了"民国",但是此族规最初作于明中叶这个时间,仍然是可以认定的。

② 昏:"婚"的本字。

③ 忧:这字改为"尤"较为合适。下文亦有以"忧"(繁体作"憂")代"尤"者。

④ 僭(jiàn)越:僭冒名位,超越本分。

⑤ 厚生:使人民生活充裕。

⑥ 忧:这字改为"毋"较为合适。

⑦ 干与:过问或参与(其事)。

妇人"昼不游庭，夜行以火"①，所以正妇德也。世有朝山谒寺②，深为可恶。吾宗虽无此习，为夫为子者亦宜预告。违者，罪坐夫男。

严保障第十（凡三条）

地方难保常宁，御次不可无备。如遇生发，该坊以鸣锣为号，各坊族长统集子弟仆从赴救。器械忧宜预备，毋得临期束手。其有功者给赏，退缩者议罚。有能死敌者，以礼祭葬，仍行赒③其孤寡。

四坊房室辏集④，常须谨防火烛。恐有遗误，务要极力救护。毋得乘风抢夺，违者呈首到祠，族长追赃给主，仍行议罚。

各家仆从早晚出入，主者务宜严加钤束⑤，毋令放纵。主生倘有不虞，贻患非轻。矧吾宗亲疏贫富固有不同，而其为主则一也。敢有恃强放横，凌辱衰微，以乖⑥名分者，呈首到祠，族长各权轻重议罚。

右族规十章，每岁冬至祭毕，通赞⑦唱读族规，以子弟一人立参庭读之，读毕纳主，然后行团拜礼。

新增家规（凡四条）

（裔孙　榆　撰）

名分宜正也。凡我子姓娶妇，须戒同姓为婚。其于娣姒填房，尤为越例犯分，不可苟合。如违，谱牒除名。

夫妇居五伦之中，赖以似续妣祖者也。徇非⑧实犯"七出"之条，不准轻出。其有实系不贤可弃者，亦须禀明族尊，方许行事。然财聘仍不许耗散，务令将半归公，俟续娶日领回。

虚荒白契，何家茂有⑨？凡本家子姓，不准翻粮及控告白契。如有此情，公

---

① 出自《孔子家语·本命解》。白天不在庭院中游逛，夜里走路要举着灯火。
② 朝山谒寺：泛指去寺庙中参拜。
③ 赒（zhōu）：周济，救济。
④ 辏（còu）集：聚集。
⑤ 钤（qián）束：管束。
⑥ 乖：背戾，不和谐。
⑦ 通赞：司礼，整个祭祖过程皆听他的唱词口令进行。
⑧ 徇非：当作"洵非"。
⑨ 茂有：无有。此方言词。

众饬止。若有赡粮钱归还者,即业户亦不得借词抗收。

风龙水口,大小杂树,为一村保障。凡男妇大小,不准钩枝伐栲,损害龙脉。如违,鸣公责罚。即有喜事宴宾,入山做柴,亦须相地而采,不得任砍风龙。

右新增家规四条,各宜恪遵,毋贻祖恫^①。

识吉水县令王,为乡约事

访得圆塘钱文肃公旧有家规甚善,至今子姓行之不废。兹欲举行乡约以善民俗,合行采访施行。为此票仰本役前去该都,会同有识耆老生员人等,讲求所行家约,逐一将已行条件从实开报。如有刻本,即便印刷一二册赴县,以凭解府采择详议。本家不可独善,以有为无。去役毋得因而扰。此系议处事理,毋视泛常未便,须至票者朱评。钱族封耆老有识见,可以教我者,请出一会,尤善。幸[毋]以势分相拘也。

据《家约》,事上之忠、报本之孝、奉先之勤、类族之礼,隆师以敦伦,务实以昭训,睦邻以息讼,防微以杜渐,施于有政,闻于有家,本端而则善矣。仰永遵守,以光箕裘。

嘉靖二十六年八月日批

县主黄父母评

钱氏族规,其祖文肃公所以训后人,欲其世世守之者也。今其孙子辅朝、文世、御隆等,犹率其族之人,遵而行之,岂所谓克绍先训者乎?固知文肃公所遗者,远矣。

万历丙申岁孟冬之吉

---

① 恫:哀痛。

祖谕、祠禁、祠训①（江苏丹阳青阳）

会稽郡王钱景臻之子秦国公恂，迁于润。恂生运使公端瑀，端瑀生筠，筠生继祖，继祖生点检都太尉伯乙，遂为镇江嫡祖。伯乙生闻，闻生茂洪，茂洪生尧卿，乃迁云阳之东乡，卜宅青阳，而为青阳始祖。

青阳始祖四谕

一曰宜亲近贤士

廿八世应坤曰：凡我子姓，各宜审听：始祖所云贤士，非但吾族，大约州里中，优于德行、长于文辞、熟于今古者皆是。若能朝夕虚心，求其讲究，明孝弟忠信之谊，知诗词歌赋之文，识兴亡成败之故，自能入则齐家，出则治国矣。谚云："蓬生麻中，不扶自直。"尔子姓其佩服之。

二曰宜迸违匪人

始祖又云：匪人宜迸，其为子姓谋也，诚忧深而虑远哉。匪人生平不过视五刑②如饮食，藐五典③若弁髦④。故以赌赛为奇技、打降⑤为胜算，奸窃诈伪为良谋。若不能以理自持，一旦为其所诱，异日玷辱家风，身扞⑥法网，倾财荡产，

---

① 载于江苏丹阳《钱氏宗谱》，1928 年重修，述古堂修辑。
② 五刑：隋代至清代的五刑为笞、杖、徒、流、死。
③ 五典：五种伦理道德，父义、母慈、兄友、弟恭、子孝。
④ 弁髦（biànmáo）：弁，指缁布冠，一种用黑布做的帽子。髦，童子的垂发。古代贵族子弟行加冠之礼，先用缁布冠把垂发束好，三次加冠之后，就去掉黑布帽子，不再用。因以比喻弃置无用的东西。
⑤ 打降：即打砸抢等暴力活动。
⑥ 扞：触犯。原误作"扞"，径改。

以致性命之不保,皆由于近小人之误也。《易》曰:"履霜,坚冰至。"①尔子姓其谨凛。

三曰宜敦厚一本

始祖所云:一本者何,盖自其后而言。虽有千百人之形骸,自其始而言,皆始于一人之精神也。族人相视,如手足一般。尔为我保护,我为尔亲爱,诚可告无罪于祖宗,而祖宗必赐汝以福。倘若恃众暴寡、倚尊凌卑,甚至挑衅唆讼、相戕相虐,一时固为得计矣。他日子孙消折焉,能保汝子孙无受辱乎?曹子建云:"本是同根生,相煎何太急?"尔子姓其戒之。

四曰宜勤俭成家

始祖所云:勤俭者,诚治家之切务也。民生在勤,勤则不匮;民生在利,利欲无荒。若一人耕之,十人耗之,一遇凶荒,固至无备。纵年逢大有,岂能聚粮以养诸幼哉?故财之源宜开,而财之流尤宜节也。昔班定远云:"有钱常记无钱日。"尔子姓其无忽之。

(约成文于明朝)

祠训二十禁

一、禁有误国税

国税,乃朝廷重务。国税一误,即不忠于朝矣,焉能睦于族、和于家也?谚云:"若要宽,先完官。"如有拖欠国税,累及管年者,差费各认之;受辱者,即以其辱辱之。

二、禁子孙不孝

孝乃百行之原。不得乎亲,不可以为人;不顺乎亲,不可以为子。昔历

---

① 当脚踩到霜的时候,应该明白结冰的日子快到了。

山呼天①、王裒泣墓②，千古诵之。族中若忤逆父母者，杖四十；忤逆祖父母者，罪同。忤逆祖父母而父不责子，反为蒙蔽者，杖较子之半。若子妇忤逆祖父母、父母，除杖夫，仍杖本妇。

三、禁冒犯尊长

尊长，乃训诲以成后昆也。举凡教谕，无非造就将来之意。岂有恃尊长而凌虐子弟者乎？凡分居卑末，务执卑幼之礼，以受教焉。如甘为自弃，方命③不从而反肆干犯④者，杖二十。倘不自重以致犯者，酌情议处。若名分虽隆，素为优卒微贱之流者，又当别论。

四、禁兄弟阋墙

兄友弟恭，同气之谊，自应乃尔⑤。昔田荆、姜被，厥风虽邈⑥，而称昆季怡怡⑦者，千古以之。族有手足相残、操戈同室者，查系兄虐弟，杖二十；弟犯兄，杖三十。内有唆使兄弟不和者，酌量名分尊卑议处。若构连外侮、变起萧墙者，杖四十。倘有公私所费，命认偿之。

五、禁祭祀无礼

祭祀之礼，所以序昭穆，格先灵也。凡蒸尝⑧之日，务宜别长幼卑尊之次，俨在上左右之诚。倘礼拜错乱，喧哗不恭，先人有知，能勿恫乎？杖二十。

---

① 历山呼天：舜帝之父叫瞽瞍（gǔsǒu），生母握登不幸早逝。其父总听后母谗言，舜很委屈，如孩子般呼号哭泣，认为都是自己没有侍奉好他们。舜的行为感动上天，当他在历山耕种的时候，大象帮他耕田，飞鸟帮他耘土、除草。尧帝得知以后，就把两个女儿嫁给了他，并屡次用艰难的事情去锻炼舜的办事能力。后来，天下大治，尧帝就把皇位让给了他。

② 王裒（póu）泣墓：魏晋时人，父仪，为文帝所杀，遂不臣西晋。裒在墓旁结庐，居住守孝。母畏雷，逝后，裒每闻雷，即奔墓前拜泣告曰："裒在此，母勿惧。"裒曾攀墓前柏树号泣，泪着树，树为之枯。读《诗经》至"哀哀父母，生我劬劳"，必三复流涕，门人尽废《蓼莪》篇。为纯孝之典型。

③ 方命：违命，抗命。

④ 干犯：触犯，侵犯。

⑤ 乃尔：这样，如此。

⑥ 邈（miǎo）：远。

⑦ 昆季怡怡：兄弟和顺的样子。昆季，兄弟。长为昆，幼为季。出自《论语·子路》："朋友切切偲偲，兄弟怡怡。"

⑧ 蒸尝：冬祭曰蒸，秋祭曰尝。后泛指各种祭祀活动。

六、禁薄待继母

继母,亦父之敌体①,事之宜如所生。昔人逐蜂蒙诬,卒死不敢自明。故历山号泣,牵车失靷②,往往在继母中以成其孝。如有听子横逆侮慢继母者,子杖四十并叱其父。若父殁或因继母有嗣而故意忤逆,或继母无嗣而膳养不顾,以致他适者,亦杖四十。若继母偏向己子,忘言忤逆,及另有别故,甘愿改嫁者,子本无过,免议。

七、禁凌虐霜孤

霜妇砥节,鞠育孤儿,实存殁交辉,吾族之盛事也。诚能绍柏舟③之志而之死靡他④,彼有产者,亲分务宜多方保护,以全其操;或无产者,须公议设法赈贷,使霜妇抚字孤儿,以俟成立。如有欺孤暴寡、造言逼嫁、恃系亲分、硬作主婚及族人巧为作伐,各杖三十,仍罚所得加倍。

八、禁族人游惰

游惰之民,《周礼》有罚,夫征里布⑤,[昭]然可考也。凡我同于士农工商,宜各事其事。如有游手好闲,不事生计者,他日玷辱家门,断在此辈,杖三十。痛加惩创,改而后已。如终不自新,永不入祠。

九、禁子弟赌赛

赌赛之流,倾财破产,荡尽家赀,以致父母冻馁、妻子饥寒而若罔闻,此皆无赖棍徒之所为也。族中犯此,杖四十。父兄失教,杖较子弟之半。若杖后再犯,父兄同族分长,送官重责之。

---

① 敌体:彼此地位相等,无上下尊卑之分。

② 靷(yǐn):引车前行的皮带。

③ 柏舟:出自《诗经·鄘风·柏舟序》:"《柏舟》,共姜自誓也。卫世子共伯蚤死,其妻守义。父母欲夺而嫁之,誓而弗许,故作是诗以绝之。"后因以谓丧夫或夫死矢志不嫁。从宋代开始,为了表彰遵循封建礼教的妇女,以国家的名义给守节不改嫁,且能孝敬公婆、悉心抚育幼儿的妇女树立贞节牌坊,牌坊上皇帝喜欢用"矢志柏舟"这四个字来旌表。这一做法在明清两代尤为盛行。

④ 之死靡他:见"之死靡它"。到死也不变心。形容爱情专一,至死不变。

⑤ 夫征里布:《周礼》对游惰之民的处罚。"凡宅不毛者,有里布;凡田不耕者,出屋粟;凡民无职事者,出夫家之征,以时征其赋。"意思是,凡田宅不种桑麻的,罚出居宅税钱;凡田地不耕种的,(根据所荒废田地的多少)罚出屋粟;凡民无职业而又无所事事的,罚其照样出夫税、家税,按时征收各种赋税。

十、禁族人偷窃

偷窃奸宄，好为贪鄙之行，而羞恶之良心日牯亡①之矣。凡同族，如非其有而取之者，杖三十；无故入祖茔窃取竹木者，加一等，令其自艾②。如若穿窬不警，萑苻③窃发④，核其真族，分长、祠正公同⑤拿解送官，处死不贷。

十一、禁有伤风化

闺门严肃，内外有防。胡瑗、富弼⑥，交相尚焉⑦。如有引类呼朋、狐群狗党，出入闺阃，不分内外者，异日倾圮家风所必然，夫杖三十。戒不得与彼匪人往来，违者杖四十。至于同［宗］风化，尤为吃紧。如有伦理不顾，玷辱家风者，有干十恶不赦之例，按服轻重，鸣鼓其攻，仍生不入祠，死不立主。

十二、禁名号乖离

名之不可紊者，分定故也。昔济轻湛为痴⑧，无礼甚矣。近有叔侄年数差同⑨，遂相亵玩，或呼以字者，或呼以官者，或觌面⑩对坐，相为嘲笑者……种种陋习，殊为可恨。自后仍蹈不悛，侄有杖，叔宜族长均叱之。

十三、禁好为争讼

争讼，原非厚道，理宜戒勉，不伤同本之情。即或负气不平，当递中状入祠，族长祠正察情议服。如有恃众凌虐、倚势胡行，不经祠议，动辄兴讼者，杖三十。族长阄进公呈以治之。

---

① 牯(gù)亡：受遏制而消亡。
② 自艾：改过从善。
③ 萑(huán)苻：亦作"萑蒲"。泽名。出自《左传》："郑国多盗，取人于萑苻之泽。"杜预注："萑苻，泽名，于泽中劫人。"后因称盗贼出没之处为"萑苻"。
④ 窃发：暗中发动；不知不觉地产生。
⑤ 公同：共同。
⑥ 胡瑗、富弼：两人皆为宋代大臣。
⑦ 交相尚焉：互相尊崇。
⑧ 济轻湛为痴：晋代人王湛，少言语，有隐德，人莫能知，兄弟宗族皆以为痴。他的侄儿王济颇轻视他。后经过交流学习《周易》、相马等一系列事件，王济才不敢轻视叔叔，更不敢视叔叔为痴呆之人。
⑨ 差(chā)同：大致相同。
⑩ 觌(dí)面：当面，见面，迎面。

十四、禁妇道不谨

妾妇之道,贵乎柔顺。善事姑妈,无违夫子,斯称内助之贤。若牝鸡司晨,不独妇道有亏,亦且非惟家之索也。如有悍类河东狮吼于中,声闻于外,且长舌多言,鼓簧人事,或离间兄弟,干犯姑嫜,雌黄其口者,夫杖二十,勒妇自新。如妇仍不改,夫杖四十,仍将妇入祠,令伊姑及伯叔母等公同族长祠正,以重杖扙①之。

十五、禁招赘孀妇

孀妇,理宜守节。即不得已再醮,可也。族中如有招赘孀妇,主婚者杖二十,罚所得加倍,押其夫领回。若族中为媒,杖十五,罚银一两。

十六、禁归养嫁母②

饿死事小,失节事大。嫁母,于子虽亲,于父无涉,诚所谓覆水难收,生不入祠,死不立主者也。如有不顾理法,领回膳养者,杖三十,押令送还。其因产凉子幼,不得已而适他人者,子念乌哺私情,贴膳膳之。

十七、禁宠妾抑妻

室家相得,如鼓瑟琴③,诚五伦之所重也。若宠爱偏房,遗弃结发,彼相敬如宾之谓何?族中凡有妾者,务嫡庶有序,毋相夺伦。如纵妾凌妻,以致夫妇反目,横加诟詈④棰楚⑤,许妻遍告族中,夫杖二十,命黜其妾。倘自悔悟,容之。

十八、禁纵仆欺人

仆隶卑贱,即秦纲⑥,不过一下人耳。同族虽三尺之童、行佣⑦之辈,俱有主

---

① 扙(zhàng):同"杖"。

② 嫁母:改嫁的母亲。

③ 如鼓瑟琴:像弹奏琴瑟,声调和谐。比喻夫妻和美相爱。出自《诗经·小雅·常棣》:"妻子好合,如鼓瑟琴。"

④ 诟詈(gòulì):辱骂,责骂。

⑤ 棰(chuí)楚:指杖刑、鞭打之类的刑罚。

⑥ 秦纲:指仆隶。出自宋代胡继宗《书言故事·妓女》:"仆曰'秦纲',晋侯迎夫人嬴氏以归,秦伯送卫于晋三千人,实纪纲之仆。"实,充实。纪纲之仆,管理门户的仆人。

⑦ 行佣(hángyōng):做雇工。

道存焉。必尊卑有别，方为得体。如有从仆犯人出言不逊者，挞其仆并责其主，或有族人与仆和同①耦坐②饮酒者，自取轻贱，杖二十。

十九、禁狂醉生事

醉不为过。然醉而狂不失礼，即多言之招也，况生事乎？昔康节③云"微醺便止"，良有以也④。如有滥醉，妄为戾尊、无端凌幼并与他人殴詈者，俟醒后杖二十。

二十、禁处事不公

处事贵乎服人。须从中分剖是非曲直，不徇私情，斯诚持论之公。如因循两可，凡事朦胧，或有阿比⑤，或有偏陂⑥，革退⑦，更举以代之。

以上二十则，贫者照杖罚之，富者照杖杖之，无非惩不肖、励廉耻耳。须互相劝勉，以底一道同风之俗。如有恃强不服而诒言⑧执法之偏，或怙过不悛而甘心无悔悟之念者，族长等鸣鼓究治，勿轻宥之。

康熙岁次庚午

祠训八则

敦孝弟

齐家治国，莫大于孝弟。有子以孝弟立为人之本。孟子以孝弟开王道之端。不知孝弟，则子职有亏，弟道有缺。其于事亲、从兄⑨之谓何？夫为子当

---

① 和同：伙同。
② 耦坐：两人对坐、同坐。
③ 康节：指邵雍，北宋理学家，字尧夫，谥号康节。写有诗句"酒放微醺，绢铺半匹"。
④ 良有以也：指事情发生确实是有原因的。
⑤ 阿比：偏袒，勾结。
⑥ 偏陂：偏颇，不公正。
⑦ 革退：开除，斥退。
⑧ 诒（yí）言：事后放话。
⑨ 出自《孟子·离娄章句上》："仁之实，事亲是也；义之实，从兄是也。"这里主要讲孝悌中的"仁"和"义"的关系。

孝,为弟当悌,世之常情。孝则近于仁,弟则近于义。盖亲亲,仁也;敬长,义也。能孝弟而仁义,即在其中,属在宗支,各宜感发兴起,尽为子弟之职。人人亲其亲、长其长,孝弟之道,庶克敦矣。

主忠信

尽己之心为忠,言之有实为信。曾子日有三省,以"为人谋不忠"开其先,即以与友交不信居其次①。然日省其不忠,则必以忠为主,本忠告以达忠忱也。可知日省其不信,则必以信为主,本信实以见信从也。可知人苟主于忠信,则事皆有实,自无欺诈之端,处己接人决不外是,人其以曾子为法可也。

明礼义

礼所以制心,义所以制事。明乎礼,则尊卑有序,长幼有分。内而一本九族,自著雍和揖让之情;外而邻里乡党,自笃周旋晋接②之谊。明乎义,则仰不愧天,俯不怍人。大而千驷万钟,必有不顾不受之心;小而一毫一介,必存不欲不取之志。况礼门义路,人所共知。苟出入是门,能由是路,未始非君子也! 何不乐为君子而共勉之?

重廉耻

人伦之道,莫重于廉耻。处己宜清,财毋苟得,分毋求多。一介之取,必适于义,以免伤廉之讥。立品,欲端无玷身家,无辱宗族。非礼之事,决不可为,以免蒙耻之诮。我姓自武肃王定鼎,黻冕③代兴,家门清洁,簪缨世及,族党增光,维绳祖武而缵先王之绪。

戒赌博

四民之中,各业其业。士之子恒为士,农之子恒为农,甚至为工为商,皆执一艺以成名。昔敬姜教子逸劳,其言曰:"沃土之民不才,淫也。瘠土之民,莫不向义,劳也。"④骄奢淫佚,而赌博之风炽矣。每见无藉之流,恣意赌博,广结匪

---

① 原文为"曾子曰:'吾日三省吾身,为人谋而不忠乎? 与朋友交而不信乎? 传不习乎?'"
② 晋接:接触。
③ 黻冕(fúmiǎn):古代礼服。黻,古代大夫的礼服。冕,大夫以上之冠。因以称代仕宦者。
④ 出自《国语·鲁语下》。

类,夜以继日,设一旦赀尽囊空,家业荡废,势必为盗为贼,殃及其身,以累其妻子,至此而始觉前非,悔无及矣。凡我族人,勿蹈前辙,以贻祖宗羞辱。不遵者,申官究治。

慎交与

"君子与君子,以同道为朋;小人与小人,以同类[1]为朋。"欧文忠之言,断不诬矣。每见市井无藉之流,广结纳,滥交游,益者友之,损者亦友之。甚至习与不正,放辟邪侈,无所不为,一旦殃及其身,虽追悔何及?《易》"比之匪人,不亦伤乎?"凡我子孙,慎勿滥交,以玷家声。不遵者,议罚。

睦乡里

古者,一乡之中,出入相友,守望相助,而后可谓仁里。盖乡里者,宗族之辅也。语曰:"唇亡则齿寒。"是故睦谐乡里,无事则相安庐井[2]。殷然有礼以相接,蔼然有恩以相交。一旦有事,如身之使臂,臂之使指,无不顺从。否则,乡里不睦,雀鼠相争,而外患交作,追悔何及哉?凡我子孙,无获戾于乡里,熙熙皞皞[3],其有黄农虞夏[4]之遗风乎。

裕财用

男女婚娶,人之大伦也。娶妻而生子,尤承祧之大事。古者择吉婚娶,必告于祖曰:"某也成人,宜其室家,聊陈薄奠,以表葵忱,敢以告。"生子,必告于祖曰:"某生男子,载弄之璋,不腆菲物,用昭孝享,敢以告。"诚重其事也。自今以往,婚娶纳银三钱,生子纳银一钱,积少致巨,以储宗祠之用。其有子孙,或不得已而借支者,照利生息。递年清讫,毋许积欠。如愆期,则罚银一两;恃强顽抗,不急公务者,鸣祠杖责,仍罚银二两。

---

① 类:宋欧阳修《朋党论》中,原文为"利"。
② 庐井:古代井田制,八家共一井,因称共一井的八家庐舍为庐井。泛指房舍田园。
③ 熙熙皞(hào)皞:形容和乐舒畅,怡然自得。
④ 黄农虞夏:黄帝、神农、虞舜、夏禹的合称。

家规（江苏溧阳）①

驸马钱景臻支。钱镠第七世孙忱，第八世孙端仁，第九世孙符。符公生四子，第四子昌祖曾到广德任职，于南宋绍兴四年（1134）自浙江台州府城迁居江苏溧阳县黄区（墟）里，为溧阳之祖。其后，公弼（字朝辅）又于南宋淳祐八年（1248）转迁本县南山白兔塘村。

一、赋税，犹朝廷之命脉也。百姓，犹肢体也。命脉有伤，肢体其能安乎？此为奉上者所当急也。凡本族秋粮夏税，有不输纳者，罚银一两。贫不能罚者，痛责二十板，令诸值事催完。

二、闺门，风化所由起。凡诸妇女，不许恣其愿欲玩游山水、参览神祠，以致玷伤风化。犯者，夫男罚银一两。贫不能罚者，痛责四十。

三、夫妇，人伦所宜先，必"夫爱其内助，妇爱其刑家"，有唱有随，各安于正。背此量罚。

四、孀妇立志守节，诚可嘉奖。如有孤寡无子而不能养者，本房给粟帛以赡终身；有尊辈贪财逼嫁，以使失节，本妇不服鸣告者，凭族解官治罪。

五、冠礼虽废已久，然古人制之，责以成人之道，亦必有义存焉。族有思复古礼，举而行之，许通族庆贺，轻重随谊。

六、婚姻所宜谨。凡欲嫁娶，当预告于宗长，知会通达事理者几人，公议阀阅。果系相称之家，富以富配，贫以贫配。不可贪慕小家财利，卑污苟贱，辄自与之联姻。不惟有玷子女，亦且贻耻先人。若有此者，罚银五两。贫不能罚者，痛责四十，婚丧嘉会不许与席。

---

① 载于《钱氏家谱》（吴越钱氏溧阳小宗庆系谱）（雍肃堂）第十二修。民国三十七年（1948）修完，钱文选督修。

七、送死可以当大事，族有闻丧即往举吊。恳教其子附身附椁，必诚必信，教而不从为不孝之子，仍当量情罚之。

八、追远莫要于祭。凡忌日、月朔时节，以《文公家礼》①秉诚荐祭。不可目为虚文②，以亵祖宗之灵。若夫祭扫，自各有祭田定制。

九、不孝不弟，国虽有法，然为长上者，亦当多方化诲。一不改，罚银五两，痛责四十；再不改，责七十；三不改，责一百，罚亦如前；终而不改，送官治罪。

十、不忠不信，事皆无实。为子弟者，或心口相违，始终不一，当自警省。有则改之，无则加勉，不然，终为伪恶之徒。因事量罚。

十一、礼义，生于富足。本族富足虽不敢言，衣食颇有余饶。凡吾子弟，务要谦恭逊顺，尊敬长上。有犯分者，痛责三十，不恕。

十二、廉耻，立身之大闲。廉耻丧，则肆行无忌。窃取苟得，呼尔蹴尔③之食，在所不顾。子弟若有此者，痛责四十。

十三、赌博，败家之端，不可不禁。犯者，罚银二两。贫不能罚者，痛责四十。放头④开场之家，照前罚例。见而不告者，责罚减人之半。

十四、宿娼，亡家之本，亦不可不戒。有耽此者，令祠堂端跪一日，罚银一两，责四十。复犯者，跪责倍之。

十五、酗酒，恶德！乱所由生也，最宜慎之。有犯此者，罚银五钱。贫不能罚者，痛责三十，不恕。

十六、富强凌虐贫弱者，天理人情所不容也。许告族长，会集副长以下人等，既谕以恩，复责以义，然后量情责罚。

十七、耕读荣身，肥家之本也。父兄于子弟，必先责以读书，而不成必责之以耕。不耕与读，终为浪荡之子，因时教责。

十八、族中家人，或有强梁⑤暴悍，辄敢凌虐子姓⑥，以奴婢欺主论，痛责一百板。其称名亦当讳族人之名，犯者，责五十，不恕。

---

① 《文公家礼》：朱熹撰。朱熹（1130—1200），儒学之集大成者，南宋理学家、教育家，谥号为文，世称朱文公。该书内容分为通礼、冠、婚、丧、祭五部分，都是根据当时社会风俗，参考古今家礼而成。虽是一部未完之作，但被广为刊刻。

② 虚文：不切实际的文字；无意义的礼节。

③ 呼尔蹴尔：指无礼的、污辱性的施舍。蹴尔，践踏貌。

④ 放头：聚赌作头家。

⑤ 强梁：凶暴，强横。

⑥ 子姓：子孙，后辈。

十九、路不拾遗,古称美俗。凡各房家人,不许宽纵窃取本族并外姓田野之物。有此,许失主同邻右①搜获的,实告于族长。估赃倍罚给还失主,痛责一百板。主若知情,罚银五两。

二十、拐骗亦穿窬②之类,凡有此等,追出所骗原物给主,责一百。

二十一、族中有事不问大小,皆宜调和。如有造言生事,两边斗说是非,致各嫌隙,务要面会质实,罚银五钱。贫不能罚者,责二十。

二十二、凶年,恐有外姓凶强剽掠本族富家财物者,通族务要协力防卫。有坐视者,罚银五两。

二十三、构讼,虽以致胜,亦不足敬。有财产不均,冤情不伸,众当与辨明分释。如有恃强先讼者,许通族具词惩刁治罪,罚银十两。贫不能罚者,责五十。

二十四、族中自守本分,适值无妄灾难,通族长宜助力救之,况祸及子孙、辱及先人?有坐视不顾者,罚银五两。

二十五、关刁豪势横之家,侵虐本族产利子姓,毋得辄与之争,须择值事善于专对者,径诣其家,具白是非利害。既而不得免焉,申请里老③辩白如前;又且不得免焉,然后许告官以辨明。

右规条非无故而为之者,盖因子姓繁衍良莠不齐,本族所以立家规,明赏罚。然悖则逆,逆则恶心生,恶心生则偷惰纵肆,靡不为矣。故当法以防其后,分列条件,序次如右。

十九世孙　春江、铎　撰

南山钱氏宗祠家规(十六条)

一、不孝不弟,重则送官处死,轻则祠笞罚。

二、不完国课,贻累里长,许禀祠锁追。里长借端生事,欺心变产,牵累良善,甚则侵收逃避,锁祠笞罚。

三、窃盗为非罪,轻锁祠笞罚,重则送官处死。

四、奸淫犯伦,查察情真,男、妇一例处死。

---

① 邻右:邻居。
② 穿窬(yú):指盗窃的行为。
③ 里老:里长。

五、逞刁好讼讦、告族人及构外姓伙告，锁祠重责。

六、赌博宿娼，以致败家，察出，罚银五两，仍责三十板。贫者减罚责同。

七、不肖子弟不务本业，降为优隶，罚银五两，责三十板。贫者减罚责同。

八、投靠宦家，私献田地，会族赎回，永不许入祠入谱。

九、婚嫁不择门户，贪财适娶，罚银三两，仍责四十板。

十、寡妇守节，尊长贪财逼嫁及欺凌幼孤，吞噬产业，本房察出报祠，罚银五两，重责三十板。但寡妇必须谨守闺门，倘致玷辱家声，会族逐出。

十一、孀妇有子贫穷，不能守节，听凭出嫁，其子本房抚育或随母养。不许坐产赘夫，以致混乱。

十二、逃人①，公令最严。本族村落星散，或遇面生可疑之人，不许容留，互相觉察，鸣祠报官。

十三、子弟有德行可嘉者，即以所罚之银，轻重议赏。

十四、本族有读书上进者，即以所罚之银，量酌优给。

十五、新举房长，凡遇事故，法在必行。倘分下子弟恃强抗议，会同送官究治。或房长贪财徇私，许本房指实报祠，议置另举。

十六、本族有夫之妇、有子之母，有事不许装头禀祠并告官府，将其夫其子重责解究。

以上规条，犯者必惩，善者必奖。须各相劝勉，以成美族。

二十二世孙　益吾、光谦　立

《吴越钱氏溧阳小宗庆系谱》卷三［明万历三年(1575)由溧阳、广德钱氏后裔合修］

宗规小引

观乎风俗而政教可知也，观乎门内而风俗可知也。感而被之之谓风，渐而成之之谓俗。昔先王采诗以观风，先验诸闺闱之行，审诸里閈②之习，以验奢俭贞淫，而其本归于孝、弟、力、田、逊、让、姻、睦，要之父兄之教豫而子弟之率谨也。是故族有长，门有督，以理夫一家。余族自著姓濑阳③，数叶而济济菁莪④，

---

① 逃人：逃犯。

② 里閈(hàn)：里巷的门。

③ 濑阳：溧阳的一个村。

④ 菁莪(é)：指育材。《诗经·小雅》中《菁菁者莪》篇的简称。

乡甲岁贡翩翩鹊起，虽未及步武先人，亦颇称望阅①云。至于敦孝行、崇齿让、务本业、重廉节，咸秩秩有条，载诸家乘。凡著之训典者，盖斑斑可考也，始知先人之谆切、规诫可垂诸不朽。迄自族姓浩衍②，里居星散③，心涣而谊离，家规罕闻。有叔明甫、弟金如者，族之贤能人也，因恻然念之，为谋诸父兄曰："钱氏之旧典犹在矣，曷不推一人而统之？"众举益吾翁，仁厚素著④，廉直凤闻，淳和朴雅，恂恂有古良吏风，推而长之。佥⑤曰："俞。"而族繁事剧，一人难于独理，又举明甫、廷祥、金如暨余辈为之副，以匡所未逮⑥。至各房之议勘则有宗辅，通族之纠察则有宗直，不畏强御、务行击断则有宗干十数人。族中有勉于为善者，众举而谋于长，曰某良士、某义士，则表率以为望；族中有敢于为不善者，众举而谋于长，曰某非良、某非义，则罚责以为惩。以是行之永久，烝烝⑦成族，钱氏之宗规其再整乎！倘后有贤达者踵而行之，风清而俗美，乃称为一邑之望。是为之引。

顺治癸巳岁菊月重九日　侄孙　瀛选　拟稿

宗规小引跋

吾族为濑江望阅，所从来久。而子孙之繁衍莫盛于南山，风土之淳厚亦莫媲于南山。吾祖父言之颇详，吾年未髫而识之。及长而游焉，恂恂雅饬，十余室如一家然，千余人如同堂。然沧桑一变，闾里因以破碎、人情因以嚣竞⑧者，固比比而是。吾族以最涣之众，处纷纭之时，谓宜有积重难返之势。夫何抢攘⑨之气稍稍见端⑩，一约束于宗长益吾公⑪，而帖然有定静风。夫益吾公之综理族事，固非一端，而独其御纷以一，镇嚣以雅，处繁华以朴诚，感狡诈以天怀。一年

---

① 望阅：望族。
② 浩衍：广布。
③ 星散：分散。
④ 仁厚素著：向来以仁厚著称。
⑤ 佥(qiān)：皆，都。
⑥ 匡所未逮：对达不到的地方给予纠正或帮助。
⑦ 烝烝(zhēng)：兴盛貌。
⑧ 嚣竞：喧嚣奔走，竞逐功名利禄。
⑨ 抢攘：纷乱貌。
⑩ 端：端倪，苗头。
⑪ 一：一旦。

而要领挈，二年而泾渭清，三年而厘剔①毕。尽无华不割，无浮不返。百里内外，咸多向慕之思。邑侯闻风，钦其道范，锡以匾额，申以家法，欲得扶杖一顾，而益吾公逾垣之避②益坚。夫祥麟威凰③，以不可得见为瑞。而我益吾公之自待愈洁、言笑愈寡而人之奉之也亦愈亲，而无复有跃冶④之虞，岂非我益吾公化导之速而镇静之力也哉！他如宗辅、宗直济济乎多协理之才，吾伫峨登识之矣。北风劲寒，呵冻不能殚述，聊为是约略数言，以应尊长之命云。

顺治癸巳冬月吉日　侄　佳　薰沐敬书

增订凡例（共九条）

一、夫妇，人之大伦也。子无嫡庶，而妻有正偏，配某氏、继某氏、副某氏，名不可假，若以故去帷者，虽正亦削之。

二、贞女烈妇，自古为难。凡年少孀居，守志不移者，例得登录贞孝节烈。倘苦节至六十者，许其子侄报祠，以备旌奖。

三、无子立嗣，谓所后者为父母，则所生者降为伯叔父母，理也。近世生则袭其产，死则背其称，甚至不受管而违约者，人心偷薄⑤，尚忍言乎？以后既经凭同房族立约承嗣，两造⑥不得反悔，慎之。

四、应立爱立，俱可承嗣。若以外姻养子混我宗祧，殊乖伦纪，余族人严核毋徇。

五、外戚之谊，敦于嫁娶，配某处某姓某公之女，适某处某姓某公之子，以簪缨堪同许史⑦，亦见婚姻媲美尹姞⑧也。

六、立嗣向有应立爱立之条，本无兼祧双嗣之例。自咸丰庚申劫遭兵燹，人丁过少，无嗣者不可胜数，为此议更旧章，权开新例，将一子嗣出半子，留半子于本生父者，为兼嗣子。若以一子嗣出分顶两支者，为双嗣子。嗣子所生两子

---

① 厘剔：清理，剔除，革除。
② 逾垣之避：即"逾垣而躲"。段干木是战国时隐士，魏文侯亲自登门去见他，但他翻墙避走，表示自己守道不仕的志向。
③ 祥麟威凰：麒麟和凤凰，古代传说是吉祥的禽兽，只有在太平盛世才能见到。后比喻非常难得的人才。
④ 跃冶：比喻自以为能，急于求得效果。
⑤ 偷薄：不厚道，浇薄。
⑥ 两造：法律行为的双方当事人。
⑦ 许史：许，许伯，汉宣帝皇后父。史，史高，汉宣帝外家。后借指权门贵戚。
⑧ 意思是，如论婚姻，固然要推周朝的尹姞。

者,各系一子;倘仍生一子,或归生父,或尽长房,俱可。

（右六条参酌旧例,自光绪丙子改订）

七、古者二十而冠,凡年十六至十九为长殇,十二至十五为中殇,八岁至十一为下殇,古制也。今议自十六岁起定为成丁,无嗣者准行承继;十五至十二为长殇,十一至八岁为中殇,未满七岁者为幼殇。旧谱有混注"少亡"或"夭"字者,悉仍之。

八、祖例,世次以"金水木火土"五字蝉联,重一脉也,或偏旁,或正义,取五行生生不绝之意,旧谱言之详矣。兹议前于二十九世"金"字偏旁起,至三十一世用"本"字,三十二世用"灿"字,三十三世用"增"字。谱名已遵排行者,毋庸更易,嗣后取"金水木火土"偏旁,提名暂定十个字,曰"录法根熙在,铭深植炳均",上一字按次用排行取名,自三十四世顺序而下,以免纷歧。

九、科名为前人所重,前次贡、监、廪、增、附,必详载世系之下,重科名也。科举既停,仍本朝廷莫如爵之义,按照新学制,从高中毕业为始。

（右三条新增）

民国十三年岁次甲子仲春吉日　合族衿耆①：济潮、汉卿、胜美、长松、林庚、得福、逢选、国祥、绍塘、龙保等公议。

公议

按余族旧谱,宋自文僖公创立宗规,并谱例垂示后人子孙,奉守惟谨,历有明春江公集族众会议增订于后。至清初益吾公时当鼎革②,虑遵守之难,定宗规十六条,宽猛相济,法至良也。余钱氏恪遵无违已二百余年矣。洎光绪丙子因兵燹后,道随时异,不得不略为变通。族老暨各房长叠次会商,事期画一,弗容紊乱。庶有以慰祖宗而昭法守,爰将前数次所载规条祖训煌煌,敬谨钞录,并附增订凡例数条,俾族众周知,奉为典要。《诗》有之曰:"率由旧章,不愆不忘。"③后之人恪守先绪,可也。

三十世孙　逢选　谨识

---

① 衿耆：儒生中的耆老。耆老指年老而有地位的士绅。

② 鼎革：特指明清朝代更迭。

③ 一切都遵循原有的法度章程,不做错事,不忘自己的职责。出自《诗·大雅·假乐》："不愆不忘,率由旧章。"

新增凡例三条

一、议立嗣，须遵照光绪丙子改订之第六条实行，兼祧者不得再兼祧，以免争端。

二、议排名，仍遵旧例，用"金水木火土"五字，以取五行相生之义，取偏旁或正义均可。因"录法根熙在，铭深植炳均"，不足以广泛取名也。

三、议志行，必须忠义孝悌，完节贞烈。或有功于国，有功于族，以及特出人才者，方可为之作传作赞，至寿序文仍照旧例，可也。

中华民国三十七年岁次戊子仲春吉日 合族衿耆：选云、余荫、挺宝、汉耕、树青、国玺、振海、澄福、鹤松、英生、镕元、如耕、超群、春发等公议。

祠禁款例①（江苏京江）

会稽郡王景臻子恼派居吴江，恼四传为钱镠十一世孙宋殿前点检都太尉伯乙，建炎间家于丹徒，为京江始祖。

夫建立祠堂，设为春秋二祭，诚睦族联宗之盛典，岂徒酒食会晤已哉！劝善惩恶，端在此举。虽予族子孙，人人敦恪，若无容告诫者，第族盛必流②，异日负惭德③而队④先声⑤，难保其必无也。故敬列后款，相与申约。俾平居⑥无纵肆，而燕享⑦有箴规，必信必从，期还雅道⑧。庶在家焉肖子，在国为良臣，方不失祖宗一脉之意云。

一、祠堂妥神之处，务须洁净。凡遇春秋二祭并朔望行香，必先期洒扫。展拜时俱要必成必敬，终始勿怠。毋得戏慢嫚亵⑨，违者罚之。

二、春秋二祭，乃子孙各尽仁孝之心。当躬承奔走，即有游宦、经商、患病者，虽弗克亲诣祠堂，忖度其心，亦未有能自安者。倘无故而不与焉，此自丧良心，与禽兽无异，众共责之，以为不仁不孝者戒。

---

① 载于《吴越钱氏京江分支宗谱》万芝堂藏版，民国辛酉年(1921)八修，钱乃勤等纂修。祠禁后所附祭祠仪节、祭祠仪祝均为镇江十三世孙应祉所撰。家谱载该支十三世基本上为明末出生，时间从嘉靖到万历。万历二十四年(1596)，庞知县批准建祠。晚明礼部尚书、太子太保、著名文学家、文坛领军人物李维桢(1547—1626)作谱序为万历庚戌年(1610)，推测为祠堂撰《万芝堂记》，也应在1610年前后。据此认定，祠禁为明末三修时所撰。

② 流：流失。

③ 惭德：因德行的缺失而惭愧。

④ 队："坠"的本字，意为坠落，丧失。

⑤ 先声：祖先于前倡导的伦理家训。

⑥ 平居：平日，常时。

⑦ 燕享：以酒食祭神。

⑧ 雅道：正道。

⑨ 嫚亵(xièxiè)：轻薄，猥亵。

三、朔望行香，仁孝者，决不自外。第子孙既蕃，难于齐一。今后止遇四孟月朔，及立春、冬至日，合族子弟，务期咸集展拜。以辰刻为期，倘无故不到，自甘匪彝①者，众共责之。

四、祭祀并拜扫，各分递相轮管。即有业于异方者，该分次丁代之，废置者罚。

五、冠婚丧祭，务遵《家礼》，不得以私意增减。并生子、入泮、出仕、纪名等项，必谒祭告虔，以见尊祖敬宗之义。仍各出所有，入祠以备公用：

冠婚者出银五分，

生子者出银一钱，

起名者出银三分，

入泮者出银一两，

帮补者出银二两，

出贡者出银十两。

领乡荐②者出银五十两，

领会荐③者出银一佰两。

六、凡子姓自处与处宗族，必须执分礼敬，和平公直。倘下凌上、强凌弱、富凌贫，小则以道谕之，以家法处之；大则呈官治之，众共叱之。如有恃长欺幼，恃大虐小者，亦如此例。

七、各分坟茔祖遗者，圹连瓜瓞，初无空余。即有一二平坦处，乃祖宗旧冢，日久风雨渐塌者也，万无棺上葬棺之理。新阡④者务要各循昭穆，毋得自便损人，以越次序。倘有年庚不利并一时无地者，今已于凤凰山祖茔左傍，另置一地，尽堪权厝。如有仍前⑤不体，乱葬祖茔者，即以不孝论，众共告官治之。

八、各分坟茔，树木乃祖宗神所凭依，且修竹茂林，可以征人家兴盛。况祖宗百年培养，一旦砍伐，于心何忍？有犯此者，以不孝论，众共告官治之。

九、王祖八训，务各闲时详阅。祭毕讲谈，并条约斤斤⑥遵守。纵不能有光先代，亦不失为孝子令孙矣。

---

① 匪彝（yí）：违背常规的行为。
② 领乡荐：乡试中举。
③ 领会荐：会试被录取。会试时，由同考官批阅试卷，他们会将优秀试卷用蓝笔加以标记，并写上批语，推荐给主考官，称为"荐卷"。
④ 新阡：新筑的墓道。
⑤ 仍前：仍按先前，照旧。
⑥ 斤斤：谨慎。

第四部分

清代分支家训

清兵入关后，为拉拢汉族世家大族，对于各著姓望族的家训家教传承均予以积极鼓励。在朱元璋"圣谕六训"的基础上，顺治皇帝予以重新颁布，康熙皇帝更将之扩充为十六条，大大丰富了宗族家教文化的内容。钱氏家族是江南望族，康乾数下江南，难免有设法笼络钱氏的举动。因此，钱氏的家规族训在清代获得了很大的发展，在教化内容上进一步丰富，在教化手段上也更加多样。

王士晋宗规^①

始迁祖椿,字永嘉,号竹屋,行千七,元代由诸暨江藻赘居山阴项里。

宗规条

元泉等思立宗规,重以尊长,约束子弟,临以宗祖,训诲后裔,俾得交相规劝,以成善族。顾自惭凉德^②,罔敢建白^③。窃闻陈相国文恭公称述王氏宗规(《王士晋宗规》):自家庭乡党,以至涉世应务之道,无不周备。于以见人生一举足而不可忘祖宗之训,爱亲者不敢恶于人,敬亲者不敢慢于人,亲亲长长而天下平。愿有宗祠者,三复此规云。爱录此以示,敦亲睦而讲宗约者有所取法焉。

一、乡约当遵

孝顺父母,尊敬长上,和睦乡里,教训子孙,各安生理,毋作非为。这六句,包尽做人的道理。凡为忠臣、为孝子、为顺孙、为圣世良民,皆由此出。无论圣愚,皆晓得此文义,只是不肯着实遵行,故自陷于过恶。祖宗在上,岂忍使子孙辈如此?今于宗祠内,仿乡约仪节,每朔日,族长督率子弟齐赴听讲。各宜恭敬体认,共成美俗。

---

① 载于浙江绍兴山阴县《项里钱氏宗谱·宗规》,清光绪三十二年(1906)忠孝堂木活字本。钱桂芳等纂修。《王士晋宗规》为明末清初所作。

② 凉德:薄德。此处为谦词。

③ 建白:陈述意见或有所倡议。

二、祠墓当展

祠乃祖宗神灵所依,墓乃祖宗体魄所藏。子孙思祖宗不可见,见所依所藏之处,即如见祖宗一般,时而祠祭,时而墓祭,[皆展视大礼,]必加敬谨。凡栋宇有坏则葺之,罅漏①则补之,垣砌碑石有损则重整之。蓬棘则剪之,树木什器则爱惜之。或被人侵害、盗卖盗葬,则同心合力复之。患无忽小,视无逾时,若使缓延,所费愈大。此事死如[事]生,事亡如[事]存之道,族人所宜首讲者。

三、族类当辨

类族辨物,圣人不废。世以门第相高,间有非族认为族者。或同姓而杂居一里,或自外邑移居本村,或继同姓子为嗣,其类匪一。然姓虽同,而祠不同入,墓不同祭,是非难淆,疑似当辨。倘称谓亦从叔侄兄弟,后将若之何?故谱内必严为之防。盖神不歆非类②,处己处人之道,当如是也。

四、名分当正

[非族者辨之,众人所易知易能也。]同族[者,实有]兄弟叔侄,名分彼此,称呼自有定序。近世风俗浇漓,或狎于亵昵,或狃于阿承,皆非礼也。[至于]拜揖必恭,语言必逊,坐次必依先后,不论近族远族,俱照辈分序列。情既亲洽,心更相安。[名门故家之礼,原是如此。]又有尊庶母为嫡,跻③妾为妻者,大乖纲常,反蒙诟笑。又女子已嫁而归,辄居客位,是何礼数?吉水罗念庵先生宅,于归宁④之女,仍依世次,别设一席,可法也。若同族义男,亦必有约束,不得凌犯疏房长上,有失族谊,且寓防微杜渐之意。

五、宗族当睦

《书》曰:“以亲九族。”[《诗》曰:“本支百世。”]睦族,圣王且尔,况凡众人乎?[观于万石君家,子孙醇谨,过里必下车,此风犹有存者。]末俗⑤或以富贵骄,或

---

① 罅(xià)漏:漏洞。
② 神不歆非类:神不享受不是同族类人供奉的祭品。歆,祭祀时神灵享祭品之香气。
③ 跻(jī):登,上升。
④ 归宁:指已婚妇女回娘家看望父母。
⑤ 末俗:低下的习俗。

以智力抗，或以顽泼欺凌，虽能争胜一时，已皆自作罪孽。[况相角相仇，循环不辍。人厌之，天恶之，未有不败者。何苦如此？]尝谓睦族之要有三：曰尊尊，曰老老，曰贤贤。名分属尊行者，尊也。则恭顺退逊，不敢触犯。分属虽卑，而齿迈众，老也。则扶持保护，事以高年之礼。有德行族彦①，贤也。贤者乃本宗桢干②，则亲炙③之，景仰之，每事效法，忘分忘年以敬之。此之谓三要。又有四务：曰矜幼弱，曰恤孤寡，曰周窘急，曰解忿竞。幼者稚年，弱者鲜势，人所易欺，则矜之。一有矜悯之心，自随处为之效力矣。鳏寡孤独，王政所先，况乎同族，得于耳闻目击者乎？则恤之，贫者恤以善言，富者恤以财谷。[皆阴德也。]衣食窘急，生计无聊，[命运亦乖，]则周之。量己量彼，可为则为。不必望其报，不必使人知，吾尽吾心焉。人有忿，则争竞，得一人劝之，气遂平；遇一人助之，气愈激。然当局而迷者多矣。居间解之，族人之责也。[亦积善之一事也。]此之谓四务。引伸触类，为义田义仓，为义学，为义冢。教养同族，使生死无失所，皆豪杰所当为者。[善乎！]陶渊明之言曰："同源分流，人易世疏。慨焉寤叹，念兹厥初。"范文正公之言曰："宗族于吾，固有亲疏。自祖宗视之，则均是子孙，固无亲疏。"此先贤格言也。人能以祖宗之念为念，自知宗族之当睦矣。

六、谱牒当重

谱牒所载，皆宗族祖父名讳，孝子顺孙，目可得睹，口不可得言。收藏贵密，保守贵久。每岁清明祭祖时，宜各带所编发字号原本，到宗祠会看一遍。祭毕，仍各带回收藏。如有鼠侵油污磨坏字迹者，族长同族众即在祖宗前，量加惩诫。另择贤能子孙收管，登名于簿，以便稽查。或有不肖辈，鬻谱卖宗，或誊写原本，瞒众觅利，致使以赝混真，紊乱支派者，不惟得罪族人，抑且得罪祖宗。众共黜之，不许入祠。仍会众呈官，追谱治罪。

七、闺门当肃

男正位乎外，女正位乎内。[圣训也。]君子正家，取法乎此，其闺门未有不

① 族彦：宗族内很有才学的人。
② 桢(zhēn)干：骨干人员。原指筑墙所用的木柱，竖在两端的叫"桢"，竖在两旁的叫"干"。引申为支柱、根基、骨干。
③ 亲炙(zhì)：亲身受到教益；亲受教育熏陶。

严肃者。纵使家道贫富不齐,如馌耕①采桑,操井臼之类,势所不免,而清白家风自在。或有不幸寡居,则丹心铁石,白首冰霜。[如古史所载贞烈妇女,炳耀后先,相传不朽,皆风化之助。]亦以三从四德,姆训夙娴②,养之者素③也。若徇利妄娶,门阀不称,家教无闻。又或赋性不良,凶悍妒忌,傲僻④长舌,私溺子女,皆为家之索⑤,罪坐其夫。若本妇委果⑥冥顽,化诲不改,夫亦无如之何者,祠中据本夫告词,询访的确,当祖宗前,合众给以除名帖。或屏⑦之外氏之家,亦少有所警矣。要之教妇在初来,择妇必世德⑧。语曰:"逆家子不娶,乱家子不娶。"《颜氏家训》曰:"娶必欲不若吾家者。"盖言娶贫女有益,非谓迁就族类,娶卑陋之女以贻祸也。至于近时恶俗人家,妇女有相聚二三十人结社、讲经,不分晓夜者;有跋涉数千里外,望南海、走东岱⑨祈福者;有朔望入祠烧香者;有春节⑩看春、灯节看灯者;有纵容女妇往来,搬弄是非者。闲家之道,一切严禁,庶无他患。

八、蒙养当豫

闺门之内,古人有胎教,又有能言之教,[父兄又有小学之教、大学之教,]是以子弟易于成材。今俗教子弟者何如?上者,教之作文,取科第功名止矣。功名之上,道德未教也。次者,教之杂字柬笺,以便商贾书计。下者,教之状词活套,以为他日刁猾之地。是虽教之,实害之矣。族中各父兄,须知子弟之当教,又须知教法之当正,又须知养正⑪之当豫。七岁便入乡塾,学字学书。随其资质,渐长有知识,便择端悫⑫师友,将正经书史,严加训迪⑬,务使变化气质,陶镕德性。他日若做秀才、做官,固为良士、为廉吏,就是为农、为工、为商,亦不失为

---

① 馌(yè)耕:为耕作者送饭。
② 姆训夙娴:对长辈和母亲的教导,永远记在心中。
③ 养之者素:有涵养,有素质,有内涵。
④ 傲僻:傲慢邪僻。
⑤ 家之索:家庭就要破败。索,尽。
⑥ 委果:的确,确实。
⑦ 屏(bǐng):亦作"摒"。除去,弃,逐。
⑧ 世德:累世的功德,先世的德行;祖上及本人均有美德的人。
⑨ 望南海、走东岱:泛指求神拜佛活动。东岱指泰山。
⑩ 春节:指立春。
⑪ 养正:涵养正道。
⑫ 端悫(què):端正,笃实。
⑬ 训迪:教诲,开导。

醇谨①君子。

九、姻里当厚

姻者，族之亲；里者，族之邻。远则情义相关，近则出门相见。宇宙茫茫，幸而聚集，亦是良缘。况童蒙时，或多同馆，或共游嬉，比之路人迥别②。凡事皆当从厚，通有无，恤患难。不论曾否相与，俱以诚心和气遇之。即使彼曾待我薄，我不可以薄待，久之且感而化矣。若恃强凌弱，倚众暴寡，靠富欺贫；捏故占人田地风水，侵人山林疆界；放债违例，过三分取息：此皆薄恶③凶习。天道好还，[尤宜急戒，]毋自害儿孙也。

十、职业当勤

士农工商，业虽不同，皆是本职。勤则职业修，惰则职业隳。修，则父母妻子，仰事俯育有赖；隳，则资身④无策，不免姗笑⑤于姻里。然所谓勤者，非徒尽力，实要尽道。如士者，则须先德行，次文艺。切勿因读书识字，舞弄文法，颠倒是非，造歌谣，匿名帖。举监⑥生员⑦，不得出入公门，有玷行止。士宦，不得以贿败官，贻辱祖宗；农者，不得窃田水，纵牲畜作践，欺赖佃租；工者，不可作淫巧⑧，售敝伪器什；商者，不得纨袴冶游⑨，酒色浪费。亦不得越四民之外，为僧道，为胥隶，为优戏，为椎埋屠宰⑩。若赌博一事，近来相习成风，凡倾家荡产，招祸速衅，无不由此。犯者，宜会族众，送官惩治，不则罪坐房长。

十一、赋役当供

[以下事上，古今通谊。]赋税力役之征，皆国家法度所系。若拖欠钱粮，躲避差徭，便是不良百姓。连累里长，恼烦官府，追呼问罪，甚至枷号。身家被亏，

---

① 醇（chún）谨：淳厚，谨慎。
② 迥别：区别很大。
③ 薄恶：指风俗等浇薄，不淳厚。
④ 资身：资养自身，立身。
⑤ 姗笑：讥笑，嘲笑。
⑥ 举监：明清时以举人资格入国子监读书者。
⑦ 生员：明清时期，凡经过本省童生试取入府、州、县学的，通名"生员"。即习惯上所谓"秀才"。
⑧ 淫巧：过于奇巧而无益之物。
⑨ 冶游：野游；男女出外游玩。后来专指狎妓。
⑩ 椎埋屠宰：指为非作歹或从事低贱的职业。椎埋，杀人埋尸。

沾辱父母。又准不得事,乃要赋役完官,是何算计? 故勤业之人,将一年本等差粮,先要办纳明白,讨经手印押收票存证。上不欠官钱,何等自在! 亦良民职分所当尽者。

十二、争讼当止

太平百姓,完赋役,无争讼,便是天堂世界。盖讼事有害无利,要盘缠,要走路。若造机关,又坏心术。且无论官府廉明如何,到城市,便被歇家撮弄;到衙门,被胥皂呵叱。俟候几朝夕,方得见官,理益犹可,理曲到底吃亏。受笞杖,受罪罚,甚至[破家、]忘身、辱亲,冤冤相报,害及子孙。总之,则为一念客气,始不可不慎。《经》曰:"君子以作事谋始。"始能忍,终无祸。始之时义大矣哉。即有万不得已,或关系祖宗、父母、兄弟、妻子情事,私下处不得,没奈何闻官,只宜从直告诉,官府善察情,更易明白。切莫架桥捏怪①,致问招回。又要早知回头,不可终讼。圣人于《讼卦》曰:"惕,中吉,终凶。"此是锦囊妙策,须是自作主张,不可听讼师棍党教唆。财被人得,祸自己当。省之,省之。

十三、节俭当崇

老氏三宝,俭居一焉。人生福分,各有限制。若饮食衣服,日用起居,一一朴啬②,留有余不尽之享,以还造化。优游天年,是可以养福;奢靡败度③,俭约鲜过,[不逊宁固,圣人有辨,]是可以养德。多费多取,至于多取,不免奴颜婢膝,委曲徇人,自丧己志。费少取少,随分随足,浩然自得,是可以养气。且以俭示后,子孙可法,有益于家;以俭率人,敝俗可挽,有益于国。世顾莫之能行,何哉? 其弊在于好门面,一念始:如争讼,好赢的门面,则鬻产借债,讨人情钻刺④,不顾利害、吉凶礼节;好富厚的门面,则卖田嫁女,厚赂聘媳,铺张发引⑤,开厨设供,倡优杂沓,击鲜⑥散帛,乱用绫纱,又加招请贵宾,宴新婿,与搬戏许愿,预修祈福,力实不支,设法应用,不知挖肉补疮,所损日甚。此皆恶俗,可悯

---

① 捏怪:编造鬼怪故事。
② 啬:该用的财物,也尽量不用。
③ 败度:败坏法度。
④ 钻刺:钻营,谋求。
⑤ 发引:出殡时枢车出发,送丧者执绋前导。
⑥ 击鲜:宰杀活的牲畜禽鱼,充作美食。

可悲。噫！士者，民之倡；贤智者，庸众①之倡。责有所属，吾日望之。

十四、守望当严

上司设立保甲，只为地方。而百姓却乃欺瞒官府，虚应故事②，以致防盗无术，束手待寇。小则窃，大则强③。及至告官，得不偿失。即能获盗，牵累无时，抛弃本业，是百姓之自为计疏也。民族虽散居，然多者千烟，少者百室，又少者数十户，兼有乡邻同井，相友相助。须依奉上司条约，平居互议，出入有事，递为应援。或合或分，随便邀截④。若约中有不遵防范，踪迹可疑者，实时察之。若果有实事可据，即会呈送官究治。盖思患预防，不可不虑。奢靡之乡，尤所当虑也。

十五、邪巫当禁

禁止师巫邪术，律有明条。盖鬼道盛，人道衰，理之一定者。故曰："国将兴，听于人；将亡，听于神。"⑤况百姓之家乎？故一切左道惑众诸辈，宜勿令至门。至于妇女，识见庸下，更喜媚神傲福⑥，其惑于邪巫也，尤甚于男子。且风俗日偷⑦，僧道之外，又有斋婆、卖婆、尼姑、跳神、卜妇、女相、女戏等项，穿门入户，人不知禁，以致哄诱费财，甚有犯奸盗者，为害不小。各夫男须皆预防，察其动静，杜其往来，以免后悔。此是齐家最要紧事。

十六、四礼当行

先王制"冠婚丧祭"四礼，以范后人。载在《性理大全》⑧及《家礼仪节》⑨者，是皆国朝颁降⑩者也。民生日用常行，此为最切。惟礼，则成父道，成子道，成夫妇之道；无礼，则禽兽耳。然民俗所以不由礼者，或谓礼节烦多，未免伤财废事。不知师其意而用其精，至易至简，何不可行？试言其大要：

---

① 庸众：常人，一般的人。
② 虚应故事：照例应付，敷衍了事。
③ 强：强横。引申为强夺。
④ 邀截：拦截（盗寇）。
⑤ 将要兴盛的国家，听从的是民意；将要衰亡的国家，乞求的是鬼神。
⑥ 傲（jiǎo）福：企求福祉。
⑦ 风俗日偷：形容一种不良的社会氛围。日偷，越来越苟且敷衍，只顾眼前。偷，苟且。
⑧ 《性理大全》：明朝胡广等人于永乐十三年(1415)奉成祖之命编撰的宋儒性理学说汇编。
⑨ 《家礼仪节》：明丘濬撰，取世传朱子《家礼》而损益当时之制。
⑩ 颁降：颁布。

冠则宾不用币。归俎①止肴品果酒，不用牲，惟从俭。族有将冠者众，则同日行礼。长子众子，各从其类。赞与席，如冠者之数。祝词不重出，加冠醮②酒，祝后次第举之，拜则同庶人。三加之礼，初用小帽、小深衣、履鞋，再用折巾、绢深衣、皂靴，三用方巾或儒巾，服或直身③，或襕衫④员领⑤，皆从便。

婚则禁同姓。禁服妇改嫁，恐犯离异之律。女未及笄⑥，无过门。夫亡，无招赘，无招夫养夫。受聘，择门第，辨良贱。无贪下户货财，将女许配，作贱骨肉，玷辱宗祊。

丧则惟竭力于衣衾棺椁，遵礼哀泣。棺内不得用金银玉物。吊者止款茶，途远待以素饭，不设酒筵。服未除，不嫁娶，不听乐，不与宴贺，衰绖不入公门。葬必择地，避五鬼⑦，不得泥风水邀福，至有终身不葬、累世不葬。不得盗葬，不得侵祖葬，不得水葬，尤不得火化，犯律重罪。

祭则聚精神，致孝享⑧。内外一心，长幼整肃。具物惟称家有无，不得为非礼之礼。此皆孝子慈孙所当尽者。

以上各条皆持己涉世之要，谨铭之以俟同志，庶潜移默化，风俗蒸蒸日上，悉底善良，世道人心未必无所裨益也。跂予望之。

时光绪三十二年八月　武肃王三十二世孙　元泉　谨跋

民国三十一年（1942）钱俊彩等主修的宜兴新渎《钱氏宗谱》（八卷）的"宗规五条"与此类似。

---

① 归俎：宴会结束后，主人向宾客赠送俎上剩余的食物，以示尊重和感谢。归，馈。
② 醮（jiào）：古冠礼、婚礼所行的一种简单仪式。
③ 直身：明朝内官所穿服饰的一种，交领右衽，两侧带摆，两边无衩。
④ 襕衫：用玉色绢为之，宽袖，黑领，帛缘，软巾，垂带。
⑤ 员领：即盘领衫。旧时官吏的服饰之一。
⑥ 及笄（jī）：指女子年满十五岁，也指到了结婚的年龄。笄，束发用的簪子。古时女子满十五岁把头发绾起来，戴上簪子。
⑦ 五鬼：星命家所称的恶煞之一。民间信仰中的五鬼，包括地狱中担任鬼差的五个小儿，也指带有凶煞的孤魂野鬼。不管是哪一种鬼，都是要找人麻烦的。
⑧ 孝享：祭祀。

朱文公家训①

本文载于多支族谱中,对分支家训成文影响很大。

黎明即起,洒扫庭除,要内外整洁;既昏便息,关锁门户,必亲自检点。

一粥一饭,当思来处不易;半丝半缕,恒念物力维艰。

宜未雨而绸缪,毋临渴而掘井。

自奉②必须俭约,宴客切勿流连③。

器具质而洁,瓦缶胜金玉;饮食约而精,园蔬愈珍馐。

勿营华屋,勿谋良田。

三姑六婆,实淫盗之媒;妾美婢娇,非闺房之福。

奴仆勿用俊美,妻妾切忌艳妆。

祖宗虽远,祭祀不可不诚;子孙虽愚,经书不可不读。

居身务宜质朴,教子要有义方④。

勿贪意外之财,勿饮过量之酒。

与肩挑贸易,勿占便宜;见贫苦亲邻,须加温恤。

刻薄成家,理无久享;伦常乖舛⑤,立见消亡。

兄弟叔侄,须分多润寡;长幼内外,宜法肃词严⑥。

听妇言,乖骨肉,岂是丈夫?重资财,薄父母,不成人子。

---

① 载于清同治丁卯年(1867)湖南湘潭彭城堂《钱氏续修族谱》,同见民国四年(1915)湖南武冈《钱氏续修族谱》(1920年完成)等。

② 自奉:自身日常生活的供养。

③ 流连:耽于游乐而忘归。

④ 义方:指行事应遵守的规矩法度。

⑤ 乖舛:不一致,相矛盾。

⑥ 法肃词严:法肃,礼法整肃。词严,不乱说,不吵闹,不嬉皮笑脸,不巧言令色。"词"亦作"辞"。

嫁女择佳婿，毋索重聘；娶媳求淑女，勿计厚奁。

见富贵而生谄容者，最可耻；见贫穷而作骄态者，贱莫甚。

居家戒争讼，讼则终凶；处世戒多言，言多必失。

毋恃势力而凌逼孤寡，毋贪口腹而恣杀牲禽。

乖僻①自是，悔误必多；颓惰②自甘，家道难成。

狎昵恶少③，久必受其累；屈志老成④，急则可相依。

轻听发言，安知非人之谮诉⑤？当忍耐三思。因事相争，焉知非我之不是？须平心暗想。

施惠无念，受恩勿忘。

凡事当留余地，得意不宜再往。

人有喜庆，不可生妒忌心；人有祸患，不可生欣幸心。

善欲人见，不是真善；恶恐人知，便是大恶。

见色而起淫心，报在妻女；匿怨而用暗箭，祸延子孙。

家门和顺，虽饔飧⑥不继，亦有余欢；国课早完，即囊橐⑦无余，自得至乐。

读书志在圣贤，为官心存君国。

守分安命，顺时听天。

为人若此，庶乎近焉。

---

① 乖僻：古怪，孤僻。
② 颓惰：衰颓怠惰。
③ 恶少：品行恶劣的少年。
④ 屈志老成：曲意迁就年高有德者。
⑤ 谮(zèn)诉：诬陷，中伤。
⑥ 饔飧(yōngsūn)：早餐和晚餐。
⑦ 囊橐(nángtuó)：口袋，袋子。

家训（浙江常山徐坑）^①

武肃王后，文穆王五传至隐公，大理寺丞知歙州新安，始居新安之汝溪，十一传至峃、觜二公，一谥惠显侯，一谥惠济侯。其惠济侯支裔有居汝溪，复迁淳遂者，散居各处不一。惠济侯生子四，曰大椿、大节、大临、大彰。大椿公由汝溪居蜀阜，其孙万四烈公，乃由蜀阜而迁桐城，是烈公固为居桐城之始祖；而大节、大临、大彰三公之裔居淳安蜀阜与等处。万四烈公四传至必寿公，敕封定远将军，生三子，曰皓，曰时，曰礼。皓又称礼二公，亦生三子，曰谦，曰训，曰诚，皆世居桐城之峦漕坦。训之四世孙曰如旂，如旂公之八世孙曰五桂，五桂生子曰士龙，士龙公于雍正年间(1723—1735)复由桐城之峦漕坦徙至徽之休宁干田村。未数载，子启祯、启祥于嘉庆初年由干田来浙衢常山城东东坞。数年后，两人始徙邑之徐坑。

一、重祠祭

孝莫大于敬祖，敬祖莫大于修祀，祀莫先于祠祭。有事于祠，所以尊祖敬宗，而致其如在之诚也。《礼》曰：祀不欲数。^② 岁定以期二，于春、于秋或于冬至。春，雨露既濡^③，君子履之，必有凄怆之心也；秋，霜露既降，君子履之，必有怵惕^④

---

① 载于浙江常山《徐坑钱氏宗谱》（丛桂堂），民国十六年(1927)印本，钱让梁、钱让第会修。本谱卷首有《四修流光谱序》，落款时间为康熙三十五年丙子(1696)。谱序后附有"吴越钱氏四修流光谱"家训，因此，推测该家训产生时间为康熙年间。

② 《礼记》原文为"祭不欲数"，意为祭祀不能太频繁。

③ 濡：沾湿。

④ 怵惕：戒惧，惊惧。

之心也；①冬至，土返水归②，万物各亲其本，报本反始③之道也。

届日，卯、辰二时限毕，集推行尊或年高有德者主灌献④。群子弟除执事外，各以行次为序，务整齐，毋搀越；务严肃，毋喧哗。失礼者与赴不及时者，罚跪庙门外，不与行礼。其有大故不得与祭者，必先期白于众。无故不与祭者，众唾之，声于族。凡子孙遇者，皆不与为礼。子弟有事禀议，俟竣事后议毕，必尊长退，然后敢退。至每月朔望，凡子妇⑤于家堂祖先，必虔盥，进馔献茶，焚楮帛⑥，鬼享时思之义也。遇祖考妣忌日，必素服奉主正寝致祭。是日不赴晏游乐，感时追远之思也。

二、崇孝友

《论语》开章“论学”，即首提“孝弟”为为人之本。人生苟不孝弟，譬如树木，根本既断，枝叶岂能发生？人子欲孝父母，先从养父母始，天下无不养父母之子。家常岁月奉养，岂必过丰，但随家有无，竭力致敬。无先妻子后父母之心，即啜菽饮水⑦，安在不可承欢耶？至于出入起居，一切务顺遂父母之心，听禀教训。毋习荡，毋好斗，毋蹈非礼，毋犯非义，以贻辱累于父母。此养志守身之道，凡为人子，所当谨凛者也。

然人之不顺父母，多由于不能和兄弟，乃兄弟之不和，妻子间之也。吾每痛人情，养其父母，每不若养其子；而信其兄弟，恒不若信其妻。故家有悍妇，甘其诟侮⑧弗计也，至兄弟，则睚眦⑨必校；家有蠹妇，恣其耗费弗计也，至兄弟则丝粟必争。闺闱⑩枕席之私，日浸月蚀，久之有相为秦越⑪者矣，甚之有相为仇敌者矣！为父母者之心，有不深恨而隐痛乎？故《尚书》言“孝”，即继以“友于兄

---

① 出自《礼记》：“春禘秋尝。霜露既降，君子履之，必有凄怆之心，非其寒之谓也。春，雨露既濡，君子履之，必有怵惕之心，如将见之。”

② 土返水归：出自先秦佚名的《蜡辞/伊耆氏蜡辞》：“土反其宅，水归其壑，昆虫毋作，草木归其泽！”

③ 报本反始：指受恩思报，不忘所自。

④ 灌献：指灌献礼，祭祀的礼仪。

⑤ 子妇：指儿媳妇。

⑥ 楮帛：旧俗祭祀时焚化的纸钱。

⑦ 啜菽（shū）饮水：以豆为食，以水为饮。谓生活清苦。

⑧ 诟侮：辱骂。

⑨ 睚眦（yázì）：眦，上下眼睑交接处。瞪眼睛，怒目而视。引申为小怨小忿。

⑩ 闺闱（wéi）：妇女卧室。

⑪ 秦越：古代秦、越两国，一在西北，一在东南，相去极远。后因称疏远隔膜、互不相关为“秦越”。

弟"。《诗》咏"兄弟既翕"①，必先以"妻子好合"。而夫子叹之曰："父母其顺矣乎!"然则人欲顺父母，尤当和于兄弟。而和兄弟者，惟勿争小忿②，勿较小利，勿听妇人言而已。

三、敦诗书

世家大族，家声门第之所以重者，以诗书重也。读书，上之可以取科名，致身通显;次之博综今古，究极性命，发为文章，著述亦可传世;更不然，即教授乡里，陶冶童蒙，以笔耕代食，亦不致堕为匪类，荡为下流。故人家虽贫，断断不可废书。然子弟之生，岂必尽能读书? 为父兄者，须相其材质所近，力者食力，艺者食艺，皆可营生。择其才之可教者，三或择一，五则择二，延师课督。毋姑息，毋作辍，毋役以他务，勤而课之，久必有成。

然最重尤在择师。今时之弊，往往初学成童，甫离村校，于书理法脉、文章规矩，曾未涉其藩篱，辄慨然为人之师。不责多俸，但图糊口。而求师者，利其省费也。或取诸家族之近，或徇于戚友之情，懵而延之，冬烘③村塾，积月累年，卒于无就而坐以终废者，十之八九。迷以传迷，误以传误，深可浩叹。语云："良冶之侧无弃金，大匠之门无曲木。"诚择师得人，以善导之，教有程，诱有序，月有益，岁有进，在大成纵不可期，然以云为顽金弃梗者，盖亦寡矣。且吾观天下事，未有不费一番真精神，而能苟且徼幸以几其报者，彼造物者初不如是愦愦④也。吾家自祖宗以来，理学文章，渊源相续。凡有志承先者，先须累德行义，以培读书种子，而又不惜隆礼重贽⑤，择名师以祈式谷⑥。"俾成人有德，小子有造"⑦，于以振家声而光门户，兹不胜厚望焉。

四、力耕织

人生一日不再食则饥，终岁不制衣则寒。衣食者，人之所以为生;而耕织

① 兄弟既翕（xī）：兄弟相会。
② 忿：气愤。
③ 冬烘：形容懵懂浅陋。
④ 愦愦：指混乱，糊涂。
⑤ 贽：初次见人时所送的礼物，以表敬意。
⑥ 式谷：以善道教子。谷，善。
⑦ 出自先秦佚名的《思齐》。意思是，如今成人有德行，后生小子有造就。

者,衣食之源也。一部《诗经》,十五《国风》,外二《雅》、三《颂》,所载自祭祀军旅之余,咏歌反覆言耕者,十之四五。《禹贡》①辨桑土②,《豳风》③咏蚕月。《孟子》言:麻缕丝絮,皆织纴④之所资也。周之兴也,有《葛覃》⑤之后妃;而其衰也,则言"妇无公事,休其蚕织"⑥。故《礼》载:诸侯耕助,以率民耕;夫人蚕缫,以教民蚕。⑦ 耕织二者,圣人垂之于经、著之于《礼》,如是其叮咛郑重者,盖在朝廷为立国之本图,在民间为治生之本务,诚莫有大焉者也。

人家子弟自读书而外,即当教之力耕,妇女当教之勤织。耕能力,则男自有余粟矣;织能勤,则女有余布矣。⑧ 不惟凶年饥岁可以无忧抑,且饱暖可以养天和⑨,富足可以生礼义。上之输纳公税,可以无愆期⑩追比⑪之虞;下之吉凶私事,可以无仰面⑫称贷⑬之苦,亦何惮不勤勤⑭于此也? 况男子不耕稼,必习为游荡;妇女不纺织,必习为淫惰。平日不事生理,必至饥寒迫身⑮,放辟邪侈⑯之事,将无所不至矣。惟一使之务于耕织,耕织则各习于勤,人情勤则思善;耕织则必无不足,人情足则自爱。是力耕务织,不独所以裕生计,并所以敦风俗,而寓教化亦于是乎赖焉矣。

五、禁斗讼

《书》曰:"敦叙九族。"敦者,联之以情,所以合疏也;叙者,秩之以礼,所以联

---

① 《禹贡》:《尚书》中的一篇。

② 桑土:宜于种桑的土地。

③ 《豳(bīn)风》:《诗经》十五国风之一,共七篇,为先秦时代豳地华夏族民歌。"豳"同"邠",古邑名,在今陕西旬邑西。周族后稷的曾孙公刘由邰迁居于此,到文王祖父太王又迁于岐。

④ 织纴(rèn):指织布帛之事,或指织布帛的工人。

⑤ 《葛覃》:《毛诗序》有云:"《葛覃》,后妃之本也。后妃在父母家,则志在于女功之事,躬俭节用,服浣濯之衣,尊敬师傅,则可以归安父母,化天下以妇道也。"

⑥ 出自先秦的《瞻卬》。意思是,妇人没有其他公事,却不再养蚕、织布。

⑦ 意思是,诸侯亲自下田种地,他们的夫人亲自养蚕缫丝。

⑧ 出自汉扬雄《羽猎赋》:"不夺百姓膏腴谷土桑柘之地,女有余布,男有余粟。"

⑨ 天和:谓自然的祥和之气。

⑩ 愆(qiān)期:约期而失信。

⑪ 追比:旧时地方官吏严逼人民,限期交税、交差,逾期受杖责。

⑫ 仰面:指生病躺在床上。

⑬ 称贷:告贷,举债。称,举。出自《孟子·滕文公上》:"将终岁勤动,不得以养其父母,又称贷而益之。"

⑭ 勤勤:勤苦,努力不倦。

⑮ 饥寒迫身:饥饿、寒冷一起袭来。出自明代诗人杨基的《感怀(十四首)》:"饥寒迫于身,谁能不为非。"

⑯ 放辟邪侈:谓肆意作恶。出自《孟子·滕文公上》:"苟无恒心,放辟邪侈,无不为已。"

远也。世衰俗薄①，人不讲于敦叙之义。或族处而视秦越，或同室而兴戈矛。往往以小忿小利之故，小之斗殴，大之讼讦。揆诸②一本之义，是何异一人之身肤体肢干自相戕贼③也乎？今江浙两地会合谱牒，疏者毕合，远者既毕联矣。凡两地本支近在数世之内，自今以往，毋以强凌弱，毋以富欺贫，毋以众暴寡，休戚必共，缓急必通也，患难困厄，必相拯相救也，此所谓情以敦之也。毋以卑犯尊，毋以少凌长，毋以疏间亲。昭穆必辨也，称谓必严也，婚丧庆吊必相通相赴也，此所谓礼以叙之也。

其有出于情理之外者，先诉之房尊，次鸣于族长。为尊长者，亦必毋徇私，毋婪贿，毋泥④先入之言，毋惑偏为之说，虚公持正，评其曲直。斗者，以先斗为曲，量责于家庙，以警首祸之凶；讼者，以捏讼为曲，明证于公庭，以正兴戎之罪。息争杜祸，用全一本之义，其所全者大矣。尝怪世之惯斗者，在家人则名分不遵，偏不惮卑屈以下胥吏；世之健讼者，在家人则锱铢不让，偏不惜质卖以殉请托。卒之，家不和而行道皆传为讥讪⑤；内无助而邻里得肆其欺凌，岂不深可痛哉！吾故为敦叙之说，而尤以禁斗讼为谆谆者，盖重有所感也夫。

六、严术业

人生无恒产者，必有恒业。所谓恒业，耕读其上也。读书而不遇则退而教授乡里，以收笔墨之获。教授之外或则究习医方，以享仁术之利，亦其次也。若夫既不能读又不能耕，则于百工技艺之间，必择一业以自处，甚而至于力作营工以自活。此其作业虽劳，获利虽啬，然其所守之业，则恒业也，而其心亦不失为恒心也。夫人能不失其恒心，则虽劳不足以为苦，而虽卑不足以为耻，虽贱不足以为辱也。

耻辱之大者，莫甚于习优伶也、投营伍也、入衙门充胥役也，三者皆不肖无借之所托足⑥，而胥役为尤甚。盖子弟一入衙门，其心术即化为枭獍⑦，其行径

---

① 世衰俗薄：指世风道德衰败。
② 揆诸：揆，度量，思考。诸，之于。
③ 自相戕（qiāng）贼：指自己人互相伤害。
④ 泥（nì）：拘执。
⑤ 讥讪（shàn）：讽刺讪笑。
⑥ 托足：立足，寄身。
⑦ 枭獍（xiāojìng）：相传枭是食母的恶鸟，獍是食父的恶兽。比喻不孝或忘恩负义的恶人。

即化为鬼蜮^①，以宗祖父母之身而效奔走于呼叱，受亏耻辱于鞭笞，可痛孰甚焉。而其人方哆然自视为得意，舞文挟诈，见事生风，倚三尺^②之威，以群恣其渔猎，敛万人之怨，而莫厌其贪饕。即使其乘强横之运，偶以暴致赢余，然不旋踵而灰飞烟灭。造物之于此辈，报应甚显且速，吾所见者多矣。上之隳^③累世之门户，而贻污玷于祖宗；下之遗无穷之罪孽，而积殃咎于子孙。其为人世之大耻大辱，孰有甚于此者乎？若夫习优伶之为下流，投营伍之为败类，虽罪有轻重，要之同为倡优隶卒^④，乡党不齿，有一于此，众共斥之，不许入谱。

七、慎婚娶

婚娶乃人伦大事。虽贫，不可与匪类人为婚。所谓匪类者，昔为倡优隶卒，曾犯奸盗、诈伪及为人家奴者，不可不谨而察之。然亦不可贪慕声势，攀附富贵。夫其家非清白，族非诗书，即目前幸而骤邀富贵，声势赫然，譬诸无源之水，无根之华，其为转眄^⑤消歇者，多矣。况富贵之家，其子女性情必多骄奢惰佚，一时择之不慎，日后贻累必深，虽悔无及。昔人云："嫁女须胜吾家，娶妇当不及吾家。"^⑥所谓胜吾家者，其家素称清望^⑦，其上世以来积累培植，根柢深厚而又济之以声华，非势与利之谓也。然必以得婿为主，婿之不得，其人家虽大，女无托矣，可不慎乎？其谓不及吾家者，言贫家之女稔于艰苦，习于勤俭，得之可以为中馈助。然亦必诗礼旧族，平日禀于姆教，娴于妇训，庶几宜室宜家，足任蘋蘩之寄，岂谓非我族类而妄求匹配乎？

夫清浊雅正，各有其种，种之不可不择也久矣。若云"芝草无根，醴泉无源"^⑧，钟^⑨山川之间气者，宁有几人？此不得执为通论也。每见人家择婿，一时慕其气焰之盛，未几而其婿骄淫荡费，以致其女终身颠沛失所者，往往然矣。又见人家聘妇，一时贪其奁送之厚。及入门，傲上虐下，不守妇道，不修女工，安惰

①　鬼蜮(yù)：比喻用心险恶、暗中伤人者。
②　三尺：法律的代称。纸发明以前，法律条文刻在三尺竹简上，故用"三尺"指代法律。
③　隳(huī)：毁坏。
④　倡优隶卒：倡优，古代以音乐歌舞或杂技戏谑娱人的艺人。隶卒，差役。泛指社会底层。
⑤　转眄：转眼，喻时间短促。
⑥　参见钱惟演的《吴越钱氏谱例家规》。
⑦　清望：清雅的名望。
⑧　此句比喻人的成就，无所凭借，源于自己的努力。
⑨　钟：汇聚，专注。

恬侈①以堕业破产者，又往往然矣。皆由其始见之不定、择之不谨以及此也。天下事与其悔之于后，曷若谨之于始乎？②

八、急公税

人生五伦或不必皆备，而独君、亲二者，天高地厚，自有生而然。所谓无适而非，无所逃于天地之间也。然或谓亲迩③而君远，天下无不事亲之人，故事亲之孝，人人所得自致者也。若夫士庶之家，草野之子，于朝廷无官守，无言责，无封疆之任，无社稷之寄，天下容有不尽事君之人。则事君之忠，似非人人所得自致④者也。呜呼，是亦未审于忠者，尽己之谓矣。《诗》不云"普天之下，莫非王土；率土之滨，莫非王臣"乎？夫既皆居王土而为王臣，则凡分所得为者，尽其在己，皆谓之忠也。如朝廷有令，奉公守法，不敢为非，是即奉法之忠也；朝廷有工役，急工趋事，毋敢或后，是即趋事之忠也；朝廷有赋税，及时输将，无敢逾期，此即纳贡之忠也。

自古治乱不一，幸生圣王之世，得以优游，休养生息于太平无事之日。一食一息，莫非君上之所赐，凡践上之土而食其毛⑤者，宜何如报效也！而区区维正之供⑥，所取于我者几何，而恡不以输，岂情也哉？且任土作贡⑦，岁有常额。朝廷责之州邑有司而峻其考成⑧，州邑有司督之图⑨里之胥吏而严其责比⑩。夫图里胥吏于我，皆乡邻也，以吾赋之不时而累我乡邻之责比，于心忍乎？州邑有司于我，固父母也，以吾赋之不时而并累吾父母之考成，于心安乎？又况抗违法重，又不仅累及有司胥吏已也。凡有田者，即当兢兢自爱，隔岁营办⑪，输纳应

---

① 恬侈（hùchǐ）：放纵奢欲。

② 枞阳谱后有："此条本田间约法教家之道，确不可易，故采入家训，非袭取也。"

③ 迩（ěr）：距离近。

④ 自致：竭尽自己的心力。

⑤ 践上之土而食其毛：见"践土食毛"。出自《左传·昭公七年》。居其地面而食其土之所产，谓一切生活所需均属国君所有。旧时常用作感戴君恩之辞。毛，指可食植物。

⑥ 维正之供：见"惟正之供"。古代法定百姓交纳的赋税。

⑦ 任土作贡：中国古代主要贡赋思想之一。其主要内容是明确规定各地区根据土地的具体情况所应贡纳的土特产种类，如兖州"贡漆丝"、扬州"贡金三品"等。

⑧ 考成：考核官吏的政绩。

⑨ 图：旧时区划地方的单位名称。如一都二图。

⑩ 责比：立期限责令办好某事或追查某案，若到期不完成则加重责。

⑪ 营办：承办，筹办。

期,慎勿偷延时日,以身家常试①,此即草野效忠之一端也。尚其警诸。

　　同见于安徽桐城峦漕《吴越钱氏宗谱(七修流光谱)》[德本堂,民国甲寅年(1914)修],查峦漕钱氏与徐坑钱氏乃同支。安徽枞阳《钱氏家谱》载,此家训八则为欧舫公(1632—1706)撰,与桐城峦漕"七修流光谱"谱略有差异。此家训八则还见于多部家谱中。

① 常试:疑为"尝试"。

家训（上海南汇）[①]

忠懿王后，元季时由浙湖之长兴县，避乱迁居上海高行镇。自明初始迁祖七世孙水庵公赘赵氏，即卜居敦仁里之柳溪。

勉为善

读谱时有合此者，当众共举之，曰某能此某能此，即令善书者书之牌上。俟读毕，族长、房长与族之贤者酌量行赏，仍将牌上所书事编年月日录记功簿上，以勉后人。

谱牒宜重。此系祖宗及族人名字言行之书，一家礼法之所在，各房皆当珍藏一部，不得污损、残缺、遗失、涂改。

祖宗宜尊。此系身之所由，出祭享[②]则依礼举行，不可生轻忽之心。坟墓则以时修葺，不可有推诿之念。即所遗书籍制作，一则手泽所存，一则心血所费，皆当世之珍藏以示子孙，毋得轻弃。

孝顺宜先。此百行之原、万事之本，无论士农工商、富贵贫贱，皆当各随其分，各尽其力，以悦父母之心，以安父母之身。

悌道宜笃。凡三族之长、乡人之长，见之皆当谦谨，以尽悌道。

兄弟宜好。此为分形连气之人，休戚相关，不比泛常。凡田产财贿，一以相

---

① 载于上海南汇裕德堂《吴越钱氏族谱》，康熙年间修订。
② 祭享：祭祀上供。

让为主。昔太伯①以天下让于弟,季子②以吴国让与兄,总见得以兄弟为重,以天下国家为轻耳。兄弟阋于墙,只是坏在一"争"字,除却"争"字,自然和乐且耽。

夫妇宜和。《传》曰:"阴阳和而雨泽降,夫妇和而家道成。"《诗》曰:"琴瑟在御,莫不静好。"和其尚已,然又不是情爱狎昵之谓,必相敬如宾,便不到得反目地位。世人反目,总由亵慢③而来。

宗族宜睦。自子孙视之,则千万人之身也。自祖宗视之,不过一人之身耳。夫一人之身,荣辱不共,痛痒无关,绝无此理。如正名分、数燕会④、赈困穷、扶患难之类,皆睦族。不得罪于祖宗,可不猛省?

姻亲宜厚。母族、妻族及诸姑姊妹女子之家,虽非本宗之比,然皆有丝萝松柏之意,问候及燕会馈遗⑤之类,自不可废。

朋友宜慎。凡直谅多闻之士,谓之益友。友之则善,相劝遇相规,吾身便不到得坠坠,所谓近芝兰有香也。反此则损,畏之当如蛇蝎。

忧贫宜恤。凡乡党邻里,虽非吾族,然出入相见,与萍水之逢自异。见愁苦窘迫者,当极力抚慰周济之,以存忠厚之道。且水火、盗贼、疾病等难,惟乡党邻里呼吸立至,如何可漠视也!

律己宜勤。读书可以治心,耕田可以养身。凡为男子,固当及时用力,毋得嬉戏,即妇女亦不可使之常逸。民劳则思,思则善,心生敬美之语,宜三复⑥焉。

处家宜俭。丰熟之时,必常使之有余,则荒歉之年,庶可免于不足。但不可过于节省,流于悭吝耳。

---

① 太伯:吴太伯,又称泰伯,吴国第一代君主,吴文化的宗祖。姬姓,父亲为周部落首领古公亶父,兄弟三人,排行老大;两个弟弟为仲雍和季历。父亲欲传位于季历及其子姬昌,太伯和仲雍避让,迁居江东,建国句吴。

② 季子:公元前561年,吴王寿梦病重将卒,因季札贤能,想传位于他。季札谦让不受,说:"礼有旧制,不能因父子感情,而废先王礼制。"于是,寿梦遗命:"兄终弟及,依次相传。"他想这样王位必将传于季札。寿梦去世后,长子诸樊接位,服丧期满后欲让位于季札。季札坚辞不受,舍弃王室生活去舜柯山(今常州焦溪舜过山)种田。诸樊当政十三年,卒前遗命传位于弟余祭,并依次传位于季札,季札仍不就,最后由另一兄弟余昧的儿子继位,是为吴王僚。

③ 亵慢:轻慢,不庄重。

④ 燕会:宴饮会聚,亲昵相会。

⑤ 馈遗(wèi):赠予。

⑥ 三复:犹言三遍。

言行宜谨。语云："病从口入，祸从口出；"①枢机不慎，灾厄立至。②

作事宜审。无论大小缓急，须熟思天理人欲，并算吉凶祸福。当为则为，不当为即止，不得侥幸苟且，自贻伊戚。

廉耻宜存。"临财毋苟得，临难毋苟免"③，两言尽之矣。

忿恨宜消。只管自责，不去责人，怨便可释，气便可平。一朝之忿，亡身以及其亲，世上尽多，可为殷鉴。

闺门宜肃。近世风俗，绝无规矩，深堪痛恨。男女第一要有别，内外之界截然。如屋宇狭隘，坐立亦有定位，授受不得亲手。奴婢不得擅自出入，妇人无故不得游庭。至戚通问④外，不得私语。女十岁不得过外家，如烧香、看灯、踏春等诸淫风，一概禁绝。如不遵家法，许其夫告之祖庙，众共出之，以戒将来。

妾媵⑤宜少。有子者止许一妇，无子则畜一二。至婢仆所以任使令⑥，必须择忠诚朴实者用之，始无后累。然亦不可过多，以致尾大不掉之患。

屋宇宜小。逞一时之意气而连云大厦，非不壮丽，后来子孙一旦不能守，必为势家所夺。不如循分结构，苟可以居即休。李文靖，宰相也，厅事前仅容旋马，正为后日子孙计耳。⑦

田园宜少。人欲难盈，奢念一起，占夺准折⑧之事作矣。坏尽心术，身家不保。后来子孙荡废，被人口实，何苦如此？多不过千，少不过百，足供衣食便休。若有余财，广置义田，勒石⑨不朽，则无不可。

嫁娶宜慎。不可论财贿，不可贪资装⑩。只宜将自己之子女与婿妇之性行、年貌酌量之，可娶则娶，可妻则妻。总以清白勤俭、有家法之家为主。亦不可轻信媒妁之言，事前须细心探访，方无差误。设婚姻已定，不幸有意外之变，

---

① 出自西晋文学家傅玄《口铭》。

② 此为宋代宰相范质对其侄子的劝勉，原句是："苟不慎枢机，灭危从此始。"意思是，如果张嘴说话不慎，就会招来灾祸，厄运就由此开始了。枢机，比喻事物的关键。

③ 出自《礼记·曲礼上》。苟免，苟且求免，只图目前免于祸患。

④ 至戚通问：最亲近的亲属互相问候，互通音信。

⑤ 妾媵（yìng）：泛指侧室。

⑥ 使令：使唤。

⑦ 参见司马光《训俭示康》："又闻昔李文靖公为相，治居第于封丘门内，厅事前仅容旋马。或言其太隘。公笑曰：'居第当传子孙，此为宰相厅事诚隘，为太祝、奉礼厅事已宽矣。'"

⑧ 准折：变卖，折价，偿还，抵偿。

⑨ 勒石：刻字于石。亦指立碑。

⑩ 资装：嫁妆。

破家荡产，是亦天命，不可怨悔，但当量力调处之，以安子女之心。

丧葬宜酌。有余者必该从厚，不足者无庸①过强。拘泥禁忌，诿卸兄弟，久停暴露，累世不葬，真天地间莫大罪人，何以为人子乎？故不幸遭丧，总以速葬为主，葬地不得十分侈大，小不过一亩，大不过十亩，高稳处即是吉。若误听堪舆②，妄求大地，从事开填，富贵未获，家私已荡。即幸成之，异日荒废难耕，子孙受累，愚莫大焉，所当痛戒。至墓前当勒石曰，某朝某人之墓，以便后人展视，且传世久远，不为他姓所侵。

生计宜定。为人要各落一业。智愚不齐，各就其性之所近。耕读之外，商贾、渔樵、医卜、星相，无不可为。只不许为胥吏隶卒，见绝于君子。

为臣宜忠。身为大吏，固当思久安夫社稷。即甫应末秩③，亦必须有益于国家。至如州县为亲民之吏，民命攸关，民风攸系，尤不可不慎。务必实在为一方兴利除害，以上报朝廷高厚之恩，下慰祖父属望之意。

异端宜黜。僧道尼娼，其祸福夭媚之术，最足惑人。苟见理不明，便堕其术中，破家荡产，杀身殒命，蔑④不至矣，其害可胜言哉！惟早日能读书穷理，一遵孔孟家法，则邪说自不得入。至如淫词艳曲，更足流荡人心。未有者不必备，已有者宜速速毁，以绝祸胎。

坊肆宜远。此处所集，无非狡侩小人。俚言俗状，最足习染⑤。有志之士，不许子弟入其门。至娼妓之家，尤为掩人陷阱，足若一践，永不齿于人类。杀身亡家，可立而待⑥，得不猛省痛戒！

节妇宜敬。心坚铁石，志烈冰霜，茕茕⑦一未亡人。天地鬼神必为悯恻，朝廷官府犹加旌奖，况生吾百世之光荣。吾一族之人不十分加敬，曲全其节，便非人类。设遇此等正气之妇，能成就而表彰之，子[子]孙孙食报⑧无穷。

孤子宜恤。无父何怙，无母何恃？饥寒疾病，无处告诉，可悲可痛。近世叔伯，都绝天伦，利其家私，谓非己之子，放纵儿女婢仆欺侮谩骂。吞声饮泣，苦不

---

① 无庸：无须。

② 堪舆：堪，天道。舆，地道。堪舆即风水，中国传统文化之一。

③ 末秩：小官的别称。

④ 蔑：没有。

⑤ 习染：沾上不好的习惯。

⑥ 可立而待：可以马上等到结果。表示事件迅即发生。

⑦ 茕（qióng）茕：孤独无依的样子。

⑧ 食报：受报答或受报应。

尽言，此神人共嫉，天地不容者也。独不思民吾同胞，乃犹子比儿，何忍出此？苟有仁心者，抚之当如己子，他日庶可见祖宗兄弟于地下。

田赋宜输。"普天之下，莫非王土"，"劳心者食人，劳力者食于人"，此天下之通义也。语云："若要宽，先完官。"旨哉斯言，曷不详味？

讼狱宜息。为人贵以理胜，不贵以气胜。平日为人，立心公道，行事笃敬，外侮自然不来。设有意外之变，可以吃亏处，便思孟子"于禽兽，又何难［焉］"①之语？若万不得已，须集通族参酌祠中，然后行事。至若户婚田土②，最易处明，不可终讼。设好讼不已，破家荡产，杀身殒命，此必然之势。昔人云：讼极终凶③。痛戒痛戒。

医理宜学。务要从师讲究，精而益精，明而益明。不特可以事亲修身，且可救药一方。立心公道，不以富贵贫贱二其术。常修制药石、集神验丹方，普施于人，起死回生，阴功莫大于是。

书板宜刻。家道丰，为善最乐，为善莫如刻书。择古今切于人伦日用之书及祖考所著之书，镌就行世，嘉惠后学，显扬先代，厥功最巨，故乐亦称最。

火盗宜思。修葺垣墙，谨慎启闭，徙薪减烛，绝熏禁煨。语云："有备无患。"至哉斯言，不可怠忽。

账目宜清。年月中保④，田地、屋宅、银钱、平色、斗斛、秤尺，俱要事事从实登簿上，着不得一毫虚伪。天理人心尽在此等上见，吉凶消长亦于此等上分，其凛诸。

□量宜谨。一以朝廷所须为度，不得臆为轻重大小。出此入彼，日用最急之务，人心之邪正，天理之存，必俱系于此。各各自问，有则改之，无则永守。

疾病宜慎。死生存亡，皆系于此。上士当慎之于未疾之先，如节饮食、慎起居、远女色、戒暴怒，使疾病不生，斯为最善。设不幸有疾，尤须着紧用力，乃为敬身，乐正子春⑤所当法也。

儿女宜教。语云："少成若天性，习惯成自然。"故当知识初开之时，每事要

① 出自《孟子·离娄下》。意思是，对于禽兽，又该责备什么呢？
② 户婚田土：指不能直接告官的争执。比如，明太祖《教民榜文》："今出令昭示天下，民间户婚、田土、斗殴、相争，一切小事，须要经由本里老人、里甲断决。若系奸盗、诈伪、人命重事，方许赴官陈告。"
③ 讼极终凶：出自《朱子家训》："居家戒争讼，讼则终凶。"
④ 中保：居中作保的人。
⑤ 乐正子春：春秋时鲁国人，曾参弟子。尝下堂伤足，数月不出，犹有忧色。门弟子问，以为君子不亏其体，不辱其身谓之孝。今伤足乃忘孝之道，是以有忧色。乐正，官名。

教之以正,稍长尤必须择端方正直之士,可为楷模者,使子弟从之。日刮月磨,自然成就一个好人了。即不然,亦不至流为匪类。若一味嬉戏,为禽犊①之爱,男必傲僻,女必悍妒,直至败名丧节之事。亡家始知,悔恨亦已晚矣。

志气宜奋。世上许多要紧事,不能做成者,只是无志而气亦萎靡。苟能志以率气,踊跃争先,引为分内,如家祠、义田、义学、义宅、义冢之类,已上许多条例,期在件件必行,何患不成!

戒为恶

读谱时有犯此者,当众共举之,曰某犯此某犯此,即令善书者书之牌上。俟读毕,族长与房长及族之贤者酌量行罚,仍将牌上所书事编年月日录记过簿上,以戒后人。

戒不重谱牒,收藏不谨,坏烂无稽。

戒不敬祖宗,轻忽神主,作践坟墓。

戒为□□□□馁,不顾疾病,不忧奉养,不诚爱敬。

戒为弟不悌,干名犯上,疾行并坐②。

戒不睦宗族,夺田争地,患若贼仇;分门别户,势同秦越。昧同源共本之义,失敬长慈幼之心。

戒不姻亲戚,音问③不通,缓急不问。

戒不任朋友,狎近小人,疏远君子。专尚变诈,全无忠信。

戒不恤邻里,恃强凌弱,家怨户诅。

戒鬻身④卖儿,玷污祖宗,贻祸子孙。

戒为盗,窃取蒜韭,渐入穿窬。

戒闺门不肃,男女无别,内外无分。

戒奢靡,穷工极巧,争奇好胜。取目前之快,贻日后之忧。

戒多畜妾媵,教人以乱,故纵奴仆示己以强。

戒不事诗书,妄议圣贤,专趋财利,形同狗彘⑤。

---

① 禽犊:指鸟兽疼爱幼仔。比喻对子女的姑息、溺爱。
② 疾行并坐:指不尊重长上。疾行,走在长上之前。并坐,与长上相挨而坐。
③ 音问:音信。
④ 鬻(yù)身:卖掉自己。形容极其贫困无助的境况。
⑤ 狗彘(zhì):犬与猪。常比喻行为恶劣或品行卑劣的人。

戒语言不慎，不闻出好，只见兴戎。

戒机械变诈，全无人道，谄谀承奉，绝非人品。

戒不事生业，专寻死路，在家为蠹，在国为贼。

戒轻儇①尖刻，目为狡童②，号曰鸱枭③。

戒恃才妄作，触犯国宪，恣意养安④，颓坏家声。

戒读书不成，从事刀笔，杀人媚人，出罪入罪。

戒学医未精，妄思财利，不识病源，误投药石。

戒造作淫书，荡人心志，讹传异变，骇人听闻。

戒治家不严，鲜衣美食，惟奢是尚，描鸾刺绣，救饥□□。

戒夫纲不振，艳妻专政，牝鸣⑤致祸。

戒淫人妇女，天道好还；谋人身家，良心丧尽。

戒欺侮鳏寡孤独，立身无地，含冤莫诉。

戒结交官长，狐假虎威，弱肉强食。

戒占人风水，妄希富贵，反致祸败。

戒结交匪类，为害乡里；多用阴谋，结怨亲朋。

戒不完国课，上负朝廷军国之用，下启愚民侥幸之心。

戒逋负⑥钱财，不思补偿；糊涂账目，希图刻剥。

戒婚姻不审，只图门面，莫问家风。

戒权量不谨，出轻入重，与小取大，占利无几，损德贤多。

圆润笔书，却卖身文契，再嫁婚书，折尽平生，还遗孙子。

（因书损，无法考查）

犯律例幽嫉鬼神，伤忠愿之道复来。

---

① 轻儇（xuān）：轻佻，不庄重。出自司马光《起请科场札子》："容止轻儇，言行丑恶。"
② 狡童：狡猾的家伙，坏小子。
③ 鸱枭（chīxiāo）：鸟名，俗称猫头鹰。常用以比喻贪恶之人。
④ 养安：养身安身。谓生活在平安逸豫之中。
⑤ 牝（pìn）鸣：语出"牝鸡司晨"，意思是母鸡报晓。旧时比喻妇女窃权乱政。
⑥ 逋（bū）负：拖欠赋税、债务。

祖训、续申祠规（江苏常州社塘）①

忠献王钱弘佐长子昱，为宋刑部尚书，卒赠太师。生子十九人，第十二子绶，生四子，长曰诏。诏生四子，次曰随，随第三子曰琦，其子五人，长子闻诗，三子闻礼，为武进社塘之始祖。

祖训

遵圣谕以昭劝诫。伏读圣谕，有曰：孝顺父母，尊敬长上，和睦乡里，教训子孙，各安生理，勿作非为。② 今吾族相劝戒，无非佩服圣谕而已。

孝顺父母

孝不止服劳奉养，温清定省之类。定须立志要做个好人，不负父母生我一番。倘得读书成就，显亲扬名，必矢志忠贞，担当宇宙③。居官则随分尽职，居乡则随处施仁。即不遇而隐逸，亦必祇躬励行，约己宜人，方是不失其身为父母之孝子。或不幸而父母有过，不能尽如吾愿，又须委曲谏正，令其合道而后止。且父母贤者，见我说得有理，自然虚心听谏；即不贤者，谅我诚心恳切，父子至情，岂有不相入者？故孝子，不但自修其自身，必谕亲于正，而后谓之孝也。

---

① 载于常州社塘《钱氏宗谱》，留与堂，2017年印本。钱希圣、钱国兴主纂修。
② 明太祖朱元璋发布的圣谕，要求百姓"孝顺父母，尊敬长上，和睦乡里，教训子孙，各安生理，毋作非为"。顺治九年（1652），照抄洪武圣谕，改为顺治六谕。康熙九年（1670），将圣谕扩充为十六条。此训为六条，推测本训产生于顺治末年、康熙初年。
③ 宇宙：国家栋梁。宇，屋檐。宙，栋梁。

尊敬长上

长上自祖宗父母以外，凡尊于我者，皆是。吾族安分循礼者固多，然亦有以下犯上，以少凌长，甚至尊卑位次之间，漫焉无别者。今后务须真心实意，致敬致恪①。卑幼遇尊长，倍加谦让一分，不得以意气侵凌傲慢。至家有大事，当堂面请议定过后行，不得擅专忽略，才是敬长，匪但礼貌好看已也。

和睦乡里

乡里是同乡共井，凡居相近，面相识者，都是。夫乡里是属异姓，尚要和睦，况我同宗之人？一脉相联，有几微②不和睦，便上失祖宗之心，下贻子孙之害，所关不小，务一德一心。好事，大家共成之，不得故生异同；不好事，大家共改之，不得私行诽谤。彼此交际，和气蔼然，以延我钱氏无疆之绪，可也。

教训子孙

子孙是我负荷宗祧底人，父兄岂可不教？教之之道，今人只把名利一边重了，所以后来成就到底是功利中人。须教之读书明理，立志做人，于举业艺文外，以圣贤说话涵育熏陶。心地要光明，气质要涵养，世事要练习。古人洒扫应对等事，今人姑置不讲而检束身心，寻向上达③。父兄所以教其子弟者，不可一日懈也。

各安生理

人生世间，生理人人有之，不可执一论。如士子有读书生理，农夫以有种田生理，商贾有居积买卖生理。吾家先世，以耕读为业，尝读文肃吴公诗有云："稼穑艰难终有逸，诗书滋味本无穷。"二句虽常言，却涵蓄无限意趣。吾族子弟倘资可读书进步，固是上等生理。即读书不成，或管理农业，或置身商贾，亦尽可过一生，为太平之良民，无以为卑劳而厌弃之也。

---

① 恪：谨慎而恭敬。
② 几微：细微，细小事。
③ 寻向上达：《孟子集注》中有言："自能寻向上去，下学而上达也。"意思是，凡事可以依循本心而行，不断地努力学习，从而通达天命。

毋作非为

夫为之事,其类甚多,艰于悉数①,姑举其大者言之。如娼优隶卒,良贱为婚,玷污祖宗,已非人类;为僧为道,虽与前项稍别,而甘心异教,无复人伦,犯此二者,名曰宗绝,竟议出姓,不列钱氏宗谱。所当首禁者也。如杀人放火、偷盗赌博、奸淫纵欲、明犯伦理、教唆讼词、专一欺灭、赫诈财物、图赖人命,犯此数者,名曰宗蠹,众共叱之,祠堂中不许与祭。所当严禁者也。如包揽钱粮、拖欠条役、谋占产业、欺压良民、酗酒宿娼、隶卒为伍、低银假钞、撒泼行凶,犯此数者,名曰宗顽,与祭时,宗正副记过,以待公同族众祠中议加责罚,不许姑息。所当例禁者也。

以上六条,非敢有创为臆说。具因圣谕解释推广条议未立之前,俱置不说;既立之后,愿与吾宗共相劝戒云。

续申祠规

按宗祠续申条约,已极周详。间有设诚而未及力行者,似宜核实速举,如劝善、记过二簿,尤不容缓。盖劝惩并举,俾人各知趋避。凡我宗人守分向上,量加奖赏,载在祠规,弗论已。倘有一二败行,始或无心,既而渐成不肖,岂惟本房一分之羞,委系通族一体之耻。但教行自近,其本枝尊长先加规戒,戒之不从,呈之祠堂,公共责罚,以冀改图。万一不服,自当协力送官惩治,务令改行从善,庶不失宗族休戚相关之意。而于宗祠条约,良不虚矣。

宗人散处,好歹不能尽知。须会同族众,议择公直者,或二人,或四人,以司觉察。即于祠中,厚处②供给,以酬贤劳。受托之人,即当悉心廉访,毋得避怨畏缩。每遇朔望,或善或恶,从实开告祖宗。神主前,宗子即便登记,量加劝惩。庶助通族耳目之所不逮,本枝尊长之所难隐云。

义田助贫,为族人安贫守分而设。若不安本分,不守祠规,虽在议助之列,其本枝尊长及司觉察之人,须逐一开明。至散给时,不得混与,且数其罪以责

---

① 悉数:指一一列举细说;全数,全部。
② 厚处:待遇好。

之。责之而心服，随改前非，至下次助时，并与前次未给之物。至如族人之贫，消长不定，即与助者，未必长贫。亦须本枝及公直辈，每次公议，议定而助。凡与助之人，亦须责令生理，士农工商，量力专任一业，至下次议助时，亦当稽考，作为验其长进与否。世未有力作之人而终身贫困者，助之而复稽之，未必非激发人心之一机耳。

义学兴教，冀宗人一体向上。族有贫不能延师，择宗人有学行者任其师保，悉心教之，以责实效。馆谷①宁从厚处，间有勉自力学而贫不能支者，议给又当稍稍从厚，以优士类。若祠中四季会考正，验学子勤惰消长，通族向学人务须咸集校艺②，第其高下，赏为重轻。即居下等者，亦薄给纸笔，以寓鼓舞作兴之意。其有贫而远处赴考时，掌会供给者，即量给路费，庶不艰于往来。俾不得借口不便，违悖考规。

祠中祭爵、钱炉及墓上拜台、祭棚之类，事务虽小，最为紧要。创议久而未见举行，只缘怯于任事耳，合将祠中公费质令宗子，作速置办，以崇祀典。

时康熙岁次辛卯初秋　长庚　谨述

---

① 馆谷：旧指给幕友或塾师的酬金。
② 校艺：考核学艺。

宗范、家规（福建龙田）①

始祖镠。厥裔钦公宋时由浙入闽，至辉公登科甲，官授河南监察御史。洪武间（1368—1398）至十一世孙鉴公、钞公奉命招伍征剿有功，官俱授指挥千百户。鉴公镇守连江，钞公镇居梅溪。给屯田二所，各归故里，以为养老。

宗范十则

一要修谱

谱者，所以联宗族之义也。谱立则昭穆不紊，而继世亦无冒犯祖讳之嫌。其例宜十年一修，廿年再修。庶幼者知所出，老者知所终。而夭殇无告者，亦不至于失纪也。朱子云：子孙十年不修谱，当以不孝论。非真不孝也，亦以谱之不修，则失同宗之义，即背祖之人也。况愈延愈久，世次之紊，名讳之犯，而夭殇无告者之失纪，可胜言乎？余故以修谱之要冠诸首云。

二重宗祧

长子乏嗣，则择次子之子以承继之。若次子无位当立，则由亲及疏照房次立之。不然，即择贤而嗣，亦宜昭穆无失。不可尊卑倒置，以贻笑大方也。至于非类之螟蛉②，虽不可收养，与其宗嗣失传，不如抚式谷之为愈也。此必万不得已而为之，若宗族有嗣可承，不得以此为借口。

---

① 载于福建闽清县白中镇田中村之彭城龙田《钱氏宗谱》，雍正甲寅年（1734）印本，光绪年重修。1997 年钱理波等主编（修订）。

② 螟蛉（mínglíng）：养子的代称。

三禁扳援

君子贵乎自立，不可依人以为轻重。昔郭崇韬拜郭子仪之墓，识者非之。狄青不附梁公，千载重之。今同姓居巍陟显①者，谁无一二？若非同宗有据者，切不可冒附之，以贻讥也。

四警溺女

溺女恶俗，闽中为甚。夫男与女俱为母氏十月怀胎，何忍甫落地呱声未绝，便弃杀之？且虎狼犹知爱子，此副心肠母氏竟行之，而无丝毫惨怛②，真虎狼不如也。彼杀人而夺其货，律且不宥③，况血下儿女立刻置之死地，曾莫之恤耶！恶俗之忍伤骨肉十有八九，愿子孙生女收育，毋为恶俗所染可也。

五表贞节

守节存贞，俗之厚也。常见青年妇女失所天而即夺其志者，动因女家父母不明，百般煽惑，亦有舅姑希图财利，以致妇人失节，幼子无依，贞节之所以难乎其人也。如有立誓不移者，宗族宜加敬重，生则尽情以恤之，死则称节以表之。仍陈于有司，请于朝廷，以明柏舟之操。

六慎葬埋

葬者，存也，所以存先人之骸体也。须寻稳当吉地，勿使他日为城池宫室并牛马践害以及耕犁所及，即江头岸畔亦宜慎之。其葬处都分界段，亦必登载明白。或大葬，或小葬，据实而书。至起迁则书"易以金罐④"，土埋则另书"藁葬⑤"。别有一种焚尸而葬者，非情也！罪与不孝同，例书以贬之。

七恤孤幼

支分派别虽有亲疏，以吾祖视之则皆子孙也。岂有子孙颠连无告⑥而乃祖

---

① 陟显：高位，大位，显位。
② 惨怛（dá）：悲痛，忧伤。
③ 宥（yòu）：宽恕，原谅。
④ 金罐（guàn）：迁葬需捡骨，另装入陶罐，陶罐称金罐，俗称灰金缶。
⑤ 藁（gǎo）葬：用草席裹着尸体埋葬。意思是草草埋葬。
⑥ 颠连无告：指生活困苦不堪而又无处告贷和诉说。

乃父不为之心焉痛者乎？故子孙不幸，有幼失父母而有产业，当代保其产业，勿思吞并，俟其年长清还之。况我不谋人之财产，人亦不谋我之财产，天道报复犹如檐前滴水一般，此尤宜慎之。亦有幼失父母而无产业者，尤当视如己子己弟，善为抚养之，善为教诲之，毋使戕其性命，至长代为婚娶，俟其成人而后已焉。至于老而贫穷无靠者，更当不时省其寒暄，勿使冻馁失所。此为善体祖宗之意，方不愧为同宗共祖之人，他日必然昌大。

八记世功

祖宗之所能为者，无不竭力为之，以贻子孙。至于所不能为者，则俟他日贤子孙为之。此皆前人限于时势之不获已也。况继志述事，本子孙分内事。或有创基辟业、立梵宇、建祠堂、修义冢、增祭田、灯油田以及充义田，并助族内婚葬者，皆以大功德论，宜大书于谱。某人建某业为某项事，庶子孙知先世开创之功，世守勿坠，以示劝也。倘或反上所为，败坏祖业者，则大书其罪，亦鸣鼓而攻之意，以示罚焉。

九序尊卑

世次所以别尊卑，故以昭穆定之。有侄年期颐，而叔仍在襁褓者，则叔虽幼，必居侄之上，不可以年之长幼，失尊卑之分。

十尊有爵

孝子莫大乎尊亲，子荣则亲亦荣。故读书有能成名，比之众子众孙自加一等矣。宜于字讳下书：某官某职以某科中某榜。即生员贡监，亦书：某年某宗师入泮①，某宗师出贡。以示别于不读书者。盖读书，则庶人之子可为公卿。不读书，即公卿之子亦庶人。古云："将相本无种，男儿当自强。"②人苟能于经史中刻励揣摩，安在不能成其名哉？故读书成名之子，宜大书其职御，以励后之子孙奋志者。

---

① 入泮(pàn)：古代学宫前有泮水，故称学校为"泮宫"。科举时代，学童入学为生员，称为"入泮"。
② 出自宋朝汪洙的《神童诗》。

家规条款

首明一体

凡人不思此身，兄弟同出父母胞胎，宗族同出先祖，有一体之义也。每于形骸财利上起念头，故常与兄弟宗族分尔我，相忿斗、相争讼，伤亲破义，致父母妻子不得安乐，却又交结外人为心腹密友，此暧昧之甚者也。宜明一体之义，毋得戕害。有疾病相救药，遇患难相扶持，匮乏相赈济，愤怒相宽容，得失相劝戒。如此，则和气致祥，家门自然昌大，否则谓之不孝不悌。昔者陈兢九世同居①，男女七百余口，畜犬百余同牢共食，一犬未至，群犬不食，此岂偶然之故哉？特气类之观感然耳。物且犹然，况为人者乎？

备孝敬

父母深恩如天之大，如地之厚，何能补报？况有不孝不养者，真人间之禽兽矣。常见人家子孙，事父母不能恭敬，稍有拂意，反唇厉色如待路人。有好饮食，私以饱妻子，瞒昧父母，勿使亲知，独不思父母之爱子无所不至，亦犹你今日之爱妻子一样。你以爱妻子之念，转而孝敬父母，得其喜悦之心，即你后来子孙观感而善，亦能孝敬于你。古云："檐前一点水，滴滴不差移。"②倘生前子道有亏，百岁之后，纵三牲五鼎③，何曾到九泉也！不孝之名，百世不能改矣。不惟父母当孝当敬，凡族内伯叔兄弟子侄，亦当亲之爱之，视为同气④，毋得傲慢凌虐。互相感化，讵不美哉！

别男女

五伦之中，莫先夫妇。有夫妇而后有父子，有父子而后有君臣，有君臣而后

---

① 九世同居：《宋史·陈兢传》记载，陈昉家十三世同居，历唐宋两代，宗族千余口。世守家法，孝谨不衰，阖门之内，肃于公府。自陈兢再传九世后，才奉旨分家。"德安义门陈家训传统"被确定为2021年国家级非遗代表性项目。

② 意思是，孝顺的人，生的孩子也孝顺；不孝顺的人，生的孩子也是逆子。不信就看屋檐流下的水，一点一滴都流到以前的坑里。

③ 三牲五鼎：形容祭品丰盛。

④ 同气：指兄弟。

有兄弟,有兄弟而后有朋友,此夫妇所以为正始之道也。孟子云:"夫妇有别。"一家尚尔,况异姓之人乎？每见世人男女混杂,毫无忌惮,而家长初无一言切责,此风俗之所以坏,廉耻之所以丧也！何异引鬼入门乎？礼云:"男治于外,女治于内。"①男女无别,即家之兴替攸关。为家长者切宜远之,以整家法。即若村媪野姬、三姑六婆,亦不可轻与接入,恐荒言秽语变乱是非,亦宜戒之。

定礼义

冠婚丧祭,此礼之最重也。宜先三日预禀族房长辈,共酌可否。称家有无②,中礼而行。几见人家子弟多不依分,峨然戴弁③,侈然美服,相为雅观,此父兄之过也。其嫁娶惟以资财丰厚,甚至卖业鬻产,此又妄人也。夫丧者送终之礼,祭者追远之义,尤宜慎之。如春、秋二祀,更不可缺。至于父母年老,预备棺衾丝绢之类,免致临时迫促。终日惟要尽哀,不必厚设酒馔④,大作斋醮,徒费钱财,于死者何益？春、秋祭品,即与族人共享,盖以仁祖考⑤者,以仁及族众也。品物随分,礼仪合节,庶生者顺而死者安矣。坟墓以时修葺,不至损坏。春禴秋尝⑥,及时拜扫。若有不肖子孙越礼犯义者,通族共为规责,勿使废典可也。

正名分

家有尊卑长幼,犹国之有君臣上下也。名分不正,何以治国？长幼无序,何以齐家？凡子弟之见父兄伯叔,当兢兢业业,以礼自持。同堂则旁坐侧立,途次则让先退后。有问则答,敛容逊词。出必告,归必面,免致父母倚闾而望。圣人云:"父母在,不远游,游必有方。"此之谓也。是子弟之起敬起孝,皆父兄之教有以先之也。似此名分既正,家法整齐,见乡曲⑦之尊长自然能敬,见邻里之幼弱自然知爱。悉依居家矩度而行,再无争斗背逆之事,再无倨傲凌虐之行。世间之春风和气,萃我一堂。为父母者生有安乐之奉,死无身后之虞。治国由于齐

---

① 参见司马光《涑水家仪》:"男治外事,女治内事。"
② 称家有无:按家当的多和少办事,指不可过奢或过俭。称,随,据。
③ 峨然戴弁:戴着高耸的帽子。这里借指超越自身财力的浪费或者奢侈之风。
④ 酒馔(zhuàn):犹酒食。
⑤ 祖考:祖先。
⑥ 春禴(yuè)秋尝:春祭叫祠,夏祭叫禴,秋祭叫尝,冬祭叫烝。禴祭,春、夏时菲薄的祭礼。
⑦ 乡曲:乡里。

家，愿吾曹①世世遵守无忽，岂不美哉！

谨婚姻

婚姻者，正始之道也，家之兴替攸关。要必择家法严整者，与之联姻。毋妄听冰媒②唆弄，贪其妆资。毋循便苟简，省其财礼。恐长舌厉阶③、牝鸡司晨，有玷宗亲，悔之晚矣。至女子长大，尤当早为择配，毋致失时怨旷④。盖男愿有室，女愿有家，其理一也。为父母者宜熟思焉。

急赋役

大凡有田则有粮，有身即有役，此一定之理也。其苗粮丁役，须照多寡及时完纳，一以省公家追呼之扰，一以脱自逋欠⑤之名，毋得临期措处。古云："要做快活人，时逢春夏先完课。"此之谓也。更丁役一节，果老疾应除者。（以下缺一小段）

尚勤俭

（以上缺一小段）

语云：惟勤有功。诚哉，金石之言乎！至于居家饮食穿着之类，尤宜节省，生众食寡，量入度出，勿得奢侈过用。虽是贤父兄躬行引导之功，又在贤子弟奋志成立以继之也。

崇师傅

尝闻隆师重傅，必有隆师重傅之报，良有以也。子年七岁，即入乡序⑥。蒙养贵端其始也。乘其情窦未开，智故⑦未凿，如水之清，如玉之洁，延名师，择益

① 吾曹：我辈，我们。
② 冰媒：媒人。
③ 长舌厉阶：谓女人多嘴，搬弄是非，是灾祸产生的根源。长舌，比喻好说闲话，搬弄是非。厉，灾祸。阶，阶梯，引申为导致、招致。参见《诗经·大雅·瞻卬》："妇有长舌，维厉之阶。"
④ 怨旷：指男女因没有配偶而生的怨恨。
⑤ 逋（bū）欠：谓拖欠租税。
⑥ 乡序：古代地方办的学校。
⑦ 智故：巧饰。

傅,朝夕以辅导之,令其诵读经史,学习礼仪,防闲①周密,矩度不逾。勿使之亲小人,近邪僻,扰其天性,乱其耳目。教而若此,长大必成伟器,家门必能昌大。古云"要好儿孙在读书"②,而师傅不可不隆重也。为父兄苟行姑息之爱,蹉跎岁月,至于交游匪类,小则辱名贱行,大则破家荡产,甚至流落不偶③,死亡道路。其不教之愆,父兄又安可逃也?

省过失

过者,人所不免,虽圣贤不能立于无过之地。过而能改,无为过矣!今人有过,不喜人规,如讳疾忌医,终成大疾。吾语子弟,或有口过,或有行过,各宜静思速改。偶过于前,毋使再过于后;偶失于始,勿致永失于终。故《论语》首篇云:"过则勿惮改。"子路,圣门高弟,人告之以有过则喜。颜子大贤,亦曰不贰过。然则过而思改,过从何生?愿吾曹于平旦④夜气之候、衾影屋漏⑤之中常常省察,妄念不生,庶几成一完人也。幸矣!

抑忿气

夫气者,人所必有,易发而难制者也。若不守之于约,养之于微,一旦有不入耳之言,勃然生于色,发于声。有不快意之事,悻然忘其身以及其亲,性命身家,生死存亡,决裂顷刻。噫!此朝气何锐也!迨至时衰势败,瓦解冰消,圄圜之囚,刀斧之加,俯首而承,甘心而受。上辱祖宗,下累妻孥,鹤发垂亡,孤豚⑥将断,俱难顾惜。此无他,皆由刚强暴戾之气,生平操守无方,骤发而难制矣。书不云乎:"有所忿懥,则不得其正。"⑦圣人有云:"忿思难。"大凡气由忿生,何未之思也!苟能思之,胯下何辱也?巾帼可受也,唾面可自干也!张公艺九世

---

① 防闲:防备,禁止。闲,约束限制。多指按照一定道德标准对人加以约束。
② 出自楹联:欲高门第须为善,要好儿孙在读书。
③ 不偶:不合时宜,仕途不遇。
④ 平旦:清晨。
⑤ 衾(qīn)影屋漏:衾影,被子和影子。出自刘昼《新论·慎独》:"独立不惭影,独寝不愧衾。"屋漏,古代室内西北隅施设小帐,安藏神主,为人所不见的地方。衾影无惭,屋漏不愧。表示行为光明,问心无愧。
⑥ 孤豚:小猪。这里引申为幼孩。
⑦ 意思是,如果心中有怨恨,就不能保持中正。忿懥,怨恨发怒。懥(zhì),愤怒。出自《大学》。

同居，惟用一忍。^① 人而能忍，和气自然致祥，何至于暴气至戾？吾原^②汝曹，以"百忍"为法，可也。

戒好讼

子曰："听讼，吾犹人也。必也使无讼乎！"圣人尚使无讼，况尔庸碌之人？逞刀笔，恃舞文，出入公门如行私室，欲思快一己之私，夸耀乡曲，独不思朝廷设官分职，理雪民冤，何曾为尔们之幸窦^③？何曾为尔们之利薮^④？又不思吏胥快似虎如狼，日踞其中，耽耽而望，拔草寻蛇，无隙不投。若三字一点落伊掌握之中，不怕你穷，不恤你苦。多酒多肉，如兄如弟；稍忤其意，呵责诟詈。闻者痛心时欲罢，无奈一字既入公门，九牛拖也不出。乃曰：我家父母妻子，一日三餐所靠。那顾三族五伦，垂头丧志，听其指挥？要做上风，金钱浪掷。欲养父母，畜妻儿，囊箧^⑤已空；欲复前仇，泄夙忿，笔刀已钝。悬釜而叹，仰屋而嗟，追思昔日英雄，而今安在？古人有言，公庭非乐事，诚不诬也。愿吾曹株守生业，裹足不入，安逸当何如哉！

以上宗范十则，并家规十二条，愿子孙遵循，世守勿忘之。

---

① 张公艺，经历北齐、北周、隋、唐，多次受到朝廷旌表。作为中国历史上治家有方的典范，家族九代同居，合家九百余人，团聚一起，和睦相处，受历代人敬仰，传为美谈。唐高宗泰山封禅时，询问其治家之法，以书百余"忍"字回答。

② 原：愿。

③ 幸窦：犹幸门。意思是奸邪小人或侥幸者进身的门户。

④ 利薮(sǒu)：利之所聚。

⑤ 囊箧(qiè)：袋子与箱子。

家法（湖北荆州）^①

荆州钱氏，始祖僖兴，世居湖州府安吉州，元末进士。随洪武成帝业，后改荆州左卫为显陵卫。五世孙康为显陵卫舍人。康生最，最以子贵，诰赠昭信校尉、锦衣卫百户，留荆占籍江陵，生镇、铢、钜三祖，镇尽节江阴。

父兄之教不先，子弟之率不谨。旨哉斯言！其个中人^②语，向我辈谭^③虎也。夫上等之人不教而善，下等之人教亦不善，中才之人可上可下、可成可败。成立之难如升天，覆坠之易若燎毛。前人之论，详矣。倘家法不严，后生罔知畏忌。而欲士为上士，农为上农，殆戛戛乎其难之^④。惟我钱氏，世居浙湖，为安吉望族，自僖兴公以进士第出身，官荆州，爱其土沃民厚、风淳俗美，遂家焉，城内北门东隅，其故里也。

不数传而鸣叔公尽节江阴，圣恩特赠光禄，谥忠节。今俎豆维新，庙祀不朽，厥后支分派别。梧锜公、思旺公，一迁沧港，一迁沿港，两地异居，南北相望。秀者业诗书，顽者力农桑，代有伟人，极盛之后，未尝不克继也。夫源远者流长，膏沃^⑤者华茂。祖宗燕翼贻谋^⑥，作法之良，抑子孙克俭克勤，世济其美也。越数十年，而我皋飏公创开斯地，蒙荆棘，披草莱，田庐日增，人文蔚起。笃生祖大

---

① 载于湖北《荆州钱氏族谱》，钱家刚主编，2017年修。该家法为乾隆四十七年（1782）正月十六代孙钱开朗撰。

② 个中人：此中人。指曾经亲历其境或深知其中道理的人。

③ 谭：谈。

④ 戛(jiá)戛乎其难之：形容极其困难。戛戛，困难的样子。

⑤ 膏沃：肥沃；肥沃之地。

⑥ 燕翼贻谋：原指周武王谋及其孙而安抚其子，后泛指为后嗣作好打算。燕，安。翼，敬。贻，遗留。

人及伯叔祖，五公皆魁梧奇伟，其析薪负荷①，肯堂肯构②者，良③非偶也。迄今门户各立，家诗书而户农桑，五大人之所遗留手泽犹存，我等席其余业，小心翼翼，惟恐失坠。今子孙蕃衍，世风日浇，不惟性情或有乖张，亦恐习俗易以移人。《易》曰"履霜，坚冰至"，其所由来者渐矣，此防闲之不容不谨也。祖大人存日，常欲以创业艰难拮据之成劳，纂集一编，以贻后世，惜其不果。余也躬承祖武，深愧孙绳，朴不朴、范不范，光前裕后之谓何。爰协同族中诸公，约法十条如左，镌诸谱后，以示法守。每代公议户首一二人，照例从事，守法者奖，犯法惩，毋得模棱两可。夫理从乡出，家法直等诸国法，一经失足，解免无路。尔后生辈，孰非有用之器、可教之士，尚自猛省，无贻后悔。自今以始，将所立条件各录一通，触于目而警于心，凛凛焉如猛虎、烈火之不敢犯。或士或农，各居一业，甘淡泊以明志，务宁静以致远。由此而绍箕裘、振家声、恢宏先绪，昭兹来许，则余之厚望也夫，则余之厚望也夫。

一、忤逆不孝法则。小犯，叩头谢罪外，重责三十板，戒饬示众。再犯，重责五十板，戒饬示众。三犯，送水牢。

二、纵欲淫行法则。通奸，重责五十板，戒饬示众。若强奸，则送水牢。

三、赌博玩钱法则。小赌，重责三十板，戒饬示众。大赌，重责五十板，戒饬示众。追出钱数，加倍受罚，以充公费。窝赌伙，一并处罚。

四、凶横斗狠法则。未伤者，重责五十板，戒饬示众。伤人者，除重责外，视伤轻重，酌罚汤药。

五、沉湎酗酒法则。醉于亲朋者，重责三十板。醉街坊，重责五十板。酒醉恣事者，加倍处罚并示众。

六、侮慢尊长法则。戒饬示众。

七、攘④袭偷窃法则。小攘小袭，除追出赃外，重责二十五板，戒饬示众。大偷大袭者，送水牢。窝贼卖赃，以攘窃论处。

八、恃强夯占法则。小则除退还外，重责三十板；大则加倍受罚。

九、游手好闲法则。见则恶言面责；而强嘴重责二十，戒饬示众。

① 析薪负荷：出自《左传》："其父析薪，其子弗克负荷。"本意是父亲砍柴，儿子却不能背负。后人以"析薪负荷"喻指子承父业。

② 肯堂肯构：比喻能继承父业。

③ 良：确实，的确。

④ 攘：抢。

十、馉平打伙①法则。见则必打碎食物，掌嘴二十；重责二十五板，戒饬示众。

此十条，如有犯者，该户首协同族人等照例执法。倘有倔强不服者，该户首鸣公合族，捐赀处事。户首若因循宽容，合族人等一齐同责惩户首。

---

① 馉平打伙：乡村俗语，亦作"打平伙"，指共同分担费用的聚餐方式。

家范（浙江建邑前川）①

武肃开国后,忱公迁余姚。宋室南迁,有祖伯英者,自余姚迁避隐睦州,卜居前川之吴村。举凡开国承家,武功文德,一切可法可传。

百行莫大于孝,其上则立身扬名,以显父母;其次则服劳奉养,承颜顺志。若亏体辱亲,色养无闻,当率族众逐出。

兄弟同气连枝,或情间于阃言,或义乖于争利,甚至挽戈庭讼,尤坏宗法。如有,弗恭厥兄、弗爱厥弟者,当屏诸不齿之列。

伯叔之与父兄,相去仅一间②,为子弟者宜协和爱敬,毋得侮慢以乖分谊。

夫妇为人伦之始,风化攸关,若淫破义、庶乱嫡者,家长必以家法治之。

婚姻论财,夷虏之道。凡娶妇,只取门楣相配。至于嫁女,尤须慎择,不可徒利聘物,较量赍财,不顾良贱不婚③之律。

妇人主中馈,勤纺绩;奉养舅姑,无违夫子。不得干预外事,自长舌厉阶,每至兄弟参商④,乡邦非刺⑤。吾宗各宜正身齐家,妇言勿听。

族众瓜瓞虽繁,实祖宗一体所分。幸有富且贵者,当念本支百世总属一家,必恤孤寡,周贫乏,以全族谊。若粟红贯朽⑥,视同宗如陌路,必致先人怨恫,且清议亦不容也。

家必有宗族长、房长,即宗法遗意。凡族中有事,务先禀明族长,然后请各

---

① 载于浙江《建邑前川钱氏宗谱》(建德堂),清钱汎等纂修,乾隆四十二年(1777)印本。
② 一间:很小的间隔。极言其近。
③ 良贱不婚:良民与贱民禁止通婚。中国古代嫁娶禁例之一。
④ 参(shēn)商:参、商二星此出则彼没,两不相见。因以比喻人分离不得相见。
⑤ 非刺:非议,讽刺。
⑥ 粟红贯朽:仓里的粮食都发霉了,库里的钱串子都朽烂了,形容盛世的国库充盈。粟,粮食。贯,古时穿钱用的绳索。

房长从公处治，不可径自告官，有伤和气。

四民各有本业，凡业儒者，当亲师力学，必期文行兼优。则农工食力，商贾谋生，皆足自活。慎毋惰农自安，乃逸乃谚。①

治生莫先节俭，婚姻丧祭具载《文公家礼》，自宜恪遵。至于燕会服食，不可奢靡相尚。若好兴讼嫖赌，尤易倾财荡产，有犯必惩。

先人茔阡，昭穆有序，利害相关。其或希图富贵，潜视穴道顺利，用强僭②葬，忍心害理，致损丁口，是皆不孝之伦。当会众鸣官，押迁安墓，仍逐祠外，勿许复入。

春秋祭祀，务凛如在之诚。倘行礼日，故以事免，及与祭懈怠、喧哗失礼，皆为不敬焉，望子孙之尔敬乎，戒之慎之。

掌管祀田之人，岁举祭祀，必量其所入以供品物，先立簿籍，书其所办之数及修葺祠墓之费，一一从公开注，使得稽考。如有侵渔入己借端开销者，祖宗阴灵不远，子孙绝不永昌。

诸茔树木，虽以荫庇风水，实灵爽所栖，皆当崇重。若不肖子孙斩木鬻地，俱作不孝论，合族攻之。

辨名定分，莫先于谱。子孙世修之，以期敦睦九族也。今谱既成，各具领一部，务宜什袭珍藏，毋使损坏污秽。每逢伏腊，各派家长稽查看验，一次倘有遗失半帖者，罚银两入祠公用；若全帖无存，必防他鬻，务严追出，仍削其名。

行第于智信后拟三十二字：宽裕温柔、发强刚毅、斋庄中正、文理密察、齐圣广渊、明允笃诚、忠肃共懿、宣慈惠和。

班辈于有士后取二十字：世吉日方亨，希昌启敬承，广开维肃志，光耀继忠贞。

---

① 乃逸乃谚：出自《尚书》："厥子乃不知稼穑之艰难，乃逸乃谚。"逸，放荡。谚，粗野不恭。

② 僭(jiàn)：超越本分。旧指下级冒用上级的名义、礼仪或器物。

家训义约（江苏无锡）^①

无锡堠山钱氏，始祖迪为忠懿王钱俶之后，吴越王钱镠十一世孙。宋理宗宝庆元年（1225），自湖州迁至无锡堠山之西。后裔相对集中定居在无锡老城区、查桥、张泾、东亭、安镇等地。钱锺书属于这一支。

另一支无锡湖头钱氏，始祖进，忠献王钱弘佐之后，吴越王钱镠六世孙。宋真宗大中祥符年间（1008—1016），自嘉兴迁至无锡南太湖沙头（今滨湖区南泉塘前村）。后裔相对集中居住在沿太湖的华庄、雪浪、南泉、东绛、新安一带，后宅、鹅湖、鸿山、梅村、坊前等无锡东区也是聚居点。钱伟长属于这一支。

箴三公家训^②

曰立品。父母既生我以身，须知此身为父母之身，一失其身即亏体辱亲矣。要时时检点，刻刻提防。平时将圣贤经传、先正^③格言，潜心玩味，自然胸中有主。不贪非礼之财，不淫非礼之色，不出非礼之言，不践非礼之径，^④且不贵徒饰方正^⑤之容，使人目为假道学^⑥。要于春风和煦之内，卓然自有主张；纷纭酬酢^⑦之交，森然自循节度^⑧。果能如此，不论读书之子与贸易之人，即此为真孝

---

① 载于无锡《堠山钱氏宗谱》（锦树堂），钱熙元编，光绪三十三年（1907）印本。
② 根据后文推断，本训成文于乾隆年间。
③ 先正：指前代的贤人。
④ 与程颐"视、听、言、动"四箴有相通之处。见《钱氏家训》："程子之四箴宜佩。"
⑤ 方正：此处指道貌岸然之意。
⑥ 假道学：伪君子。
⑦ 酬酢（zuò）：饮酒时主客互相敬酒，主敬客曰"酬"，客还敬曰"酢"。后称朋友酒食往来为"酬酢"。
⑧ 节度：规则，节制。

子,即为真道学。

曰治家。处家之道,当恩义兼至。易昵者夫妇,然天下岂皆贤德之妇? 过昵则有偏任之弊。最亲者父子,然天下岂皆克肖①之儿? 过纵则开怙宠②之门,偏任必至,爱憎失宜,漏卮③难塞;过纵必至骄者放恣④,流荡难羁。兄弟乃一体所分,全要休戚相关,不可以床第之言致伤手足之谊。子弟之幼者,教以安详恭敬,微命勿伤,粒米必珍,只字必惜,以养其德性。至御下之道⑤,固宜庄以莅之,尤宜慈以畜之。⑥ 亲检汤药以疗其疾厄⑦,留心衣食而不使饥寒。盖此辈依我为父母,我当以子女待之;婢女及时适人,勿计身价;其头角早露者不待二十,亦预为保全之道。若俊童美婢,本非吾家所宜畜,慎毋自贻〔伊〕戚。

曰待人。长于我者,以父视之;等于我者,以兄视之;幼于我者,以子弟视之。在宗族为一本所分,至母党妻党,俱系至戚。此外泛然⑧相涉之人,亦当一体相待。不得以贫富而分轻重,以贵贱而别炎凉。即人以无礼相加,我亦不必与较。要使人之接于我者,惟见一段霁月光风、景星庆云气象,方为有学问人。若徒气质用事,非特有伤雅道,并动多获戾耳!

曰忍耐。天下惟有"学吃亏"三字,一生受用不尽。宁人负我,不要我负人;宁人欺我,不要我欺人。苟不知忍耐,而漫发一言,妄行一事,未有不贻后日之悔者。古人云:"让一步天宽地阔。"不过忍一时之难忍,此中大有受用处也。况我能吃亏,则天地自然怜我,鬼神自然佑我,公论自然许我。祸未必不自此弭,福未必不自此集乎! 至于田产交易,忍耐之外,更宜宽厚一分,即忍辱忍气,不足为耻。若以刻薄而置产,不转眼而即贱售他人,可不戒哉?

曰用财。用财宜节,而节非吝啬也。如祭祀婚丧诸大事,必宜量力量时,不

---

① 克肖:相似,谓能继承前人。
② 怙(hù)宠:倚仗恩宠。
③ 漏卮(zhī):渗漏的酒器。后常用以比喻利权外溢。
④ 恣:放纵,没有拘束。
⑤ 御下之道:统驭、驾驭下属(子弟、佣人)的手段。
⑥ 朱熹对孔子的"唯女子与小人为难养也",在《四书章句集注》中解释为:"此小人,亦谓仆隶下人也。君子之于臣妾,庄以莅之,慈以畜之,则无二者之患矣。"这是朱熹对"近之则不逊,远之则怨"之论述的解诂。意谓有地位的君子,对于从属于自己的男女仆隶下人,应该以庄重相待,免得他们言不逊从;又应该以仁慈畜养,免得他们心生怨恨。这样的话,他们就没有被轻视或被怨恨的担忧了。
⑦ 疾厄:病患苦难。
⑧ 泛然:一般,普通。

俭不丰，期于中礼。每月朔望，祖先六神①前，香烛之仪自不可缺。官粮宜早办，坟墓须修饬。宁使家无余粮，决不可使追呼到门，祖垄②荒废。至于贫病堪怜，无可告诉者，即不能独为轸恤③，必约集同志多方设法使之得所。外此④，则饮食衣服概从俭朴，盖省一浮费即可充一正用。若乃良朋契友，花朝月夕⑤，集分邀游，捐数日供膳之资，为一夕欢呼之乐，是宜切戒。盖时有丰歉，运有顺逆，不愿以仰事俯育之具，供一时浪费，直至床头金尽，仰面他人，悔无及矣。

曰婚姻。联姻贵知己知彼。吾父有云："结姻如兑银平，一针之差，便不是知己知彼之说也。"况古人有云，"娶妇必不若吾家者，嫁女必胜吾家者"，尤为万世不易之论乎！吾家子女议婚，不宜太早，恐有后悔也。至期，毋贪富，毋慕贵，宜择清白世传、忠厚谨饬之家。盖其家必能教训子女，而无骄奢淫佚之事。即择婿择媳之道，不外是矣。不然，以一日之贪心，启无穷之后悔，其受累有非一言可尽者。至已嫁之女，其家消长总难一致。贫者，吾量力助之，但不可使其久居母家；富者，亦不宜时受其馈送。正恐吾女不通翁姑⑥而私厚父母，是使吾女为不孝之媳，而吾食不义之物矣。

曾大父箴三公一生懿行详载邑志，而"遗训六条"皆本身立教⑦所以垂示后人者，族祖未堂公已载入行状⑧。乾隆乙丑，先大父诚斋公又修入谱中，大晞⑨等弗克绍述，深自愧焉。兹因岁久重辑，复将遗训缮写付梓，诚望后之人世守勿替云尔。

嘉庆四年夏六月　曾孙　大晞　百拜谨识

---

① 六神：新年拜神礼仪。中堂悬挂祖宗图像，先拜祖宗，再拜六神（灶神、檐头神、白虎爷、井神、土地神、财神）。民间认为这六位神祇是每家的保护神，新年祭拜，主要祈求全年人口平安，家业兴旺。

② 祖垄：祖坟。

③ 轸恤（zhěnxù）：深切怜悯和体恤。

④ 外此：除此之外。

⑤ 花朝月夕：花晨月夜。指良辰美景。

⑥ 翁姑：公婆。

⑦ 立教：树立教化，进行教导。

⑧ 行状：文体名。亦称"状""行述"。是记述死者世系、籍贯、生卒年月和生平概略的文章。常由死者门生故吏或亲友撰述，供封建王朝议谥参考或撰写墓志、史传者采择。

⑨ 晞：音 kùn。

合族义约^①

今天下但知有利，不知有义；但知有气，不知有谊。利之所在，气即随之。因利而生气，因气而忘谊。一线不容放宽，一毫不克逊让。毋论君子小人，一语及利便不顾亲族，一动乎气便不顾情谊。非独不顾情谊，即同胞兄弟亦不相识，生身父母亦不相认。所认者，止一利耳。为利而灭伦灭纪，全以血气用事，义气竟无言矣，族谊绝不想矣，岂不重可慨欤！

抑思人之贵乎有宗族者，惟其有同源一本之思。尊尊亲亲之谊，足以联络群情，会通^②血脉。非若途人陌路之疏远阔略^③，冷落不相关也。如徒面交^④口友，止还一虚体面，尽一空人情而已，亦何取于宗族哉！夫千枝万叶，总是一本所生；万子万孙，总是一人所始。吾之身，固非从空而降，乃父母所生；吾之父母，亦非从空而降，乃自高曾诸祖而来；祖考之前又有祖考，高曾之上又有高曾。源源本本，叶叶枝枝，渊绵不断，嗣续无穷，未尝有间。

今人但知己之身从父母而生，己之祖从高曾而出。一高曾祖考外，杳不知其所自矣。更有祖宗之名号，竟茫然不相识者，噫！异哉可笑已，有是理乎？不知我之高曾祖考，即族之兄弟叔伯；我之兄弟叔伯，即族之高曾祖考。虽隔世而隔年、隔地而隔位、隔体而隔肤，毕竟根同蒂并、气合枝连，一脉相传而递下，断不得以秦楚^⑤相看也。纵亲疏之不等，厚薄之不侔^⑥，究其渊源所自始，便当推爱于屋乌^⑦。惟集谱者立心孝弟，深知报本追远之意，于是正名定分^⑧，序次尊卑，使天叙^⑨天秩^⑩截然不紊，将老老幼幼、若远若近、散涣无统之众，悉纠合萃聚^⑪，会

---

① 本义约作于辛卯年(1831)桂月，二十五世孙友于、觐先书于自反斋。
② 会通：会合畅通。
③ 阔略：粗疏忽略。
④ 面交：非真心相交的朋友。
⑤ 秦楚：秦国和楚国。到战国后期，秦国和楚国交战，相互视为对手。
⑥ 不侔(móu)：不相等，比不上。
⑦ 推爱于屋乌：由爱某人而推及爱与他有关联的人或物。
⑧ 正名定分：辨正名分，使名实相符。
⑨ 天叙：天然的次第、等级。
⑩ 天秩：上天规定的品秩等级。谓礼法制度。
⑪ 纠合萃聚：联合，聚集，聚拢。

作一团。恐祖宗之德业遗忘也，修举①而振拔②之，使祖宗之德焕然一新；恐祖宗之闻望③沉沦也，显挈而表章之，使祖宗之名誉灿然若揭；恐一族之家风颓败也，编辑而作新之，使宗族之门第灿然丕著④；恐宗族之名号不相识、面貌不相认也，接引⑤而会合之，使素不识面之子倾盖而定交⑥。千古或散处于他乡，或飘流于异域，或寄迹于江湖，或隐居于村僻，至此会晤不常⑦，相亲相爱，敦睦雍和，绰有⑧四海一家之象。此其一片热肠，非有一视同仁之至谊，水源木本之至情，乌足⑨以与此？在吾侪⑩诸子，可不体此意而感发⑪其志意，兴起⑫其义心⑬耶？！

昔古人有刎颈之交⑭，有断金之谊，若管鲍之分金⑮、郈成之分宅⑯、冯驩之焚券⑰，绨袍⑱恋恋不忘故旧之情，衰绖⑲哀哀岂靳⑳麦舟㉑之助？羊左㉒一心志坚

---

① 修举：兴复，恢复。

② 振拔：振奋自拔。

③ 闻望：声望，名望。

④ 灿然丕著：明亮而显著。

⑤ 接引：引导，教导。

⑥ 倾盖而定交：两人在路上相遇，停车交盖而语，当下结成好友。倾盖，途中相遇，停车交谈，双方车盖往一起倾斜。形容一见如故或偶然的接触。

⑦ 不常：不固定，时常。

⑧ 绰有：常有，很有。

⑨ 乌足：哪里值得，哪里能够。

⑩ 吾侪（chái）：我辈，我们这类人。

⑪ 感发：情感于中而发之于外，感奋激发。

⑫ 兴起：因感动而产生。

⑬ 义心：节义或道义之心。

⑭ 刎颈之交：出自西周时一对好朋友杜伯和左儒的故事。杜伯是周宣王的大臣。周宣王听说有妖女危害其江山，把很多妇女、女婴都杀死。杜伯劝谏，周宣王不听，杀死杜伯。左儒与杜伯同为周宣王的大臣。周宣王杀杜伯时，左儒劝阻，周宣王不听，左儒自刎。

⑮ 管鲍之分金：讲述的是管仲与鲍叔牙一起做生意的故事。管仲因为家境贫寒，用挣的钱先还债，而年底分红的时候也欣然接受了鲍叔牙多给的分红的钱。鲍叔牙的手下看不下去了。然而，鲍叔牙却是真心实意地想帮助管仲渡过困难。比喻情谊深厚，相知相惜。

⑯ 郈（hòu）成之分宅：指仗义帮助友人。春秋时，鲁国的郈成子与卫国的毂臣是好朋友。后来在卫国的一次内乱中，毂臣不幸身亡。郈成子知道后，就把自己的住宅分给毂成的家属居住。

⑰ 冯驩（huān）之焚券：冯驩即冯煖（xuān），是孟尝君的门客，被派往薛邑去收债。冯煖到后，召集借钱的人，对能够付给利息的，给他们定下期限；对穷得不能付息的，取回他们的契据，当众烧毁。结果，在座的人都非常感谢孟尝君，连续两次行跪拜大礼。

⑱ 绨袍（típáo）：战国时范雎在魏国须贾手下做事时曾受贾辱。后范逃到秦国并做了秦国的相，贾出使到秦，范装扮成穷人去见贾。贾见他很穷，就给他一件绨袍。范因念及故人之情，就没有杀贾。后以"绨袍"比喻故旧之情。

⑲ 衰绖（cuīdié）：丧服。

⑳ 靳：吝啬。

㉑ 麦舟：宋范仲淹子纯仁从姑苏运麦五百斛，船过丹阳，遇石曼卿无钱归葬亲人，即以全船麦赠之。后因以"麦舟"谓赠物相助之典。

㉒ 羊左：交情深厚之称。后亦称生死之交。传说羊角哀与左伯桃同投楚王，道遇雨雪，左把衣服和粮食都给了羊，自入空树，冻饿而死。羊入楚为上卿，备礼改葬左，墓近荆将军陵。后羊梦左告知日夜被荆将军所伐，羊欲向地下看之，乃自刎死。

金石，桃园三义誓同生死。伯桃能殡友，角哀①所以冻死于空杨；季子得酬恩，叔氏所以援溺于枯井。原思辞宰粟，子即教以与邻党之情；②冉求请益廪，子又示以"不继富"之义。③ 由此观之，朋友尚可与贫贱、共功名、共患难、共安乐、共死生，况宗族乎？故自今以往，凡语同宗便须另眼相看，友爱笃挚，亲切倍常。一家有事则百族分忧，一族有事则合族维持。切不可以尊凌卑，以强凌弱，以贵凌贱，以贤傲不肖，以智欺愚鲁。或宗族中有不能赡者，设田以养之；不能读者，设学以教之；不能婚嫁者，给赀以成就之；身无立锥者，置宅以居之。其有鳏寡孤独、流离颠沛、疾病阽危④、陷溺水火者，尤当加意悯恤，分外提携，缓急相济，有无相通，勿听其束手待毙。有受人凌虐荼毒者，必须秉公仗义，怨劳不惜，斧钺不避，视为切肤之痛，协力夹攻。不论公庭私议，务期正法存体，万勿坐观成败。如谚所云，长他人志气，灭自己威风也。

至于宗族间，或有产业争差，贸易不平，以致争竞者，各族即为解纷，从公酌处，勿令结讼以伤和气，失雅道。或子侄辈有得罪于尊长者及放辟邪侈习于不轨者，亦即告之。众族集于祠内，直道而处，教以义方。轻则唾骂，重则戒斥。讲明孝弟之义，令之幡然悔悟，改过自新而后已。不得面是背非、逡巡退缩、托名构怨⑤而不为调停。夫任怨正所⑥以存公谊，任劳正所以全大义。若依阿⑦涊淰⑧而不直言是非、直陈利害，是反误之也。夫如是，斯不失为故家体统、大族规模耳。苟一味虚文酬酢、礼数往来、涂饰面目，以财帛馈赠为义，以酒食交际为情，相与间绝无一毫真意气、真肝胆，此不过晚近浇薄⑨之态，非我千百代祖宗仁厚相传之道，在吾党尤不可蹈此恶习。

---

① 角哀：典故同前文"羊左"条。

② 原思是孔子的管家，孔子给他九百斗小米的酬劳，他不要。孔子说："不要推辞，可以把多余的送给你乡里的穷人啊！"

③ 公西赤出使齐国，冉子替他母亲向孔子要小米。孔子说："给他六斗四升。"冉子请求再多给点，孔子说："再给他十六斗。"冉子却给了八十斛。孔子说："公西赤去齐国的时候，坐的是大马拉的车，穿的是又轻又暖的皮袄。我听说过，君子周济急需的人，而不是富有的人。"

④ 阽（diàn）危：面临危险。阽，近边欲坠。

⑤ 托名构怨：假借别人名义结怨。

⑥ 正所：正屋。

⑦ 依阿（ē）：曲从，附顺。

⑧ 涊淰（tiǎnniǎn）：污浊，指污浊之人或流俗。

⑨ 浇薄：不淳朴，不敦厚。

吾宗叔衡如翁，养静、虚舟两弟，弈侯侄，贤犹思孟孝并闵曾①，义胆忠肝、精诚可揭。不辞劳顿，不惮间关②，遍历江湖以搜访，远游四海以探求，卧月眠云，餐风宿水，冒雪冲霜，吞声忍泣，力为编辑，以集斯谱，名为《合族世谱》，已告成功，付之剞劂③，不日颁布各宗。

颁布之后，鼎十一支二十四世孙鼎甫等，即继以建祠，恢复旧制，设公田以供春秋祭享之具，设馆舍以供子姓来学之所，是诚历代祖宗之大幸，三吴一族④之功臣，可与天地同终始者也。倘后之子孙志同道合，更相劝勉，人人向义，在在知方⑤，于以兴仁兴让⑥，大振宗盟，再申睦族之典，复观隆古之风，庶不负集谱者一点苦心耳。然则是集也，上以缵千百年之统绪⑦，下以启千百世之谟谋⑧，中以联亿万人之情谊，岂徒漫焉一谱已哉！先也素有斯志，其如知己寥寥，徒怀虚愿。今幸首倡此举，适合鄙怀，愿与同志共襄盛事，爰述义约俚言，以为合族之一助。

---

① 贤犹思孟孝并闵曾：出自《后汉书·马援列传》云："援素知季孟孝爱，曾、闵不过。"意思是："我一向了解隗嚣（字季孟）孝顺慈爱，曾参、闵子骞也比不过。"

② 间关：形容旅途的艰辛、崎岖、辗转。

③ 剞劂（jījué）：雕板，刻印。

④ 三吴一族：三吴，地理名词，历代指谓有所不同。宋代以苏、常、湖三州为三吴。明代有苏州为东吴、润州为中吴、湖州为西吴之说。总体上以环太湖地区为主要范围，但也经常包括长江及钱塘江下游的广大地区。这里代指钱氏。

⑤ 在在知方：处处知礼法。

⑥ 兴仁兴让：出自《礼记·大学》："一家仁，一国兴仁；一家让，一国兴让。"可译为：一家仁爱，一国也会兴起仁爱；一家礼让，一国也会兴起礼让。

⑦ 统绪：头绪，系统。泛指宗族系统。

⑧ 谟谋：谋划。

家规、敦伦（江西星邑）①

宋进士闻诗公，乃吴都人也，系五代吴越国钱镠之九代孙。淳熙九年（1182），闻诗公被调江西南康郡任太守。任职期间，以人、德为本。离职后，难舍南康人民情义，又迷恋山水名胜，为背靠匡庐、面临鄱湖之间的优美环境所吸引，择居于此，成为星邑钱氏之始祖。

家规十条并引

司马檄谕云："父兄之教不先，则子弟之率不谨。"《吕氏春秋》曰："家无怒笞，则竖子、婴儿之有过立见。"是主家者，毋以幼小生姑息，毋以狎溺起乘端，毋以富贵即满盈，毋以贫薄馁志气。宜规模整齐，督责远大：莫使骄傲，莫尚诈伪，莫令奢侈，莫纵贪淫。立心行己，务要端方；待人使下，须戒刻薄；事存敬谨，过失可寡；心怀逊让，争讼寝熄；择师训课，讲明礼义；慎厥交游，规劝受益；励其职业，生理自遂；别其男女，内外严肃。无论士农异业，具兹意象，家必将兴。信如《近思录》所言，处家"惟刚直之人，则能不以私爱失其正理"。《易》言："闲有家，悔亡。"②"家人嗃嗃，悔厉，吉。"③非此之谓而何？余家前有《武肃八训》《铁峰七则》，启迪后人备善。今就其中推广条引于前，并列十条于左。诚能父教子、兄勉弟，则齐家正俗、荣宗显亲之道，孰有越于斯者？

---

① 载于江西星邑《钱氏谱牒》（衣锦堂），钱模魁 2006 年重修。
② 在家中做好防范，不会发生悔恨的事情。
③ 清穷困难之家悲泣愁叹，嗷嗷待哺，有悔有险，但终会吉利。嗃嗃，严酷貌。

第一条　敦孝弟

尧舜道大，孝弟而已。《论语》为仁必本孝弟。以故孝行懿德[①]，光昌古今。让产同衾，垂芳书史。则爱敬良能，何人不可敦笃？勿以所爱厚薄而生忤逆，勿因所得多寡而伤骨肉，勿听旁言妇语而亏天伦。"天下无不是底父母，世间最难得者兄弟。"昔贤痛切之言，敢不三复警心？

第二条　正名分

尊卑上下，次序昭然。长幼亲疏，等秩迥别。一切行坐称呼，各存礼让。举凡议论辞气，必须温和。在尊长固不可无礼凌卑少，为子弟尤不容以才能傲长上，此所以礼达分定也。《雅》曰："维桑与梓，必恭敬止。"况于家人族属哉？

第三条　礼年高

昌平"杖者出，斯出[矣]"。[②]《礼记》："见老[则]车徒[③]辟。"尊齿大义，乡里道路，初未敢废。而一本流传者，愈应敬爱甚备，体恤甚周。无以贫愚而相侮，无以分小而相慢。彼谚所谓："敬老才得老，欺老哪能老！"虽涉感应，亦深为轻老之戒。

第四条　重贤良

礼贤育士，朝廷有典，宗族要规，尤不可缺。盖光前裕后，赖修品行之子；耀族光闾，须优才学之儒。宜礼之、爱之、辅之、翼之，无论分卑单寒[④]，自应优待一等。而本人须益自濯磨[⑤]，处尽孝友，达怀忠良，以振先世家声，以副一姓巨望。《正蒙》[⑥]曰："子孙才，族将大。"良有以焉。

---

① 懿德：美德。
② 这句话是写孔子回乡过节尊礼的表现。孔子生于陬邑昌平乡（今山东曲阜），某年回乡过春节。"乡人饮酒，杖者出，斯出矣。"就是说，孔子和乡亲们饮酒后，要等拄拐杖的老年人走出去，自己才走出屋子。
③ 车徒：车马和仆从。
④ 单寒：旧指出身寒微、家世贫穷。
⑤ 濯（zhuó）磨：洗涤磨炼。比喻加强修养，以期有为。
⑥ 《正蒙》：北宋张载著，约成书于熙宁九年（1076）。"蒙"是《周易》的一个卦名，该卦象辞中有"蒙以养正"语。正，订正。蒙，蒙昧未明。意即从蒙童起就应加以培养。

第五条　睦宗族

鲁有同姓弗吊,孔圣曾闻而非之;吉凶相与为礼,朱子有取于会族。诚以人易世疏,念兹厥初,异爨①别居,弗失亲睦;纵遇有不平,须存退让。而一姓胡越,便乖义气。毋恃强凌弱,毋逞众暴寡,毋挟富贵欺贫贱。而弱寡贫贱者,亦不容忌妒为心。《孟子》所谓:"出入相友,守望相助,疾病相扶持。"乡井且然,岂同宗者反置勿讲?

第六条　怜孤寡

鳏寡孤独,王政在所必先;疲癃②残疾,人情皆存不忍。家有若辈,当怜而相抚,赈以相维。盖天下事,一经培植,枯枝复荣,都未可料也。《国语》曰:"班相恤也,故能有亲。"③疏谓:《亭记》云,"少而孤,则老者字之;贫而无归,则富有者收之。而不然者,族人之所共诮让也"④。俱格言哉。

第七条　培祖冢

冢土以藏祖骸,乔木以征世家。往往见人于历代墓茔,忽不经心,人渐迷失。虽为人掘发,豪强侵占,概罔闻知。而且有拔本披根,不顾为先坟衣冠后代福荫,徒鱼一时之利。噫!柳下之垄,师禁槎⑤茅,为人孙子能无痛呼?必碑以表之,岁以省之。而树木森森,勿剪伐,世为守之。至有开葬事类,须纠族众酌议。

第八条　亲祭扫

物本乎天,人本乎祖。豺獭且知报本,而人尤灵于物,敢论有田无田,惜费旷祀,致有嗣与乏嗣者等?古人"以兴嗣岁⑥"之谓,何其昧之耶?肖子贤孙尚诚意匪懈⑦,享祀丰洁。虽地之远,代之湮,必春祭于山,秋祭于嗣(祠),无忘报本启后雅意。

---

① 异爨(cuàn):分家各起炉灶。爨,一种土、陶制的厨房炉子、灶。
② 疲癃(lóng):残疾人。指弯腰驼背及身体极其矮小者。
③ 同等地位的人相互救助,因而能够关系亲近。
④ 见苏洵《苏氏族谱亭记》。
⑤ 槎(zhà):斫、斜砍。
⑥ 嗣岁:来年,新的一年。语出《诗经·生民》。
⑦ 匪懈:不懈怠。

家规·敦伦（江西星邑）

第九条　尚勤俭

"思居，好乐无荒"①，《诗》训勤也。"束帛戋戋，终吉"②，《易》取俭焉。则凡男女长少，须各奋尔业，衣食器用，尤量入度出。虽曰贫富有命，非人可求。俭不中礼，为世所鄙。然安于懒惰，势必财无生路，彼天与人亦厌之；恣其奢靡，勿论家资无几，纵富且贵必不长。观古今名臣世宦，每勤于体而俭于家，矧士庶乎。故《孝经》云："用天之道，分地之利；谨身节用，以养父母。此庶人之孝也。"

第十条　去奸慝

国典不可徒赏废刑，家法讵容③有劝无惩。奸恶之子，实为贻耻先人，蒙害通族。有等不事生业，赌博淫佚，及至有犯，倾家势必。始则捞摸，既则偷盗，继则卖身鬻子。《书》云："狃于奸宄，败常乱俗，三细不宥。"④《传》曰："毋保奸，毋留慝。"⑤是此等之徒，化诲难移，怙终不悛⑥者，应同重惩，毋蹈噬脐⑦。

钱昭功　作

敦伦四箴并引

夫子云："君子道四，某未能一。"⑧四者，子臣弟友之经，即孝悌忠信之道也。措之行为庸德，出之口为庸言。洵人生所不能外而日用所不可离者。宋白石先生尝有为子、为臣、为弟、为友之训，又有教孝、教忠、教悌、教信之条，垂为家规，予用是师其意而箴之，亦见人伦之必饬，至道之宜循云。儒良锦书，谨记。

---

①　出自《诗经》："职思其居。好乐无荒。"意为不能过分求安乐，要常想自己手中事。娱乐有度，才能不荒废。

②　出自《周易》："束帛戋戋，吝，终吉。"意为用了很少的布帛，有吝惜，终必吉祥。

③　讵（jù）容：难道能容。

④　惯于做奸邪犯法的事，破坏常法，败坏风俗，这三项即使是小罪，也不宽宥。宄（guǐ），奸邪，作乱。

⑤　不要庇护罪人，不要收留坏人。

⑥　怙（hù）终不悛（quān）：出自《书·舜典》。有所恃而终不悔改。

⑦　噬脐：麝脐有香囊，捕麝是为了取其脐。麝急，自咬其脐，但已经晚了。比喻行动迟缓，惹祸上身，补救不及。

⑧　出自《礼记·中庸》："君子之道四，丘未能一焉。"把"丘"读成"某"，是古人对孔圣人的避讳。

子箴

宗族称其孝,端为百善先。有怀常不寐,厥职①务求全。舜令顽亲格,损教后母悛。大俭光史册,愿一学前贤。

臣箴

事君必以忠,圣训明臣节。励志凛于冰,秉心坚似铁。身家计本轻,耿介②情难折。鼎镬视如饴,千秋留骏烈③。

弟箴

兄弟如手足,同气复连枝。既翕遵诗咏,随行守礼仪。勿因微利间,莫听妇言离。长此敦天显④,毋俾悌道亏。

友箴

信载义而行,友朋宜莫懈。神情必素孚⑤,车马无容拜。君子淡斯成,小人甘以坏。⑥ 平生重人要,便佞⑦当严戒。

二十八世孙　钱锦书　作

---

① 厥职:自己的职守。

② 耿介:正直,不同于流俗。

③ 骏烈:盛业。

④ 天显:指上天显示的意旨。

⑤ 素孚:一直就使人信服,本来(素来)就使人信服。

⑥ 出自《礼记》:"君子淡以成,小人甘以坏。"君子之交虽宁淡却能互相成就,小人之交虽亲密却易互相败坏。意思是,君子以友辅仁,成就道德;小人利己损人,见利忘义。

⑦ 便佞(piánnìng):善以言辞献媚于人;花言巧语。

家规（湖北咸宁莼川）^①

吴越钱氏裔孙仲耕公佃，北宋末年隐居湖口。仲耕公四世孙炽，生四子，基（薄隆）、址（化隆）、堂（应隆）、墀（维隆），为避红巾军之乱，决定举家由江西湖口五柳乡迁徙到鄂南定居。薄隆公、化隆公居蒲圻（现赤壁），维隆公迁咸宁马桥油榨庄安居乐业。

家规十六条

一、孝父母

五刑之属三千，罪莫大于不孝。父兮生，母兮鞠，^②其德罔极。人而不孝，天良之澌灭^③殆尽矣。近见父母所遗产业不多，不思竭力奉养，随分承欢，动云"遗我无几"，多淡于供养。又或兄弟析烟^④已久，家赀厚薄不一，必要派定供给，不肯多奉日余。噫！误矣。不知父母之于子，怀胎乳哺，曾不畏其劳，惟疾是忧，不以多而弛其爱，子独何心忍其缺于供乎？夫服劳奉养，古人且不以为孝，况其下此者乎？其不孝孰甚于此？凡父母值桑榆之年^⑤，只在承顺而已，总要得其欢心。古人谓"菽水亦可承欢"^⑥，诚然。若亏体逆亲，虽日用三牲之养，父母亦不我悦。且人生数子，智愚大小不一，恩爱不无稍异，辄云有意偏私，愤愤

---

① 载于湖北咸宁莼川《钱氏家乘》（卷二）（彭城堂），乾隆二十一年（1756）续修。

② 参见先秦佚名《蓼莪》。意思是，父亲呀你生下我，母亲呀你喂养我。

③ 澌（sī）灭：消亡，消失。

④ 析烟：分立炉灶。指分家。

⑤ 桑榆之年：晚年。

⑥ 菽水亦可承欢：见"菽水承欢"，指奉养父母，使父母欢乐。菽水，豆与水。指所食唯豆和水，形容生活清苦。

不平,不知我若在愚幼之列,宁不于我而视众有加乎? 盖爱怜少子,人情类然。若嗔嫌父母,只恐自己后日亦蹈此弊耳。又有一种贪利之徒,兄弟幼小共爨,私窃银钱谷米,至父母防闲维严,以天性之恩,等于盗贼,岂情也哉? 总之,父母至垂暮之年,承顺者悦,抵逆者不愉,此又不可不知风木之悲①,族众其共体之。

二、敦友恭

兄弟本同气也。《诗》咏"世相好,无相尤",②是同气之当亲爱人矣。近有一种横逆利徒,听妇言而伤骨肉,放利行③而乖同气,兄弟而仇敌视之。内则阋于墙,外则讼于廷。弟不弟而兄不兄,根本既亏,安望有昌达乎? 今与族众约,无论父母存亡,但弟俱幼小,其兄撑持家务,光大门庭,扩田园,新屋宇,大振家声者,弟等受其荫庇,尤当加倍以待厥兄,盖以兄道而兼父道故耳。总之,祇父即继以恭兄,宜兄不后于宜弟。为弟者,当三复斯言。如若兄有不是,弟先逊让以承;弟有不是,兄亦忍耐以处。俟其气平,徐徐以理相绳,自然愧服矣。不藏怒,不宿怨,怡怡相得,父母有不顺矣乎? 族众其深思之。

三、笃宗族

"民吾同胞,物吾同与",《西铭》有言。虽天下疏逖④之物,尚且引而亲之,况宗族本吾一体,顾可秦越视之乎? 盖祖宗一人之身,散而为千万人之身;子孙当以千万人之身,联为一人之身。急难则相救,有无则相通,疾病相扶持。毋唆讼以离宗盟,毋欺凌以残骨肉。间有口角,质诸房户,准情准理,自然雍睦,庶不致渎我先灵矣。若外姓欺我家族,当扶族谊;若家族无理,委屈和解,切不可辅伤天道之人。愿族众其共体此意。

四、和乡邻

同乡共井,与吾住居只隔咫尺,鸡犬相闻,土壤相接。若不和谐,牛马猪只

---

① 风木之悲:比喻父母亡故,不及侍养的悲伤。春秋时,孔子遇见一个路人哭得很伤心,问他为什么,他说:"我年少游学,父母双亡。树欲静而风不止,子欲养而亲不待。我要从此与世人永别了。"说罢便死了。参见《韩诗外传》卷九。

② 语出《诗经·小雅·斯干》:"兄及弟矣,式相好矣,无相尤矣。"意思是,兄长和弟弟之间关系好,互相没有矛盾。

③ 放利行:语出《论语·里仁》:"子曰:'放于利而行,多怨。'"放,依照。意思是,一切依照自己的利益来行事,那就会招致怨恨。

④ 疏逖(tì):指荒远之地。

恐有相犯，即兆祸端；言语错误，即生嫌隙；或童仆斗嚷，即起忿争。彼此猜忌，遂成仇恨，日寻报复，终无了期。非惟不能睦邻，亦非所以自爱也。敬告族人，岁时伏腊，椒馎交酬。冠婚丧祭，共相庆吊。强不凌弱，富不欺贫，卑不侮尊，众不暴寡。尔无我诈，我无尔诈，至诚相待，各处以理，而睦邻之道得矣。昔管幼安，邻人牛食其麦，毫不介意，反牵牛凉处喂养，邻人愧服，若犯严刑。[1] 尽如此类，何患邻之不睦乎？

五、信朋友

朋友居五伦之一。善则相劝，过则相规。切切偲偲，方称益友。至宴朋逸友，乃属损友，切莫与交。先圣云："无友不如己者。"夫不如己之人，且不与友，况其损己乎？今与族众约：凡士农工商，莫不有友。所友之人，只要善行可法，有益于我，方可友之。既友之后，须至诚相待，安乐与谋，患难相顾，昔人所以有刎颈之交也。族众其勉诸。

六、联姻戚

姻戚者，乃吾辈之至爱，子侄之所观法也。开亲之初，务要审慎。忠厚传家，孝友可风者，方可缔订。然后心切相关，吉则庆贺之，凶则拊救之，是非则劝解之。往来谈笑，或论书如何读，家如何治，世如何处，物如何接。种种芳型，可法可传。相谈竟日，方称懿戚[2]。不可徒以酒食口头交也，方不是打牌掷骰之徒。后人可卜昌达，而子弟有可法矣。

七、崇学术

学校之设，所以造就人才，以备国家之选，其术可不重哉？其子弟之贤智者，父兄须延名师，勤考课，文行并讲，根柢乎六经，遍览乎诸子，揣摩时样，出之新颖。取青紫[3]，掇巍科[4]，自如反掌。即在顽钝者，八股初通，往来书札，握笔可成。下此亦要颇识知无，贸易生理，可以记账。此则无论贫富，都要认得几个字。近

---

① 《三国志·魏书·管宁传》记载："管宁，字幼安，北海朱虚人。"裴松之注曰："邻有牛暴宁田者，宁为牵牛着凉处，自为饮食，过于牛主。牛主得牛，大惭，若犯严刑。"

② 懿戚：至亲。

③ 青紫：本为古时公卿服饰，因借指高官显爵。

④ 巍科：犹高第。谓科举考试名在前列。

见殷实之家,在父兄无隆重之实,在子弟徒沽读书之名。此等之人,匪特理不能晰、名不能成,读书假故而家亦且难保,是皆父兄之教不严也。族众其勖哉。

八、理农桑

农桑乃衣食之源。农桑不理,则衣食无出而枵腹①不能谈仁义矣。所以圣王之世,农时重不违之论②,墙下有树桑之诏③,无非为小民衣食计耳。凡我族人,勤四体,分五谷,宁效上农之食八九,毋类下农之食五六。至若妇女一流,中馈而外,宜勤纺织,绩丝麻,毋好逸而恶劳,毋贪惰而嫌勤,则衣食之源开矣。大富由命,小富由勤。《谚》云:"早起三朝当一工,免得穷人落下风。"此语诚然,宜深领之。

九、肃庙祭

祖宗与子孙,原一气也。先人之灵爽④,格以后人之精神,洋洋如在,罔敢亵焉。族荷祖恩,既隆报本之思,入庙告虔,宜整衣冠之仪,不可脱帽露顶,有失盛服。临祭之交,笑语喧哗,大乖思虑齐一之心。主祭者宜尽诚敬,不可徒循庙祭虚文。助祭者亦当整肃,不可临以寻常服物。自后倘有亵衣短衫入庙临祭者,定行受罚,以不孝论。凡我族人其共慎诸。

十、急公务

目今治际休明,力役无扰。食王之土者,当供王之税,春饷秋粮,各宜踊跃输将,如期完纳。即额外积谷之买,亦应欢从,不得稍有推诿,故意抗违。盖国而忘家,人臣致身之谊;先公后私,小民供上之义。我等族众,毋自罹法网,可也。

十一、广祀田

古者,有田则祭,无田则荐。⑤ 是祭之重,有赖于田也⑥人矣。公卿大夫皆

---

① 枵(xiāo)腹:空腹,饥饿。
② 农时重不违之论:孟子曰:"不违农时,谷不可胜食也。"
③ 树桑之诏:指汉初文帝、景帝时期颁布的九次劝民植树的诏令:"多农桑,益种树,可得衣食物。"
④ 灵爽:鬼神的精气。
⑤ 出自《礼记·王制》:"有田则祭,无田则荐。庶人春荐韭,夏荐麦,秋荐黍,冬荐稻。"意思是,(大夫和士祭祖)有禄田的则用祭礼,没有禄田的则使用荐新礼。普通百姓的荐新礼一般是:春天荐韭菜,夏天荐麦子,秋天荐黍子,冬天荐稻子。
⑥ 也:应为"野"。

有祭田，以备粢盛之供，而祭费乃有出焉。我族祖祠前无积贮，予兄弟念血食之维艰，略捐私费，以倡其首，并轮派管祭之人。每年捐费一串二百文，时已粗具。俟其后人铢积寸累[①]，置田百亩，始堪敷祭，并可培植族中寒士。伏乞由什而百而千而万，是又大有望于族之后贤。

十二、矜孤寡

幼而无父与老而无夫，此等无告之民，圣王尚先加恩惠，况我一祖之人，漠不加爱，可乎？近有亡命之徒，恃其血气之勇，欺凌单丁之家，动辄打上门，骂至家，凶恶万状。自后遇此凶横之徒，支鸣附近房关，秉公处治。如若负固，传上祠堂，凭祖处罚。如再持强，群起送公惩治，决不徇情。但孤寡之人亦不可自恃孤寡，放蛮撒泼。愿我族人，各宜自处以理，毋蹈此弊耳。

十三、慎立嗣

凡人无子，情已惨矣。不得已而继立，此乃权宜之用，但宜慎之于始。不可过继外姓，以其异姓乱宗，难以入谱。不入复姓，其血食不已斩乎？止可本族亲支侄辈，或继当立，或继爱立，随主人自便，凭族正关房，秉公酌议。若亲支无人，或取本房之良者，或族中贤能之侄辈，俱可入继。但不宜徒贪家财，以孙祢祖，紊乱昭穆耳。更有一种妒妇，自己止生有女，夺住丈夫，不许娶妾，所有祖遗产业或自创家财，尽私与女。噫！千秋万世之后，那知外祖之名号而奉祀弗替乎？自后遇此等事件，谙事君子须婉言开导无子之人，量给与女，其余入公或作父母祀产。难禁买卖，不若作公祖祭田，永垂不朽，为更愈乎！如此安顿，则享祀百世，不忒无子，亦为有子矣。族众其深思之。

十四、肃闺范

闺门为起化之原。男正位乎外，女正位乎内，天地之大义也。内言不出于阃，外言不入于阃，难以概诸。近今平常之家，汲水摘茶，锄园布菜，不妨勤乃妇职。近见妒恶之妇，不由规矩，高声大喊，毫无畏忌，虽见公姑伯叔，全然不知忌避。倘亲友闻之，成何事理？自后遇此样事，当责其夫，并女父母兄弟，俱应斥

---

① 铢积寸累：一铢一寸地积累起来，极言事物完成之不易。

以大义,以愧乃妇,俟其改过自新耳。

十五、习技艺

四民之中,士农而外,又有工商。国有六职,工居其一。盖人莫切于谋生,谋生莫要于习艺。百工技艺,俱可作仰事俯畜之资,特患业之不精耳。此外,若行医、看地、算命、占卦、看相、书画,俱可为养生之计。但业精于勤恒,荒于嬉。果能专心致知,则技精业熟,自然可获厚利。若置身花街柳巷之中,托足歌舞弹唱之地,身败名裂,荡逸心志,不独此时俯仰无资,更恐己身老迈,日后供养无靠,那时悔之晚矣。愿我族众无忘生理,可也。

十六、正夫纲

夫为妻纲,万世之经,无成代终。[①] 本妇之职,只可中馈贞吉,不可干预外事。间有才德兼优之妇,佐夫理家,劝解多少事务。近见恶妇强夺夫权,玷污门风,怯懦之夫,每受肘掣,遇事唯唯听命,稍有不遂意,即起愤怒。男子畏若河东狮吼。如此妇人,实家之祸。其夫须禀明关房族正,屏至母家教导一番,俟其自新,依然复归本夫。如无母家可屏,竟又怙恶不悛,遣嫁远方,亦在相时而动,有子又当别论。族众其共知之。

附录蒙养规条[②]

训立:书生站立要端然,两脚齐收似并莲。莫一脚前一脚后,将身跛倚向人前。

训坐:坐时叉手肃容仪,端拱安然似塑泥。莫把一身偏左右,谩将两手弄东西。与人并坐休横股,独坐之时亦整衣。记得古人言一句,坐如尸[③]也是吾师。

---

① 出自《周易·坤卦》:"阴虽有美,含之,以从王事,弗敢成也。地道也,妻道也,臣道也。地道无成而代有终也。"意思是,阴柔在下者纵然有美德,只是含藏不露而用来辅助君王的事业,不敢把成功归于己。这是地顺天的道理、妻从夫的道理、臣忠君的道理。地顺天的道理就是成功不归己有,而要替天效劳,奉事至终。

② 本段内容主要摘自《蒙养诗教》,意思大致相同,但语句有出入。《蒙养诗教》由明末清初歙人胡渊编写,是适合小学阶段学童学习的童蒙教材。

③ 坐如尸:坐着的时候就应该犹如受祭的人那样庄重。

训行：行时无事莫匆匆，休与癫狂一样同。怕有崎岖须稳重，恐遭倾跌失仪容。但遇亲邻深作揖，若逢尊长后相从。凡人皆可为尧舜，只在徐行后长中。

训言：说话从今切莫轻，轻言动辄取人嗔。尊长问时从实对，朋友相处露真情。打谎哄人轻薄子，至诚应物谨醇①人。平无妄语温公②者，分付儿曹要景行③。

训饮食：饮食随时饱便休，不宜拣择与贪求。若同尊席毋先举，便是同行务逊酬。鱼肉吃残须勿反，饭汤流歠④甚堪羞。遗羹⑤让果⑥垂青史，饮食之人乃下流。

训事亲：父母恩深等昊天，儿当孝顺报生全。早晨先起问安否，晚夕还来看坐眠。怀果⑦便知思顾养，望云心每在亲边⑧。有时打骂莫嗔怒，只是和颜与笑言。

训事师：师教深恩并父亲，尊师重道始能成。百工技艺犹知本，末作忘恩负义人。

训事兄：兄友弟兮弟敬兄，天然伦序自分明。席间务让兄居左，路上应该弟后行。酒食须先供长者，货财切勿起争心。谆谆诲汝无他意，原是同胞共乳人。

训处友：朋友之交道若何？少年为弟长为哥。同行共席须谦让，立志存新互切磨。终日群居谈理义，青春可惜莫蹉跎。休论富贵与贫贱，同气相求所益多。

训读书：读书端的要专心，义理求明辨字音。讽诵⑨务宜多遍数，晨昏须自

---

① 至诚应物谨醇：至诚，指道德修养的最高境界。应物，顺应事物，犹言待人接物。谨醇，谨慎淳厚。
② 温公：司马光。
③ 景行：景仰高尚的德行。
④ 流歠（chuò）：大口快速地喝。
⑤ 遗（wèi）羹：郑庄公因共叔段之事，与其母不和。一次庄公赐食颍考叔，考叔故意舍不得吃肉。庄公问其原因，对曰："小人有母，皆尝小人之食矣，未尝君之羹，请以遗之。"庄公为之感动，遂与母和好。参见《左传·隐公元年》。后以"遗羹"为赞颂孝道之典。
⑥ 让果：源出"孔融让梨"。形容兄弟之间谦让、友爱。
⑦ 怀果：见"陆绩怀橘"。陆绩六岁时，在九江拜见袁术。袁术让人给他吃橘子，陆绩在怀里藏了三枚。将要回去的时候，陆绩向袁术长拜告别，怀里的橘子掉在地上。袁术笑着说："陆绩，你来做客，为什么要在怀里藏橘子呢？"陆绩跪在地上，回答道："橘子很甜，我想要留给母亲吃。"袁术说："陆绩这么小就知道孝敬，长大后一定会成才。"
⑧ 望云心每在亲边：中国古代有"望云思亲"的说法。唐代狄仁杰的父母亲住在河阳，他登上太行山，回头远望，看见空中一朵白云，对左右随从说："我的父母亲就住在它的下面。"望了很久，直到白云移了位置才离开。明代陈寿于《秋日武陵客舍写怀·其三》中亦有："看云每动思亲念，抚剑空怀报国心。"
⑨ 讽诵：抑扬顿挫地读。讽诵是古人流传下来的一种朗读艺术，是传统语文教学的一项重要内容。讽诵有固定的类型和读法，由师徒口耳相授，一代一代在教学中沿用。

细推寻。诗书典籍盈天地,善行嘉言无古今。诚向此中求受用,一生胜积万籯①金。

口号

尔曹小子,虽未冠缨。大人学术,在培其根。根本若坏,终入无成。我编口号,诲尔谆谆。尔曹小子,是敬是承。

一不得轻师违教,二不得犯长怒亲,三不得骄朋慢友,四不得尚气凌人,五不得多言轻笑,六不得勿乱骂人,七不得爱人财物,八不得打谎哄人,九不得早眠宴起,十不得闲坐游行。有一于此,便不成人。

凡有高人,必须亲近。凡有客来,必须敬谨。有问方对,有呼则应。对尊人说话,必须起身。有物奉上,双手殷勤。凡见乡人,必须和顺,好言悦色,毋得侮凌。

凡遇宗族,尤宜亲近,尊卑长幼,伦序要分。但凡写字,必须楷正,朱墨笔砚,不可污身。

好言好语,须当细听。非理分外,切勿去行。尔能率教,可作好人。毋徒孟浪②,误尔一生。

居家杂训

谱牒要重,上明祖宗一脉之源流,下一③子孙支派之尊卑。凡迎到家中,须另做一柜,如谱样大,以藏其谱,安搁神龛之上,祀以香灯,不可污秽扯毁。如有此等,定行责罚。

祖坟在山,须常清查,恐山兽穿孔,蛇鼠出入,目击心恻,即当培补。常年省查,违者以不孝论。在无主孤坟,亦应看守。

各分要尚义举。无论大小公田,所收租秭,除每年支用之外,所有羡余④不可瓜分。依然存公放积,以培植寒儒。若荣发有期,即作印卷⑤之资,大小试期,量给考费。并不可恃此公银,动辄与人构讼,浪费银钱。

家居务要丰俭适宜。如自奉宜俭,宾祭⑥宜丰,古之训也。然丰亦不可以

---

① 籯(yíng):同“籯”。竹笼。
② 孟浪:放浪。
③ 一:应为“知”。
④ 羡余:原意为清代州县所收田赋火耗解交藩司(省库)的部分。这里指结余部分。
⑤ 印卷:科举考试考校试卷的一种方法。这里指参加科举考试。
⑥ 宾祭:谓招待贵宾和举行大祭。

常试。礼，与其奢，宁处于俭，尚不失为唐魏之风①，可为长久之计。

家中人不可怀忌刻②之心。盖富贵贫贱，乃命安排。忌人富贵，富贵之人未必遂至贫贱，只自丧其天良耳。况家族有差富差贵者，亦是我祖宗之光。当恐富贵未至于极，忧其难继耳。然彼之忌，实由于此之刻。我果念一本之爱，自处公平，遇事略为松活，联属族谊，彼亦怗然③心服，何有于忌？忌者固非，而启人忌者亦未必尽是也。我不刻而彼不忌，风化幸甚，族中幸甚。

家居邻村，倘外来浪子、弹唱优人，不可容留。恐入后混熟，拈香结拜，进出无忌，有玷门风。更恐所行不轨，有干律法，致受拖累。

家居市镇，开行店肆，落寓客商，必要闺门整严，内外肃静。不可出入无忌，男妇嬉戏，杂处谈笑，以其有关门风。

五服之制，不可不讲。读书之人，本支服制不遵，何论庶民？盖同居伯叔兄弟，尚服数月，异处弟侄，至丧家则服其服，至伊家则去其服。异姓女婿、外甥更无论矣。不知本有其服，同居异处，俱要服止其时，但制轻有从吉一论耳。

人生有女，幼则告以女红，一切恶言勿令入耳；长则教以勤俭，敬奉舅姑，无违夫子，既知三从四德之道，之子于归④，自能宜其家人，父母幸甚。

寻买吉地葬亲祈福，人人皆然，但求地莫先于积阴德。阴德之积，只在存此心耳。博施济众，尧舜犹病⑤，事事问心无愧衾影，随时推解⑥活变可也。

族中年老无子者，名下不可书"绝"字，以"止"字代之。倘有家产，除葬用外，所余产业傍人不可瓜分，尽入公祠，为义田，祀木主⑦于祠内。每年祭祀，将本田所取之租内，拨酒席祭品之费。族正代为优祭，世世享祀，无子亦为有子矣。

---

① 唐魏之风：指《诗经·国风》中的《唐风》和《魏风》。其中，《唐风》12篇、《魏风》7篇归于晋国，约占"风"部分的12%。这19篇诗作从一个特定视点反映了晋地风情，在展现其时人们的真情实感和社会习俗的同时，更折射出晋国的民本思维，也就是"强国重民"的晋国文明精华。

② 忌刻：亦作"忌克"。嫉妒，刻薄。

③ 怗(tiē)然：平静的样子。

④ 之子于归：女子出嫁。古人认为女子出嫁是找到了一生的归宿，是真正意义上的回家。出自《诗·桃夭》："之子于归，宜其室家。"

⑤ 出自《论语·雍也》："子贡曰：'如有博施于民而能济众，何如？可谓仁乎？'子曰：'何事于仁，必也圣乎！尧舜其犹病诸！'"意思是，子贡说："假若有一个人，他能给老百姓很多好处，又能周济大众，怎么样？可以算是仁人了吗？"孔子说："岂止是仁人，简直是圣人了！就连尧、舜尚且难以做到呢！"病，难，不易。

⑥ 推解：即"推食解衣"。把穿着的衣服脱下给别人穿，把正在吃的食物让给别人吃。形容对人热情关怀。

⑦ 木主：木制的神主牌位，书死者姓名以供祭祀。

家规、训诫（湖南湘潭）

吴越钱氏后人。柽公字宏道，号鼎山，元至正年间（1341—1368），挈其家属由江西新喻来潭，居于湘廛西之陶公山麓，生一子福。三世后分三支，士旦、仲祖、叔翰。仲祖支明初徙湘乡。六百年来，子孙星罗棋布于数百里间。

家规①

孝弟类

百行莫先于孝弟。在一本之父母兄长，固宜致爱致敬，即同族之叔伯兄长，如称谓、行坐之间，俱宜循分而行。

贫贱之家子弟，或未入小学者，宜父教其子，兄戒其弟。讲明孝弟之理，使他闻而自知，不得任意肆志②，以犯长上。

富贵之族子弟，无有不读书者。读书则当明道、孝弟，其亟务也。凡遇父母叔伯兄弟，宜彬彬循理，不得趾高气扬，恃富贵而生傲慢之心。

家族子侄，或能读书上达，或能置产兴家，此亦家族之光。其中或弟贵兄贱，或侄富叔贫，数③使然也。在贵显者，固宜谦让未遑；而微贱者，尤宜安分自爱。一以尊朝廷名器，一以存世家体统。

祖茔山林，同族或远或近，必须互相长禁，不得私己害人，以起砍伐之隙。

① 载于《湖南湘潭钱氏三修族谱》（彭城堂），清钱彰珥主修，嘉庆戊寅年（1818）木活字本。本谱为湘潭、湘乡两地合修，四世金楚支未参与。
② 肆志：快意，随心，纵情。
③ 数：天数，命运。

至茔下有田亩基址，应宜世守。或贫窭无措至万不得已，不惟外姓不得希图膏腴①，重价混接，即同姓之疏远者，亦不许私受。止可令本茔亲支一脉管业，以承宗祀。如违，同族攻之。

同族有分之山，或公祖，或私祖，如某房有人进葬，或男或女，理宜照派雁葬②。不得男女混入，以卑凌尊。如违，除另迁外，公罚。

田土，族内互混不明，或兄弟同胞分产者，其多寡、高下分晰不清，必须投鸣房长；或房长不能处分，再投族长以及尊长从场再处。如彼此必不肯服，只得质之公庭，庶不为好讼也。

族内或为田产、坟茔以及诸务到官者，必须填明族长。至族长到官，必须循理直供，使官长听断易定曲直。盖族长知所以自重自爱，即有好讼不肖子孙，亦知族长之言以后不可不听也。倘族长受贿徇私，许合族议罚，另设族长，以正家规，以彰国法。

行派必须循次凛遵③。或叔方襁褓、侄已白头者，称谓自当循分。至揖让拜跪之礼，又可不必拘也。

不孝有三，无后为大。若年过三十外，元配无子者，即许娶妾。倘长君④妒忌及妻党阻挠者，同族必从祖宗血祀起见，断令择娶。

其子贵孝顺父母，人所同知。而或有不知者，是与禽兽等耳。至其媳事翁姑、事夫子之道，亦所宜讲。或父母失教，或悍妒性成，且有视翁姑为仇雠、以丈夫为奴隶者，为之夫者当有刑于之教，令一家之妇俱知孝顺之道，由此而比闾⑤，由此而族党，皆闻而取则焉。观风者能不以仁里颂之哉？

忠信类

忠信乃人之本。如与人应酬、交接，宜以诚悫⑥相往来。后即贫乏无措，人皆谅其忠信，自有从中提携之者。倘与人言终日，尽属违心之谈，人必从而鄙之、恨之。即身罹患难，谁有过而问之者？此种人总是自作自受，始焉以为欺

---

① 膏腴（gāoyú）：土地肥沃。
② 雁葬：按规定的顺序安葬。
③ 凛遵：严格遵循。
④ 长君：据文意，当指元配正妻。然称正妻为长君，似无书例。
⑤ 比闾：比、闾为古代户籍编制基本单位。五家为比，五比为闾。后以"比闾"泛称乡里。
⑥ 诚悫：诚朴、真诚。

人，殊不知自欺多矣。

万般以读书为高。但读书贵于务实，不得徒有名目，后至于一无所成，岂不为天下弃人哉？

务农为业者，当以守遗祖业，自耕为主。如不能世守祖业，必至佃耕营生，应宜承种外姓之田，庶其公私无碍。如甘佃族田者，即当安户之分，毋诈毋欺，凡额例中应有之事，与夫一切租水使用，俱要照派。不得以宗族之名，致生骗害，以妨国课。

礼义类

楚潭乃礼仪名区，微论簪缨①仕宦之家在所必全，即平民士庶，亦不可废。

婚礼，必用媒妁。凡六礼②之周，自古制之今，当循而行之，其匹配但当相其男女。至于论财，卑污之行也。

丧礼，凡我同族，须先发讣文，不拘远近。葬日吊仪，直其余事。宜亲诣灵前拜奠，足征族谊之好。至住居有远鸟③者，讣文止发房长家，使代为遍传。

寿旦，如杖乡杖国④之年，即朝廷方且敬老，岂有至亲族好歹漠然置之度外者耶！若过此往，尤当郑重其事。至祝仪之厚薄，所不必拘。如五十以上，又非可以一概论也。

生子，必须报明房长，以便派行、清丁。

中元，设馔荐祖，天下皆然。但吾族谱既成之后，宜知事死如生、事亡如存。何以言之？凡祭祖者，无论荤素肴馔，止用一席。试思生存之日，男女之尊卑、长幼，有同席同食之事否？嗣后，设祭拜奠，必用两席，所以分男女之昭穆，在幽明无二理也。

凡宾客往来，男有男仆，女有女侍。或家贫无仆婢者，不得妇坐而命夫传递、子坐而命母传递。或富贵之家，本有童仆而顾令其艳婢打点，意欲显其体统而实所以败乎风俗也。

---

① 簪缨（zānyīng）：簪和缨。古时达官贵人的冠饰，用来把冠固定在头上。旧时用作做官者显贵之称，如：簪缨世族。

② 六礼：中国古代婚姻成立的六道手续，包括：纳采、问名、纳吉、纳征、请期和亲迎。

③ 远鸟（diào）：遥远。

④ 杖乡杖国：指年老。出自《礼记·王制》："五十杖于家，六十杖于乡，七十杖于国，八十杖于朝；九十者，天子欲有问焉，则就其室，以珍从。"

廉耻类

廉耻，四维①之事。每见人于些微处，尚有羞恶之心。及大而奸邪，反有所不顾者。非其明于小而暗于大也，盖贪淫之心日甚，始犹觉赧然不安，继乃四②然无忌，总因"廉耻"二字未讲故也。昔子舆氏有曰："耻之于人，大矣。"人胡置勿问哉？

做人，有无故欺我者，私论必不能排，只得鸣上。不然，名宜守分，以务本业。在棍徒③好讼包讼，以身体为鱼肉，笞挞禁囚，可谓伤体辱亲之至。即绅衿士子，亦宜自重。倘以功名为护身符，小则跪官、跪府，形同犬畜；大则褫革、罹刑，有玷士风，致羞宗族。有人心者，内顾能不自醒耶？

子孙贵各安其业。如士农工商，宜知一勤无难事。不应游手好闲，流为不肖，以致为非作歹，犯法遭刑，近辱亲族，远辱祖宗，深可惜也。

子孙贫弱无依者，宜多方代为经营，令其有衣得食，以成丁壮，以承宗祀，不可收为奴仆。倘有不肖之徒，或迷恋婢色，或私领身价，甘为人下，数传而后，甚至兄供弟役，叔作侄佣，揆之天理人情，大伤风化。如有蹈此弊者，一经查出，必令归支。除婢女身价不论外，仍经官究治，以正厥罪，所以为百世存廉耻也。

家规训诫引④

窃维⑤修身齐家，实本明德，以止至善。一族之中，智愚不一，若非上哲之姿，未有不教而善者也。夫"六经四书"⑥，训诫周详，修齐之道具矣。顾圣贤言语，精义宏深，有毕生莫殚其奥，讵可⑦概求之一族子弟乎？兹因谱帙成书，谨

① 四维：这里指礼义廉耻。
② 四：应为"肆"。
③ 棍徒：恶棍，无赖。
④ 本部分内容同见于同治丁卯年（1867）钱序馨主持编修的《钱氏续修族谱》和光绪三十四年（1908）钱永桂主持五修的《钱氏族谱》，以及民国三十三年（1944）钱锡珵主持六修的《钱氏族谱》。
⑤ 窃维：我认为。
⑥ 六经四书："六经"指《诗》《书》《礼》《乐》《易》和《春秋》；"四书"指《论语》《孟子》《大学》和《中庸》。《乐》后亡轶，只剩"五经"，称为"四书五经"。
⑦ 讵可：岂可。

撰家规训诫,弁诸简端①,条分款列②,显而易明,吾族众能于晦明风雨时而常览焉,以诰诫子弟,其亦有所观感兴起,而裨益于身家也夫。

家规十则

崇祀典

物本乎天,人本乎祖。豺獭皆知报本,可以人而不如物乎?故礼有五经,莫重于祭。每岁祭期,奉牺牲,洁粢盛,主祭、与祭俱宜肃整衣冠,先期斋戒,临事恪诚,以展孝思。不得任意酗酒,致滋放诞③。居丧者素服,不得与祭。鼠牙雀角之事,毋得言及,即公事亦须于致祭燕私④后细意商议,以昭肃静。

重茔墓

坟墓乃祖宗体魄所藏,后嗣赖以庇荫者也。清明挂扫,毋论公私远近,务必长者率幼指明,庶永远不致错误遗失。每届大寒,各宜修擢,罅漏则补塞之,荆棘则剪除之,树木则蓄禁之,所在皆然也。苟能修墓刊碑立志,则更为孝子慈孙之用心,祖德福荫尤不浅矣。若有强葬侵伐等弊,一经鸣族,执理剖断,不得徇情干咎。

彰节烈

古之忠臣不事二君,烈女不嫁二夫,理所固然,风斯尚矣。我族有青年失偶,矢柏舟之誓,终身无失者,族众务须公同举奏,庶潜德弥彰也。

严教训

古云:"父兄之教不先,子弟之率不谨。"为父兄者,宜平日告诫殷勤,庶临事知所法守。倘指示已及,而犹有不遵家训、不务正业者,小则治以家法,大则国

---

① 简端:书简开端。
② 款列:分项列举。
③ 放诞:放纵不守规范。
④ 燕私:古代祭祀后的同族亲属私宴。

有明条，决不得姑息徇纵，以养奸慝。所愿为父兄者，以身为率。如身不孝而欲子弟孝，身不弟而欲子弟悌，其不致反唇相稽者，几希矣。

勤职业

士农工商，业虽不同，皆宜专务。夫人劳则思，思则善心生；逸则淫，淫则恶念起。世之为赌博、为盗贼，结盟拜会，不惟倾家荡产，而且忘身及亲者，皆由职业之不专也。凡我族众，务期学习正业，其资敏者，攻诗书以图上进；质鲁者，教礼义使之力田。或习百工技艺，或服贾牵车。既不得游荡无归，亦不得充当胥吏优伶，上玷祖宗，下辱子孙，庶可称为象贤①矣。

肃闺门

闺门为正家之始。自古男女有别，授受不亲。不同坐，不共食，言语非正不相接，古训历历可考。夫人苟平日宴私动静②，能自谨饬，虽桑姑③馌妇④露面抛头，而其清白家风自在。每怪豪门右族⑤，其妇女逸居无教⑥，外而三姑六婆来往成群，内而狡童艳婢笑歌杂处，甚惑听其游庵拜庙、烧香讲经，种种恶俗，均坏闺门之渐。更有伦常乖舛，如兄收弟妇，弟收兄嫂，于律当诛，于理难容。惟愿族众，甚毋蹈此恶习而败门风也。违者重惩，徇隐者同治。

正名分

尝观孔圣之论政也，必以正名为先，则名分之当正。治国且然，而谓治家者，其可忽乎？盖家人父子伯叔兄弟之间，称谓所系，大节凛然⑦。推而至于族党，于谊虽有亲疏，然自祖宗一脉视之，则均一祖父辈也，均一伯叔兄长也，亦当循其隔坐随行⑧之节、恭敬逊让之礼。即于异姓尊长前，亦不可忽。若家庭之内，全不讲究，甚至子坐父立、弟先兄后，恬不为怪，出遇尊长，称名

---

① 象贤：谓能效法先人之贤德。
② 宴私动静：能在公众场合容仪端庄，不表露出情欲狎亵。
③ 桑姑：采桑女子。
④ 馌（yè）妇：往田头送饭的妇女。
⑤ 右族：大族。
⑥ 逸居无教：意为贪图安逸而不接受教育。参见《孟子·滕文公上》："人之有道也，饱食、暖衣、逸居而无教，则近于禽兽。"
⑦ 大节凛然：人伦纲纪严肃不可苟且。
⑧ 隔坐随行：坐于席角旁，跟在别人后面走。

呼字,詨①言诋毁,更或逞其富豪,恃其才能,凭其强勇,见贫贱者则傲慢之,见愚昧者则轻亵之,见弱懦者则欺凌之,名教②隳坠③,莫此为甚。然父兄使不先为之检束,而自开以轻薄之窦,引咎受侮,夫复何辞?

慎选举

家必有长,族必有首,所以董率④族事,约束族众者也,岂易为胜任哉? 所举者不论分之尊卑、家之贫富,惟择素行端方⑤、才德兼全之人理之。当斯任者,宜公道服人,正身率物⑥,出训诫以示善道,严规条以惩不法。更举公直者为祠长以辅族事,廉明者为经管以理钱谷,均议五年更举。上交下接,据簿核算明白,毋得侵蚀而招责咎也。

慎理质

我族仁让成风,固有素矣。然田地坟茔以及钱债细故,亦难免鼠牙雀角之争。凡事经申诉,族众务须力为劝解,以敦族好。若势不得已,传约理质⑦,二比先期交费,临期受质,跪赴先祖主前,从容详说,不得强争。俟户首剖断,各具遵依。如违,责罚不贷。户首亦毋得徇情纵容,挟私袒护。若有忤逆犯长、凶抢牵抄、冲拼割掘等事,一经发觉,先责后质,不服禀究。

明承继

子舆氏云:"不孝有三,无后为大。"至老而无子,则有承祧之义焉,但不可以异姓乱宗。侄尤子也,主后无疑,然犹有别。长房无子,次房长子承继;次房无子,长房次子承继。若非承长房之继者,长子独子不令过房。若亲房无人可承,亦可抚疏房⑧之恂谨⑨子侄或嗣父素所钟爱者,不得借亲之说以阻其所爱而强

---

① 詨(xiáo):说话不恭谨。
② 名教:名分与教化。
③ 隳坠:败坏。
④ 董率:统率、领导。
⑤ 素行端方:平素之品行正直、正派。
⑥ 率物:做众人的榜样。
⑦ 理质:讲道理,应质询。
⑧ 疏房:远房,远族。
⑨ 恂谨:恭顺谨慎。

立其不爱者，致生嫌隙。

家训十条

敬天地

人生世上，何莫非天地之覆育？近有无知之徒，肆行无忌，罔知敬畏，甚或呵风骂雨，亵黩①难堪。若是而冀天地之佑之也，得乎？苟能小心翼翼，安分循理，一言一动有如神临。每遇烈风迅雷甚雨，以及朔望佳节，正宜修省，毋冒犯戊社②，毋裸露三光③。暗室无欺，屋漏无愧，庶为天地之完人矣。

孝父母

百行之原，莫先于孝。盖以父母之于子也，少则保抱携持，长则教读婚娶，寝食俱废，辛苦备尝。欲报之德，昊天罔极。为人子者，奈何而不思乎？曾子言曰："大孝尊亲，其次弗辱，其下能养。"盖言孝无限量，惟在人子之自尽耳。苟能内尽其和顺爱敬之诚，外尽其服劳奉养之礼，更能死致其哀，祭致其诚，亦或可报亲恩于万一。孟子曰："不得乎亲，不可以为人；不顺乎亲，不可以为子。"言之痛心，想宜刻骨。

笃友恭

兄弟者，同气连枝之人也。方其幼也，父母左提右挈，前襟后裾④，"食则同案，衣则传服，学则连业，游则共方"。此意长留，将太和⑤之气，萃于一门，乐何如也？乃或"听妇言，乖骨肉"⑥，见有阋墙斗很⑦者，有毕生仇雠者，同根相煎，

---

① 亵黩：同"亵渎"。轻慢，不恭敬。

② 戊社：古代祭祀土地神的日子叫社日。立春后的第五个戊日为春社，立秋后的第五个戊日为秋社。有春祈秋报的意思。

③ 三光：日光、月光、星光。

④ 前襟后裾：形容抚育幼儿，前面抱着，后面领着。襟，衣服胸前的部分；裾，专指衣服的大襟。语出《颜氏家训·兄弟》。吴讷《小学集解》卷五曰："前襟后裾，谓兄前挽父母之襟，弟后牵父母之裾也。"

⑤ 太和：太平，安乐。

⑥ 参见《朱子家训》。

⑦ 斗很：同"斗狠"。以狠争胜。

何忍为此？自今处兄弟者，惟以同胞为念，兄友于弟，弟恭厥兄。礼让相先，有无相恤。遇田产则思薛包①之荒顷自取；遇患难则思赵孝②之以身代弟；遇疾病则思宋君之灼艾分痛，庾衮③之留守不去。勿以钱财而相争，勿以豆觞而启衅，则棣华永茂，荆树长荣，④家道有不昌隆者哉！

和夫妇

夫妇乃人伦之始，未有不和而可以成家者。今人之于妻，往往不以恩义相加，而以奴婢相视，甚至鞭挞不堪，凌辱无礼。于义既亡，则是夫不夫；反言相抵，遂至妇不妇。否则溺于床第，酿成妒悍⑤，致使举乖戾。又或假以权柄，听妇主持，致诮⑥司晨家索。此皆非所以成家德也，岂徒稽唇反目之为不家和已哉？夫少壮必须内助，及儿女长成，又当为一门表率，所系匪浅，必也相敬如宾。夫治于外，肃容貌，慎言笑，谨操持，以倡其妇；妇助于内，凛敬戒，勤纺绩，主中馈⑦，以随其夫。庶身范修而家道正，夫妇和而家道成耳。

睦宗族

《尧典》一书，先纪睦族；"元公之训"⑧，首戒施亲。则族之当睦，自古维昭。近世或以富贵骄，或以智力抗，相争相角，非独乖族谊，且以欺宗祖，成何家纲？夫睦族之要不一，凡在名分⑨属尊者，宜恭顺退逊，不敢触犯。有分⑩虽卑而齿

---

① 薛包：东汉人。好学而诚实，失去母亲，以孝出名。父母去世后，弟弟们要分财产、分开住，薛包只取荒废的田地和坏掉的东西。

② 赵孝：汉朝人。和弟弟赵礼很是友爱。有一年，一伙强盗把赵礼捉去，并且要吃了他。赵孝赶紧跑到强盗那里，情愿代替弟弟给强盗吃。两兄弟相互推让，大哭了一番。强盗也被感动，就把他们都释放了。

③ 庾衮（yǔgǔn）：东晋人，以贤孝而名重天下。公元277年，鄢陵境内瘟疫流行，很多人因此丧命，纷纷逃难。庾衮之兄庾毗因染疾不能起，家人议弃，但庾衮不许，自愿留下照料兄长，日夜服侍，数月而愈。里人称颂不已。

④ 棣华、荆树：均代指兄弟。

⑤ 妒悍（dùhàn）：蛮横妒忌。

⑥ 致诮（qiào）：导致责备、埋怨。

⑦ 中馈：指家中供膳诸事。

⑧ 元公之训：元公一般指周敦颐，因宋宁宗赐其谥号为"元"，世称"元公"。周氏后人多以《爱莲说》《养心亭记》《拙赋》为家训。

⑨ 名分：名位与身份、名义。儒家思想中，君臣、父子、夫妻的关系称为"名"，相应的责任、义务称为"分"。

⑩ 有分：有分别，有区别。指亲疏之分、长幼之分、尊卑之分。

迈①众人者，宜扶持保护，事以高年之礼。有德行②道艺③为本宗桢干者，宜亲之仰之，忘年忘分以敬之。且须同忧以共患，勿乐祸而幸灾。悯孤寡、恤困穷、济急难、解忿争，推之为义田、为义仓、为义学、为义山之属，使一脉生死皆无失所，是亦豪杰之所当为者。昔范[文]正公曰："宗族于吾固有亲疏，自祖宗视之则均是子孙，固无亲疏也。"善哉言乎，人能以祖宗之心为心，则睦族之道得矣。

和亲邻

人生三党，皆宜亲爱者也，然宗族已详言之矣。至于母党、妻党以及子女婚姻，均属至戚，岂容疏忽哉？若夫择邻而处，古有明训，桑梓之中，亲戚多在，则近亲为邻，愈属重焉，惟处之以和。勿以富贵而趋炎附势，勿以贫贱而绝义寡恩。毋好胜以闹热一时，毋见利而争长竞短。善则相劝，过则相戒。有无相通，患难相顾。贤者可以引带，愚者可以提携。则为亲者不失朱陈之好④，为邻者亦弗如秦越之视矣。

慎交游

五伦中，友居其一，所以劝善规过、救难济急者也。近世或为口头交，或为声气⑤友，或为酒食终逐之徒，或为呼卢喝雉⑥之党，又或明为契交⑦，暗藏利刃，前为知己，后为仇雠。如此等类，不惟无益，反以招损。所谓与善人交，久之必化于善；与恶人处，久之而染于恶者也。惟须谨择正直君子，以信义为本，以劝规为先，以救济为要。尔无我诈，我无尔虞，淡淡相交，愈久愈厚。斯不第友道无愧，而且身家赖以立，学业赖以精，其相得之益，岂浅鲜哉！

务耕读

四民之业，士农为首，工商次焉，可知耕读为人生大本也。古语云："万般皆

① 齿迈：年岁超过。
② 德行：道德和品行。
③ 道艺：指学问和技能。
④ 朱陈之好：出自白居易《朱陈村》："徐州古丰县，有村曰朱陈。……一村唯两姓，世世为婚姻。"
⑤ 声气：声音和气息。后用以比喻朋友间志趣相投合。
⑥ 呼卢喝雉：古时博戏，用木制骰子五枚，每枚两面，一面涂黑，画牛犊；一面涂白，画雉。一掷五子皆黑者为卢，为最胜采；五子四黑一白者为雉，是次胜采。赌博时，为求胜采，往往且掷且喝，故称赌博为"呼卢喝雉"。
⑦ 契交：指交往密切的朋友。

下品,惟有读书高。"由是言之,则读为较重矣。第①"功崇惟志,业广惟勤",尤须先民是程②,古训是式③,则业可造于有成,行可底于至善。即如耕凿之事,亦匪轻矣。衣食出其中,事蓄亦出其中。惟出作入息,不敢自暇自逸,则丰亨豫大之庆,有不期而自致者。尝观古人带经而锄,负耒横经,则耕读亦可并行矣。若谓"礼义必生于富足",此语又未可据为定论也。特是一家,子弟不一,俊秀者攻诗书,谨厚④者力农业。则耕以谋食,学以谋道,非为一家之美盛也哉!

尚节俭

《易》曰:"不节若,则嗟若。"《书》曰:"慎乃俭德,惟怀永图。"节俭之足尚也明矣。自夫俗尚华靡,衣必重纨,食必兼味。凡冠婚丧祭,宾朋来往,器具肴馔之属,俱好侈丽。即力不能支,亦必设计图谋。不知有限之物力,安能供无穷之取用? 始焉贷钱以增色,继焉鬻产以偿债,未几,而祖父遗业一日消归乌有。至令室人交谪⑤,昏夜乞怜⑥,回思曩昔⑦,追悔何及? 是不节不俭害之也,可不惕哉! 惟能谨之于始,量入为出,俭而有节,庶先人之箕裘弗坠⑧,即后嗣之世泽绵长矣。

存心地

《书》曰:"作德,心逸日休;作伪,心劳日拙。"又曰:"作善,降之百祥;作不善,降之百殃。"古训有明征矣。乃今之作为不轨者,奸诈刁横,机谋百出,以蛊惑斯世,究之神明难昧,天理难容,冥诛⑨显戮⑩,报覆不爽。苟能反是,存忠厚,秉正直,磊落光明,慈祥恺悌⑪。行不愧影,寝不愧衾。必也效司马温公之无事

---

① 第:但是。
② 先民是程:效法先贤。
③ 古训是式:古代流传下来的、可以作为准则的话就是标准。
④ 谨厚:老实本分。
⑤ 室人交谪(zhé):指生活贫困时,家里人都责难。
⑥ 昏夜乞怜:在昏暗的夜里求人怜悯、帮助。
⑦ 曩(nǎng)昔:从前。
⑧ 箕裘弗坠:比喻前辈的事业后继有人而不会中断。箕裘,比喻祖先的事业。
⑨ 冥诛:谓在阴间受到惩治。
⑩ 显戮:明正典刑,当众处决。
⑪ 慈祥恺悌:率真坦然,仁慈平和。

不可以对人言①，效赵清献公之每夜焚香告天，庶心地常存，吉禅佑之，其获福岂有量哉！

家诫十则

戒忤逆

一曰忤逆，罪首三千。父母鞠育，废寝忘眠。竭力承奉，犹恐或愆。矧敢忤逆，触怒亲前。吾族有此，惩治莫延。哀哀父母，咏歌诗篇。欲报之德，恩同昊天。展诵《蓼莪》，垂涕涟涟。

戒争讼

二曰争讼，最为不祥。勿谓祖宗，遗有田庄。勿谓眼前，积金盈箱。一入衙门，诓吓非常。彼此请托，财尽倾囊。略有不法，刑罚难当。惟慎惟忍，和解为强。人无争讼，便是福堂。

戒赌博

三曰赌博，此风久倡。窝赌之家，其术不良。不分内外，廉耻俱忘。你想他物，他想你囊。输多赢少，产尽财亡。穷极无聊，为贼为娼。上辱宗祖，下败家纲。人能猛省，可致休祥。

戒酗酒

四曰酗酒，德乱神伤。愈酣愈饮，或狙或狂。雀角之衅，每起豆觞。慢亲忤方，身损人亡。大乱丧德，为酒所戕。在昔《酒诰》②，作自周王。卫公垂戒，《宾筵》③五章。饮酒孔嘉④，何用不臧？⑤

---

① 司马光曾自言："吾无过人者，但平生所为，未尝有不可对人言者耳。"
② 《酒诰》：出自《尚书·周书》，作者是周公旦。这是中国第一篇禁酒令。
③ 《宾筵》：即《宾之初筵》。据考证，为卫武公所作。他从幽王饮酒无度而失去江山的故事中吸取教训，劝诫自己和群臣适度饮酒，不能滥饮。
④ 饮酒孔嘉：饮酒本是件非常好的事情。孔，甚也。嘉，美好。
⑤ 何用不臧：什么行为能不好呢？

戒淫荡

五曰淫荡，任其遨游。正艺荒芜，百艺皆休。远却良友，甘居下流。花街柳巷，结党成俦。破家荡产，衣食难周。犯法罹网，枷锁系囚。到此始悟，悔复何求。有志之士，早宜深筹。

戒废盟

六曰废盟，有玷家声。嫌贫爱富，不顾前情。一许再许，转移年庚。因生嫌隙，致启讼争。反害儿女，搁误一生。不知佳偶，原自天成。婿难迎娶，岳可馆甥①。一聘永定，何得另更？

戒行凶

七曰行凶，天必降殃。一朝之忿，匪第身忘。瓜累族党，害及邻乡。欲知远祸，忍气是将。温恭克让，盛德维彰。勿逞势力，勿恃富强。横逆之来，孟训②精详。能三自反，处顺安常。

戒抗税

八曰抗税，国宪昭彰。稍延岁月，催课甚忙。正供之外，加息倍偿。倘受刑罚，人财两伤。惟此赋税，历有旧章。及时完纳，趁早输将。安居无恙，其乐洋洋。风同道一，民皆善良。

戒溺女

九曰溺女，宁不怵惕？妒心辣手，血水淋漓。顷刻亡命，冥谴历历。试思汝身，何处来的？且观古来，女多俏觉。缇萦上书③，救父刑辟。彤管④垂名，有光

---

① 馆甥：女婿。《孟子·万章下》："舜尚见帝，帝馆甥于贰室。"赵岐注："谓妻父曰外舅，谓我舅者，吾谓之甥。尧以女妻舜，故谓舜甥。"后称女婿为"馆甥"。

② 孟训：孟子之训。出自《孟子·离娄章句下·第二十八节》："有人于此，其待我以横逆，则君子必自反也……"

③ 缇萦（tíyíng）上书：缇萦，西汉临淄（今山东省淄博市临淄区北）人，医学家淳于意（仓公）之女。文帝时，父为齐太仓令，为人所告下狱，她上书请作官婢以赎父刑。文帝乃下令除肉刑。旧时把她作为孝女的榜样。

④ 彤管：古代女史用以记事的赤笔。用来指女子文墨之事。

姻戚。殷勤育女,祥迎吉迪。

戒戕冢

十曰戕冢,何忍伤残? 人祖己祖,一体同观。每见世俗,锄挖山峦。或为修造,馨伐檀栾①。抛弃骸骨,暴露桐棺。定遭显报,人丧财殚。恺悌君子,培补缮完。仁如西伯②,万国腾欢。

以上家规训诫,言虽浅近,准以圣贤格言,酌于至理至当,均有益于身家者也。我族子弟果能遵而行之,则无愧为孝子贤孙,而门户益见炽昌者也。

附文昌帝君蕉窗十则诗

一戒淫行。美色人人好,皇天不可欺。我不淫人妇,谁敢淫我妻!

二戒意恶。莫藏恶意莫记仇,冤冤相报何时休? 劝君且自关门坐,树叶犹能打破头。

三戒口过。莫道舌头软,伤人便是刀。劝君安乐法,缄口便是高。

四戒旷功。或读诗书或种田,都该早起莫贪眠。工商亦是营生计,急急勤劳莫息肩。

五戒废字。世间字纸藏经同,片字将来付火中。好送长江归净土,阴功浩大福无穷。

六敦人伦。世间好事忠合孝,臣格君心子养亲。弟兄规正朋友信,夫妇相敬犹如宾。

七净心地。行藏③虚实自家知,祸福因由更问谁? 善念皆由心里造,过孽亦从方寸随。闲时检点生平事,静坐思量且自为。意马心猿当自缚,自然天地不相亏。

八立人品。立品修身志要坚,学无老少达为先。请伊莫只图科第,还教儿孙学圣贤。

九慎交游。讲习箴规幸不孤,休言博弈与呼卢。莫将茶酒空来往,急难须

---

① 檀栾(tánluán):秀美貌。多形容竹。
② 西伯:指周文王或周武王。
③ 行藏(xíngcáng):行迹,底细,来历。

知一个无。

十广教化。任他性情执拗顽，要把良言说一番。说得好时他自醒，冰消雾释有何难？

附古训十则

勉教家

子养亲兮弟敬哥，存心安分福常多。一勤天下无难事，百忍堂中有太和。

戒忘亲

正喜娇儿渐长成，生心便欲结婚姻。俗云娶媳将儿卖，反把爷娘作路人。

和兄弟

兄弟同居忍便安，莫因毫末起争端。眼前生子又兄弟，留与儿孙作样看。

敬家长

叔伯从来是大伦，原因父母同胞分。叔年虽小宜旁坐，莫倚年高爵位尊。

敬师长

师与君亲等地天，成人明理望周全。须知受业还传道，不惟区区给俸钱。

勤力田

敦本生涯是力田，及时耕种莫迟延。辛勤做得安然用，不使人间作孽钱。

勤贸易

生意全凭公道寻，货真价实莫欺人。公平生意多荣发，奸巧终须一世贫。

戒积私

外有爷来内有娘，如何就教积私房？恐他利欲昏迷后，兄弟相争是祸殃。

醒吝施

不结良缘与善缘，苦贪财利受熬煎。须知劝世金银宝，借你呆看几十年。

醒媚神

不孝枉烧千束纸，亏心空点万炉香。神明正直无私曲，岂受人间枉法赃！

(增)醒阴阳

不在水兮不在山，不劳巧计用机关。欲求富贵王侯地，只在方圆一寸间。

宗训（江苏武进晋陵）①

文穆王之一支也。文穆王四世孙官右殿直讳统，生子二，长讳逖，次讳进。逖居嘉禾，进迁无锡。而逖之后三耆公又迁于姑苏之新丰，再传至而贵七，赘于鞍山，遂为鞍山始祖。生子二人，长付一，居山南；次付二，居山北，故有"南北两钱"之称。既而，南钱付以曾孙纯嘏②又自鞍山而来，遂家于毗陵北阳湖之安尚乡焉。安者，旧属武进新隶阳湖者也。至于锡之湖头、马桥、宛山、唐村等处，虽裔出进，而要皆一本，无容二焉。

敦孝弟

先哲有曰："天下无不是的父母，世间最难得者兄弟。"斯言，万世为人后者之药石③也。父兮生我，母兮鞠我。父母者，吾身之所自出也。吾可以不孝乎？为吾钱氏之子孙，必思父母之恩，如天罔极，达则以禄为养，穷则必晨夕存省，疾则必汤药扶持。使宗党称之曰：某，吾宗之孝子也；某，吾宗之慈孙也。斯无愧于天地间矣。苟于父母之存而不能以孝养焉，则风木之恨，宁有穷乎？生乎吾前者为兄，生乎吾后者为弟。兄弟者，吾一体而分也。兄弟之情，爱如手足。若同居，则一文尺帛不入私囊；如分析④，则室庐田土互相逊让。不以锱铢争较，不以谗间相尤。使宗党称之曰：某，吾宗之仁兄也；某，吾宗之义弟也。斯不得

---

① 载于江苏武进晋陵《钱氏宗谱》（北湖草堂），约作于嘉庆年间，光绪辛巳年（1881）重修，钱潮海主修。

② 纯嘏：指钱锡，明代人，字民望，号纯嘏。

③ 药石：药剂和砭石。指苦口良药。

④ 分析：分家析产。

罪于祖父矣。苟手足相残而不能事之以弟焉，则田荆之悲[1]，宁无遗憾乎！

尚勤俭

勤以广业，俭以养德。汤，大圣人也。贵为天子，富有四海而克勤克俭，不迩声色货利，况庶人乎？是故惟勤可以开财之源，惟俭可以节财之流。人能勤俭，未有不立身齐家者；人苟怠惰奢侈，亦未有能立身齐家者。为吾钱氏之子孙，食焉，必思田夫之劳苦；衣焉，必思织妇之艰辛。业儒者，必勤于读；业农者，必勤于耕；业商者，必勤于贸易。食取其充腹，不羡乎膏粱之美；衣取其蔽体，不慕乎罗绮之华。获其十仅用其五，登其新方出其旧。与其奢宁过乎俭，与其侈宁过乎约，如是而犹饥寒困穷者，吾未之信也。

厚宗盟

周急不继富。君子用才之义，推恩以恤匮[2]。古人睦族之仁，九族之中，岂无颠连者存乎？苟视如路人，忧不吊，喜不庆，藐焉休戚之不相关，岂祖宗水木源本之思乎？设有不幸吾宗之众有鳏寡孤独、疲癃残疾，生不能以自存，殁不能以自殓者，务集吾宗之人，相其家业之厚薄，劝其出助之多寡，老疾无养者，或给之以粟，贫殁无资者，或助之以棺。不专备于一人，斯众轻而易举。自吾祖宗视之，虽五服之尽，亦一脉所由分也。昔贤九世同居，非此义乎？

端阃职

古云："闺阃之中，情欲易牵之地。"《周南》之化，必首《关雎》。是以先王制礼，娶妇先访其母德之淑慝[3]。娶三日而庙见，必示以蘋蘩之洁馨[4]。妇道，贵慎其始也。每见巨家宦族，不能防之于微，养成骄悍之性：傲其翁姑，凌其夫主，牝鸡司晨，惟家之索，无足怪也。为吾钱氏之子孙，生有子也，必择其门阀之

---

① 田荆之悲：汉代京兆郡有田真兄弟三人，共同商议分家之事。家产均已平分，唯留堂前一棵紫荆树尚未分配，他们准备把树分成三份。第二天正要伐树时，紫荆树忽然枯死，像被火烧焦了一样。田真大惊，对两个弟弟说："树枝本同根生，紫荆树听说我们要剖分它，所以干枯，看来我们还不如树重情义呀！"兄弟三人悔恨交加，商议不再分树，紫荆树应声变得枝叶繁茂。受感动的三兄弟又合并家产，成为孝悌和睦之家。参见南朝梁吴均《续齐谐记》。

② 恤匮：接济贫乏。

③ 淑慝(tè)：善恶。

④ 洁馨：清洁而芳香。

相若,斯通两姓之婚姻。始入吾家也,必谕之以尊卑之序,训之以孝顺之仪。庙见之后,仍命其子常引之以正道。足不越内阃,声不扬外庭。不以巧言而惑其离间之私,不以能为而纵其专权之渐。不以妇财之富而姑息之,不以妇势之贵而假借之,则夫夫妇妇而家道正矣。上必孝于舅姑,中必和于姑叔,下必慈于子女。宜其家人,而后可以教国人,则娶妇之不可不慎也明矣。若子若孙,其可忽诸。

择交与

自天子至于庶人,未有不须友以成者。是友为五伦之一,而有损益之殊。每见富贵之家,当其钱谷丰盈之日,官联煊赫之时,酒食嬉游,迎欢献媚,无所不至,若可以共患难、通有无、托妻子、同死生也。一旦时异势殊,情翻意覆,或过门而不入,或反臂以相戕,追悔奚及,由其交与之不择也。为吾钱氏之子孙,必于泛爱之中,而存择交之道。君子也,则专而敬之;小人也,则远而绝之。君子,则吾有过也,必直言以相规;吾有为也,必德业以相劝。小人,则甘于言者,其心必险;令于色者,其内必奸。不以诌我而遽合,不以正我而遽疏,则端人正士,必乐与吾友而益我者多矣。《易》曰:"比之匪人,不亦伤乎?"①子孙当以此则警。

乐为善

《易》曰:"作善之家,必有余庆;作不善之家,必有余殃。"②汉昭烈训其子曰:"勿以善小而不为,勿以恶小而为之。"吾尝诵之,未尝不掩卷而三叹也。夫"善不积,不足以格天;恶不积,不足以灭身"③。吾家世自临安分系以来,先烈武肃王遵封吴越之遗泽,世以积善为镃基④。或状元以魁天下,或宰相而冠百寮⑤,皆一善之荫也。历唐封吴越国谥号武肃,二世祖袭封文穆王,传及三世忠献、忠懿⑥,

---

① 去亲近恶人,这难道不是可悲的么?
② 出自《易传》。原文中,"作"为"积"。
③ 出自《周易·系辞下》:"善不积,不足以成名;恶不积,不足以灭身。"大意是,不坚持不懈地做大量有益于别人的事,就不能成为一个名声卓著的人;而一个落得身败名裂、自我毁灭的人,是他长期干坏事的结果。
④ 镃(zī)基:古代一种锄头。这里指基业、家业。
⑤ 百寮(liáo):百官。
⑥ 忠献、忠懿:忠献王钱弘佐、忠懿王钱俶,先后被封为吴越国王。

皆为吴越国王。及宋,忠逊封为秦国王。^① 迨至^②二十余世,登仕郎讳锡者,迁于毗陵^③之北阳湖,虽未能如先世之盛,而螽斯瓜瓞^④,百有余趾,自是而后,安可量也?为吾钱氏之子孙,必当三复吾言。一念之萌非善也,则从而遏之;一言之出非善也,则从而省之;一事之为非善也,则从而禁之。且作善之人,宗族乡党荣之,天地鬼神必阴佑之;作不善之人,宗族乡党惮之,天地鬼神必阴殛^⑤之。噫!将为不善人乎,将为善人乎?

御宗侮

贤才众,国将昌;子孙多,族将大。然散居则跻易疏而世难合,繁涣则情易睽^⑥而力难齐。吾宗之众,能保无外侮之侵乎?或横逆之来,生于意料之不及;雷电之至,起于意变之难防。设一有之,为吾钱氏之子孙,必智者献其谋,勇者任其役,同心合胆,排难解纷,各出所长,毋执己见。一期诺也,不以风雨而阻;一筹画也,不以艰险而避。倘有操戈入室,反为外应以败宗盟,则集吾宗之众鸣鼓而攻。小则呵责于祖宗之前,大则公举于官府以惩其罪。

时祭祀

祭祀之礼,先王所以追远报本也。"春,雨露既濡,君子履之,必有怵惕之心;秋,霜露既降,君子履之,必有凄怆之心"^⑦,所以教天下之为子孙者,以时思之,不忘其本也。为吾钱氏之子孙,或公赀而置祭田,或输分而供祭祀。每于春、秋时,合祀于公祠之内。至期,长幼咸聚,择其宗长以为祀主,择其子孙之贤者以司执事。牲止羊一、豕一,馐止脯、盐,果止时核。礼止三献。礼毕而燕^⑧,以昭穆左右为序,毋喧哗,毋僭越。未燕之前,合通族之公议,有能孝弟、贤能,

---

① 忠逊王钱倧并没有被封为秦国王,受封的是忠懿王钱俶。钱俶纳土后,于端拱元年(988)改封"邓王",是年八月薨,后追封"秦国王",谥号"忠懿王"。此段文中,疑为忠逊王钱倧、忠懿王钱俶顺序搞反了。此处的正确表述应为:"传及三世忠献、忠逊,前者封为吴越国王。及宋,忠懿封为秦国王。"

② 迨(dài)至:及至,等到。

③ 毗陵:今江苏常州。

④ 螽(zhōng)斯瓜瓞(dié):像蝈蝈一样多,像一根藤上结满了大大小小的瓜一样。螽斯,中国北方称其为蝈蝈,是鸣虫中体型较大的一种。

⑤ 殛(jí):杀戮。

⑥ 睽(kuí):违背,不合。

⑦ 出自《礼记·祭义》。

⑧ 燕:同"宴"。

为祖宗之光者,皆表而扬之,使善者有所劝;有不孝弟、不贤能,为祖宗之辱者,皆正而禁之,使不善者有所惩,务令改而后已。甚而荡败礼义,大乖宗约者,必执之于官。若父母亡日,则各祀于私家,以时飨之,不拘约例。

戒饮博

孟轲氏曰:"博弈好饮酒,不顾父母之养,不孝之一也。"近见阀阅子孙,饮则至于沉酣狂纵,博则倾产荡家,迷而不悟,皆由祖宗不能约束之也。为吾钱氏之子孙,其饮也,至戚嘉宾,必与尽欢,但以醉为节,不得强过其量。至如无益嬉游之辈,三五结群,夜以继日,喧呼酗恶,罔无所忌,流祸非小。他如楸枰①樗局②,本以排遣情怀、款留宾客,非以为赌计也。倘逢亲友至于一局、二局,多至三局、四局,耗损心神,亦能误事。切不可以此为赌,与诸无藉游手之徒,开场摊马,先倾自己之私囊,续败先人之贻产,甚至"子衅其形③,妻垢其面"。立致困穷,廉耻尽丧,悔无及矣。不愿子孙罹此患也,宜戒之而惺惺,毋以此自累。

禁丘木

祖宗丘陇,树之以木。一以安英爽,一以荫风水也。是以笾豆④未饬⑤,不置燕器,贫窭无资,不斩丘木⑥,岂无为哉?近世以来,往往世家巨族子孙,不能持守丘坟。拱把之木,非朝夕之所能培,一旦伐去,亦不甚惜。不惟风水破伤,抑且英爽无托,深可痛恨。为吾钱氏之子孙,必丘陇之木,时加爱护,禁其外侮之侵盗,止其牛羊之践踏。茏葱森郁,里人有识者过此,则必指而目之曰:此某族之佳城也。观其木之茂盛,其子孙之克肖,可知矣。如消疏光濯,里人有识者过此,亦必指而目之曰:此某氏之先茔也。今若此,其子孙之弗肖,可知矣。知丘木之当禁,则知祖业之当守,故以为宗训之终。

二十八世孙　岷峰　谨识

---

① 楸枰(qiūpíng):围棋棋盘,引申指围棋。楸木质轻而文致,古代多选来做棋具。

② 樗(chū)局:即樗蒲赌局,是继六博戏之后,汉末盛行的一种棋类游戏。博戏中用于掷采的投子,最初是用樗木制成的,故称樗蒲。又由于这种木制掷具系五枚一组,所以又叫"五木之戏",简称"五木"。樗树,即臭椿。

③ 子衅其形:儿女形貌猥琐,如同囚犯。衅,此指囚犯。出自朱熹《庭训·不自弃文》。

④ 笾(biān)豆:古代礼器,供宴会或祭祀用。笾,竹制,盛果脯;豆,木、铜、陶制,盛齑酱等。

⑤ 饬:整顿。

⑥ 丘木:植于墓地以庇兆域的树木。

家训、格言、义举、宗禁（江苏靖江）①

　　始祖镠。始迁祖杰，原籍常熟虞山，明初寄迹毗陵，为靖邑武弁，后遂居邑之东乡。

家训

　　吾儿孙，听吾嘱：

　　学好人，不易得；索勤心，须苦力。田要耕，书要读；耕不贫，读不俗。敬亲邻，厚宗族。克去奸邪，务存忠直。

　　慎闺门，戒色欲。子婴孩，要衣食；亲老迈，供帛肉②。无是非，便平安；无冻馁，即福禄。与莫吝，取莫刻。知足常足，知耻不辱。

　　了丁粮，办差役；安旅处，要僮仆；御外侮，在家睦。物借要偿还，人情须往复。遭窘路，莫卑污；遇官途，莫贪酷。滥赌易倾家，嗜酒多丧德。

　　忍小忿，安横逆。好讼无万全，轻敌非良策。教子孙，师须严督；待宾客，筵当整肃。一切事，勤有功；百凡为，惰无获。

　　不荒时，要备荒；无贼处，要防贼。满招损，谦受益。依明训，瞑幽目。吾儿孙，听吾嘱。

嘉庆年间　十二世孙　清绮　谨识

---

　　①　载于靖江《钱氏重修世谱》（集义堂），光绪乙巳年（1905）重修，十三世斯珍主修。
　　②　帛肉：出自《孟子·梁惠王上》："七十者衣帛食肉。"意思是，让老年人（七十岁的人）穿上好衣服，吃得上肉。

格言

族人不论大小，人不论贫富，以正心术、端人品、畏天道、惧王法、安本分、学做好人为第一。即穷不能读书取功名、登上第，亦须且耕且读、操耒耜耦具。田农村叟，整衣冠便可对大人君子，言谈举止，出入应接，刻意屏去村俗规绳，礼数不失儒者气度。家庭之间，父子兄弟坐立行走，务要有尊卑先后。男女分内外，门户有起闭，方成一个人家。此一条，愿我族严训子孙，各书一通于庭户，令幼辈触目警心。

兄弟乃同气连枝者，即一父三母，亦是一体中分。谚云："千朵桃花一树生。"童时寝同床，食同桌，哥哥弟弟何等亲密！不识何故，长大时娶了一房，妻小便生异心。富贵之家，争夺家产，构讼杀伤；小房之家，一言不合，捉鸡骂狗，拳手相加，不达道理。妻子全不劝解丈夫，从中暗唆冷挑，必致离异乃止。竟不想自己也生儿子，难道自己只生一个，偏要做这样子与后人看？余每念此，为之痛伤，故重言之，以为合族下一棒。

十三世孙　辉祖　哲斋

义举四条

一、子孙有为不肖，玷污祖宗，败坏家风，干犯行止①，一切名教所不容，通族义责之。

二、子孙有倚恃凶顽，败于生事，冒犯宗族尊长，陵虐三党②，一切暴横不仁，通族仗义责之。

三、子孙有安分守己、柔懦巽弱，果系无辜受屈，遭人坑诬陷害，而枉不能申者，通族仗义为之伸理，扶持救之。

---

① 干犯行止：具有侵犯性质的行为举止。行止，行为举止。

② 三党：旧指父党、母党、妻党，即父族、母族、妻族。

四、子孙有值贫乏,果系苦节励行、立志上进者,或薪水^①不给,婚丧难举,或进取盘费缺乏莫措者,通族量力助之。

宗禁十条

一、子孙交结无籍,为盗有迹者,合族擒拿处死;

二、子孙忤逆父母,其父母告者,合族毋得回护;

三、子孙逾墙穿壁,偷人财物者,合族送官坐罪;

四、子孙以尊凌卑,谋夺田产者,合族扶持公道;

五、子孙淫纵内乱,伤败彝伦^②者,合族务应坐罪;

六、子孙嫖赌无度,以致倾家者,合族禀官究治;

七、子孙不务生理,酗酒撒泼者,合族拿责令改;

八、子孙家人为非,佯纵不治者,合族叱辱归罪;

九、子孙投卖他姓,改嗣别氏者,合族毋容录谱;

十、子孙明无事故,祭扫不到者,合族记名责罚。

---

① 薪水:柴和水。指生活必需品。

② 彝(yí)伦:犹伦常。古指人与人之间的道德关系。

遗训、格言、宗约（江苏常州菱溪）①

钱镠第六世孙进，字晋宗，宋真宗祥符年间（1008—1016），自嘉兴迁无锡新安乡安湖头。第十七世孙希圣复迁武进定安东乡社塘；第二十一世孙孟江，在明永乐年间（1403—1424）入赘菱溪高氏，遂为迁菱溪一世祖。

梅坡公遗训二十则

家训说

王者以一身能使天下顺治者何？纪纲存焉也。君子以一身能使家人向化者何？家规存焉也。纪纲不立，则天下不平；家规不设，则家人不齐。盖家之中，长幼异分，内外异等，公私异情，亲疏异势，贤愚异心，欲其情谊浃洽，次序秩然，俾人各守其分者，非一之以模范，虽圣人不能齐也。愚因鉴家道之所由盛衰，人品之所由邪正，酌为一定可守之规，使世世守之，其所以保家声而长厥世者，岂小补哉？

顺父母

孝亦难言矣。第能顺厥亲心，庶可报恩于万一耳。然父子天性，何至拂其心而取其恶哉！盖以父母或有愿欲，或有教戒，或后妻与爱子爱妾而欲阴厚以财帛及多与以产业，而我从中违拗，遂至相夷。噫！愚甚矣。父母生我之身，我当致此以奉之。古人尚有割股以事、卖身以葬者，况身外之物，何一不当听之父

---

① 载于《钱氏菱溪族谱》（惇彝堂），1929 年木活字本，钱增伟等纂修。原文录于嘉庆十四年（1809）。

母哉？故凡亲之所欲，苟无大背于理者，皆有以曲从之，庶不为悖逆之子，则可云顺矣。

敬长上

长上者，尊同祖父。齿及期颐①，在亲疏或有异情，而爱敬原无二理。每见亲戚中子弟有恃父兄官贵者，有恃门户财富者，有恃文学优通者，自立崖岸②，轻忽长上，见其影响，辄引避③之。彼固自谓志得意满，而不知指而非笑④之者塞道路矣。此等器小轻薄之徒，宜以为戒。

和兄弟

兄弟者，幼相扶携，长同师友，何不和之有？至各妻其妻，各子其子，尔我之势既分，暌隔⑤之情遂起。争财利，争产业，小则忿言于家，大则致讼于官。长枕大被之风，转为阋墙操戈⑥之变。呜呼！此非兄弟与？何为乎胡越⑦也！凡为兄弟者，当思财货有散而复聚之时，兄弟无失而复得之理，各求翕睦，则父母而致休祥⑧，将获福无穷矣。

正妻妾

妻者，奉父母之命，行亲迎之礼，配吾身而共承祭祀者也。妾则吾所置耳。故妻贵而妾贱，妻尊而妾卑。闺门之内，妻主之，妾媵供服役而已。世之乱纲常者，宠妾而弃妻，甚而使之处妻之室，夺妻之权，行妻之礼，自坏家法也。家法坏则百事颠倒，而祸乱渐作矣。凡为家长者，妾纵有贤行，勿宠爱之使过于妻，则大小秩然，家法正而家道隆矣。

---

① 期颐：一般指百岁老人。
② 自立崖岸：自命情操高尚。
③ 引避：让路，躲避。
④ 非笑：讥笑。
⑤ 暌隔：分离，乖隔。
⑥ 阋（xì）墙操戈：比喻兄弟不和，相互争吵，互相攻击。
⑦ 胡越：胡与越。胡在北，越在南，比喻关系疏远。
⑧ 休祥：吉祥。

训子孙

子孙之贤不肖①,家声之隆替因之。而父兄之教与否,又子孙之贤不肖因之。故义方之训,传家之首务也。今人恃目前之犊爱,养成骄惰,使千里良才,行同奴隶,可胜惜哉!为父兄者,于子孙之禀性聪明者教之习诗书,明礼义。其有资质不能者,亦须教之勤农业为正务,收敛身心,勿纳于邪,则养成德品,庶无忝世家之子弟云。

亲师友

道德性命之蕴,修身践行之学,虽恃一己之精进,全赖师友之切磋。凡为子孙者,务择明师,亲良友,相与讲习研究,贯通今古。苟理有未明,学有未成,不可妄自满足,而独居孤陋寡闻之地也。至若憎师长之严,恶讲习之劳,畏良朋之箴,乃自暴自弃之徒,大负祖宗之望者也。有志者,共念之。

睦宗族

远而同宗,近而同族。服制虽尽,气脉自同。苟视若路人而恝然②不相亲爱,其自处于薄而不念祖宗,亦甚矣。凡我族人,务宜视为一体。患难则相与救,忿争则相与平,仇怨则相与解。和气既协,祯祥③自至,将来之福岂有限量哉!

恤孤寡

孤儿寡妇,人之穷而无告者,宗族不幸有此,则周恤之责,当其任之。盖仁人之视万物皆为一体,一物不得其所,则恫瘝④切于身,况为族之孤寡哉?吾家有余,理宜收养,即或不足,亦宜曲为图维⑤以安之。苟任其流落,使人指之曰:此某族之人也,则不惟辱及祖宗,我辈亦何面目立于乡党间耶?族之仁人长者,其共念之。

---

① 贤不肖:有德才还是没有德才。
② 恝(jiá)然:漠不关心、冷淡的样子。
③ 祯祥:吉兆。
④ 恫瘝(guān):亦作"恫矜"。病痛,疾苦。
⑤ 图维:谋划,考虑。

谨时祭

祖、父生育之恩，如天覆地载，无可补报。于无可补报之中而求少以补报者，惟岁时朔望，感霜露而荐黍稷①耳。乃人辄谓死者形骸既化，何有饥寒？耳目既灭，何有声色？遂废时缺祭，不知俎豆之设，正人子事死如生、事亡如存之心，何可并此而去之耶？惟按夫时荐月祭②之礼而不疏不数，竭诚以行，庶③不恫我先人，且可尽子孙之补报于万一尔。

修祠堂

祠庙者，祖宗神灵所由栖，子孙昭穆所由序，尊祖敬宗，报本追远之情所由达，今世家莫不重此。然创立于贤者而废毁于不肖，往往而是。凡为子孙者，当以祠庙为重，凡风雨鸟鼠稍见毁败，即时修理，则为力易而永保无虞。

修谱系

所贵乎世族者，以祖宗德业之盛，子孙生聚④之众也。为盛而弗传，犹弗盛也；众而弗亲，犹弗众也。恶⑤得为世族哉？欲传且亲，惟修谱系。谱系既修，则文献足征，盛乃可传，名分有序，众乃可亲。我钱氏自孟江公迁于孝仁里，历二百年。子孙众盛，布居乡城者，不下数百丁。旧虽有谱，而世远人遥，支派繁衍，不有视同姓为路人者乎？修录谱系，诚后人最急之务。凡我族人，必三十年一修，六十年再修。虽别派分支，而根本则一，将尊祖睦族之思，其油然而生乎？

毋奸渎

男女有别，授受不亲。此君子别嫌明微⑥之道，况可得而犯乎？故伉俪行而婚礼肇，姓氏正而媒妁通。一夫一妇，配偶合阴阳之义；正内正外，室家立天

---

① 荐黍稷（shǔjì）：指祭礼，朝事后举行的馈食之礼。出自《礼记·祭义》："霜降既降，君子履之，必有悽怆之心。""荐黍稷，羞肝、肺、首、心。"

② 时荐月祭：时荐，以时令新鲜果蔬谷物以献。月祭，每月对祖庙的祭祀。

③ 庶：或许。

④ 生聚：繁殖人口，聚积物力。

⑤ 恶（wū）：何。

⑥ 别嫌明微：避免嫌疑尴尬，阐明精微道理。

地之经。淫奔①之风，有亏典礼，有服②倍于无服；奸渎之行，必犯刑科，大功重于小功。于兹不谨，诚恐闺范一失，风化斯颓，其害可胜言哉？凡我宗族，务必男正乎外，女正乎内，则房帷肃而家道成矣。

勤本业

士农商贾，各有职业。士则穷经稽古，农则易耨深耕③。商贾虽云逐末而懋迁④，有无亦属治生之术。盖劳则善心生，逸则恶心生。倘游手好闲，骄奢淫逸所自来矣。诚各安本分，各勤己业，则上之可以光前裕后⑤，次之亦可饱食暖衣，尚其勉旃。

省冗费

治家莫贵于节省，宁使食浮于人⑥，毋使人浮于食。彼夫衣帛食肉⑦，父母之养则然，下而妻子，使无冻馁而已。至于岁时祭祀有成规，冠婚丧祭有常经，宾客往来有定礼，则侈靡不作而冗费可省。使恃目前之财富，图一时之体面；居室器皿不安于质朴，衣服首饰不安于简约；喜豪举而张乐设宴，信异端而奉佛修斋。以有限之资，日供浪费，有不倾家荡产，下同乞丐者乎？至是而始悔向之孟浪也，晚矣。

毋学赌博

世有有害而无益者，莫如赌博。至愚而不肖者，莫如赌博之人。盖祖父栉沐所遗，积聚有几，乃不思成立之难，欲侥幸于一掷之间，幸而胜则浪费立尽，不幸而负则倾囊立见。丧名失业，惟此为甚。呜呼！彼岂不知，赌博之事，为正人君子所弗为乎？赌博之人，为亲戚乡党所共贱乎？又岂不想天下有赌博而成家之人乎？何昏愚至是也！凡我宗族，幸勿效不肖人为此等拙事。

---

① 淫奔：旧指男女违反礼教的规定，自行结合。一般指女方往就男方。

② 有服：指宗族关系在五服之内。

③ 易耨（nòu）深耕：勤除杂草，深耕土地。形容努力从事农业生产。

④ 懋迁：同"贸迁"。贩运，买卖。

⑤ 光前裕后：光耀前人，遗惠后代。

⑥ 食浮于人：指人所得到的报酬超过了他的任职能力。这里的意思是，人的赚钱能力超过他的消费水平。

⑦ 衣帛食肉：穿着精美的丝绸服装，吃的是肉食。形容生活富裕。

毋好争讼

事有不平则争，争而不得则讼，或起于忿，或因乎财。谚云：图他一斗粟，失却半年粮[1]；争得一间屋，卖却两重堂。盖财之得失有命。命所当有，虽失必复得；命所不当有，虽得必复失。争亦有何益哉？至横逆之来[2]，更有不必争者。况以争而讼，其害有三：败德一也，聚怨二也，荒业三也。冒此三害，以争有命之财，以平不平之怨，不尤惑之甚者邪！凡遇人争讼，不思排解，力为唆哄，待其讼成，则射利[3]焉。如此丧心，天殃必甚。凡我族人，务以宽厚待人，勿好此等之事，以致倾人产业而损己阴骘也。

毋结冤仇

子舆氏曰："杀人之父，人亦杀其父；杀人之兄，人亦杀其兄。"盖一施一报，理势之常。是以君子树德不树怨，报德不报威。己有怨于人则自悔，人有怨于己则早释，将彼此无恶而所处无不安矣。苟逞狠戾之私情，怀睚眦之小忿，则我仇人，人亦仇我，前后左右，无非仇家，是重其祸也。识保身之道者，固如是乎，亟宜戒之。

毋欠官租

朝廷之取钱粮也，非以入私帑也。文武之俸出于是，士卒之养出于是，驱除不庭、不虞之用[4]出于是。是取之于百姓者，还为百姓用之。故百姓得以从容安乐，以成其耕耨，以享其安饱也。何必劳官府之催征，胥役之追促哉！世有拖欠，以希宥赦，侵欺[5]以饱私囊者，必不容于天地鬼神矣。凡我宗族，夏熟秋成，及期完纳，毋累官司，是亦忠之一端也。

毋避差役

庶民徭役，乃为常分。而官府检点，自有公道。奈何狡猾之徒，见有利则用

---

① 出自《增广贤文》："贪他一斗米，失却半年粮。"
② 横逆之来：不顺心的事。
③ 射利：追求财利。
④ 原为"不庭、不虞之患"，出自春秋时散文《襄王不许请隧》。不庭，诸侯不来朝贡。不虞，（朝廷）意外的事故。
⑤ 侵欺：侵害欺凌；侵吞欺骗。

钱买入,见有害则用钱买出①。利为我得,害将贻人,其不忠孰甚焉。不知凡事有命,一有差遣,即赤心任事,切不可营求躲闪,欺瞒君上。若趋避而坏心术,此乃天理所不容,未有不冒触刑辟者也,我族人共慎之。

钱起,字梅坡,武肃王二十八世孙,康熙年间(1661—1722)菱溪钱氏宗谱二修负责人之一。该家训为嘉庆十四年(1809)所订。

相似内容见江苏武进《钱氏宗谱》,伯仲堂,明万历甲辰良翰公创修,清光绪十九年(1893)续修。

先儒格言②

"事君如事亲,事官长如事兄;与同僚如家人,待群吏如奴仆;爱百姓如妻子,处官事如家事;然后[为]能尽吾之心。如有毫末不至,皆吾心有所未尽也。"又曰:"当官之法,惟有三事:曰清,曰慎,曰勤。"③知此三者,则知所以持身矣。

"舜之事亲有不悦者,为父顽母嚚④,不近人情。若中人之性,其爱恶若无害理,姑必顺之。亲之故旧,所喜者,当极力招致,以悦其亲。凡于父母宾客之奉,必极力营办,亦不计家之有无。然为养又须使不知其勉强劳苦,苟使见其为而不易,则亦不安矣。"⑤

"阴阳和而雨泽降,夫妇和而家道成。"故为夫妇者,"亹勉以同心,而不宜有怒"⑥。又曰:"有非,非妇人也。有善,非妇人也。"盖女子以顺位正,惟酒食是议,而无遗父母之忧则可矣。《易》曰:"无攸遂,在中馈,贞吉。"而孟子之母亦曰:"妇人之礼,精五饭,罗酒浆,养舅姑,缝衣裳而已矣。"

"《斯干》诗言:'兄及弟矣,式相好矣,无相犹矣。'言兄弟宜相好,不要相学。犹,似也。人情大抵患在施之不见报则辍,故恩不能终,不要相学,己施之

---

① 买出:应为"卖出"。疑因吴方言里"买""卖"发音相似所致。
② 朴斋、讷斋公手录于嘉庆年间。
③ 全句意为:为官的法则,只有三项,即清廉、谨慎、勤恳。本段出自宋吕本中《官箴》。
④ 嚚(yín):意为"愚顽"。出自《书·尧典》。
⑤ 出自《近思录》。
⑥ 夫妻共勉结同心,不该动怒不相容。亹(mǐn)勉,坚持,努力。出自《续近思录》。

而已。"①

宗族岁为燕会，"位以尊卑长幼为序也。苟尊矣，虽稚子位乎上也。苟长矣，虽贫且贱，以齿也。其言惟孝弟忠信，而勿亵也，勿哗也，勿慢也。"坐则股相比，行则武相衔，言则敬相听。"举爵、饮酬、食羞皆后长者，毕则旅揖②，辞而退，少者送长者于家，然后返。"③

"凡为吾祖之子孙者，敬父兄、慈子弟、和邻里、时祭祀、力树艺，无胥欺也，无胥讼也，无犯国法也，无虐细民也，无相攘窃奸侵以贼身也。"④无鬻子也，无故不出妻也，勿为奴隶以辱先也。有一于此，生不齿于族，死不入于祠。

人言：居家久和者，本于能忍。然能忍而不知处忍之道，其失尤多。盖忍或有藏蓄之意。人之犯我，藏蓄而不发，不过一再而已。积之既多，其发也如洪流之决，不可遏矣。不若随而解之，不置胸次⑤。曰：此其不思耳，此其无知耳，此其失误耳，此其所见者小耳。此利害几何，不使入于吾心。虽犯至十数，亦不略见于色，然后见忍之功效为甚大。此所谓善处忍者。⑥

子孙固当竭力以奉尊长。为尊长者，亦不可挟此以自尊，攘臂掀袂、忿言秽语，使人无所容身，甚非教养之道。若其有过，反覆喻戒之，甚不得已，会众笞之，以示耻辱。⑦

人家兄弟不亲，则宗族不附；宗族不附，则奴仆、亲戚为仇矣，况他人耶？故人家笃爱兄弟，非但出于天性，亦事势宜然也。⑧

"俭，美德也，古人之所宝也。""禹，大圣人，帝舜称其德，曰：'克俭于家'。"⑨人君富有天下，犹以俭为德，况庶民乎？故曰："俭，德之共也。"又曰："俭常足。""人能崇尚俭素，深自撙节，省口腹之欲，抑耳目之好，不作无益以害有益，不务虚饰以丧实费。食可饱而不必珍，衣可暖而不必华，居处可安而不必丽，吉凶宾客可备礼而不必侈。如此，一身之求易供，一岁之计易给，既免称贷

---

① 　出自《近思录》。
② 　旅揖：众人一起作揖。
③ 　出自明方孝孺《幼仪杂箴》。
④ 　出自明方孝孺《宗仪九首》。
⑤ 　胸次：胸中，心里。
⑥⑧ 　出自袁采《袁氏世范》。
⑦ 　出自浦江《郑氏规范》。
⑨ 　参见宋郑至道《琴堂谕俗编》"尚俭素"一节。

出息,俯仰求人,又且省心寡过,安乐无事,岂不美哉!"①

"夫所谓阴德者,非必富贵有力者方能之,寻常之人皆可为也。世有乐施者,施棺砌井,修桥整路,此皆阳德也。"②"惟能广推善意,务行方便。不沮人之善,不成人之恶,不扬人之过。人有窘乏,吾济之;人有患难,吾救之;人有仇雠,吾解之。不大斗衡以掊利,不深机阱以陷物,随力行之。如耳之鸣,惟己自知,人无知者,此所谓阴德也。"③

宗法坏而爱敬之教亡,教亡然后谱作。故谱也者,宗法之遗意也。蔼然示人以爱矣,秩然示人以敬矣。纵而观之,自吾身而达之吾考吾祖,以及于始祖一脉也,能勿敬乎?衡而观之,自吾身与吾之兄弟、与同祖之兄弟、与同曾祖始祖之兄弟一气也,能勿爱乎?④

子孙当以和待乡曲,宁我容人,毋使人容我。⑤不可先存欺人之心,若屡相凌逼,进进不已者,当以理直之。男仆,有忠信可任者,重其给;能干家者,次之;其专务欺诈,背公营私,屡为窃盗,弄权犯上者,逐之。凡女仆,勤实少过者,资而嫁之;其两面二舌,饰非造谗,离间骨肉,屡为窃盗,放荡不谨者,逐之。⑥

子孙毋习胥吏,毋为僧道,毋狎屠竖,以坏乱心术。⑦

孝义勤俭,谓之"四宝"。酒色财气谓之"四贼"。苟能守其宝而防其贼,则可以立身成家矣。

乐羊子妻见其夫游学速归,引刀趋机曰:"此织生自蚕茧,成于机杼,一丝而累,以至于寸,寸累不已,遂成丈匹。今妾断斯机,则损成功,以废时日。夫子积学,当日知其所亡,以就懿德。若中道而废,何以异于断斯机乎?"⑧古之淑女敬爱其夫,高识远虑,可以为法。

"古之君子,学欲其日益,善欲其日加,德欲其日进,身欲其日省,体欲其日强,行欲其日见,心欲其日休,道欲其日章⑨,以为未也。"又曰:"日知其所亡,见

---

① 参见宋郑至道《琴堂谕俗编》"尚俭素"一节。

②③ 参见道教之《劝积阴德文》。

④ 出自《湛子约言》。

⑤ 出自《郑氏规范》第一百二十三条。

⑥ 出自司马光《居家杂仪》。

⑦ 出自《家规辑略》,是明代曹端编写的家庭教育读物。

⑧ 出自南北朝范晔《乐羊子妻》。

⑨ 日章:日见彰明。

其所不见，一日不使其躬，怠焉。其爱日如是，足矣。犹以为未也，必时习焉，无一时不习也；必时敏焉，无一时不敏也。必时述焉，必时中焉，无一时不述不中也。其竞时如是，可以已矣，犹以为未也。则曰：夜者，日之余也。吾必继晷焉，灯必亲，薪必燃，膏必焚，烛必秉，蜡必濡，萤必照，月必带，雪必映，光必隙，明必借，暗则记。呜呼！如此极矣。然而君子又曰：终夜不寝，必如孔子；鸡鸣而起，必如大舜；坐以待旦，必如周公。然则何时而已耶？范宁曰：'君子之为学也，没身而已矣。'"①

事父母，思孝以体其至心；事师傅，思敬以习其所传；事长上，思顺以牧乎卑下；接朋侪，思谦以近乎礼节；对仆隶，思庄以明其体统；使臧获，思慈以怜其孤弱。行步必舒缓，坐立必端严，言动必谨慎，作事必周详，衣冠必整饬。"自调摄，务使寒暖饥饱有节；自辛勤，务使朝益暮习有得；自缜密，务使訾②议嬉笑不苟；自爱重，务使非礼外侮不加。作字勿潦草图了局，行文勿苟且图速成，看书勿卤莽生涩图塞责。"③

一家之中，要看得尊长尊，则家治。若看得尊长不尊，如何齐他得？其要在尊长自修。朝廷之上，纪纲定而臣民可守，是曰朝常。公卿大夫，百司庶官，各有定法，可使持循，是曰官常。一门之内，父子兄弟，长幼尊卑，各有条理，不变不乱，是曰家常。饮食起居，动静语默，择其中正者守而勿失，是曰身常。得其常则治，失其常则乱。未有苟且冥行而不取败者也。④

仁者之家，父子愉愉⑤如也，夫妇雍雍⑥如也，兄弟怡怡如也，僮仆欣欣⑦如也，一家之气象融融如也。义者之家，父子凛凛如也，夫妇嗃嗃如也，兄弟翼翼⑧如也，僮仆肃肃⑨如也，一家之气象栗栗⑩如也。仁者以恩胜其流也，知和而和；义者以严胜其流也，疏而寡恩。故圣人之居家也，仁以主之，义以辅之，洽其

---

①　罗大经《鹤林玉露》中的名言。罗大经（1196—约1252），字景纶，号儒林，又号鹤林，南宋庐陵（今江西吉安）人。

②　訾（zǐ）议：批评，讥刺。

③　参见郁氏先祖野云公《训儿庸言》。

④　参见《呻吟语·礼集·伦理》。

⑤　愉愉：和悦舒畅貌。

⑥　雍雍：鸟和鸣声。

⑦　欣欣：喜乐貌。

⑧　翼翼：恭敬貌。

⑨　肃肃：恭敬貌。

⑩　栗栗：庄重貌。

太和之情，但不溃其防，斯已矣。其井井然严城深堑，则男女之辨也，虽圣人不敢与家人相忘。①

父在居母丧，母在居父丧，以从生者之命为重。故孝子不以死者忧生者，不以小节伤大体，不泥经而废权，不徇名而害实，不全我而伤亲，所贵乎孝子者，心亲之心而已。②

家长，一家之君也。上焉者，使人欢爱而敬重之；次则使人有所严惮，故曰"严君"；下则使人慢，下则使人陵，最下则使人恨。使人慢未有不乱者，使人陵未有不败者，使人恨未有不亡者。呜呼！齐家岂小故哉？今之人，皆以治生为急，而齐家之道不讲久矣。③

"宗法明而家道正。"岂惟家道？将天下之治乱，恒必由之。宇宙内无有一物不相贯属、不相统摄者。人以一身统四肢，一肢统五指。木以株统干，以干统枝，以枝统叶。百谷以茎统穗，以穗统穄④，以穄统粒。盖同根一脉，联属成体，此操一举万之术，而治天下之要道也。天子统六卿⑤，六卿统九牧⑥，九牧统郡邑，郡邑统乡正，乡正统宗子⑦。事则以次责成，恩则以次流布⑧，教则以次传宣，法则以次绳督。夫然后上不劳、下不乱，而政易行。自宗法废，而人各为身，家各为政，彼此如飘絮飞沙，不相维系。是以上劳而无要领可持，下散而无脉络相贯，奸盗易生而难知，教化易格而难达。故宗法立而百善兴，宗法废而万事弛。或曰："宗子而贱、而弱、而幼、而不肖，何以统宗？"且豪强得以豚鼠视宗子，而鱼肉孤弱，其谁制之？则一宗受其敝。有宗子又当立家长，宗子以世世长子孙为之，家长以阖族之有德望而众所推服、能佐宗子者为之，胥⑨重其权而互救其失。此二者，宗人一委听焉，则有司有所责成，而纪法易于修举矣。⑩

古之士民，各安其业，策励精神，点检心事，昼之所为，夜而思之，又思明日之所为。君子汲汲其德，小人汲汲其业，日累月进，旦兴晏息，不敢有一息慢惰

---

① ② ③ 　参见《呻吟语·礼集·伦理》。

④ 　穄：谷物粒外之皮壳。

⑤ 　六卿：《周礼》以天官冢宰、地官司徒、春官宗伯、夏官司马、秋官司寇、各官司空分掌邦政，称为"六官"或"六卿"。后又指吏、户、礼、兵、刑、工六部尚书。

⑥ 　九牧：九州之长。

⑦ 　宗子：一族之中的嫡长子。

⑧ 　流布：广泛流传。

⑨ 　胥：皆。

⑩ 　参见《呻吟语·礼集·伦理》。

之气。夫是以士无愿德,民无怠行;夫是以家给人足,道明德积,身用康强,不即于祸。今也不然,百亩之家不亲力作,一命之士不治常业,浪谈邪议,聚笑觅欢,耽心耳目之玩,骋情游戏之乐,身衣绮縠,口厌刍豢,志溺骄佚,懵然不知日用之所为,而其室家土田,百物往来之费,又足以荒志而养其淫,消耗年华,妄费日用。噫! 是亦名为人也,无惑乎后艰之踵至也。①

今之人只是将"好名"二字坐君子罪,不知名是自好不将去。分人以财者实费财,教人以善者实劳心。臣死忠,子死孝,妇死节者,实杀身,一介不取者,实无所得。试着渠②将这好名儿好一好,肯不肯? 即使真正好名,所为却是道理。彼不好名者,舜乎? 跖乎? 果舜邪,真加于好名一等矣。果跖邪,是不好美名而好恶名也。愚悲世之人以好名沮君子,而君子亦畏好名之讥而自沮,吾道之大害也。故不得不辨。凡我君子,其尚独,复自持,毋为哓哓者所撼哉!

善居功者,让大美而不居;善居名者,避大名而不受。名分者,天下之所共守者也。名分不立,则朝廷之纪纲不尊,而法令不行。圣人以名分行道,曲士恃道以压名分,不知孔子之道,视鲁侯奚啻天壤? 而《乡党》一篇,何等尽君臣之礼? 乃知尊名分与谄时势不同。名分所在,一毫不敢傲惰;时势所在,一毫不敢阿谀。固哉! 世之腐儒以尊名分为谄时势也。卑哉! 世之鄙夫以谄时势为尊名分也。

善之当为,如饮食衣服,然乃吾人日用常行事也。人未闻有以祸福废衣食者,而为善则以祸福为行止,未闻有以毁誉废衣食者,而为善则以毁誉为行止,惟为善心不真诚之故耳。果真果诚,尚有甘死饥寒而乐于趋善者。

"本分"二字,妙不容言。君子持身,不可不知本分。知本分则千态万状一毫加损不得。圣王为治,当使民得其本分,得本分则荣辱死生一毫怨望不得。子弑父,臣弑君,皆由不知本分始。

凡智愚无他,在读书与不读书。祸福无他,在为善与不为善。贫富无他,在勤俭与不勤俭。毁誉无他,在仁恕与不仁恕。

大行之美,以孝为第一;细行之美,以廉为第一。此二者,君子之所务敦也。

---

① 参见《呻吟语·内篇·乐集》。以下各段皆采自此。
② 渠:他。

然而不辨之申生①,不如不告之舜②;井上之李,不如受馈之鹅。③ 此二者,孝廉之所务辨也。富以能施为德,贫以无求为德,贵以下人为德,贱以忘势为德。

入庙不期敬而自敬,入朝不期肃而自肃,是以君子慎所入也。见严师则收敛,见狎友则放恣,是以君子慎所接也。

家长不能令人敬,则教令不行;不能令人爱,则心志不孚。

六经四书,君子之律令。小人犯法,原不曾读法律。士君子读圣贤书而一一犯之,是又在小人下矣。

慎言动于妻子仆隶之间,检身心于食息起居之际,这工夫便密了。

常看得自家未必是,他人未必非,便有长进。再看得他人皆有可取,吾身只是过多,更有长进。

今之为举子文者,遇为学题目,每以知行作比。试思知个甚么? 行个甚么? 遇为政题目,每以教养作比。试问做官养了那个? 教了那个? 若资口舌浮谈,以自致其身,以要国家宠利,此与诓骗何异? 吾辈宜惕然省矣。

居乡而囿于数十里之见,硁硁然④守之也,百攻不破。及游大都,见千里之事,茫然自失矣。居今而囿于千万人之见,硁硁然守之也,百攻不破。及观《坟》《典》,见千万年之事,茫然自失矣。是故囿见不可狃,狃则狭,狭则不足以善天下之事。

被发于乡邻之斗,岂是恶念头? 但类于从井救人矣。圣贤不为善于性分之外。

将祭而齐其思虑之不齐者,不惟恶念,就是善念也是不该动底。这三日里,时时刻刻只在那所祭者身上,更无别个想头,故曰精白一心。才一毫杂便不是精白,才二便不是一心。故君子平日无邪梦,斋日无杂梦。

卑幼有过,慎其所以责让之者。对众不责,愧悔不责,暮夜不责,正饮食不

---

① 参见《左传·僖公四年》。骊姬潜申生,欲加害之。申生不辨,被晋献公逼迫自缢,卒后为"恭世子"。《礼记正义》言:"'晋侯杀其世子申生',父不义也。孝子不陷亲于不义,而申生不能自理,遂亲有杀子之恶,虽心存孝,而于理终非,故不为孝,但谥为恭,以其顺父事而已。"

② 参见《孟子·离娄上》。孟子曰:"不孝有三,无后为大。舜不告而娶,为无后也。君子以为犹告也。"

③ 参见《孟子·滕文公下》。孟子曰:"仲子,齐之世家也。兄戴,盖禄万钟。以兄之禄为不义之禄而不食也,以兄之室为不义之室而不居也,避兄离母,处于於陵。他日归,则有馈其兄生鹅者,己频顣曰:'恶用是鶂鶂者为哉?'他日,其母杀是鹅也,与之食之。其兄自外至,曰:'是鶂鶂之肉也!'出而哇之。以母则不食,以妻则食之;以兄之室则弗居,以於陵则居之:是尚为能充其类也乎? 若仲子者,蚓而后充其操者也。"

④ 硁(kēng)硁然:浅薄固执的样子。

责，正欢庆不责，正悲忧不责，疾病不责。

只一个耐烦心，天下何事不得了？天下何人不能处？

植万古纲常，先立定自家地步；做两间事业，先推开物我藩篱。

天不可欺，人不可欺，何处瞒藏些子？性分当尽，职分当尽，莫教欠缺分毫。

《谦》六爻，画画皆吉；"恕"一字，处处可行。①

宗约②

孝顺父母，非止服劳奉养、温清定省也。须立志要做个好人，不负父母生我此身。倘得读书成就显亲扬名，必矢志忠贞，担当宇宙。居官则随分尽职，居乡则随处施仁。即不遇隐沦③，亦必褆躬④励行，约己宜人，方是不失其身为父母之孝子。或不幸而父母有过，又须委曲谏正、诚心恳切。父子至情，岂有不相入者？故孝子不但自修其身，又能喻亲于正，而后谓之孝也。

教训子孙，子孙是我负荷宗祧底人，岂可不教？教子之道，今人只重了功利一边，所以后来成就到底是功利中人。须教之以读书明理，立志做人。于举业艺文外，以圣贤言语涵养熏陶，自然能变化气质，成就做个上等人。即读书不成，或竭力耕耘，或劳心转运，亦足为盛世之良民、乡里之善人。陶靖节⑤诗云："四体诚乃疲，庶无异患干。"言近旨远，深有味也。

和睦亲族。苏老泉⑥族谱云：吾之所与相视如涂人⑦者，其初兄弟也，其初一人之身也。悲夫一人之身分而至于涂人，幸其未至于涂人，使之无忽忘焉，可矣。同宗之人，一脉相联，有几微不和，便上失祖宗之心，下贻子孙之害。所关不小，务宜一德一心。好事大家共成之，不得故生异同；不好事大家共改之，不得私行诽谤。见得意，当共生欢喜心；见失意，当共生怜悯心。彼此交际，和气蔼然，纵有积隙，亦必涣然冰释。妒成乐败，何与人事？从自坏其心术耳。

---

① 以上诸条均参见《呻吟语》。
② 成文于同治年间。
③ 隐沦：隐居，隐士。
④ 褆（zhī）躬：安身，修身。
⑤ 陶靖节：陶渊明。
⑥ 苏老泉：苏洵。
⑦ 涂人：路上行人，陌生人。

端严模范,通族风化,全视冠绅转移。每见一种无耻小人,趋势若鹜,奔利若驰。假当道之鼻息,武断乡曲,稍涉脂润,攘臂以前,无异投骨之争①。先辈有云:人争求荣就其求之之时,已极人间之辱;人争恃宠就其恃之之时,已极人间之贱。② 而述于此者,如丧心病狂,如堕落坑厕,人不堪其秽,己反以为馨,辱人贱行,莫此为甚。

言论公平,心如明镜,方能照人妍媸③。故人不以行之妍而喜镜,亦不以行之媸而恶镜。何则?以镜之无心也!心能至公,即鬼神不违,况族人乎?故遇族中良善,无论尊卑,俱宜极口称扬。设有不善,人前必曲为隐盖,觌面方婉言箴规④。受规者亦须虚心谦受,方为两得。有等讦以为直⑤之人,令人难受,反致有过者护短饰非,终身不改。适以酿成嫌隙,致启争端。是皆以讦为直者有以激成之也,且诛讦者之心,原无相成雅意,不过欲暴人之短、炫己之长耳,切宜痛戒。

捐置田产,族人虽历数十世,其初一人之身也。凡人父母、祖父母没,则以不得侍养为恨。有及事其高曾者,则又相与羡之。至于五服之人,多有坐视其困而莫之惜者,疏远更无论矣。吾以为,此人即有高曾祖父母,必不能养。纵令能养,而高曾祖父之子若孙饥且寒,高曾祖父母食能下咽乎?念及此而不动木本水源之思者,尚得为有人心耶?我族自长甫公在明宏治⑥初年入赘菱溪定居以来,已历三百八十余年。虽读书乐善者代不乏人,而于建祠修谱外,祭义学田,至今阙如。前人实有其志,而限于力有不逮耳。若不及今举办,徒托空言,不免后之视今犹今之视昔。窃拟约同志数人率先倡捐,族中必有闻风兴起踊跃乐从者,先置祭田若干亩,春秋祭扫之余,余俾得散给族之贫而无告者,扩而充之以俟后人。

三十三世孙　钧　谨议

---

① 投骨之争:出自《战国策·秦策三》"天下之士合从相聚于赵"一章。"王见大王之狗,卧者卧,起者起,行者行,止者止,毋相与斗者;投之一骨,轻起相牙者,何则?有争意也。"

② 人都追求荣华富贵,但就在求到的同时,已极尽人间的耻辱;人都争求攀附权贵,但就在恃宠而骄的时刻,已极尽人间的卑贱。参见《菜根谭》。

③ 妍媸(yánchī):美好和丑恶。

④ 箴规:劝诫规谏。

⑤ 讦(jié)以为直:用揭别人的隐私来表明自己的直率,形容人品十分伪诈。讦,攻人短处或揭人隐私。直,坦诚。

⑥ 宏治:即弘治的讳称,避乾隆皇帝弘历讳。明孝宗朱祐樘年号(1488—1505),前后共18年。

祠规（浙江兰溪）①

始祖镠。四世祖昭聪，官婺州，为婺州之祖，卒葬浦江。长子隐之遂居浦江通化乡湖塘里，以守先垄。传至十三世孙柔中，南宋时自浦江迁金华玉泉；十四世孙千三，迁居兰溪灵泉乡大塘里。

谨祭祀

礼有五经，莫重于祭。质明行事，日中礼成，盖其慎也。凡遇祭期，必须预先扫除祠宇，敬办品物牺牲，粢盛②必诚必洁，然后斋戒沐浴。黎明集祠，拜献行礼，主祭与祭之人务穿礼服，即至祠众亦须各着长衫，以志精洁而正体统。如衣而安襄，行而跛倚，言而喧哗，慢渎祖宗，孰甚于此？其何以交神明致歆格③乎？违者，纠仪呈举，以凭责罚。

孝父母

父母之恩与天地并，报德所以罔极④也。凡为人子者，非独亲能善作，当竭力奉事，即或有不务家计，不训义方者，亦宜勤谨就养，匡救承顺。盖天下无不是的父母，即亲有过，亦子之不能几谏⑤，陷亲不义使然。不观舜尽事亲之道，而瞽瞍亦厎豫⑥乎？吾族中倘有此等不肖忤逆，即为天地之罪人，名议所不容。

---

① 载于浙江兰溪《浦兰钱氏宗谱》，道光三年（1823）公议，裔孙钱种玉恭纪。
② 粢盛（zīshèng）：盛在祭器内以供祭祀的谷物。
③ 歆格：请神灵或祖先享用供品。
④ 罔极：无穷尽。
⑤ 几谏：对长辈委婉而和气的劝告。
⑥ 瞽（gǔ）瞍（sǒu）亦厎（zhǐ）豫：瞽瞍，古帝虞舜之父。瞽，本义为瞎眼。厎，致。豫，快乐。舜竭尽事奉父母之道，使父亲快乐。

禀祠日讯有此辈,会令族长共叱之,缉至祠下,痛责毋纵。

敬长上

长幼有序,伦理森然。凡属吾祖父伯叔兄辈者,出接之时,即宜恭敬。行则必后,坐则必隅,见则必起,问则必拱。而对尊长会燕①,子弟敛容奉侍。此礼在则然,不容紊也。即或有年属长上,而行第次序反出于卑幼下者,虽不可概通以拜跪之礼,亦宜以敬长之心待之,所以重高年也。族中如有不遵名分,疾行端坐,肆称尔汝,甚或犯上忿争,不循子弟之分者,禀祠日定行严责。

正婚姻

婚姻之道,万化之原也。男有家而娶,女有室而嫁,古礼重之。凡为父兄者为子弟择配,必于仁厚之家门户相对,体其女之淑慎②者,肃通媒妁,缔结良缘。切勿贪恋厚奁,以至攀高附上,失其佳偶。至有女妻人,亦只择其佳婿,毋索重聘。盖婚姻论财,夷虏之道也。以此行于族中,则内外无怨而家道无不正矣。倘不遵是训而贪受便宜,或聘娶于贱户,或卖女于下流,告祠日定行斥革。

戒夫妇

《易》曰:"女正位乎内,男正位乎外。"内外之辨不明,则家道不正,家道不正,则夫不能防闲其妇,妇不知顺正其夫。富者,三姑六婆任其来往,遂开淫盗之媒;贫者,狂夫恶少听其居游,愈长勾通之渐③。甚而嫌疑日生,夫妻反目,小则倾家荡产,大则亡身及亲,瘠伦之祸莫甚于此。如族中后生犯此之恶,而捉奸者执有确实证据,一经鸣众,无论服内服外,即将本身革出,永不入祠。其所犯奸妇亦即随时离异,毋许纵留。违者,一体同革,决不容情。

睦宗族

敦宗睦族,仁里④称焉。顾豆觞⑤之细,衅隙⑥易开。凡族中有争竞,必先告

---

① 会燕:相聚宴饮。
② 淑慎:贤良谨慎。
③ 渐:征兆,苗头。
④ 仁里:泛称风俗淳美的乡里。
⑤ 豆觞(shāng):指宴会。豆,古代一种食器,形如高脚盘。觞,古代盛酒器。
⑥ 衅隙:隔阂,争执,纷争。

于族长,鼠牙雀角①务为排解。如卑幼触犯尊长,则即令其服礼,叩罪尊长。至尊长欺凌卑幼,亦不许其任情②苛人。同等者,量其是非,科断③责罚。倘或族长理处不平,方许控有司,以分曲直。毋得倚强凌弱,互争共殴,彼此扛帮④,以乖族谊。吾族勉此,则恂恂乡党之间,庶几仁让风行,蔚然太和之气象矣。违者,告祠重责。

训弟子

教家之道,无过耕读两途。凡训子弟,必先观其资质,如资质迟钝粗蠢者,送入蒙馆,略识文字,即令其出习农田,毋入逸谚。如遇资质明敏清秀者,务使慎择名师,从学举业,以求上达。盖仰事俯畜端本⑤农桑,而扬名显亲断由诵读,二者不可缺一也。尝见嘻嘻之家不务训诫,少壮惰游,博弈饮酒,好勇斗狠,无所不至,而门户衰落者不可胜计,皆由父兄之教不先故耳。吾祖遗训具在,慎之毋忽。

崇节孝

夫妇道为五伦之本,而子职居百行之先。故朝廷旌扬之典,嘉予⑥必及,盖所以彰实行而维风化也。凡族中有孝子顺孙、贞女节妇,必加优待,使孝有所勉而节得以全,或贫弱不能自立者,亲族量行资给,祠中亦宜存恤,以广扶衰济困之仁。如实能完全节操,克尽孝道者,年例既符之日,族内尊长务须会同亲友,呈请有司,申详旌奖,用表潜德⑦,以光大典,亦一门之望也。

重尊养

养老尊贤,国之大典也,而治家之道亦然。盖乡党莫如齿⑧,礼义本于贤,

---

① 鼠牙雀角:鼠长牙,雀生角。出自《诗·召南·行露》:"谁谓雀无角,何以穿我屋……谁谓鼠无牙,何以穿我墉?"鼠、雀,比喻强暴者。原意为因强暴者的欺凌而引起的争讼,后泛指诉讼或引起争讼的细微小事。

② 任情:任意,尽情。

③ 科断:论处,判决。

④ 扛帮:结帮,顶撞。

⑤ 端本:皆源于。意思是,赡养父母子女都依赖于农桑。

⑥ 嘉予:嘉奖。

⑦ 潜德:不为人知的美德。

⑧ 乡党莫如齿:出自谚语"朝廷莫如爵,乡党莫如齿"。意思是,在朝廷里地位的高低按官爵的大小排序,在乡里民间地位的高低按年龄的大小排序。

祠中所重端在是矣。如族内有年高七十者,给胙肉二斤。凡入泮者,亦如之,外加乡试费银三两。有年高八十者,给胙肉四斤。凡登科选拔者,亦如之,外加会试费银十两。如捐监①纳贡②,胙肉照上各减一半给与,余外不得混争。若有寿至期颐、名登仕籍及旗干匾费等银,临时酌议,另行破格优奖。

议签管

众事之成,端赖贤能。凡祠内公举管事,须选族中有德有行,至公无私,素为众所心服者,方许签入承管。如董事,人能勤谨积聚办祭之外,复能增置祀田,重修祠宇,百年后,准其神主送入德功祠,永远配享,以励后贤。倘怠惰不勤,侵吞肥己,一经察出,禀祠责罚,即时推出其人,另签公正者充管。如无确见侵蚀凭据,而或假公济私、妄加人过以报私忿者,亦议责罚。

---

① 捐监:科举制度中监生名目之一。明、清时以出资报捐而取得监生资格者。始于明景帝时,报捐者限于生员。后来无出身者也可捐纳而成为监生,称为"例监"。

② 纳贡:亦称"纳贡生"。科举制度中贡入国子监的生员之一种。明代准许纳资入国子监,凡由生员纳捐的称"纳贡",由普通身份纳捐的称"例监"。纳贡性质与清代的例贡略同。

家训、家礼（江西丰城坛迹）①

驸马支。南宋时期，钱镠第九世孙簏居杭州临安，第十世孙先觉（侃祖）由杭州临安出任豫章新喻县令。由于宋元之战乱，为避战之灾，先觉顿生不返杭之念。在公事闲暇之余，游至西山太平，见其山清水秀，民俗淳良，可长久居。其子渊随父即率子弟由杭州临安卜居太平乡。后遇兵患，子弟散，有人迁徙奉邑（今奉新），有人迁徙靖邑（今靖安），渊则迁徙丰邑（今丰城）。丰城钱氏以渊为肇基祖。

家训六则

一、崇祖德

夫积德累仁②，厥功大矣。自祖宗肇基以来，历代相传，爰及③后裔，必以崇植祖德、光昭世守为先务。盖人有家如人有身，以元气为主。元气固，则众体皆安。而润身④之符，可验自天子，达于庶人，莫不皆然。是立家之道，可不培养元气，使祖德克崇⑤，积久而弥厚耶？而其大者，其一在建祠宇而崇祖德之蕴隆⑥，使神有所凭依。故君子将营宫室，必先宗庙。宗庙建，则子孙祭祀足以展如在之诚。春秋有荐，感时序⑦也；昭穆有等，明世次⑧也。假使废而不立，则尊

① 载于江西丰城《坛迹钱氏重修族谱》（敦本堂），2009 年印本，钱曜瑛主编。本家训作于咸丰元年。
② 积德累仁：积累功德与仁义。
③ 爰及：至于，延及，以及。
④ 润身：修洁其身。《礼记·大学》："富润屋，德润身。"
⑤ 克崇：能蕴积。意思是，使祖宗功德蕴积光显，时间越久，越崇厚。
⑥ 蕴隆：蕴积丰隆。
⑦ 时序：时间的先后顺序，或气候时节的时间顺序。
⑧ 世次：世系相承的先后。

祖敬宗之谊无由申①，而教孝教弟之心何由达？凡我同族，必建大宗小宗，卜筑②有方，规制务密，求为巨观③，以成不拔之基。则入庙生敬而昭格式临，子孙自膺多福。

其一在守坟墓而崇祖德之藏息④，置窀穸⑤以相安。生而养，死而葬，实人子之分。故一抔之土，万世之本系焉。封植培荫，世世子孙，宜无敢忽。砍伐有禁，践踏有禁，狐兔勿令窟其旁，樵牧勿令扰其巅，则丘陇巍峻、林木葱郁，见之者靡不叹曰："此皆孝子顺孙之祖茔也。"昔孔子"合葬于防⑥，封[之]，崇四尺"，是亦重其事而不敢略。

其一在教育后进，大振家声以绍述崇祖德，顾欲训迪嗣孙则义学不可不建，欲立义学则义田不可不置。建学以为造育之地，置田以赡膏火之赀⑦。而人人有师，人人知学。大者服古人官可以拜献王廷，小者亦不致鱼鲁罔识，亥豕莫辨。⑧ 昔范文正公为之于前，吾辈当仿之后。忍令子孙荒经蔑古而诗书礼义不讲乎？是则建祠修墓以承先，设学置田以启后，所以崇祖德者，至矣！岂可视若虚文，而不身体力行之哉？

二、敦大伦

盖行以立身为大，事以彝教为先。敦典命礼⑨，古帝乘训迪于无疆，使人知所适从，不致有荡逾之愆。则凡训后人者，必自明伦始。顾读书怀古，必期委贽⑩。从王君臣之义，可不亟讲欤？吾族历代簪缨，科甲蝉联，俱无愧于臣节。后人凡成大名、立大功，与夫一官半职，必须靖共尔位⑪，以为前人光宠。

至父子之间，情谊更切。属毛离里，敢忘所自，则孝养当隆也。菽水承欢，

---

① 申：陈述，说明。
② 卜筑：择地筑屋，即定居之意。
③ 巨观：大观，宏伟的景象。
④ 藏息：人自身的内脏和气息。藏，同"脏"。
⑤ 窀穸（zhūnxī）：墓穴。
⑥ 合葬于防：孔子母逝，从挽父母处知父葬于防山，遂将父母合葬。
⑦ 膏火之赀：膏火，古代书院供给学生的津贴。赀，费用。指学习津贴或学费。
⑧ 鱼鲁，把"鲁"字误写成"鱼"字；亥豕，把"亥"字误写成"豕"字。指因文字形似而致传写或刊刻错误。
⑨ 敦典命礼：指敦厚而通常的法典和礼制。
⑩ 委贽：送上礼物，拜人为师。
⑪ 靖共尔位：恭谨对待你的本职。

斑斓戏彩，悉宜效法。若乃悖逆成性，负罪奚逭①？况养亲原不仅口体，其委屈承顺载诸《孝经》，历历可考。即父母，待子亦当训以义方，毋为舐犊之爱。则庭训先之，而子弟罔不率从②。

兄弟，谊属一本③，情联同气，则友于宜笃。大被同眠，灸艾分痛④，至如薛包不念财货，牛宏不德内言⑤，其于骨肉之际，至矣尽矣。所谓孔怀兄弟⑥，可不戒乎阋墙？

夫妇，尤为宜家之本，择婚必正，野合必戒。古来俪皮⑦以为礼，其于婚姻为最重。故夫义妇顺⑧，介随之好宜敦。假使妇言是用，致伤亲长，内则不守，有玷贞闺，则夫妇之道浸微⑨，迨乎⑩！

朋友，亦不可忽也。出门交有功，毋友不如己，毋谄假，毋自欺，毋离群而索居。益友则尊之，畏友则爱之。庶箴规之益成，而景仰之思深。苟比匪不择，淫朋⑪不弃，玷辱身名不浅。所谓行贵立身，事崇彝教⑫，安可不振纲常，以为正家之本？

三、守恒业

天下四民，各司其事。士课于学，农勤于耕，商贾劳于市廛，百工精于造作。专于所习，庶不失业。苟怠惰是恣，常分不守，是为游民。游民有罚，人可不知所儆欤？吾先与士言之，钟川岳之秀，发祖宗之祥，所读者圣贤书，所行者圣贤

---

① 奚逭（huàn）：怎么能免除。逭，逃避。
② 罔不率从：无不遵从。
③ 一本：同一根本。
④ 灸艾分痛：比喻兄弟友爱。出自《宋史·太祖纪三》："太宗尝病亟，帝往视之，亲为灼艾。太宗觉痛，帝亦取艾自灸。"
⑤ 牛宏不德内言：牛宏即牛弘，隋代大臣。牛弘的弟弟牛弼喜欢酗酒，有一次他喝醉了，用箭杀死了牛弘拉车的牛。牛弘回家后，妻子上前告诉他说："小叔用箭把牛杀死了。"牛弘听了，并没有奇怪而问原因，直接说："做成牛肉干吧。"他坐下后，妻子又说："小叔用箭把牛杀死，这是很奇怪的事啊！"牛弘说："知道了。"他的脸色和平常一样，并没有停止读书。其宽厚达到如此地步。
⑥ 孔怀兄弟："孔"是程度副词，有非常、最如何之意。"怀"是关爱、关怀。"孔怀"就是非常关怀、关爱的意思。兄弟之间的关系是血缘关系，亲近无比，是朋友关系不能相比的。后世多用"孔怀"二字指代兄弟手足之情。出自《诗经·小雅·常棣》："死丧之畏，兄弟孔怀。"
⑦ 俪皮：男方提亲时作为定礼的成对鹿皮。
⑧ 夫义妇顺：为夫者恩义待妻，为妻者对夫顺从。
⑨ 浸微：渐渐衰落。
⑩ 迨乎：迨，据文意当作"殆"，音近而讹。殆，危。
⑪ 淫朋：邪党。亦谓勾结，朋比为奸。
⑫ 彝教：也称"彝训"。旧谓尊长对晚辈训诲教导的话。

事。当焚膏继晷①，映雪囊萤②，求其无愧于圣贤。即异日立身制行③，建功树业，不失为大儒，不负为名臣。若徒盗虚声，窃附儒雅，则城阙之讥④所弗克免，士可不顾名思义哉！

其次莫如农。盖国家以农为本，稼穑匪懈，大有可期。《书》著《无逸》⑤，《诗》诵《豳风》，无非教农胼胝⑥勿怠，耒耜⑦是勤，而力田逢年自获⑧。胡考⑨曾孙之庆，东作惟殷⑩，西成⑪有望，尽终岁之劳，可致伏腊⑫之欢。苟垄亩不治，耕获失时，则一家仰事俯畜，其何以借？

业商贾者，虽逐末之计，而《虞书》贸迁有无⑬，《周书》"牵车牛，远服贾"⑭，亦仁政之所及。今从事于商贾者，逾山越巅，破浪逐流，其阅历可谓甚艰。揆其志之所趋，不过以有易无，求蝇头微利，计日取盈。而所获甚轻，所耗甚奢，饮食侈费，淫戏多端，必有亏本之患，难免室人交谪之悲。

至若百工，虽称微技，而夏代艺事以谏⑮，《周礼》考工有书⑯，未尝舍此弗论。凡人执一艺，必求一艺精，工熟则巧生，厥有妙绪。故谚有之曰："只愁艺不精，不愁无人请"，诚哉是言也。是技无论大小，而营业必专，日积月累，所获自足资生养家。要之士农工商，皆当谛职毋忽，即恒言无补，总不失培养一术云。

---

① 焚膏继晷（guǐ）：谓夜以继日。膏，油脂，指灯烛。晷，日光。韩愈《进学解》："焚膏油以继晷，恒兀兀以穷年。"

② 映雪囊萤：比喻家境贫苦，刻苦读书。映雪典故来自晋代孙康冬天夜里利用雪映出的光亮看书。囊萤典故来自晋代车胤家贫，没钱买灯油，而又想晚上读书，便在夏天晚上抓一把萤火虫装在纱袋里，照亮而读书。

③ 立身制行：立身，指为人。制行，指处事。

④ 城阙之讥：出自《诗经·子衿》："佻兮达兮，在城阙兮。"笺云："国乱，人废学业，但好登高，见于城阙，以候望为乐。"讥不学之徒好登高附庸风雅。

⑤ 《无逸》：周朝诸侯国周国国君周公创作的一篇散文，主要记载了周公多次告诫成王，不能贪图安逸，应当以殷商为鉴，学习周文王勤政节俭的品质。

⑥ 胼胝（piánzhī）：俗称"老茧"。手掌或足底因长期受压和摩擦而形成增厚的角质层。

⑦ 耒耜（lěisì）：古代耕地翻土的农具。也用作农具的统称。

⑧ 力田逢年自获：出自农谚"孜孜力田，必将逢年。"意思是，只要年年勤劳耕作，丰年自然会到来。孜，同"孜"，勤勉。逢年，遇到丰年。

⑨ 胡考：寿考，犹高寿。亦指老年人。

⑩ 东作惟殷：春耕只有殷勤。东作，春耕。

⑪ 西成：秋天庄稼已熟，农事告成。

⑫ 伏腊：亦作"伏臈"。一指古代两种祭祀的名称；一指伏祭和腊祭之日。

⑬ 贸迁有无：是指商业上货物买卖，互通有无。贸迁，亦作"懋迁"。

⑭ 竭尽孝忱奉养父母。

⑮ 艺事以谏：献技艺以作为劝谏。

⑯ 考工有书：指《考工记》，是中国战国时期记述官营手工业各工种规范和制造工艺的文献。

四、正心术

且夫心者，所以具众理而应万事者也，必以正为主。故《书》曰："人心惟危，道心惟微。"《大学》正心，孟氏①养心。存心以固其原，则有以立其大者，而小者不能夺也。人惟不求端于心术，则私妄自生，狡诈自起，放僻邪侈存于中，损人害物著于外，求其四维克敦②，六行③兼修，难矣，又安所云心术哉？故古人有言："昼有所为，夜则焚香以告天。"④又曰："但存方寸地，[留]与子孙耕。"旨哉斯言！顾存天理，以厚心术之原；绝人欲，以立心术之防。严于视听而声色不扰，端于行止而矩矱必严。凡所以蔽吾心术者，必求其炳彻⑤；凡所以累吾心术者，务致其剪除。

心术惑于几微，辨之不可不晰；心术骛于旷远，持之不可不坚。察之精，不致差于毫厘；守之固，不致亡于出入。主于中者有本，应于外者自端。岂有怙侈灭义、失德败行者乎？推之事为之际，和顺以接众。宁人负我，无我负人。谦恭以持己，弗为厉容，弗为骄色。不移情于淫比风愆之言，不辍于前贞邪⑥之辨。日迪于躬，以贞洁律身，而心术不匿于淫矣。

不贪图货贿，焚券有举，以市义⑦为心；发仓以赈，以活人为念。以慈惠利世，而心术不流于贪矣。乘人之危，以便己之私，抚衷固不可安。恶人之能而藏己之拙，清夜又何可逭？必也，德怨两忘，猜嫌悉化，则心术正，而万化之本已具。斯立身行事，可以对天地、质鬼神，无愧屋漏，垂德后世，而积善自获余庆矣。

五、端风化

世道之升降，风俗为之；风俗之厚薄，教化主之。《诗》云化行俗美，《礼》称易俗移风。吾侪幸生道一风同之时，久道化成之会，诸父昆弟、幼子童孙，可不

---

① 孟氏：指孟子。

② 克敦：敦厚。

③ 六行：西周大司徒教民的六项行为标准：孝、友、睦、姻、任、恤。

④ 明代高僧莲池大师《竹窗随笔》载："公尝自言：'昼之所为，夜必焚香告天，不敢告者则不为也。'吾以为如是之人乃可学道。""公"即北宋赵抃，清献是他去世后朝廷所赐谥号。

⑤ 炳彻：明白，透彻。

⑥ 前贞邪：与"淫比风愆"对应，应为"忠佞贞邪"较为妥当。

⑦ 市义：见"焚券市义"，意为用烧掉债券来收买人心。

仰体圣天子雅化作人之至意，以成风行草偃①之盛治，而亟以端风化为本务欤！顾立家之道，以勤为先。古人兴起事业，未有不成于勤者。大禹惜寸阴，周公坐以待旦，其伤②励为何如？矧资非上智，凡所诵习可荒于嬉，而不以勤为念乎？

至于俭尤美德，夏王之恶衣服③，孔圣之饭疏食④，名传千古。若奢侈成风，挥金若土，虽有石崇之富，亦难保旦暮⑤之穷，且任土纳贡，输将⑥更毋容稍缓。愿吾族尽学为良民，不可拖延国赋，以干宪典。则勤以养身，俭以养德，敬以奉上，风化下期端而自无不端矣。

若夫族有贫乏，男不能婚，女不能嫁，丧不能葬，身力⑦者更当慷慨相赠，毋使贫民向隅，白骨暴露，以为宗族羞。

族有争讼，絜短量长⑧，辨是论非，交拳动手，有识者理宜排解相劝，毋使鼠牙雀角，荡产倾家，以为宗族累。

族有赌博以暨游手游食⑨，酗酒行卤，不事生业，败吾风俗，伤吾教化，有知者例应群起而攻。初犯则惩以家法，再犯则送于公廷。夫如是，将见人各自爱，族尽淳良。

父与父言慈，子与子言孝，兄与兄言友，弟与弟言恭。语曰："里仁为美。"他日采风问俗者，当必以吾坛迹为首举焉，则不徒⑩吾族今日之幸，抑亦⑪吾族乃祖乃父之幸云。

六、示激劝⑫

夫激劝者，先王所以奖励人才而示鼓舞之意者也。教育子孙者，欲振家声，必自激劝。始而所以激劝，必须勤于读书。盖学业有成，庶可以获科甲而光前

---

① 风行草偃：比喻上位者以德化民之效。后亦指德行崇高者对世人的影响。偃，倒伏。
② 伤：疑"修"字之误。
③ 夏王之恶衣服：夏禹平时穿的衣服很简朴。
④ 饭疏食：吃粗粮。疏食，蔬菜和谷类。
⑤ 旦暮：白天与晚上，比喻短暂的时间。
⑥ 输将：运送。引申为缴纳赋税。
⑦ 身力："身"为"有"字之误。与下文"有识者""有知者"同例。有力者，有能力的宗亲。
⑧ 絜短量长：比量长短大小。
⑨ 游手游食：形容不务正业，游荡骗食。
⑩ 徒：只，仅仅。
⑪ 抑亦：也许，或许。
⑫ 激劝：激发鼓励。

耀后。我族赖祖宗深仁厚泽，簪缨蝉联，代不乏人。后世子孙而欲高大门户，峥嵘勋业，未尝不以科名为重。倘幸而列名仕籍，则合族固与有荣，后人亦可感之而动。则能者黾勉笃学，以图大业，不能者亦必企而及之，未肯自甘暴弃。自后吾族有发科发甲①及恩、岁进士②者，皆列科名之荣，各支礼贺以光盛典，且彰其与众共闻，咸知愤发。即采芹③原为进身之阶，本支亦当于公祠率众举贺，备礼设席，使人知异于凡民而称子衿④。若立朝忠贞，居官清洁，政声卓卓，表著人群，即记其事，藏之祖庙，俟续修之日编入谱牒，传之永久，俾后世知所取法。其历任未久，绩无可著，则止书其爵，以寓激勤之意。

然尤有所最重者，莫如孝德。盖人子事亲，理所宜然。果其纯孝可风，事异寻常，更当公举表扬，请赐褒典，垂诸国史，载于家乘，则人人知有亲，人人知报劬劳而曲致其将顺。其妇有贞节，更当推重。果年少早寡，柏舟矢志，且抚孤成立，尤遇佚前人光，又为妇道最难者，若不旌奖，何以示劝哉？是激勤之道，正所以寓鼓舞之微权而默喻人心者也，可勿讲欤？

家礼四则

一则

加冠，实成人树立之基，最宜敬慎。若富贵子弟力能成礼，则行之于家。惟贫而俊秀者，大宗于先一年岁终时，预詹次年四孟月⑤吉日，报知各团小宗。至先期三日，小宗领冠者赴祠堂会集。先一日习仪，本日大宗延大宾，行三加⑥礼。其仪节俱有定式，查《文公[家]礼》行之，礼费凭大宗均派。

---

① 发科发甲：科举中士。汉唐取士设甲、乙、丙等科，后因通称科举为"科甲"。
② 恩、岁进士：贡生分五种，即恩、拔、副、岁、优，皆在秀才之上、举人之下，是选拔出的为朝廷效力的人。此五贡都算正途出身资格，可以充当教官（训导、教谕之职），俗称县学或府学老师，亦可充当大挑正印知县，以岁进士最多。
③ 采芹：科举时代称考中秀才入学做生员。
④ 子衿：学子，生员。
⑤ 四孟月：指一年四季中每季最初之月。
⑥ 三加：古代男子在宗庙内举行冠礼，先加缁布冠，次授以皮弁，最后授以爵弁。每次加冠毕，皆由大宾对受冠者读祝辞。民间自十五至二十岁举行，各地不一。清中期以后，多移至娶妇前数日或前一日举行。

二则

婚配,为人道之大伦,必遵典礼。凡纳采、问名、纳征、纳吉,俱酌量举行。惟亲迎有路途远者,须择二子弟伴行。其成亲礼仪,俱仿定式行之。至宗族称贺,各随其意而已。

三则

丧事,尤人子之大变,当求无憾。故节文繁简,须量贫富以为损益,斯无愧于慎终。至于宗族往吊,香赆祭仪,随人喜好,不必校计。有贫极不能备礼者,共相矜恤,族长劝谕族①。

四则

祭祀,尤奉先盛举,贵在敬谨。凡专祭、分祭、合祭,本宗祠内已有定规,惟配祭当矢公②合议。果大有功于宗族,或文章冠世,或殚力谱牒,或秉正无私,方进配享。其卜宅迁徙、恢宏世业、克昌嗣祚者,方享合祭。若祭费、祭期、祭礼、祭胙③,俱有定式,详载图中。

---

① 这里缺字,可加"众体谅"三字。
② 矢公:秉公。矢,直。
③ 祭胙:祭肉。

家训（浙江临安高陆）^①

吴越钱氏十世孙、南宋左丞相象祖思慕临安祖墓心切，命长子泰亨徙回临安住长春桥。泰亨公之子鏩出生于南宋嘉定年间（1208—1224），父殁，举家徙县城高陆，是为高陆钱氏之始迁祖，至今有七百七十余年族史。高陆钱氏主要散居临安北部丘陵山区猷溪沿岸江家岭、拜节村、水涛庄，以及猷溪与仇溪交汇处虹桥村、高乐村等地。

父母当孝

善事父母为孝，全凭克体亲心，服务奉养尽殷勤，容色^②尤宜加敬。

立身扬名后世，荣亲显祖光门，温清定省^③学前人，后代必须效顺。

长上宜敬

善事兄长为弟，卑幼宜佩斯言，徐行后长逊他前，毋得妄为叨僭^④。

若要他人重我，无如我敬他先，谦恭逊顺礼无愆^⑤，前辈定然欣羡。

乡里当睦

邻里以和为贵，往来切勿相伤，循规蹈矩莫轻狂，言语亦须审量。

择居仁厚之地，更无祸起萧墙，无仇彼此免提防，和睦乡里为上。

---

① 载于《临安高陆钱氏家谱》（永锡堂），2019 年印本。本训成文于咸丰四年(1854)。

② 容色：脸色。

③ 温清定省：冬天使被子温暖，夏日让室内清凉，晚间使父母安睡，早晨起来问候安好。形容对父母尽心侍奉。

④ 叨僭(tāojiàn)：僭越。

⑤ 无愆(qiān)：没有过失，没有丧失。

子孙宜教

凡戏果然无益，惟勤实是有功，寸阴不负把经穷，贯取攀龙附凤。
莫谓乡无紫诰①，当思书有黄金，会闻白屋②出公卿，岂得遂言非分？

生理当安

圣谕各安生理，皆习本业为人，尔若放荡不遵循，名利终成画饼。
学者焊温③经史，农夫浅种深耕，工商俱自用辛勤，富贵自然有分。

非为宜戒

生平能行正道，自然天不相亏，勿合于理慎毋为，高枕安然无累。
如若所为不轨，行之末了灾随，试观妄作强安排，冒险之人何在？

国法当遵

凡有王章圣谕，相垂必要遵行，无知若犯罪非轻，有律故违重儆。
先圣遗书可法，名贤箴语须钦，以此药石理当听，佩服无忘是幸。

家规宜守

贤子决无妄作，顺孙确守家规，特将祖训逐条开，款款指明不讳。
谨依勤俭为本，更宜清白相垂，先人惟恐有匪才，故作箴铭警诫。

节义当植

失侣终身不耦，冰清玉洁为奇，勤辛苦志抚孤儿，期副先灵雅意。
俨似尼师净榻，浑如释子清规，朝廷旌奖显门楣，不亚荣登高贵。

追远宜重

豺獭皆知报本，人情宜胜物情，若能祭扫荐宗亲，拜奠尤须致敬。
哀感出于本意，礼仪发见真情，死生忌日若经心，幽魂自然庇荫。

---

① 紫诰(gào)：指诏书。古时诏书的封袋用紫泥封口，上面盖印，故称。此指代官宦之人。
② 白屋：用茅草覆盖的屋子。旧亦指寒士的住屋。
③ 焊(xún)温：温习之使熟于心。

家训、家规（江苏常州段庄）

钱镠曾孙文僖公第十子晚之，传至第九世孙渊，因官晋陵令，遂由湖州大钱港迁武进新塘乡之张墓村（今武进雪堰南山村）。阅十四世，至明正统五年（1440），有第二十二世永冈公与胞弟永岫公自张墓村徙居毗陵段庄，后世散居常州城乡二十余处。此为清代状元钱维城一支，明、清两朝常州钱姓名人春、一本、养浩、人麟、枝起、维乔等皆出于此族。

家训二十四则①

端心术

心能造命运、移风水、改相貌、荫子孙。慈和正直谓之善，善得百祥；奸诈阴险谓之恶，恶得百殃。天道人事，同一不爽。凡我族人，应念祖宗世存忠厚，奕叶②承休，勿谓时代不同，遂以诈黠③相高也。

谨言语

孔子居乡党，恂恂④似不能言，诚以父兄之前，非见长之地⑤。故虽有宏才伟辩，不敢肆口夸扬，何况鄙俚⑥妄谈？不稽训典，不谙时宜，不存惭愧，出口便

① 载于江苏常州段庄《钱氏族谱》（锦树堂），咸丰乙卯年（1855）重修，十三世孙钱浩斯纂修。
② 奕叶：代代。
③ 诈黠：奸诈狡黠。
④ 恂恂：恭谨温顺的样子。
⑤ 见长之地：显示特长的地方。
⑥ 鄙俚：粗俗，浅陋。

招讥诮①，片辞或启祸阶。尤可戒者，朝三暮四，游移无信，自坏生平，以口戕身，敬之慎之。

饬容体

郊居农业，礼从朴简，然当有以自别于野人。远祖荣国公，燕居必冠②，盛暑未尝解带。即不能然，亦宜稍自检束，令文质可观。若乃箕踞③祖裸，自同村竖④，狎侮笑谑，少长无礼，非望族之雅规。

重本源

人不知本，禽类何别？重其本，自及其支，宗族所由睦也；厚其亲，自及其疏，里俗所由美也。吾祖自武肃王以来，代有谱书，屡经修葺，故其传派至今不淆。今虽新订而所以世踅之者，则在后之人矣。此后当于十年之中一再修之，庶无遗忘之失。其诸坟墓悉应立石，记其世次名号，以免他日夷毁错误之忧。所创祠宇，当递年管理，风雨之害，鼠雀之残，稍见颓敝，即加整葺。东作既毕，便当意于此。岁时祀典，或祭于墓，或祭于祠，或祭于家，时俗所沿，家规所定，毋敢废堕，毋敢卤莽。祭毕合食，序尊卑，明世次，庶几恩情联属，族谊克敦。其有不率⑤者，大小宗子，各鸠⑥其属，举行罚例，甚者鸣公⑦，慎勿避怨。

崇孝友

父母之衣，勿使不及于妻之衣；父母之食，勿使不及于子之食。待兄弟，勿以妻之待伯叔者待之；待继母，勿以继母之待吾者待之；待幼弟，父母既亡之后当以未亡之前待之。

训子弟

子弟之贤不肖，家门之隆替因之；父兄之能教与否，又子弟之贤不肖因之。

---

① 诮（qiào）：责备，讥讽。
② 燕居必冠：安闲地待在家中，也一定要戴着帽子。
③ 箕踞：坐时两腿伸直张开，形似簸箕。一说屈膝张足而坐。为一种轻慢姿态。
④ 村竖：指粗俗的年轻人。
⑤ 不率：不服从，不遵循。
⑥ 鸠：聚集。
⑦ 鸣公：示众，告官。

世人溺禽犊之私爱，忘堂构①之远图，虽有良才，纵其骄惰，业既不就，往复难驯。岂知祖父遗资，殖之甚难，废之甚易。一旦门户殄瘁②，饥寒相迫，耕不能劳，读则已晚，贾则无资，有耻填于沟壑，无耻流为下贱矣。凡吾钱氏子孙，质美者驱之学问，当令穷可师友，达可卿相；其钝驽不堪者，或农或贾，当归一途，亦须教之习礼节、知勤俭，不失为成家之子。若乃不士不民，游手游食，此父兄之过，非其罪也。

睦宗党

同宗为九族，异姓为三党，不论远近，要不可同于路人。患难则相与救之，困穷则相与周之，忿相则相与平之，外侮则相与御之。岁时相遇，庆吊相及，力所能为，不可废也。

正闺门

女虽贞，不可不严内外之防；男虽良，不可不存溷杂之戒。至若妻制其夫，妾加于嫡，爱子凌宗子，皆由履霜不戒③，驯至坚冰④。慎始防微，必无此患。不幸犯"七出"⑤之条，当从古义，不可忌讳隐忍，欲盖弥彰。

恤仆婢

等⑥为天子民，我逸彼劳，我丰彼约⑦，我倨⑧彼恭。所争者，区区数金耳，非天生是人供我凌虐也。膏粱之子⑨，惟知颐指气使；作家之翁⑩，但计玉粒桂薪⑪。

---

① 堂构：这里喻指父祖遗业。
② 殄瘁：亦作"殄悴"。困苦。
③ 履霜不戒：走在霜上而不知道结冰的日子快要到来。比喻看到眼前的迹象而没有对未来提高警惕。
④ 驯至坚冰：《周易》坤卦初六之词。意思是，顺沿微霜的发展规律，坚冰必将到来。
⑤ 七出：亦称"七去""七弃"。中国古代休妻的七种理由。《仪礼·丧服》："出妻之子为母。"贾公彦疏："七出者，无子，一也；淫泆，二也；不事舅姑，三也；口舌，四也；盗窃，五也；妒忌，六也；恶疾，七也。"丈夫可以其中任何一条为借口，将妻子休弃，但要受到"三不去"的限制。
⑥ 等：同样。
⑦ 约：节俭。
⑧ 倨：傲慢。
⑨ 膏粱之子：指习惯于骄奢享乐生活的富贵人家的子弟。膏粱，肥肉和细粮，泛指精美的食品。
⑩ 作家之翁：指主持一家生计的男人。作，兴起，振作。
⑪ 玉粒桂薪：粮食贵如玉，柴草如桂树。比喻生活费用极高，生活用品昂贵。

用是廉耻不存,讥劳罔恤,责其忠主勤家,岂可得乎? 凡我族人,当存轸念①。至于祖遗旧力②,尤宜殊等,不可动引名分,横加困辱。其有亢强③不法者,自宜其相整顿,以肃家规。

择婚姻

家之隆替,系于内主。奁资虽丰,不足以为富;门阀虽盛,不足以为荣。惟女德之贞良勤俭,斯为保室宜家之本,所以择之者约有数端。一择其祖父积德之厚,余庆所及,其福必隆;二择其祖父教训之严,规戒有常,其德必淑;三择其传家之清白,贞洁性成,其行必端;四择其父兄之清介④慈仁,余风所薰,其质必美。择此四者,庶几一生可得良佐,不惟内政有赖,并致后嗣多贤。他如以色、以财、以势,末之末矣。

敦爱敬

贤者,宜敬而亲之;贵者,宜敬而下之;老者,宜敬而体之;孤疾者,宜爱而矜之;愚昧者,宜爱而教之;幼稚者,宜爱而抚之。等夷⑤之众,虽无加礼,毋敢慢侮,毋敢刻薄。自乡间以达之天下,无不可行也。

效公忠

税粮不可后时⑥。既惊追呼,复苦浪费差役,不宜逃避。己既愧怍⑦,人复怨言。官物慎勿侵欺,不能肥家,徒以酿毒⑧。《记》曰:“儒者,不溷⑨君王,不累长上,不闵有司。”未有不能为良民而能为贤士者也。

---

① 轸(zhěn)念:辗转思念,深切怀念。
② 旧力:旧人,老人。
③ 亢强:强盛。指青壮年。
④ 清介:清正耿直。
⑤ 等夷:同辈,同等地位的人。
⑥ 后时:不及时。
⑦ 愧怍(zuò):惭愧。
⑧ 酿毒:制造伤害。
⑨ 溷(hùn):侮辱。

力农亩

古者，士出于农，工商不与。故读书之外，无如力田，其习能淳^①，其业可久。惟当不失天时，不余地力，善蓄泄，谐伴侣，农穰之岁豫备^②凶饥谋生之道，不越乎此。其他山林川泽之生息，经营贸易之多方，虽有奇赢，只云佐理，不可舍本逐末。

裁日用

衣帛食肉，老者之奉，少壮不可为常。宾朋往来，称家有无，不须勉支丰腆^③。冠婚丧祭，礼贵从宜，与奢宁俭。艺术之徒^④，勿令久住；歌伶戏伎，毋使入门。张筵设宴，无故勿为；作福禳灾，理难专恃。居室务朴而坚，衣服务淡而质。凡人之所以务奢者，一以快嗜欲，一以邀称誉耳。然挥霍于一时，必枯槁于日后，安见其能快欲也？奢华之时，礼数既溢乎常情；萧条之后，情谊将歉于分内，安见其能邀誉也？故曰："慎乃俭德，惟怀永图。"^⑤念之念之。

勿纵色欲

世间快意之事，必有剧苦伏于其中，而色为尤甚。佳人才子，乃末世之品题^⑥；鸩毒斧斤^⑦，实名贤之格论^⑧。凡我族人，宜思敦大^⑨在躬，勿轻戕贼；克守如宾之敬^⑩，毋效沃土之淫^⑪。况乃非道往来，丧身失命，烟花^⑫耽恋^⑬，荡产招

---

① 淳：朴实。
② 豫备：准备。
③ 丰腆（tiǎn）：指饮馔的丰厚。
④ 艺术之徒：卖艺之人，占卜者等术士。
⑤ 谨慎修养俭朴的美德，以为无尽的未来筹谋。慎，重视。永图，长远的谋划。
⑥ 品题：品评的话题、内容。
⑦ 鸩毒斧斤：指色欲的祸害。鸩毒，原指毒酒、毒药。斧斤，原指伐木工具。《典故纪闻》卷三引明太祖朱元璋语："声色乃伐性之斧斤，易以溺人。一有溺焉，则祸败随之，故其为害，甚于鸩毒。"
⑧ 格论：精当的言论，至理名言。
⑨ 敦大：敦厚宽大，厚重博大。
⑩ 如宾之敬：同"相敬如宾"。指夫妻间互敬互爱，互相像尊敬宾客那样对待。
⑪ 沃土之淫：源自先秦的《敬姜论劳逸》："沃土之民不材，淫也。"意思是，富庶地区的人没有才能志向，是因为他们贪于享乐。
⑫ 烟花：旧时指妓女。
⑬ 耽恋：深切留恋。

疴①。此不深惩,难延世泽②。

毋习赌博

赌博之害,人尽知之,而当局者迷,盖艳其得而忘其失也,狃③其胜而不甘其负也。冀其顿盈者之或然④,而不计其渐消者之必然也。况赌博者,其业必荒,其仪必媟⑤,其语言必粗犷,其作事必苟且,其所交必不择。幸而屡胜,必不能成家,即成家必不能固守,即固守必不能昌后。况复胜者一,而负者百,流为饿殍、行乞、盗贼、下流者,比比皆是乎。凡我族人,所当痛惩深戒者,实在于此。

毋湎于酒

酒以合欢,礼所不费。然古今以来,以酒丧德、以酒败事者,不可指数⑥矣。今与族人期⑦:毋入肆饮,毋妓家饮,毋无事剧饮,毋长夜饮。庶不至荒业荡志,贻讥正人。

毋好讼

构讼之害有四:荒业一也,败德二也,聚怨三也,破家四也。冒此四患,以争有命之财,以快无益之忿,不亦惑乎!凡我族人,苟非公义必不可已者,宜思退步,勿惑刁唆;宜听解纷,勿藏鳞甲⑧。

毋结冤仇

杀人之父,人亦杀其父;杀人之兄,人亦杀其兄。一施一报,理势之常。是以君子树恩而不树威,报德而不报怨,故能彼此无恶,所处皆安。其或逞一时之雄,结不解之恨,挟深刻之算,行剥肤之残。形格势禁⑨,暂尔吞声;伺隙乘危,

---

① 疴:病。
② 世泽:祖先的遗泽,祖先的恩惠。
③ 狃(niǔ):习惯。
④ 或然:可能如此。
⑤ 媟(xiè):态度不恭敬。
⑥ 不可指数:无法用手指来数。形容数量很多。
⑦ 期:期望,约定。
⑧ 鳞甲:喻人心机深,不可亲近。
⑨ 形格势禁:事情为形势所阻,无法进行。

必将下石。同舟皆为吴越①，谈笑险于山川。宜为吉人，必有天相。

毋交匪人

刁拨词讼、耽嗜酒色，博弈之流，俳优②之类，奸宄叵测之徒，皆足累人亡身破家、废时失业。吾族人生长仁里，薰习家风，素皆醇善③，若非昵近匪类，何由诱入邪途？此后互相规警，凡有不端之辈，非但不与相亲，并不宜延入里闬，以致败群，此为要策。

毋学不良技

吾家世守耕读，外此不过居贸④生理而已。他如俳优作剧、游手帮闲、屠劊弋猎等事，俱非良善所为。凡我族人，虽贫勿习。

三无益

求之有道，得之有命，是故贪财利无益；养其小体，失其大体，是故贪饮食无益；玩人丧德，玩物丧志，是故贪嬉游无益。

三不可

沧海忽为桑田，是故有势不可使；寡助不胜多助，是故有勇不可使；欺人不能欺天，是故有刁诈不可使。

三须知

医药不可不知，可以事亲，可以保身，可以济人；命卜不可不知，可以决疑，可以息机，可以迪吉⑤；风水不可不知，可以安先灵，可以避凶咎，可以察诬罔⑥，可以昌后昆。

---

① 同舟皆为吴越：哪怕同乘一条船，也不是同心之人。吴越，春秋吴越两国争霸，互为仇敌，这里指人心不一致。

② 俳（pái）优：古代以乐舞谐戏为业的艺人。

③ 醇善：淳朴善良。

④ 居贸：居卖，开店售物。

⑤ 迪吉：吉祥，安好。

⑥ 诬罔：捏造事实以诬蔑人或欺骗人。

家规①

夫家之有规，犹国之有典也。国典之所不及治者，家法足以治之。况国者，家之推也，家规可不急讲哉！

一、立身孝弟为本。如有犯不孝不悌，父兄指事告祠者，立唤入祠重责。若恃强不服，屡唤不到，不准入祠与祭。

二、族大则繁，繁则或多弗类，细眚②可原也。若败德丑行，显系廉耻罔顾者，祖宗之罪人，贻羞通族，不准入祠与祭。

三、吾钱氏清白传家，各宜礼义自守。即语言乖谬，意气凌人，已失祖宗之旧，应共训饬之。至有败伦蔑理，显然作奸犯科者，为情法不容，祖宗共弃，不准入祠与祭。

四、夫妇，人之大伦，合必以正。如以贱为姻，以妓为妻，及干名犯分③，有碍律例者，俱应依律离异。违者，为情法不容，祖宗共弃，不准入祠与祭。

五、嫁女须择身家清白，虽贫无妨也。切勿念资产之厚，模糊通好，致玷家声。如以女嫁仆人，及身充贱役之家为妻，并与人为妾为婢者，各依律离异。违者，为国法所不宥，祖宗共弃，不准入祠与祭。

六、子孙贫苦，不能读书，即为农为商，否则百工手艺亦是一业。若为俳优隶卒及身充贱役、甘为人仆者，祖宗之罪人，贻羞通族，戒谕弗悛④，不准入祠与祭。

七、吾家以儒学起家，各宜正道自守。如有学习红阳、白阳、白莲、八卦、□□等邪教及一应左道惑人者，为国法所不宥，祖宗共弃，不准入祠与祭。

八、祠墓祭田，子孙宜世守也。如有侵损祠屋及盗卖祭田与祖茔余地、护坟田山并坟茔之房屋、碑石、砖瓦、木植者，为国法所不宥，祖宗共弃，不准入祠与祭。

九、祖坟树木，子孙自宜加意培护。间有枯坏者，管年人于扫墓日公同验

---

① 载于江苏常州《段庄钱氏族谱》，锦树堂，民国丙寅年（1926）重修，钱根发主修。
② 细眚（shěng）：小的过失。眚，过失。
③ 干（gàn）名犯分：中国古代法律对卑幼控告尊长所加的罪名。名，名分。
④ 戒谕弗悛（quān）：告诫训谕，却不知悔改。

实，禀知尊长，择吉剪伐，以供祠用。如有盗砍、盗卖者，为国法所不宥，祖宗共弃，不准入祠与祭。

十、子孙但要安分务实。士农工商，各归一业。如有好闲游手，结纳匪类，流为窃盗者，为国法所不宥，祖宗共弃，不准入祠与祭。

家规（江苏武进郭村）①

郭村距毗陵西北七十余里。儆生惟演，惟演七世孙扬祖生迈。迈乃自杭迁吴，为始祖也。迈生元孙，随父居奚浦，生三子，长曰绮，绮生渚，渚生煜，煜生昌宗，昌宗之子长曰贤，次曰镛。贤析居孟河郭村，乃本宗之鼻祖；而臧墅西村之派，因之镛。

修谱系

朱夫子曰："人家三代不修谱，大不孝也！"盖谱所以辨宗支、定尊卑、序长幼、别亲疏，所关甚大。今之庸愚辈，目修续为迂图，俾远祖无稽，难免拜墓之诮；近宗莫辨，致有途人之视。先正之言，其可悖乎！凡后子孙，宜按例而修之。修时必择族之公正者，为之主修，延礼才俊之士，任之纂修，其采访经理必当其人，庶纂辑精核，后人有所考焉。

建宗祠

祠宇者，祖宗灵爽之所依，子孙昭穆之所序。古云宗庙未营，不建宫室，乃仁人孝子之用心也。宗祠既建，五年一修，则为力既易，永勿倾颓矣。

重祭祀

事死如生，事亡如存。岁时祭祀，所以追远也。故主祭者，必竭其诚敬；从祭者，必致其严肃。粢盛牲醴，必丰必洁。反是，是忘祖也。我子孙其凛之。

---

① 载于江苏武进郭村《钱氏宗谱》（致严堂），同治辛未年（1871）重修，三十三世孙钱继盛主修。

立墓碑

坟茔，乃先人体魄所归藏也。岁远人亡，时移物换，一失查理，即成荒冢而平毁继之，可胜惜哉！凡先人宅兆，须刻碑石，铭其上曰：某公之墓，某山某向。虽传世久远，碑记永存，不毁之患，于兹可免。

顺父母

父子相爱，天性至情。世有拂亲之意，以取不孝之名。非禀性凶玩，则父之后妻爱妾、少子庶子，有所阴厚，而我不能平也。夫父母生我之身，必当尽其身以事之。古人割股卖身，良有以耳，而况身之所得为者哉？故凡亲之所欲，非大悖理，皆当曲意顺之，庶不为悖逆之子也。

敬长上

内则叔伯，外则姑表。凡分同祖父而齿近期颐者，皆长上也，我皆当敬之。近世子弟恃富贵者有之，恃才力者有之。自立崖岸，凌忽尊长，轻则取辱，重则取祸。纵长上犯而不较，我不已自居无礼乎？

和兄弟

兄弟乃一气所生。幼则相扶携，长则同师友，无不相亲也。至于各妻其妻，各子其子，或以财，或以产，小之阋于家庭，大之讼于官府，非惟不友，真不孝矣。亦思逊让义也，贫富命也。易得者财产，难得者兄弟，如之何以同胞而视如路人也？

亲师傅

父母所以生我也，师傅所以成我也。亲有道重有德，熏陶讲习，斯学可成、行可立矣。苟惮师长之严，成独见之陋，是甘于自暴自弃也。

训子孙

子孙之贤不肖，家声之隆替因之。故义方之训，传家之首务也，使溺于禽犊之爱，纵其骄惰之情，安知今绕膝者非后之玷家声者乎？故凡子孙，必使明礼仪、识廉耻、勤本业、知节俭,自幼至长,无一日可忘教也。

择婚姻

男女居室,人之大伦。嫁娶之道,不可不慎。慎之云者,一择其祖宗积德之厚,厚则余庆所及,子女之福必隆;二择其父母教训之严,严则规戒有常,子女之德必盛;三择其门户清白之素,素则贞洁性成,子女之行必端。择是三者,则宜家宜室,而成内治之美矣。

戒争讼

书曰:"夫人必自侮,而后人侮之。"是讼端必非自人启也。奈何世多恃财、恃势、恃奸、恃猾,结纳书吏,结交隶卒,一有小忿,辄以笔力称雄,扛帮诬枉。嗟夫!如谓弱者可欺,则天理安在?若与强者为敌,则立受其伤。况乎衅结祸连,费财失业,曷可胜言?愿我子孙宁吃亏十分,毋入公门一步也。

戒赌博

世之无益而有损者,莫若赌博之事。废事失时,滥交犯禁,已可为痛。况各出囊赀以图胜,非祖宗之余积,则辛苦之所储,乃以之侥幸于顷刻。幸而胜则贪得之心益横,不幸而负则求复之意不休。始也贪而赌,究也赌而贫,其弊将无所不至。其初视为儿戏而流祸若此,可不戒哉?

戒异学

君臣、父子、夫妇、兄弟、朋友,人之所以为道也。士农工商,人之所以为业也。老氏言"清净",佛氏言"寂灭",皆弃其伦常而四民之蠹也[1]。愿我子孙各执一业而爱好人伦,毋自弃于异端之学。

戒损友

涉世不能无友,而吾身之损益因之。与君子为友,则所闻者善言,所见者善

---

[1] 儒家强调仁义仁政,老子认为还不如清静无为。在有为和无为间,儒家道家各执一端,以儒家为核心价值的家教体系,是极力反对道家思想的。儒家还认为,佛教倡导的"四大皆空",并不包含"忠孝仁义"。因此,明清儒家对道教、佛教都是持蔑视、排斥甚至攻击的态度。

行，吾心之善即与之俱长，长而不已，驯诣于圣贤。与小人为友，则所闻者不善之言，所见者不善之行，吾心之恶即与之俱萌，萌而不已，渐入于禽兽。凡我子孙，欲为圣贤乎？欲为禽兽乎？

遵祖训

祖宗之爱子孙者，无所不至。虑其不肖也，又为之设家规以教之，祖宗之言论所在即心志所在。生我百世之后，不得亲见其形，而读其训辞，乃如见其心志，奉行不怠，惟恐违悖以取罪戾，乃为贤孝子孙。

务本业

忠信者，守身之本；礼义者，化俗之本；廉耻者，强善之本；勤俭者，起家之本；清慎者，居官之本。兹数者，圣贤之所训而君子所当务也。五者克敦，是称贤哲①，则仕必令终②，农必饶裕，商必丰巨，工必余赀，此厚道之积也。苟弃本而逐末，始则荡心佚志，终必丧家败节③。虽衣冠文词④，皆威仪之外饰⑤，何益于人世？何益于祖宗哉？

---

① 贤哲：贤明睿智的人。
② 令终：以美名而退休。
③ 败节：败坏操守。
④ 文词：文辞，文采。
⑤ 外饰：外表。

196

聿修厥德 绍续家风——历代钱氏家训选编

家训（江苏南通崇川）^①

本宗出自文僖公三子暄，四传而至萧公，始迁苏之常熟。嗣君仲鼎北游于通，爱州江山秀丽，筑室狼山之北鹿居为乡。大夫印尚书应雷奇其才，以女妻之。生二子，长曰桼，次曰荣。桼生二子，曰道满、德满，并卜居北乡之钱家港。德满又徙皋邑。

敦孝悌

孝悌，顺德也，本不虑而知、不学而能之事。^② 如事无大小必禀命，事毕则反命^③；坐见尊长则起，出见尊长则让，不过曰"顺"而已。一念顺则念念顺，念念顺则事事皆顺。而名分可由是正，宗法可由是明^④。夫子于《书》命君陈而称之曰："是亦为政。"盖今日之所以教家，即他日之所以治国。为子弟者，可不首凛^⑤斯训钦！凡有故犯不遵者，家长数而责之，如抗不服，则鸣于公而绳以律。

别男女

王化始于闺门，若不先正男女之位，则何以厚别^⑥？《易·家人卦》曰："男正位乎外，女正位乎内。"男女正，天地之大义也，所以厚其别也。凡吾家男子宜

---

① 载于《崇川钱氏世谱》，同治丙寅年(1866)重修，二十世元焕等编。
② 出自《孟子·尽心上》："人之所不学而能者，其良能也；所不虑而知者，其良知也。"人一出生不用学习就能做的，是天生的本能；人一生下来不用思考就知道的，是天理，即天赋的道德观念。
③ 反命：复命。反，同"返"。
④ 宗法可由是明：使人明白自己所属的宗法关系（网）以及个人在其中的权利和义务。
⑤ 凛(lǐn)：懔栗，戒惧。
⑥ 厚别：出自《礼记·郊特牲》"附远厚别"。原意是，通过联姻与血缘关系远的异姓贵族建立姻亲关系，严禁同宗通婚，以免紊乱纲常。

治外事，女子宜治内事。男出入由左，女出入由右。内外左右之分明，则男女之伦理别。他若不亲授受，不共井、厕、浴堂；男无故不处私室，女无故不出外庭，游玩进香必禁；男仆虽能，不预内事；妇人虽贤，不预外事，均不待烦言而喻矣。有犯此者，初责其夫，再责其妇。男女别，则闺门自肃矣。语曰："逆家子不娶，乱家子不娶，刑家子不娶。"①是又结姻之宜慎于始者。《颜氏家训》曰："娶妇欲不若吾家者。"盖言娶贫女有益，非谓迁就族类，娶卑鄙之女以胎祸也，慎之。

睦宗族

宗族于吾，固有亲疏。自祖宗视之，均是子孙。人能以祖宗之念为念，自知宗族之当睦矣。睦之维何②？曰："毋以富贵骄，毋以智力抗，毋以玩泼欺凌。"尊则尊之，老则老之，贤则贤之；幼弱者矜之，孤寡者恤之，窘急者周之，忿竞者解之，而他无事矣。至于义田、义宅、义仓、义学、义冢，教养同族，使生死无失所，则又存乎其人之志愿，与其人之资财，所可引触于靡暨③者。吾子孙慎毋谓同源分流④、世远人易⑤而不追念厥初⑥也。

勤职业

古语云"一年之计在于春，一日之计在于晨"，言不可不勤也。天下事惟勤则兴，惟惰则废。子弟而靦然⑦人面，可任其贪闲偷懒，东漂西泊，为盛世之游民乎？周公⑧作《无逸》，陈《豳风》，为成王⑨戒也。君子固当自强不息，其不能

---

① 源自"五不娶"。古代规定了五种女子不宜娶，分别是：逆家子不娶，乱家子不娶，世有刑人不娶，世有恶疾不娶，丧妇长子不娶。

② 维何：是什么。

③ 靡暨：没有限制。

④ 同源分流：同一水源分出的支流，比喻同一宗族的不同后代。

⑤ 世远人易：世系疏远，人事变更。

⑥ 厥初：最初。指共同的祖先。

⑦ 靦（tiǎn）然人面：形容厚着脸皮活在世上。靦然，羞愧貌。

⑧ 周公：姓姬，名旦，是周文王的第四子，周武王的亲弟弟。文王在世的时候，周公非常孝顺。武王继位之后，周公更是尽心尽力辅佐，是周朝的开国元勋。周公是一位杰出的政治家、军事家、思想家、教育家，被后人称为"元圣"。

⑨ 成王：姓姬，名诵，是周朝第二位君主，周武王姬发的儿子。继位之初，年纪尚幼，由皇叔周公旦摄政。

者,于四民中或各效一职,各治一业,务须励陶侃运甓①之勤,鼓祖逖闻鸡②之勇,必求其艺之熟、事之成。以内慰父母妻子之心,外免邻里乡党之笑,则善矣。

节财用

造物生财有数,人生福分有限。故理财之道,莫贵乎节。婚姻丧葬,称家有无。节之大者,乃节以制度③之节,非节省之节也。至于饮食衣服、日用起居、亲朋聚会,则不妨概从俭朴,勿务华丽,留有余不尽之享,以还造化,岂不是知福长福?彼子弟之生而不肖,嫖赌为事,日趋下流者,固不足以语此。然见吾之节而自悟,听吾之节以率人④,或者回心改辙,颓俗⑤可挽,不至于一败涂地,乞丐不如。则节之时义大矣哉!至若田房税赋,每年急须蚤⑥办,收执官票,何等安逸?是亦居家理财之最大者。

息争讼

好争,非君子之道。争执不已,则必讼。讼是有害无利底事。若果负重大冤情,难道不当伸理?但世人每为一时小忿,便致鼠雀纷争⑦。又遇唆讼,人乘机撺掇⑧,捏谎控告,伙同一班打点棍徒、衙门蠹吏,夜酒朝肉,坐地分金,无论审出真情、招诬拟罪,即使得直,也是冤自己结,银被人赚。担误⑨许多生理,费尽无限家私,懊悔何及?俗语云"忍得一时之气,免得百日之忧",又云"吃亏人长在"。此言颇合《易·讼卦》"惕,中吉,终凶"之旨。吾劝宗人,自后宁使我容人,毋使人容我。如果有重大冤情,方许见官。若小事,只可凭邻里、亲友处分,

---

① 陶侃运甓(bì):陶侃,东晋大臣。无事时,不愿悠闲自处,早晨将砖搬到屋外,晚上再搬回屋内。表示勤奋不懈,不惧往返重复。出自《晋书·陶侃传》,后指志士仁人刻苦自励。

② 祖逖(tì)闻鸡:祖逖是东晋人,他年轻时就胸怀大志,常常希望能够收复中原失地。后来他与刘琨一起担任司州的主簿,两人交情很好,盖同一条被子睡觉。一天,夜半时听到鸡叫,祖逖踢醒刘琨,说:"这不是不吉祥的声音!"于是起身在院子里舞剑。后来他渡江招募士兵,铸造兵器,打算将敌人逐出中原。

③ 节以制度:按规定的法令、礼俗节约。制度,在一定条件下形成的法令、礼俗等规范。语出《周易·节·象》:"节以制度,不伤财,不害民。"

④ 率人:表率之人。

⑤ 颓俗:颓败的风俗。

⑥ 蚤:通"早"。

⑦ 鼠雀纷争:指强暴侵凌引起的争讼。

⑧ 撺掇(cuānduo):从旁鼓动人(做某事),怂恿。

⑨ 担误:贻误,因拖延而误事。

切勿轻举妄动,兴词构讼,以致破家荡产。

戒酒色

酒所以供祭祀、燕宾客、调养血气而已。一沉湎焉,即为糟心曲药,势必至昏旦不分,逞凶作乱,一切事由以偾。此先王所以戒酒祸也。好色,人之所欲。乐而不淫,乃得性情之正。君子戒于少时者,为其足以伤生也。[①] 一荒昵[②]焉,即为伐性斧斤[③],势不至殒命亡家、斩宗灭祀不止,可惧哉,可哀哉! 又尝见名门巨族,往往有尊庶如嫡、跻妾为妻者,斯其干名犯义,大抵好色为之厉阶,得罪祖宗,孰甚焉?

逐僧尼(略)

尊圣训

圣人在下则著为诗书,圣人在上则昭为律典,皆圣训也。此二者,包尽为人道理。凡希贤希圣[④],为忠臣、为义士、为孝子慈孙,皆由于此。苟诗书之泽不先,子孙恐蠢而不灵;律典之义不明,子孙恐顽而鲜耻。不几[⑤]礼仪委诸草莽而手足无所措乎? 故于圣训克[⑥]尊,则明伦敷教[⑦]有其方,明罚敕法[⑧]有所据矣,即奈何不佩铭[⑨]吾言。

豫蒙养

古云胎教,邈哉尚已。《易》曰"蒙以养正",圣功也。所谓养正者,教之以正

---

① 出自《论语·季氏》:"孔子曰:'君子有三戒:少之时,血气未定,戒之在色;及其壮也,血气方刚,戒之在斗;及其老也,血气既衰,戒之在得。'"

② 荒昵:荒,迷乱。昵,亲昵。

③ 伐性斧斤:指砍毁人性的斧头,比喻危害身心的事物。斧斤,斧子。

④ 希圣希贤:周敦颐在《通志·志学》里说:"士希贤,贤希圣,圣希天。"意思是,一般的读书人追求做贤人,贤人追求做圣人,圣人追求做知天之人。

⑤ 不几:不近于。

⑥ 克:能够。

⑦ 明伦敷教:彰明人伦,普施教化。

⑧ 明罚敕法:严明刑罚,整顿法度。

⑨ 佩铭:铭记。

性也。江东大姓，家必有塾以教童稚，无不致敬尽礼，延明经①端士②为师。盖童蒙所学，多以先入之言为主。苟非其人，势必贻误终身。若谓童子何知，不必慎简③明师，是直④不知养之说也。且吾见训蒙者，唇焦舌敝⑤，目不停视，耳不停听。"四书五经"，欲熟也；字体笔法，欲辨也；声音平仄，欲调也。一切揖让、威仪、语言、动静，莫不耳提面命，教以恭敬安详，使将来为大人而不失赤子之心焉。夫蒙师之劳如此，岂可以子弟幼冲⑥而勒其修⑦、薄其供哉？教子弟者，戒之谨之。

展祠墓

祠为祖宗神灵所依，墓为祖宗体魄所藏。子孙思祖宗不可见，见其所依所藏，便如见祖宗焉。故时而祠祭，则见几筵⑧榱桷⑨，皆与先人为灵；时而墓祭，则见石碑丘木，皆与先人为体。有坏则葺，有漏则补。蓬棘则翦伐之，树木则护惜之。或被侵害盗卖、盗买、盗葬、盗伐等情，则同心合力而攻复之。此事死如事生、事亡如事存之至大礼也。吾宗人力薄，祠虽未建，而尊祖、敬宗、收族之义不可不知。后有孝子慈孙，能毅然起而继其志、述其事，盍敬奉吾展墓之说，重申吾建祠之议，以共永孝思欤！

重谱牒

谱牒所以明支派，定亲疏，使世世子孙勿昧其源流所自也。每名下务详记载其字讳、生卒、行实以及父母、妻子，而于绝续承继，或有赘婿、立甥，开异姓乱宗之隙者，尤加防检。故谱三十年不修，则众涣难稽，宗支易紊，昔人以为不孝。既修之后，收藏贵密，保守宜久。须择董修中贤能子孙掌管，陆续登名于谱，以便查察。倘有不肖辈鬻祖卖宗，誊写原本，瞒族觅利，致使以赝混真，不唯获戾

---

① 明经：通晓经书。
② 端士：犹端人，正直的人。
③ 慎简：谨慎简选。
④ 直：真。
⑤ 唇焦舌敝：嘴唇干，舌头破。焦，干。敝，破。形容说话太多，费尽唇舌。
⑥ 幼冲：年龄幼小。
⑦ 修：干肉。旧时指给老师教学的酬金。
⑧ 几筵：几席。
⑨ 榱桷（cuī jué）：屋椽。

于宗族，抑且上得罪于祖宗，发觉时应请合族老幼卑尊，于祠内或墓所痛惩逐出，不许归宗。谱牒之事，顾不重哉？

　　右十二条，并敬溪公遗训也。虽为中人以下言之，而士君子之所以修身齐家，整躬率物者，亦不外此焉。诗不云乎，"昔吾有先正，其言明且清"？遵之则为保家之主，反之则为亡命之徒。凡我宗人，世世奉为蓍蔡①，可也。

　　　　　　　　来孙　嘉宾、宗连、兆鹏、兆魁、兆鹃、煌、煜　谨识

————————

① 蓍（shī）蔡：犹蓍龟。谓卜筮。亦用来比喻有先见。

宗约（江苏武进塾村）[①]

该支钱氏世居郑陆镇塾村。明正统三年（1438），武肃王镠第十六世孙讳完，字道全，率家从白塔（同在郑陆镇）迁居至此。近六百年来，艰苦创业，繁衍子孙，塾村已成为郑陆镇钱氏族人的主要居住地之一。

《尚书·周书·君陈》云："孝乎惟孝，友于兄弟，施于有政。"人之一身，上承祖考，下启子孙，旁治昆弟。苟能修身以齐家，斯妻子好合，兄弟既翕，父母其顺。[②] 推而放之，治国平天下无难矣。今与同族约法，永遵守之。亦推本而言之意，族人皆以为可。

尊谱牒

入庙必肃，过墟必哀，人情也。矧高曾祖考，尽在目前，能不怵然起敬乎？吾子孙对此如随几杖，如闻笑言。负剑辟咡[③]之容，保抱提携[④]之象，当日九回肠[⑤]也。将此谱珍藏，时虔拂拭，不至秽亵，斯为能尊谱牒者。

---

① 载于《钱氏宗谱》，光绪庚子年（1900）重修，二十八世孙钱心兰谨述。

② 参见《礼记·中庸》："《诗经》曰：'妻子好合，如鼓瑟琴。兄弟既翕，和乐且耽。宜尔室家，乐尔妻帑。'子曰：'父母其顺矣乎！'"意思是，"妻子儿女感情和睦，就像琴瑟一样弹奏出和谐的乐曲。兄弟关系融洽，和顺又快乐。你的家庭美满，妻儿都幸福愉悦。"孔子赞叹说："这样，父母也就称心如意了啊！"

③ 负剑辟咡：长者或从童子背后而俯首与之语，则童子如负长者然。长者以手挟童子于胁下，则如带剑然。盖长者俯与童子语，有负剑之状，非真负剑也。辟，偏。咡，诏告语。掩口而对，不敢使气触长者也。见《礼记·曲礼上》，吴曾祺评注。

④ 保抱提携：指父母对孩子的细心照顾。保抱，同"褓抱"，用襁褓包起来抱着。提携，牵着手走路。

⑤ 九回肠：语出司马迁《报任安书》："是以肠一日而九回。"形容焦急忧伤，痛苦至极。

避名讳

古礼，名终则讳①。《诗》《书》不讳，临文不讳，庙中不讳，②君所亦无私讳③。外此当讳者，盖孝子仁人之用心。虽记忆其父母之名，耳可得而闻之，口终不可得而言之也。韩文公《讳辩》一篇，所云"不讳嫌名，二名不偏讳"④。谨遵古礼，并援大圣贤人以证之。而里巷小民，子孙命名，不知避忌，往往与祖宗相垺⑤。噫！此亦妄人也已矣，此亦忍人⑥也已矣，戒之戒之。

重祭祀

鬼犹求食，恐未必然，亦以尽报本追远之心耳。故君子有终身之丧，忌日之谓也。当享祀⑦以致其诚敬，其余四时荐食⑧，亦必思亲。

敦孝弟

孩提之童，无不知爱其亲及其长也，无不知敬其兄，此人固有之良心，不虑而知，不学而能者也。汩⑨于私欲，逸谚⑩成风，胡可训矣！昔人云："天下无不是的父母。"此语宜三复之。

宜室家

有天地，然后有男女；有男女，然后有夫妇。夫妇之礼，所以合二姓之好，而为万世之嗣也，可不敬欤？《关雎》之诗曰："琴瑟友之。"《螽斯》之诗曰："宜尔子

---

① 名终则讳：人死名终，则避讳说名。
② 读《诗经》《尚书》，写文章，以及庙中祭告之词，都不用避讳。
③ 君所亦无私讳：与国君谈话时，不避自己父母的讳。
④ 不讳嫌名：臣子避讳君父的名讳时，不避讳声音相近的字。二名不偏讳：按照古代避讳的礼俗，对尊长的双字名，不可两字同说，但两字分说可以不避。语出《礼记·曲礼上》："二名不偏讳。"
⑤ 垺(liè)：同等，(相)等。
⑥ 忍人：残忍的人，硬心肠的人。
⑦ 享祀：祭祀。
⑧ 四时荐食：古人考虑到祭祀过于频繁，会使人们厌倦，祭祀也没有足够的敬意。如果次数太少，人们又会怠慢、遗忘。所以，古人按照天道运行的规律，对天子、诸侯的宗庙规定了四时之祭，这在先秦已经成为制度。四时之祭就是"春曰礿，夏曰禘，秋曰尝，冬曰烝"。这四个时节一般为春分、秋分、夏至、冬至，均以各节令初熟五谷或时鲜果物祭献，称为"荐新"或"荐食"。
⑨ 汩(gǔ)：沉迷。
⑩ 逸谚：放荡，粗野。

孙。"此物此志耳,愿与族人共守之。

睦宗族

富贵不期骄而骄生,贫贱不期谄而谄生。支族繁衍,为富贵、为贫贱者,未易更仆数①。当各守本分,和易以思②。勿形怠惰之态,勿开侧媚之风,是为劝。

勤读书

刘向校书③,匡衡凿壁④,卒为名儒。董广川⑤之策天人,贾长沙⑥之策治安,无非实学。他如范子断齑⑦、苏秦刺股,亦皆名震一时,声施千载。士子读书,虽不必博取卿相,邀金玉锦绣之荣,而涵养性情、变化气质,惟日与古昔圣贤诵说乡慕⑧,自不入于下流。况一卷之书,终身受用不尽耶,勉旃毋忽。

力耕桑

一夫不耕,或受之饥;一女不织,或受之寒。故男必敦稼穑,乃可介稷黍而谷⑨士女;妇必治丝麻,乃可为衣褐⑩而谋卒岁⑪。孟子曰:"有恒产者有恒心。"敬姜⑫曰:"民劳则思。"诚哉是言也!

---

① 未易更仆数:形容多,数不胜数。
② 和易以思:既能够温和平易相处,又能够让人善于思考。
③ 刘向校书:西汉末年,刘向、刘歆父子奉命整理国家藏书的故事。
④ 匡衡凿壁:西汉时,匡衡勤奋好学,但家中没有蜡烛(照明)。邻居家有蜡烛,光线却照不到他家。匡衡就凿穿墙壁,引来邻居家的烛光,把书映照着光来读。
⑤ 董广川:即董仲舒,广川(今河北景县西南)人。
⑥ 贾长沙:即贾谊,洛阳(今属河南)人,西汉政论家、文学家。时称贾生。
⑦ 范子断齑(jī):范仲淹从小家境贫寒,他在长白山僧房里读书时,用容器煮了一锅粥。过了一晚上,稀饭就凝结起来了。范仲淹用刀把粥划成四块,早晚各吃两块,再切几十根酱菜或腌菜做小菜,每天吃粥时吃一点。齑,切碎的菜。
⑧ 乡慕:向往思慕。乡,通"向"。
⑨ 谷:养活。参见《诗经·小雅·甫田》:"以谷我士女。"
⑩ 衣褐:泛指粗布衣服。
⑪ 卒岁:度过年终,度过岁月,整年。
⑫ 敬姜:春秋时期(与孔子同时)的女性历史人物,齐侯庶出之女。《列女传》记载,敬姜嫁给鲁国大夫公父穆伯为妻,生下公父文伯。"通达知礼,德行光明。匡子过失,教以法理。仲尼贤焉,列为慈母。"著有《论劳逸》,是春秋战国时期家训的代表之作。

务节俭

敝化奢丽，万世同流；①怙侈灭义，将由恶终。② 收其放心，兹惟艰哉！民间量入为出，食时用礼③，尚或告匮④。故一日之奢，偿以数年之俭而不足；数传之俭，坏于一代之奢而有余。吾子孙最宜留意。

急正供

总铚⑤输将，自古有之。履君土而食君粟，能急公奉上，何至叫嚣东西，隳突南北，令鸡狗不宁也⑥？昔人云："国课早完，即囊橐无余，亦为乐事。"⑦洵然。

习礼仪

容貌辞气，乃德之符。人习于威仪，斯有廉耻；有廉耻，斯能立品。书曰："不矜细行，终累大德。"⑧"匪面命之，言提其耳。"⑨

戒沉酒

"酒以成礼，不继以淫。"⑩酒以合欢，不及乎乱。⑪《宾筵》之诗，卫武公悔过而作也。后人熟读数章，当汗流浃背。

---

① 敝化，败坏风化。奢丽，奢侈华丽。同流，相类似。
② 倚仗自身的强大践踏正义，这样的人一生都在做恶事。以上四句见《尚书·毕命》。
③ 食时用礼：按一定时节使用，按礼的规定使用。
④ 告匮：宣告匮乏；诉说用度缺乏。
⑤ 总铚(zhì)：《尚书·禹贡》载，禹下令规定天子国都以外五百里的地区为甸服，即为天子服田役、纳谷税的地区。"百里赋纳总，二百里纳铚，三百里纳秸服，四百里粟，五百里米。"意思是，紧靠王城百里以内要交纳收割的连穗带秆的禾把子，一百里以外到二百里以内要交纳禾穗，二百里以外到三百里以内要交纳谷粒，三百里以外到四百里以内要交纳粗米，四百里以外到五百里以内要交纳精米。铚，古代一种短小的镰刀。借指割下的稻穗。孔颖达疏："禾穗用铚以刈，故以铚表禾穗也。"
⑥ 唐柳宗元《捕蛇者说》："悍吏之来吾乡，叫嚣乎东西，隳突乎南北；哗然而骇者，虽鸡狗不得宁焉。"
⑦ 参见《朱子家训》："国课早完，即囊橐无余，自得至乐。"
⑧ 不顾惜小节方面的修养，到头来会伤害大节。
⑨ 不仅是当面告诉他，而且是提着他的耳朵向他讲。形容长辈教导热心恳切。
⑩ 出自《左传·庄公二十二年》。意思是，酒是用作完成礼仪的，不可无度，饮酒要有节制。
⑪ 朱熹曰："酒以为人合欢，故不为量，但以醉为节，而不及乱耳。"意思是，酒本来就是为了让人们欢快交往的，因此不能限制数量，但喝到醉就行了，不能喝得神志大乱。

禁赌博

货财者,生人之命,置诸把握间,可周天下而无饥寒之患。① 相与局戏,较其胜负,是祸以饥寒而夺人命也! 且比之匪人,尤宜谨戒。

绝淫昵

万恶淫为首。一时昏昧,毕世怀惭。昔日风流,而今安在? 绝祀之坟墓,无非爱色狂徒;妓女之祖宗,大抵贪花浪子。凡我族人,当奉为龟鉴②。

戒争讼

虽小有言,其辨明也。逞一朝之忿,奔走于奸佞之路,伺候于官府之门。甚至荡产破家,被箠楚,剔毛发,亡其身以及其亲,可乎哉?

拒巫觋③

语云:三姑六婆,实淫盗之媒。④ 谚云:媒婆进来,道鬟说⑤鞋;花婆入门,钱财随人;师婆上坐,鬼神见过。招非惹祸,莫此为甚。此辈阴柔邪媚,尚以察听是非,播弄唇舌,谎索银钱。且淫滥无耻,所当严行拒绝。至女尼道姑,衣服不衷⑥,出入不雅,尤宜挥去。

---

① 出自西汉晁错《论贵粟疏》:"其为物轻微易藏,在于把握,可以周海内而无饥寒之患。"意思是,这些东西轻便小巧,容易收藏,只要拿着握于手掌的那么一点,就可以周游天下而不受饥寒之苦。
② 龟鉴:龟甲可占卜吉凶,镜子可照见美丑。比喻警戒和反省。龟,龟甲。鉴,镜子。
③ 巫觋(xí):古代称女巫为巫,男巫为觋,合称"巫觋"。
④ 出自《朱子家训》。
⑤ 说:通"脱"。
⑥ 不衷:不正。

公立家规（湖南常德义陵）^①

始迁祖右治，明洪武间(1368—1398)自南昌府迁常德府武陵县前乡枫林村官仓石狮山下，六世生贤、宝、货三公。

一、孝弟为百行之原，无论贫富，皆宜缘分自尽^②。倘有忤逆横行，不敬父兄，不尊伯叔者，族长秉公理处。如再不悛，送官法究。

二、宗族虽属疏远，而以祖父视之，则均为一体。如有不顾名分，不敦和睦者，族长理叱示警。

三、子弟以耕读为本，以勤俭起家。如有游惰日滋，流入匪类，订盟拜会者，族长宜时加劝戒，令其敛迹^③改图^④。至若不守家规，有干国宪，以及酗酒滋事，忤逆师尊，大干族禁，轻则责惩，重则禀究。

四、立子承祧，古今通例。然必由亲及疏，审其昭穆相当，与例允符者，方准承立。务必请凭亲族，不得循私擅立，致起爱立择立之争。至若异性篡宗，律理昭然，大为不可。以后族长宜及时驱逐，毋待根深蒂固，欲逐不能，欲弃不得。如中年娶妻买妾，恐有带胎，毋许收养，以贻后代异议。

五、《周礼》"同姓不婚"。买妾不知其姓者，则卜之。凡我族中，毋许同姓为婚。

六、青年失夫，苦志守节，原为上乘，族长宜加体恤，毋令人欺虐。如迫于

---

① 载于湖南常德楚南义陵《钱氏族谱(三修)》(万卷堂)，光绪二十九年(1903)印本，钱肇江等纂修。此家规为光绪二十五年(1899)己亥仲冬月长至日，合族敬立。

② 自尽：尽自己的力量完成应该做的事。

③ 敛迹：有所顾忌而收敛行迹。

④ 改图：改变打算。

家计,只许出醮①,不得招夫抚子,致玷家风。至若兄配弟媳、弟配兄嫂,有乖伦常,大干法纪,尤为不可。如敢故违,族众送官,按律究办。

七、夫亡改适,例所不禁,直书改适某姓,俾知有所归宿。但出与庙绝,子纵迎归,终养没葬②,皆不登谱。或有子女随依继父及出抚外姓者,查核属实,均令归宗。如有女无子,理应立嗣,不准招婿入赘,擅理家政,违者驱逐。

八、居家宜戒争讼,讼则终凶。凡族间口角,族长须秉公理处,再三劝谕,毋得轻涉公庭。倘外姓欺凌,合族务必齐心,理谕情遣③,毋自破绽唆贿,庶外侮可御而一本以全。

九、三代不育女者,其家必绝。盖有男女,然后有夫妇;有夫妇,然后有父子君臣。溺女之端一开,人道几乎绝矣。且天地有好生之德,岂可使呱呱婴儿投淹于水乎?纵贫难生活,或送堂育婴,或字人娴抚④,或乞助家族共养全生,均无不可。违者,族长以故杀子孙,送官惩治。

十、父母历尽艰辛为儿娶媳,原以似续姚祖,若游手好闲,轻嫁生妻⑤,不孝已极,且干律禁。违者,族长理阻。

十一、公私茔山,或葬某山第几排,某排第几冢,以及地名、山向、碑志、岩桩,均任一一载明,惟界限契据概不登录。每年寒食节祭毕,务须周围绕视,界限无人侵占否,树木无人砍伐否,不得急遽了事。若子孙穷困,不准擅卖茔旁余土,致伤丘墓,违者送惩。

十二、各房往外子侄落籍他乡,不通音问,先人坟墓理应亲房吊扫。如本支皆去,归宗祠董事,每年寒食派族中子侄登山扫墓,清理界限,不可违误。

十三、官仓袁家湖宗祠祀田公项,久必渐增,宜充裕以崇祀典,毋侵蚀以饱私囊。除上进奖赏、修理祠墓外,无论大宗小宗,凡有蓄积,不许恃强瓜分。

十四、宗祠董事,三年轮派,悉由公举。账凭族算,簿定轮交,毋得恋管,自肆侵吞。如违,合族公同处罚叱换。

十五、袁家湖宗祠祀田,云宏公次子铣公一房乐捐续置。钤公子孙,未经帮费,每年春秋二节亦未与祭,以故前人生没葬迁,长生谱俱未登录。询之后

---

① 醮:女子嫁人。特指妇女再嫁。
② 没葬:埋葬。
③ 理谕情遣:晓之以理,动之以情。理谕,指用道理来解说,使当事人明白。
④ 字人娴抚:指童养媳,送(卖)给婆家养育。字人,许配于人。娴抚,温柔关爱,细心照料。
⑤ 生妻:年轻的妻子。

嗣，如问道于盲，无从指实，曷胜於邑^①？嗣后，鈖公后裔概许入祠助祭，以便详注生没，后世续修，庶无阙略。至钱谷出入，不得令鈖公子孙拦入擅管。

十六、月形山祀田，系贤、宝两房公置，所收租稞应归两房派首管理，不许混入大公。

十七、我族重修谱牒，多历年所^②。间有生没葬迁失考并祠绝无可稽查者，公议立长生谱。三帙按贤、宝、货三房归三公族户，各存一册，每逢春秋二祭，携带入祠，诏本房子弟问：某某去世否？某某添丁否？督令详注生没，后世续修，庶便检阅。

十八、族内不才子侄业经驱逐，果能痛改前非，准亲友保结，仍许收谱与祭。

十九、所执之谱，各宜留心谨守，不许损坏遗失及擅行添改，公议三年一会，集祠清查。如有失坏，公同重罚。

二十、三世不修谱者为不孝，后有作者，当善体斯意。

---

① 於(wū)邑：犹"呜咽"，表悲叹。
② 年所：年数。

家规、家法（绥阳、郑场、分水、明山）^①

武肃王后。始祖邦芑，字少开。公原籍江南镇江府丹徒县，乃明进士，任四川巡按，其爵亦云尊矣。不卜何故，流寓绥邑。因甲申之变^②，避居于邑之金七甲分水坝地方。邑内五公祠中，往哲碑石可考，邑之志书可稽。迄今之散居者，有移居金里下七甲之麻莎田者，有移居金里八甲之马达塘者，有移居金里九甲之蒋家山、车家田等地者。

清明会规

清明会，在名邦大族，原有规款，非苟焉而已。是日也，少长咸集，必执簿逐一点名，不到者罚。或出外为商为工，去有三四天路不到者，犹可恕。倘三年不到者，除名，以其忘祖而悖亲也。若止在百里，而为工为商，不到者罚。以其急私而忘公，置祖茔于不顾矣。或在己家，托有他事不到者，罚。必有婚姻、死丧、重病不可移动者可恕，其余不可恕也。或因己有过犯，欲避责罚而不至者，听罚则罚，不听罚除名，不可不严以肃令也。又其所以少长咸集者，此中有赏罚训诫，必十二岁以上稍长成人者，会以闻赏罚训诫可也。若十二岁以下不知事者，不会亦可也。盖不徒贪口腹，以俟成人日方会可也。

---

① 载于《绥阳、郑场、分水、明山钱氏家谱》，光绪三十一年（1905）印本。
② 甲申之变：指的是崇祯十七年（1644），李自成攻入明朝都城北京，明朝作为全国统一政权灭亡。

家规

立家法使知所避

朝廷有王法，使民知而不犯，而为良民。家庭有家法，使子孙知而不犯，而为贤郎。王法有笞杖，家法虽不用笞杖，匾挑①亦可杖。王法有徒流，家法则逐出族外。王法有犯死罪，家法虽不敢加死罪，有犯死罪者，齐集族众，送公处死。王法轻罪则罚锾②，家法亦可罚钱也。今试例其律状于左，使其众知不犯而知所避之也。

律载，有杀祖父母与父母者，首罪则凌迟处死，固不可赦也。凡一家之父兄子弟，知情纵容者，皆斩。居室必折毁③，基址掘土三尺；所当之城门，亦毁而砌过；衙门亦毁而掘地。朝廷闻此亦减膳，上司皆减俸，所属之州府县官皆去职。此盖人伦之大变，罪大恶极，死有余辜也。

律有殴祖父母与父母，斩。律有骂祖父母与父母者，绞。律有杀伯叔父母、外祖父祖母、舅父母、姑父母者，亦凌迟处死。

律有殴伯叔父母、外祖父母、舅父母、姑父母者，杖一百，流三千里。

律有骂伯叔外祖父母、舅父姑母者，杖一百，徒三年。

律有杀兄姊妹者，斩。殴兄姊妹者，杖九十，徒二年半。骂兄姊者，杖七十。但伯叔舅姑与兄姊有同胞，系大功，同堂系小功，从宗系缌麻，亲者加一等，疏者减一等，罪分轻重也。

律有祖父母、伯叔舅姑，无故谋杀子侄孙辈，图赖他人者，与谋杀同罪。即子孙为奸盗，须送公处死，可也，不可自杀。盖父子主恩，父无杀子之权。又，祖父母与父母、伯叔舅姑兄姊下辈，未有过犯，若以尊压卑，无故殴骂卑幼者，罚钱入公。又，同祖所属尊长，维不在五服之内者，尊卑之伦亦不可乱，俱不可犯，有犯必罚。

卑幼于尊长前，有隔坐徐行之礼，有不循者，罚。卑幼于尊长前，有服劳④

---

① 匾挑：扁担。
② 罚锾（huán）：纳金赎罪。锾，古代重量单位。《书·吕刑》："其罚百锾。"孙星衍注："锾者，率也；一率十一铢二十五分铢之十三也。百锾为三斤。"
③ 折毁：毁损。
④ 服劳：服侍效劳。

奉养之义，谓"颁白者不负戴①"，子弟宜服其劳。凡遇时节生期②，卑幼所当拜谒。或卑幼有酒席会客，而不请尊长预席③者，皆罚！

辨五服以笃亲亲

五服者，斩衰、[齐衰]、大功、小功、缌麻是也。古有丧，即图分辨以服之。在五服之内者，当服；不在五服之内者，无服。不但别亲疏，即亲之中亦有等级隆杀④也。五服所载，高曾祖考己身子孙曾元之九族，为内五服；姑表姊妹，为外五服；母三族⑤、妻二族⑥，皆在五服之内，外此则无服焉。图以己身为主，以上高曾祖考，而己为玄孙、曾孙、嫡孙，为子，固所当服；以下子孙曾玄，而我为高曾祖考，亦皆宜服者，何也？盖下以服乎上，上以服乎下，皆在五服之内，亲亲之义也。

……

图之中，祖父与孙之服，皆大功，上下同服者，何也？孙丧，祖固当哀恸悲悼也；祖丧，孙又岂不哀恸悲悼乎？此所以均有以服之。其哀恸悲悼之情，自不容已也。此乃亲亲之情，非所以⑦别尊卑也。

辨宗派以敬祖

礼分有大宗、小宗之图，俾宗派不乱也。有百世不迁之大宗，有五世则迁之大宗。百世不迁之大宗，乃始祖初分之长房长子是也。后虽有千枝万派之多，世世以长房长子为通族之大宗。若合族而祭，始祖为大宗，得以主之。虽有至贵者，止安世系之列，亦不敢主也。故宗族虽富贵，不敢以富贵而骄宗子之家。俾一家之人有所统，所以尊祖而敬宗也。五世则迁之大宗，以长房论，余皆小宗。而小宗之家，又各有兄长，乃大宗也。五世则迁者，己身自胞兄弟、堂兄弟、

---

① 颁白者不负戴：须发花白的老人就不会背负或头顶重物在路上行走了。颁白，头发花白。颁，通"斑"。负，背负着东西。戴，头顶着东西。

② 生期：生日。

③ 预席：预先排定位置。

④ 隆杀：犹尊卑，厚薄，高下。

⑤ 母三族：外公一族的兄弟姐妹及全家的其他亲属，外婆一族的兄弟姐妹及全家的其他亲属，所有舅舅、姨妈一族的兄弟姐妹及全家的其他亲属。

⑥ 妻二族：指岳父一族和岳母娘家一族。

⑦ 非所以：不能用来……的。

从兄弟、再从兄弟所当宗，外此则不必宗矣。己身而下，自子孙曾玄，即凡属侄孙者，皆宗之，下此又不必宗矣。所谓五世亲尽则斩，盖外此又各有大宗所宜宗，所以五世则迁也。

古于祖考有禴祀蒸尝①之四祭，惟大宗得以主之，其余不敢主专，无论其祭也。即同宗有婚姻死丧，必禀命于大宗而后行，俾有统也。此盖古尊祖敬宗之道，俾世系不乱。后世废之，此故伦常之所以乱也。

辨丧礼以尽送终

古于父母之丧制，所以必三年者，谓仅可以报其怀抱之劳耳。盖父母劬劳，昊天罔极，非谓三年遂足以报之也。盖不可过以废生，不敢不及以尽礼。贤者俯而就，不肖者仰而企，以中为道也。古于父母之丧，始死三日，殡而不食者，非谓丧事匆匆而不暇食也，盖哀恸惨怛之甚而忘乎食，此所以三日不食也。既殡则食粥饮水，既葬方蔬食，朞②而小祥③，蔬食菜果也。小祥后，或孝子有老与羸病者，欲饮酒，不过醴④；欲食肉，不过干肉，必中月而禅⑤，乃始复初。若三年内，无敢饮酒食肉者，此《家礼》所载，皆古之制也。至于始则服齐衰，朞而小祥则服黑经白纬之练服⑥，至禅而始食稻，衣锦如平日也。夫食与服必积渐而变者，以哀伤之情必从容积久而抒也。

又，居丧不习礼，不宜整饬乎容仪也。不奏乐。夫乐以乐，居丧宜哀不乐，即闻乐亦不乐也。男居外，女居内，三年男女不共室者，盖居丧不可以聚夫妇之乐也。但今习俗败坏已久，而欲循古礼者，亦甚难矣。或有间出之贤，效古而行之，所谓拔出流俗之豪杰也。即不能然者，于父母初丧，亦必斋戒以尽礼，哀伤以尽情。亲族有吉事而宴会，而己于期送礼或着人致礼可也，而己必不可预席。倘竟亲附宴会，不惟己之守服，是己以凶服而造人吉事之堂，大不可也。

---

① 禴（yuè）祀蒸尝：最早有"四时祭"。《礼记·王制》："春曰礿，夏曰禘，秋曰尝，冬曰烝。"到了周朝以后，则改为春曰祠，夏曰礿，秋、冬不变，称为"禴（禴）祠烝尝"，亦作"禴祀蒸尝"和"礿祀蒸尝"。

② 朞（jī）：一周年。

③ 小祥：古时父母丧后周年的祭名。祭后可稍改善生活及解除丧服的一部分。古时皇帝、皇太后、皇后等死后十二日举行小祥祭。自汉文帝遗诏减丧服期以后，皇室之丧常以日易月（一天代替一月）。

④ 醴（lǐ）：甜酒。

⑤ 中月而禅：祭名。与大祥间隔一月。自丧至中，凡二十七月。中月，间隔一月。禅，通"禫"（dàn）"。

⑥ 练服：白色丧服。居丧十三个月而举行的一种祭奠仪式，称"练"或"练祭"，即小祥祭，丧服为练服（粗服）。

又,无论居父母之丧者宜尽礼,即有大功、小功、缌麻之服者,亦必循服之礼。虽饮酒不敢致醉,食肉不敢至荤。不闻乐,不预晏①,此礼亦当循也。虽不能一一而尽古礼,而亦能尽其大概者,此所以为名邦盛族也。苟全不能尽礼者,又何以为礼义之家乎?

立婚姻以正人伦

婚姻者,上以承宗祧,下以继后嗣,人伦之首也,万化之源也。故《书》言"釐降",《诗》咏《关雎》,《礼》重亲迎,《易》极乾坤,所系诚重也。婚礼之有六议,议婚、问名、纳采、纳币者,此所以谨其始。今止论财而废此,此讼狱日烦也。亲迎者,先天乎地也。今皆废之,故人不知以正合也。古人妻不娶同姓,所以附远厚别也。……

至于婚姻论财,此夷虏之道,鄙而不可言者也。尤有未字幼女,希图财礼,与人为妾,族众查出,定即另字。女之父母,凭族公罚,决不徇情。

家法八条

一曰孝。孝不止一事。扬名显亲,温清定省,服劳奉养,常变无违,皆孝也。古人若老莱之娱亲②,虞帝之顺亲,闵子之孝亲③,指不胜述。我族人虽不能若古人之孝者,而寻常间,父坐子立,父召无诺④,循礼爱敬。不得冲撞父母,不得辱詈父母,甚至悖逆父母,横行纵妻辱姑⑤。一切有犯,经众究处。盖"五刑之属三千,而罪莫大于不孝"⑥。

---

① 预晏:参加宴会。晏,通宴。

② 老莱之娱亲:老莱子是春秋时期楚国隐士,为躲避世乱,自耕于蒙山南麓。他孝顺父母,尽拣美味供奉双亲,七十岁尚不言老,常穿着五色彩衣,手持拨浪鼓,如小孩子般戏耍,以博父母开怀。一次为双亲送水,进屋时跌了一跤,为了不让二老担心,于是他模仿小孩子啼哭的"呜呜"声,二老大笑。

③ 闵子之孝亲:闵子,名损,字子骞。春秋时期鲁国人,孔子的弟子。他和颜回、冉伯牛、仲弓被列为孔门德行科的优秀生。孔子曾赞扬闵子的孝顺。元代郭居敬编撰的《二十四孝》,将闵子骞孝亲的故事排在第三,使之家喻户晓,成为中华民族文化史上著名的先贤之一。

④ 父召无诺:出自《孟子·公孙丑下》。父亲召唤,子女不等答应就立即趋前。

⑤ 姑:婆婆。

⑥ 被重罚治罪的人很多,其中最严重的罪乃是不孝。

二曰弟。弟不止一端。则友其兄，则笃其庆；^①奉几奉杖，隅坐随行。古人灼艾分痛，大被同眠。亲族睦九族，允恭克让^②，皆有去程。今与族言，纵不能及古人之弟，而兄弟须要翕合，长幼须要别序。如或以卑凌尊、以幼傲长者，鸣众公罚。

三曰忠。尽己之谓忠。事君事长、处事接物，非忠不可也。古人云：居官则鞠躬尽瘁，以事一人；代谋则视人如己，尽心竭力。所以存诚心者，勿尔我之有分，勿表里之不符，勿始终之有间。此忠之所以在，在有主也。固当人人勉之。

四曰信。以实之谓信。凡乡邻亲朋，须久要不忘。一诺千金，贯始终，合内外，皆信也！古之人，若子路之无宿诺^③，荀息之不食言^④，穆考之与国人交^⑤，皆信之故。乃或巧言令色以悦人，虚情奸诡以便利。子曰："人而无信，不知其可也。"今我族人，凡事以实应人，一言终身莫改。受人一事，至老不违。远近作孚^⑥，卓哉品诣^⑦。

五曰礼。礼以恭敬辞逊为本，而有节文度数^⑧之详。古圣人制礼作乐，朝野同风，是以君令臣共^⑨，父坐子立，兄友弟恭，夫外妇内，以及交际辞受、宴享、祭祀，俱有天则^⑩。而妇女亦须顺言低语，梳洗笄带，循礼不乱。如或不规，虽属妇职，责及丈夫。可不慎哉！

六曰义。行而宜之谓义。古人制心制事，无适无莫，惟义是从。是故非义不可取与，大则千钟^⑪不视，小则一介不阿。义当行则直行，义当止则退逊。愿我族人，凡事守义，无往不宜。允矣正人，卓哉贤士。

---

① 《诗经·大雅·皇矣》中的名句："维此王季，因心则友，则友其兄，则笃其庆。"意思是，就是这位王季，以仁爱之心待人，敬爱他的兄长，就能增加吉庆。王季，周文王之父，相传他的兄长将王位继承权让给他。
② 允恭克让：指诚实、恭敬又能够谦让。
③ 子路无宿诺：子路说话没有不算数的时候。宿诺，拖了很久而没有兑现的诺言。宿，久。
④ 荀息之不食言：参见《公羊传·僖公十年》："何贤乎荀息？荀息可谓不食其言矣。"
⑤ 穆考之与国人交：《礼记·大学》："穆穆文王……与国人交，止于信。"意思是，德行深厚的文王在和民众的交往中做到诚信。
⑥ 作孚：信服，信从。谓示以诚信。
⑦ 品诣：犹品类，品行。
⑧ 节文度数：节制修饰，有一定限度。
⑨ 君令臣共：出自《左传·昭公二十六年》："君令臣共，父慈子孝，兄爱弟敬，夫和妻柔，姑慈妇听，礼也。"君王发出正确的命令，臣子恭敬地遵守。
⑩ 天则：天理。
⑪ 千钟：极言粮多。古以六斛四斗为一钟，一说八斛为一钟，又谓十斛为一钟。这里指优厚的俸禄。

七曰廉。洁身不污之谓廉。古人穷则清白传家,达则捐躯国难。若公绰①,若子文②,家计不图;若伯夷,若叔齐,③一尘不染。廉之为德,不亦重乎?我族人宜体此意,慎勿贪图分外,致伤廉德。

八曰耻。羞恶之心,人皆有之。孟子曰:"为机变之巧者,无所用耻。"子曰:"知耻近乎勇。"是故耻为庸愚,必为圣贤。古人以一念羞恶之心,发而为广大高明之士④,良有以也。今我族,凡卑污苟且、问耻羞愧之事,固不可糊行而鲜耻也,宜深为砥砺之。

---

① 公绰:鲁国大夫,三桓孟氏族人。《史记》说他是孔子所尊敬的人。他廉静寡欲,但短于才智。

② 子文:楚国令尹。执法不避亲贵,又捐家财,以解楚国之难。

③ 伯夷、叔齐是商末孤竹君的两位王子,他们一起投奔周文王。周武王伐纣,二人拦马谏阻。武王灭商后,他们耻食周粟,采薇而食,饿死于首阳山。参见《史记·伯夷列传》。

④ 广大高明之士:参见《大戴礼记·曾子疾病》:"君子尊其所闻,则高明矣;行其所闻,则广大矣。高明广大,不在于他,在加之志而已矣。"

家训（浙江临安临水）①

始迁祖履祯。南朝梁天监元年(502)，自建康府城迁居临安县葛浦村(今属藻溪镇)。

忠贞孝顺

达道有五②，君亲最重。《诗》云："率土之滨，莫非王臣。"盖以践土食毛，皆为臣子。故在草莽，则以急公好义为忠。至若登庸车服③，置身廊庙④，尤宜靖共尔位。遇升平则敬事后食⑤，值患难则损躯沥胆⑥，扶颠挽危。甚毋旷官尸位⑦，趋利避害。若夫怙恃⑧之亲，身所从出。《诗》云："哀哀父母，生我劬劳，欲报深恩，昊天罔极。"扬名显亲⑨，上也。苟或不能，则左右就养⑩，菽水承欢，尤当愉色婉容⑪，体心⑫养志。

---

① 载于浙江《临水钱氏宗谱》(衣锦堂)，光绪甲辰年(1904)印本，钱志豪修。

② 达道有五：《礼记·中庸》："天下之达道五，所以行之者三。曰：君臣也，父子也，夫妇也，昆弟也，朋友之交也。五者，天下之达道也。""五达道"就是五条人生大道。这是人人都应该遵守的五种伦理道德，所以又称作"五伦"。

③ 车服：车和礼服。

④ 廊庙：犹庙堂。指古代君主与大臣议政之所。

⑤ 敬事后食：谓凡事应当先尽力去做，待有功绩后才能享受俸禄。

⑥ 损躯沥胆：比喻竭诚效忠。

⑦ 尸位：谓居位而无所作为。

⑧ 怙恃(hùshì)：父母。参见《诗·蓼莪》："无父何怙，无母何恃。"

⑨ 扬名显亲：博得好名声，以显扬父母。

⑩ 左右就养：在父母身边侍奉。

⑪ 愉色婉容：参见《礼记·祭义》："孝子之有深爱者，必有和气；有和气者，必有愉色；有愉色者，必有婉容。"

⑫ 体心：贴心。

友于倡随

佳偶手足，伦位毗邻。俗言："难得者兄弟。"《诗》云："兄弟[阋]于墙，外御其侮。"①"每有良[朋]，况也永叹。"②盖以同气不合，操戈斗争，一遇外侮，必竟兄弟挺身相助；朋友虽好，不过在傍叹息。须宜兄宜弟，怡怡友爱。至若夫妇，乃人伦之始，万化之原，"夫妇和而后家道成"，当如郤缺③之相敬如宾，鲍宣之倡随合德④。然而琴瑟不调、骂詈⑤殴挞，固非宜；或至闺房狎昵、夫纲不振⑥、狮吼贻讥、牝鸡晨鸣，亦非雅。唯在恩爱有礼，阳刚阴柔。

训子诲孙

韩文公曰："莫为之后，虽盛弗传。"⑦盖人家无贤达⑧，子孙即富贵，功名震耀一世，犹如一场春梦。顾人之贤达岂尽生，而克肖者多由教诲所成。故《易》有发蒙之训，⑨周公有三挞之严⑩，贵教之预也。维⑪子若⑫孙，须幼小时规戒他，俾⑬其存心端直、行事善良。毋使交游匪类入赌博，毋使恣纵嗜欲⑭作奸。

---

① 兄弟之间在家里有可能争斗，但是每遇外侮总能鼎力相助。

② 那些平日最为亲近的朋友们，遇到这种情况最多长叹几声。

③ 郤（xì）缺：春秋时晋国上卿。一次，晋文公的大臣胥臣路经冀野，看见郤缺在田里锄草，其妻到田间送饭，二人相敬如宾，很受感动。回去后对晋文公力荐，郤缺被任命为下军大夫，后因战功，再被任命为卿，日渐掌晋国之大政。

④ 鲍宣之倡随合德：西汉勃海鲍宣，其妻是桓氏的女儿，字少君。鲍宣曾经跟随少君的父亲学习，少君的父亲为他的清贫刻苦而惊奇，因此把女儿嫁给了他。少君出嫁时，嫁妆陪送得非常丰厚，鲍宣见了不高兴，妻子说："既然侍奉了您，我听从您的命令。"鲍宣笑着说："你能这样，这是我的心意了。"少君就全数退回了那些侍从、婢女、服装、首饰，改穿平民的短衣裳（汉代贵族的衣服是深衣，就是长衫），与鲍宣一起拉着小车回到家乡。倡随合德，合乎道德。倡随，夫唱妇随。合德，同德。

⑤ 骂詈（lì）：斥骂，责骂。

⑥ 夫纲不振：古代有"三纲"，就是君为臣纲，父为子纲，夫为妻纲。后者都要听前者的话。夫纲不振，也就是妻子不听从丈夫的话了。

⑦ 没有人做继承人，即使有很好的功业、德行，也不会流传。

⑧ 贤达：有才德、声望，通达明理的人。

⑨ 《周易》蒙卦的主题是启蒙和教育，其"卦辞"为："蒙，亨。匪我求童蒙，童蒙求我。初筮告，再三渎，渎则不告。利贞。"

⑩ 周公有三挞之严：西周初年，伯禽三次去见父亲周公，三次都被父亲痛打了出来。伯禽觉得很奇怪，不知道错在哪里。有人劝他去南山、北山看看，他去了，只见南山的阳面有一种桥树生得很高，向上仰着；北山的阴面有一种梓树长得又矮又低，向下俯着。伯禽看了之后终于明白了。桥树仰起，这是做父亲的样子；梓树俯着，这是做儿子应有的态度。第二天，伯禽去见周公的时候，一进门就小步快跑以示恭敬，一到堂内就跪下去给父亲请安。周公看了很高兴，称许他得到了君子的教诲。

⑪ 维：语气助词，用于句首或句中。

⑫ 若：与，和。

⑬ 俾：使。

⑭ 恣纵嗜欲：谓放纵私欲，不加克制。

宁懦怯而退让，毋凶悍而逞强；宁木讷而忠厚，毋舌辨而奸险。必恂恂信实①，恪守正道。如是，可以保身，可以立名。

课读督耕

语云："有书不读，子孙愚。"然读书亦非以博高官厚禄也。盖人具五官而目不识丁，与马牛襟裾②同耳。故视其质而聪俊者，宜授以经史，俾其知古圣贤之义理，识屡代之兴亡；效法先哲，惩戒奸邪。幸而策名立朝③，亦可光耀宗祖，大显家声。即不幸穷约④终身，亦不失为守道名儒。其于秉姿⑤钝鲁者，莫如课之农桑，终岁勤动。苟获五谷之储、一缗⑥之绩，足以仰事俯育，不致高堂⑦冻馁⑧，妻儿啼饥。所谓"勤读可荣身，勤耕可养家"。

整饬闺阃

昔公叔文伯之母，季康子之从叔祖母也。康子往见，闱⑨门而与之言，皆不逾阈。孔子称之以为善。盖男女有别，以妇道宜深居闺阁，无得擅出外游。迩来风俗不古，人家妇女，或往庵拜佛，或约伴游春，其行踪体态，适为浪子所瞧，但为正人所讥嘲。有家室者，亦惟正身率化，教之藏身壶帏，以缝绩为业，以中馈为职。非庆喜送死，不得辄逾户外。即在内，宜以别嫌明微，男女不与杂坐，彼此不相谑笑，才为大家体局⑩、大户规模⑪。

戒忤父母

人子事亲，当如鲁子养志⑫。近今之人，纵知天伦，不过衣食父母，仅养已

---

① 恂恂信实：温和恭顺，诚实可靠。
② 马牛襟裾：马牛穿着衣服。讥讽人不明事理、不识礼仪。
③ 策名立朝：书名于策，就位朝班。意指做官。
④ 穷约：穷困，贫贱。
⑤ 秉姿：疑为"秉资"。
⑥ 一缗（mín）：一贯钱。
⑦ 高堂：指代父母。
⑧ 馁（něi）：饥饿。
⑨ 闱（wěi）：开门。
⑩ 体局：性格器量，人品，局面。
⑪ 规模：规制，格局。
⑫ 鲁子养志："鲁子"当为"曾子"。曾子名参，字子舆，是春秋时期鲁国人。他与父亲曾点都是孔子的优秀学生。曾子非常孝敬他的父母，尤其是他顺承亲意、养父母之志的孝行，成为后世普遍赞美和效仿的典范。

耳。其余不孝之类,难以枚举。且有义方不率①,父母才责数语便怒目狼声。要知死后啼哭悲恩,哀哀呼亲,不若生前笑颜迎意,唯唯善侍。须思乳哺三载非小可,当念怀抱两周不等闲。甚至[三]五成群,或藏囊家②喝注,或宿花街柳巷,浪游莫顾,忤逆违拗,致使父母呼天叫地,罪莫大焉。《吕刑》云:"五刑之属三千,而罪莫大于不孝。"

明五伦

君臣之伦曰"有义"。元首股肱,谊关一体。③ 君优以爵秩④禄养⑤,臣报以敬事致身,斯谓之有义。父子之伦曰"有亲"。养育恩深,昊天罔极。父母恩勤以劬劳,人子竭力以尽孝,斯谓之有亲。夫妇之伦曰"男位正外,女位正内"。各相整肃,登倡随礼,如宾敬,无相渎⑥,斯谓之有和。长幼之伦曰"有序"。尊卑所在,名分斯昭⑦。徐行式好⑧念天显,恪守恭让无僭逾⑨,斯谓之有序。朋友之伦曰"有信"。道同志合,规劝相资⑩。然诺不欺,坚[如]金石,始终如一,赋嘤鸣⑪,斯谓之有信。

正名分

宗族派衍,皆由一人之身而分,其精神气脉亦相为联贯,故处之当雍睦和好。然睦族之道,名分为重。族中尊卑,自有定分,称呼自有大小。分之所在,即礼之所存,不得任意僭逾,藐视凌忽。如挟其富贵声势,恃其血气强横,目无尊卑,名分乖戾,此非大家体局,须当知所憣惕也。

---

① 义方不率:典出"冷叶义方":明朝时,有一个叫冷逢泰的人,妻子叶氏生下了一个儿子。儿子才三岁的时候,冷逢泰就死了。叶氏守寡抚孤,教育儿子从小就要处处合乎义理。儿子稍稍不肯听,叶氏就要打他。
② 囊(náng)家:亦称"头家"。指聚赌抽头的人。
③ 参见《资治通鉴·唐纪二十二》:"君为元首,臣为股肱,义同一体。"
④ 爵秩:古代官吏的俸禄。
⑤ 禄养:以官俸养亲。古人认为官俸本为养亲之资。
⑥ 相渎:相互轻慢。
⑦ 斯昭:斯,乃。昭,显著。
⑧ 式好:谓骨肉和好。
⑨ 僭逾:超越本分,违反。
⑩ 相资:相互资助、帮衬。
⑪ 嘤鸣:鸟相和鸣。比喻朋友间同气相求或意气相投。出自《诗·小雅·伐木》:"嘤其鸣矣,求其友声。"

立教养

建学设教，国家之典。崇儒重道，帝王之宏规①。凡有子弟者，务要延师训读。达则登庸②车服，举用于朝廷，光大其门闾；不达则潜心弦诵③，亦可明理于身心。白居易曰："有书不教，子孙愚。"人生斯世，内有贤父兄，外有严师友，方可以冀其成立，是当使所就学也。

积阴德

做事须循天理，出言要顺人心。广行方便，多积阴功，居仁由义，勿坏心术。司马温公曰："积金以遗子孙，子孙未必能守；积书以遗子孙，子孙未必能读。不如积阴德于冥冥之中，以为子孙长久之计。"斯言须三复玩思④，宜凛遵毋忽。凡人家嗣胤⑤繁昌、富贵绵延者，未有不由祖宗积德以致之也。

务勤俭

勤俭为治家为本。一勤天下无难事，功名富贵，未尝不自勤中来也；一勤可以致有余，布帛菽粟，未尝不由勤而积也。为士者，勤则功名成；为农者，勤则衣食足；为工者，勤则艺业精；为商者，勤则财利富。男子各务生理勤于外，妇人各务纺绩勤于内，家道未有不兴者也。

恤孤贫

人当幼冲而早失怙⑥者，此孤哀无告之苦，王政之所必先，况在族内？或伯叔诸父，或堂从昆弟，可不矜悯以抚养乎？如有父丧而母守志者，此节烈堪嘉，尤宜周恤。且族中贵贱异势，贫富不等，在子孙观之不无亲疏，而祖宗视之总属一体。设有贫不自给，困苦无资之裔，祖宗之在九原⑦，觉亦愀然弗安。须当随分周济，或通挪移，此亦爱宗睦族之道也。

---

① 宏规：远大的规划，深远的谋略。
② 登庸：科举考试应考中选。
③ 弦诵：弦歌和诵读。泛指授业、诵读之事。
④ 玩思：把玩，体味。
⑤ 嗣胤（sìyìn）：子孙后代。
⑥ 失怙：死了父亲。
⑦ 九原：阴间。

输国课

赋税乃朝廷重务,急公亦士民大义,且迟速终有不免者。即或有时蠲免旧欠,不沾赦惠,亦宁居于国税无拖,当官不负。务须依限输纳,切莫延挨顽亢,自取差扰杖辱,此亦草野①尽忠之事也。谚云:"庶民报国,粮税早完。"宜知宜知。

守王法

国法森严,信如铁炉。君子怀刑②,深自防焉。苟罹③法网,则身无主,力不能挽体肤残伤、囹圄监禁,致使父母忧泣、兄弟悲愁、妻子痛哭、亲朋叹息,言念及此,甚可愕也。语云:"王法镇乾坤,犯了休不得。"当省当省。

戒斗讼

或因一言之忿不忍,或因锱铢之利不均,辄欲斗殴,遂至构讼。然我欲取胜于人,彼亦[欲]致胜于我。仇仇相结,匍匐公廷;奔县走府,抄诉④候批;夤夜⑤往返,家人悬望。小则亏体辱亲,大则破家荡产。甚至千金而身命莫保,昼⑥百计而罪戮难免。父母远别、妻子离散、斗殴构讼之事,慎勿轻举。格言曰:"呼风发火兴灾易,斗狠伤人抵命难。"又云:"官司不受理,反自累其身。"切戒切戒。

护祖茔

坟山,系祖宗安寝之所,凭陵之地,风水所关,合族生灵所系。每遇祭扫日期,龙脉木植之类,宜巡护培养,毋致侵损。如有子孙不肖之辈,或暗卖坟山,或盗砍冢木,或掘土亏损,或左右篡葬,即以不孝罪论。轻则义罚祭墓,重则鸣官究治。《礼》曰:"君子虽贫,不鬻祭器。""为宫室,不斩丘木。"须护须护。

---

① 草野:指平民百姓。
② 怀刑:因畏刑律而守法。
③ 罹(lí):触犯。
④ 诉:疑为"诉"。
⑤ 夤(yín)夜:深夜。
⑥ 原文为"畫",即"昼"。但根据上下文,应为"盡",即"尽"。

家训（浙江富春）①

吴越六世孙景臻，生四子。七世孙恺又徙居临安，为临安支祖。八世孙端忠总领太卿。九世孙纂，官知州，自泰州迁居临安县南风蓄乡之钱宅桥。十五世孙鼎一迁临安钱宅桥，后又迁临安中嶒。十七世孙思义徙居富阳。二十一世孙黑自临安钱宅桥又迁富阳之赔销坞，为赔销坞钱氏始迁祖。

忠君王

食君之禄，上荣祖考，下荫儿孙，何等恩典！故平日必清白乃心，随分尽职。至于变故之来，见危授命，头可断，身可辱，志不可夺。如此，生为忠臣，殁为正神，载在青史，千载馨香。不然，奸臣佞士，万年唾骂；碌碌鼠辈，浮云无有。可不谨哉！

孝父母

人非父母，身从何来？欲报之德，昊天罔极。世之不顾父母之养者，天所必诛。此无论已，然仅能奉盘奉匜②，不足谓孝心也。昏定晨省，冬温夏清，③常则体亲心，变则安亲心。终身弗使吾亲有惊忧愧恨心，方得为孝。

---

① 载于浙江《富春钱氏宗谱》（四卷）（永锡堂），钱增伟修，2004 年印本。本家训应作于光绪二十一年（1895）。

② 匜（yí）：古代盥器。形如瓢，与盘合用。用匜倒水，以盘承接。

③ 出自《礼记·曲礼上》："凡为人之子礼，冬温而夏清，昏定而晨省。"清，凉爽。意思是，大凡为人子女的规矩是：冬天要留意父母亲穿得是否温暖，居处是否暖和。夏天，要考虑父母是否感到凉爽。每晚睡前要向父母亲问安，早上起床一定要先看望父母亲，问候身体是否安好。

正夫妇

夫妻之道,天地之大义。自古未有夫妇正而家道不成者,亦未有夫妇不正而家道能成者。所谓正者何?夫主于义,言规行矩①,毋以妻之美丑而形好恶;妇主于随,敬老慈幼,毋以夫之贫富而肆傲媚。果尔,共庆和鸣于雎鸠②,安见不观型于沩汭③乎?但夫为妻纲,尤宜先之。

友兄弟

兄弟虽分形体,实皆父母所生,名曰同胞。故古人以手足比之,痛养相关也。世之遇财利而起争端,听妇言以乖骨肉,皆欺父母者也,大逆天伦。必也,无事则相好,有事则相恤。《诗》曰:"和乐且耽④。"孔子曰:"父母其顺,乃为无忝⑤。"

信朋友

友不可以交匪人,交不可以徒酒食。必须善相劝、过相规。患难相救,有无相通。且不特事如其言,并要言如其心。不但无负于生,并要无负于死,乃为无愧。

择师长

师长者,函丈⑥之则效也。先生傲僻而浮夸,则子弟尝轻儇之习。纵或严以夏楚⑦,以面从而心违也,故从师须择端人。所谓端人者何?格物致知,学问纯正;居仁由义,品行端方。则弟子朝夕从事,习惯自然,蒙以养正,圣功焉。倘付之匪人,误害不浅。

---

① 言规行矩:说话、做事都很守规矩。形容为人正派。
② 雎鸠(jūjiū):古书上记载的一种鸟,也叫王雎。古人用"关关雎鸠,在河之洲"表达夫妇之爱。为什么选雎鸠这种鸟呢?因为古人认为雎鸠"挚而有别"。所谓"挚",就是雎鸠是一夫一妻制。所谓"别",据说雎鸠到了发情期,雌雄的表现特别不一样:雄性会使劲地飞,使劲地叫,拼命向雌性展示自己的力量、技巧;雌性则不同,一旦看到了满意的雄性,就静静地跟在后面。
③ 沩汭(wéiruì):舜的居地。借指有名望的贤祖。
④ 和乐且耽:永远是和睦、安乐、愉快地相处。且耽,恋恋不舍,舍不得分开。
⑤ 无忝(tiǎn):不玷辱,无愧于。
⑥ 函丈:出自《礼记·曲礼上》:"席间函丈。"谓讲学者与听讲者座席间容隔一丈。后以函丈作为对师长或前辈长者的敬称。
⑦ 夏楚:用槚木、荆条做成的鞭扑之具,用于责罚。

睦邻族

族众人虽分远近，皆我一本之亲也。至于邻里，虽不同夫源本，然非姻属亦友谊也。即非友谊，亦我同生共长者也。二者皆为切近，因必喜相庆、忧相吊。有无相周济，疾病相扶持，盗贼、水火互相救护。勿以强侮弱，勿以众暴寡，勿以富凌贫。如是，则人情厚而风土亦厚，厚则日昌；不如是，则人情薄而风土亦薄，薄则日削矣。愿我子孙，尚其勖诸。但亲亲而后仁民，宜分缓急。

敬长上

内有亲长，外有姻长。乡有齿长，德有师长，位有官长。坐必让席，行必让路。有召则趋，有问则对。令之则行，禁之则止。

教子孙

子孙者，门户盛衰所系也，须当着实教诲。童年教以言语行止，少长教以道德仁义。谨厚者，教之务本耕农；聪明者，教之明经志举。或经商，或技艺，肆业不论，总以诚实为主。切弗游手好闲，以自弃中才。

肃闺门

闺门者，内外所分也。肃之者，不但授受不亲，而内言外言不出入于阃也。非刻也，防微杜渐也。然又不可迟延焉。教女始孩，教妇始来。训贞烈，别嫌疑。诲"三从"，讲"四德"。毋冶容①，毋径行②，毋夜走。戒之，慎之。

正名分

圣门③为政，正名为先。名不正，则百行难举。分在父兄，则尊称之。分在子侄，则卑称之。至于诨名戏谑，实风俗之硗薄④。创之者固损阴骘，和之者亦为口过。切宜谨之。

---

① 冶容：女子打扮得很妖媚。
② 径行：任性而行。
③ 圣门：谓孔子的门下。亦泛指传孔子之道者。
④ 硗薄(qiāobó)：不淳朴，不敦厚。

谨丧祭

以生我育我之人，一旦而与我隔别，此天伦之大故也。食稻衣锦①，于心安乎？故必啜粥②居庐③，寝苫枕块④。斯踊斯辟⑤，血泣三年，乃为无忝。至于死葬已毕，必春秋以祭祀之。然要不徒簠簋⑥之具文已焉。必诚必肃，如见如闻，而后无愧。《礼》曰："丧主于哀，祭主于敬。"⑦慎之，慎之。

修祠墓

墓者，考妣之肤骨所藏；祠者，祖宗之魂魄所依也。二者皆为子孙切要事。故每岁春秋，墓则植乃荫，培乃土，必使坚固悠远，而不致有暴露之伤。祠则植其庭，觉其楹，⑧必使竹苞松茂⑨，而不致有风雨之飘。如是，则处之者安，而子孙亦荫被其福矣。

息争讼

事有是非，不平则鸣，宜也。然逞一时之气，不知几费若干使用方得见官。至于惰工失业，不必言矣。到得见官，情直犹可，若属理屈，必加责罚。吾想以父母之遗体，而竟羞辱于众人瞩目之地。耻乎否乎？此时犹不认输，听信唆棍，奔控上宪⑩，痴图一胜。谁知千告不如一详，发回本衙，又加重责。可怜家产破尽，亏亦吃尽矣。于是悔之，悔之莫及。《易》曰"讼则终凶"，非虚语焉。因此，

---

① 食稻衣锦：出自《论语·阳货》："子曰：'食夫稻，衣夫锦，于女安乎？'"食夫稻，古代北方以稻食为贵，居丧者不食之。衣夫锦，锦乃有文采之衣，以帛为之。居丧衣素用布，无彩饰。

② 啜粥：父母之丧既殡，食粥，朝一溢米，暮一溢米。溢，容量单位，二十四分之一升。

③ 居庐：住在守丧的房子中。指守孝。

④ 寝苫(shān)枕块：古时居父母丧的礼节。出自《仪礼·既夕礼》："居倚庐，寝苫枕块。"贾公彦疏："孝子寝卧之时，寝于苫以块枕头，必寝苫者，哀亲之在草，枕块者，哀亲之在土云。"亦作"寝苫枕草"。

⑤ 斯踊斯辟：出自《礼记·檀弓下》："人喜则斯陶，陶斯咏，咏斯犹，犹斯舞，舞斯愠，愠斯戚，戚斯叹，叹斯辟，辟斯踊矣。"人的喜愠之情分别有不同的层次：喜有陶、咏、犹、舞，愠有戚、叹、辟、踊。礼要求人们将情感控制在恰如其分的层次，如丧礼中最哀痛时踊即可，而且每踊三次，三踊而成。若不加节制，情绪失控，不仅无法完成丧葬之礼，甚至可能毁性丧身，这当然是死者所不希望见到的。

⑥ 簠簋(fǔguǐ)：簠与簋，两种盛黍稷稻粱的礼器。

⑦ 办理丧事，要强调内心哀悼；举行祭祀，要强调内心之敬。

⑧ 参见《诗经·小雅·斯干》："殖殖其庭，有觉其楹。"意思是，宫殿的大堂宽阔平正，发现大堂前面的柱子(笔直高大)。殖殖，宽阔平正之貌。其庭，宫殿的大堂。有觉，高大之貌。其楹，大堂前面的那些柱子。

⑨ 竹苞松茂：比喻家族兴盛。

⑩ 上宪：上司。

戒厥后裔,除出君父之仇①以外,或有横逆之来,尽可让避。即属产土争竞②,聊请乡老以评之可也,何必涉讼? 戒之,戒之。

分尔我

一草一木,物各有主。非我所有,一毫莫取。近有遇瓜李而伪为纳踵正冠者③,固面目之无存;或久假不归④,亦身分之自堕:皆于名节有亏也。愿我子孙,必须尔为尔,我为我。毋论巨细,见利思义。入官做个廉洁宰相,居乡为个清白良民。

禁非为

奸盗诈害,一切欺心慢良之事,王法所不容也。大则斩绞,次则军流,小则枷杖。亡身败家,皆在其中。纵在势利两优者,或可百计弥缝。然圣王有漏网之仁,而天鉴有难瞒之数也。语云:"善恶到头终有报,只在来早与来迟。"禁之,禁之。

戒游荡

人生在世,皆有生理⑤。不值生理而空托饮食,即谓游荡。况不务正业而三五成群,邪僻之心滋矣,其害亦大。古人有诗曰:"田荒地白无生理,你不穷时那个穷?"又云:"花残酒谢黄金尽,花不留人酒不赊。"斯言虽浅,可以唤醒。

---

① 君父之仇:《礼记》中有"君父之仇,不共戴天",意思是,与有杀君和杀父之仇的人不能同处于一片天空下。

② 争竞:互相争胜、计较。

③ 出自古乐府《君子行》:"瓜田不纳履,李下不整冠。"经过瓜田,不可弯腰提鞋;经过李树下,不要举起手来整理帽子。比喻避嫌疑。

④ 久假不归:长期借用而不归还。

⑤ 生理:生计,职业,买卖。

宗祠条约（浙江东川桥里）^①

桥里钱氏本由白米兜徙居湖州府城的六世琼公之子滨和洲，至桥里定居，遂后子孙繁衍，人丁兴旺。

伏读圣谕有"孝顺父母、尊敬长上、和睦乡里、教训子孙、各安生理、毋作非为"其六条，今吾族姓其相劝戒，先宜解释圣谕，佩服不忘。

孝顺父母

孝不止服劳奉养、温清定省之节，必须立志要做个好人，不负父母生我一番辛苦。倘得读书成就，显亲扬名，必矢志忠贞，担当宇宙。居官则随分尽职，居乡则随处施仁。即不遇而隐逸，亦必砥躬砺行，约己宜人，方是不失其身，为父母之孝子。或不幸而父母有过，须委曲劝谏，格亲于道^②而后止。且父母贤者，见我说得有理，自然听受；即不贤者，见我不违不怨，父子至情，岂有不相入者？故为子者，不但顺亲，必能格亲，而后谓之孝也。

人子事亲，莫大乎养生送死。故生则就养无方^③，疾则谨慎医药，死则尽哀尽礼，总要一段真心实意。真，即菽水可以承欢；不真，即牲醴^④皆为虚设。世或以晚继、嫡庶之间，致生嫌忌。夫顽嚣尚且蒸乂^⑤，性至可神通明，何亲心之

---

① 载于浙江长兴县东川桥里《钱氏宗谱》（世辉堂），钱德龙、钱伯钰修，2008 年印本。本文作于清咸丰至光绪年间。本文相当一部分，特别是结构，与社塘祖训相同。据此可推测此为常州社塘圣谕宣讲版本之内容。

② 格亲于道：用圣贤之道来感通父母。格，感通，一方的行为感动另一方。

③ 就养无方：侍养父母没有固定的方式、处所或范围。

④ 牲醴：指祭祀用的牲口和甜酒。

⑤ 顽嚣尚且蒸乂：舜的父亲瞽叟很顽劣，母亲握登嚣张荒谬，弟弟象又傲慢无礼。尽管如此，舜仍能克尽孝道，使一家人相处很和谐。蒸乂，形容道德美好深厚。

不可回也？故人子有忤逆不孝者，宗长宜重惩之，令自改悔。若到官府，则无及矣。

《书》云："惟孝，友于兄弟。"故发祥之家，未有不雍睦者，近世兄弟多相抵牾①。小或构争，大或兴讼，子孙因而渐染，致相仇雠，良可哀也。通族当念同胞一体之亲，必须平心和气。不惑妻子之言，不听细人②之谤。轻财重义，缓急相顾，患难相恤。小儿戏嚷，各责其子；闲言勿听，嫌隙不生。则戾气消而祯祥应，父母顺而家道昌矣。

然和乐必兼乎好合，（姑）夫妇乃人道之始，万化之原。夫为妻纲，当以正道自持，和而且敬。和则情投而无乖暌③，敬则有礼而无侮慢。为妻者，即秉资贞淑，亦宜坤顺④自持。牝鸡之晨，维家之索。至娶妾，为生子计也，妻不能容，其罪在妻；宠妾失序，其罪在夫。若妾年少无子者，身后即命遣之，切不可留，以玷家声。

尊敬长上

长上，自祖宗父母以外，凡尊于我者皆是。吾族安分循礼者固多，然亦不无以下犯上，以少凌长，甚至尊卑位次之间漫焉无别者。今后卑幼遇尊长，务须致恭致恪，不得以意气侵凌傲慢。至家有大事，须当堂面请，议定后行，不得专擅自恣⑤。

《司马氏居家杂仪》云："凡为家长，必谨守祖法，以御群弟子及家众。分之以职，授之以事，而责其成功。制财用之节⑥，量入为出，称家之有无，以给上下之衣食及吉凶之费。裁省繁冗，禁止奢华，常须稍存赢余，以备不虞。""凡诸卑幼，事无大小，必禀于家长，毋得专行。""凡为人子弟者，不以富贵加于父、兄、宗族。""凡生子稍有知，则教以敬尊长；有不识尊卑长幼者，则严加呵禁。""《颜氏家训》曰：'教妇初来，教子婴孩。'故于其始有知，不可不使知尊卑长幼之礼。若侮詈父母，殴辱兄姊，不加词禁而以年幼恕之，彼既不辨好歹，谓礼当然。及其

---

① 抵牾（dǐwǔ）：抵触，矛盾。
② 细人：指见识短浅或地位低微的人。
③ 乖暌：背离。暌，同"睽"。
④ 坤顺：指妇女温柔顺从。
⑤ 自恣（zì）：放纵自己，不受约束。
⑥ 制财用之节：制订使用财物的规则。

既长,习于性成,乃怒而禁之,不可复制。于是父疾其子,子怨其父,残忍悖逆,无所不至。盖父母无深识远虑,不能防微杜渐,溺于姑息,养成其恶故也。"

和睦乡里

乡里者,凡同乡共里,居相近、面相识者都是。虽属异姓,必要和睦。况我同宗之人,一脉相联,有几微不和睦,便上失祖宗之心,下贻子孙之害,所关不小,务一德一心。好事,大家共武①之,不得故生异同;不好事,大家共改之,不得私行诽谤。彼此交际和气蔼然,以睦我钱氏之族,可也。睦族之要有三②,曰尊尊,曰老老,曰贤贤。名分属尊行者,尊也,则恭顺退逊,不敢触犯。分虽卑而年已迈者,老也,则扶持保护,事以高年之礼。有德行者,贤也。贤乃本宗桢干,则亲炙之,景仰之,每事效法,忘分忘年以敬之。此之谓"三要"。

《于氏宗约》曰:"凡族人会时,间有身家难处之事,外内难处之人,即对众请教。众随所见,与细心商榷。凡可解免某患难,裨益其身家,无者不具告,乃见家人一体之意。"

《袁氏世范》曰:"自古人伦,贤否相杂。或父子不能皆贤,或兄弟不能皆令③;或夫流荡,或妻悍房。一门之中,每有此患,虽圣贤亦无如之何。譬如身有疮痍赘疣,虽甚可恶,不能决去,惟当宽怀处之。能知此理,则胸中泰然矣。古人所谓父子、兄弟、夫妇之间,人所难言者如此。"

《郑氏家规》曰:"子孙固当竭力以奉尊长,为尊长者亦不可挟长自尊,攘臂掀须,忿言秽语,使人无所容身。若卑幼有过,反覆谕戒之,甚不得已,会众笞责之,以示耻辱。"

教训子孙

子孙是我负荷宗祧之人,父兄岂可不教?教之之道,今人只把名利一边重了,所以后来成就到底是名利中人。须教之读书明理,立志做人,于举业艺文外,以圣贤说话涵育熏陶。心地要光明,气质要醇厚,世事要练习。古人洒扫应对等事,今人姑置不讲而检束身心,寻思上达父兄。所以教其子弟者,不可一日

---

① 武:当作"成"字,形似而误。
② 参见《王士晋宗规》。
③ 令:善。

懈也。

敬师友。发明义理①，造就人材者，师之功也。切磋砥砺，忠告善道者，友之功也。为父兄者教育子弟，必择端方纯粹之师，直谅多闻②之友，与之熏陶渐染，则子弟日进矣。不然，比匪之伤③，能无患乎？谚曰："蓬生麻中，不扶自直；白沙在泥，不染自黑。"教育子弟者，其慎之。

端蒙养。人非上智，未有不由教而成者。自古有胎教之法，有成童小学之教，不可不知。

习文艺。德行，尚矣。文艺乃士人之羔雉④。假令孔孟生今日，亦不能外文艺以起家。故为子弟者，凡经史、诗赋、词章，务令含英咀华⑤，有悠然自得之趣，而又岁课月课，以定其优劣。则敏者上进，即钝者，亦有奋志，子弟其可量乎！若稗乘⑥野史、佛老经卷、梨园曲调等书，皆文艺之蠹也，教者、习者并罚。

别男女。男女者，风化所关。古礼："嫂叔不通问，男女不杂坐。""不同椸枷，不同巾栉⑦。"三姑六婆不许入门，不许拜认他家妇女为姨姑姊妹，亦不许受人之拜认。女子不许入寺观烧香，不许出外看戏会。闺门严肃，庶家规正而风化行矣。

各安生理

人生世间，生理人人有之，不可执一而论。士以读书为生理，农以种田为生理，商以贸易为生理，工以手艺为生理。吾家先世以耕读为业。语云："稼穑艰难终有逸，诗书滋味本无穷。"二句虽常言，却涵蓄无限意趣。吾族子弟倘资性可读书进步，固是上等生活；即读书不成，或农或商或工，亦尽可过一生，为太平之良民。切不可游手好闲，堕入下流不肖。

---

① 发明义理：创造性地阐发符合一定伦理道德的行事准则。
② 直谅多闻：语出《论语·季氏》："益者三友……友直，友谅，友多闻，益矣。"为人正直信实，学识广博。
③ 比匪之伤：去亲近恶人，这难道不是可悲的吗？比，紧靠，挨着。匪，行为不正的人。出自《易·比》六三："比之匪人，不亦伤乎？"
④ 羔雉：举业文字。王阳明对科举制说过，举业不过是"士君子求见君之羔雉耳"。
⑤ 含英咀华：比喻琢磨和领会诗文的要点和精神。
⑥ 稗乘：记载民间逸闻琐事的书。
⑦ 巾栉（zhì）：巾和梳篦。引申指盥洗。

毋作非为

非所当为而为之事，难于悉数，姑举其大者言之。如倡优隶卒，或身犯，或与为婚，俱玷辱祖宗。或为僧道，不顾宗祧①。如是者名曰宗绝，议出姓，不列宗谱。如杀人放火、奸淫偷盗、唆讼赌博、吓诈财物、图赖害人，如是者名曰宗蠹，祠中不许与祭。如包揽粮漕、谋占田产、欺压良民、酗酒宿娼、狎昵恶少、低银假钞、撒泼行凶，如是者名曰宗顽，与祭时，宗正、宗副记过祠中，公议责罚。以上三等，决不宽贷。

---

① 宗祧（tiāo）：犹宗庙。祧，远祖之庙。引申指家族世系、宗嗣、继承祖业等。

纂集先贤家训（浙江长兴）①

始迁祖万十一秀公，元代自长洲（今江苏苏州）之漕湖尹山迁居长兴县白米兜村（今浙江湖州长桥白米村）。今长兴钱氏绝大多数是从临安回迁长兴的吴越国王钱镠裔孙。

我人立身天地间，只思量做一个人，是第一要事，余都不要紧。做人的道理总以孝弟忠信为先，礼仪廉耻为本，依此做去，岂有差失？从古圣贤豪杰，只于此见得透、认得真，所以千古不可磨灭。如闻此言，不能做去，便是凡愚，所当猛省！②

孝为百行之原，无论富贵贫贱，皆所当尽。养生则致爱致敬，送死则尽礼尽哀。守身如玉，执法如山。出则为忠臣，处则为善士。念祖泽以承世德，教子孙以振家声，是皆孝之大者。

今人酷信风水，将祖宗坟茔迁移改葬，以求福泽之速效，不知富贵利达，自有天数在。生者不努力进修而专责死者之荫庇，有是理乎？甚有贪图风水，倾其身家者，曷不友而求之天理也？③

兄弟之间，论情不论势。若他姓，则论理而已。如兄弟而论势，则古舜之待傲象，何其亲且爱也！语云"势利起于家庭"，此言大谬。

一家之人，内外大小，防闲不可不严。凡男仆女奴，十岁以上，不可恣其出入。而三姑六婆，尤宜痛绝。盖此辈往来出入，未有不受其害者，而且有不可言、不可测者。《易》曰："闲有家，悔亡。"此之谓也。

---

① 载于湖州市长兴县《钱氏宗谱》（敬胜堂），光绪六年（1880）印本。
② 参见明高攀龙《忠宪公家训》。
③ 参见明姚舜牧家训《药言》。后文主要参阅《药言》，不赘叙。

凡议婚姻，当择其婿与女性行及其家教如何，不可徒慕一时之富贵。盖婿与女性行良善，后来自有无限好处。不然，虽富贵，无益也。

居家切要勤俭，有事尤贵忍耐。偶以一朝之忿忘身及亲，可惜勤俭之积，一朝尽也。可不慎哉！

族人有不幸无后者，其亲兄弟当劝置妾媵以生育，不可萌利其有之心。其人或终无生育，即当择一应继者为嗣。切勿接养他姓，重得罪于祖宗；切勿瓜分其产，致有斩于嗣续。

人须各务一职业。第一品格是读书，第一本等是务农。外此为工为商，皆可治生。惟游手好闲，要走到非僻处去，大是可畏。劝后人毋为游手，毋交游手，毋收养游手之徒。凡子孙，但务耕读本业，切莫服役于衙门；但就实地生理，切莫奔走于江湖。衙门有刑法之患，江湖有风波之险，可畏哉！

讼非美事。即有横逆之事加我，必须十分忍耐，到必不得已，然后鸣官。如有从旁劝解者，即听其解和可也。至事关族内，尤不宜妄动。即有冤屈，须诉知通族，以俟其剖析。若通族不能剖析，方呈之当道。切勿因细微小事造讼不休，致伤族谊。

言语最要谨慎，交游最要审择。多说一句不如少说一句，多识一人不如少识一人。若是贤友，愈多愈好，只恐人才难得，知人实难耳。语云"要作好人，先寻好友"，又云"人生丧家亡身，言语占了八分"，皆格言也。

见过所以求福，反己所以免祸。人惟自是一念误尽终身。盖好言不入，必至祸患。况学问无穷，若一自是，断无进步。故凡人肯言我之病，即是益友。纵不中我之病，亦当于无病处，再察其病。

人生富贵，自有定分。非可营求，只看得"义""命"二字透达，落得做个君子，不然空污秽清净世界，空玷辱清白家门。不如穷檐蔀屋①，田夫牧子，清贫而老死者，反免得一番出丑也。

临事让人一步，自有余地；临财亏己一分，自有余味。田地多难照管，薄薄可供衣食足矣；奴仆多难拘束，粗粗可供使令足矣。

冠婚丧祭之事，《家礼》载之甚详。然大要在称家之有无，中乎礼而已。非其礼而为之，得罪于名教；不量力而为之，自破其家产。

---

① 穷檐(yán)蔀(bù)屋：泛指贫家幽暗简陋之屋。穷檐，茅舍，破屋。蔀屋，草席盖顶之屋。

　　凡就医药，须细加体访，莫轻听人荐，以身躯做人情。凡请师傅，须深加拣择，莫轻信人荐，以儿子做人情。况延师训子，诚莫大之事，当竭尽诚敬，束修之类，切不可讨便宜。

　　酒色财气，最足害人，而色为尤甚。酒有醉醒，财可报复，气得和平，惟好色，则逾礼伤化，折福殀寿，殃及子孙。少年当竭力保守，视身如白玉，一失足即成粉碎，如鸩毒入口立死。须臾坚忍，终身受用；一念之差，百悔莫赎。可畏哉！

　　初学人，不可以言豪侠，恐其近于肆也；言风雅，恐其流于荡也；言隐逸，恐其安于静也。宁教其过于忠厚，毋教其过于精明；宁教其过于退让，毋教其过于矜持；宁教其过于坦直，毋教其过于秘藏；宁教其过于节俭，毋教其过于奢华。

　　世间第一好事，莫如救难怜贫。若能以方便存心，虽残羹剩饭，亦可救人之饥；敝衣败絮，亦可救人之寒。酒筵省得一二品，馈遗省得一二物；少置衣服一二套，省去长物一二件。切切为贫人算计，存点赢余，以济人急难。去省用可成大用，积小德可成大德。

　　凡人不读书者，能守先圣法言，孝顺父母，尊敬长上，和睦兄弟，教训子孙，各安生理，毋作妄伪，自然生长善根，消除罪过。在乡里中作个善人，立个好样，子孙法之，乡里效之，各安生理，永守勿失，不胜于读书哉？

数典①录（上海宝山）②

始迁祖硕，明万历间（1573—1620）自浙江龙游迁宝山罗溪。

光绪二十有三年，曾孙衡璋辑《数典录》既毕，谨识卷首曰："吾家自武德公卜居练水，历今三百余年，传十二世。世贻清白弗替令名，文献有征，间载乡邑志乘。不得因王通无传，遽谓散见于《唐书》者，非实录也。"衡璋幸食旧德，蚤服儒巾，《蓼莪》废读，三载于兹，爰敢哀辑家珍，厘为五事，曰志行，曰忠迹，曰撰著，曰寿考，曰节烈。

（序言节选）

志行

吾家始迁祖不欲以武功著乡里，移家讲学，遂来淞阳，树德务滋③，奕祀④弗懈。凡吾所见所闻及所传闻，一本所芽中，虽枝叶四播，罔不叠矩重规⑤。笃前人光，为后世楷，知而弗传，人将谓我何？数志行。

（十二人志行略）

忠迹

疾风知劲草，乱世识忠臣。臣不必印累绶若⑥也。食毛践土，莫非王臣。

---

① 数典：历举典故。
② 载于《宝山钱氏数典录》，清钱衡璋纂修，光绪二十四年（1898）印本。
③ 树德务滋：向百姓施行德惠，务求普遍。树，立。德，德惠。务，必须。滋，增益，加多。
④ 奕祀：世代，代代。
⑤ 叠矩重规：规与规相重，矩与矩相迭，度数相同，完全符合。原比喻动静合乎法度或上下相合，后形容模仿、重复。
⑥ 印累绶若：形容官吏身兼多职，权势显赫。

见危授命，惟士惟然，惟成人为然。咸同之际，粤祲东指①，练湄无完土，而吾宗之被祸为尤烈。悲夫！照丹心于青简，七尺生捐；涂碧血于黄泉，三年惨化。阴风夜泣，胏蠁②潜通。数忠迹。

（十三人忠迹略）

撰著

昔晏平仲凿楹内书③，俟后人寻读。似古人撰著，不必皆行于世，而征文考献之士，往往即其家而访之，良以高曾规矩④，非其子姓不能述焉。吾家藏稿待锓⑤，毋虑十数种，间以其余，旁溢为艺事，皆卓卓可传。然而百年来，再厄兵氛，存者亦励（鲜）矣。数撰著。

（二十二人文章余事略）

寿考

《曲礼》曰："六十曰耆。"可以坐乡饮之席，可以享三豆之养⑥。登寿寓者，此特初阶耳。然洛下会耆英⑦，襄阳传耆旧⑧，至今为文人谈助。则六十以上，皆足占五福一畴矣。吾家始封祖以奇寿冠今古，后世纵无能济美，窃尝偻指⑨，遥稽灵椿⑩，犹不乏大年，即贞竹⑪，亦良多晚翠也。数寿考。

（五十五人长寿略）

---

① 粤祲（jīn）东指：指洪秀全反清运动。祲，不祥之气。
② 胏蠁（xīxiǎng）：比喻神灵感应。
③ 凿楹内书：同"凿楹纳书"。谓藏守书籍以传久远。
④ 高曾规矩：祖先的成法。
⑤ 锓（qǐn）：刻。
⑥ 三豆之养：《礼记·乡饮酒义》："乡饮酒之礼：六十者坐，五十者立侍，以听政役，所以明尊长也。六十者三豆，七十者四豆，八十者五豆，九十者六豆，所以明养老也。"豆，古代盛肉或其他食品的器皿，代指菜肴。
⑦ 洛下会耆英：司马光退居洛阳后，和文彦博、富弼等十三人仰慕白居易九老会的旧事，便会集洛阳的卿大夫中年龄大、德行高尚的人。他认为洛阳风俗重年龄，不重官职大小，便在资圣院建了"耆英堂"，称为"洛阳耆英会"。
⑧ 襄阳传耆旧：参见《襄阳耆旧记》，又称《襄阳耆旧传》，一般认为共五卷。其内容主要是襄阳人物的事迹。该书既可被视作掌故之书，又可谓方志之作，其中保存了襄阳乃至湖北地区在自然环境、社会、政治、经济多方面的丰富史料。
⑨ 偻（lóu）指：屈指而数。
⑩ 灵椿：传说中的神树，树龄很长，后以"灵椿"称父亲，有长寿之意。
⑪ 贞竹：即贞松慈竹简称，代指品德高尚的母亲。贞松，耐严寒，常青不凋，比喻坚贞不渝的节操。慈竹，又叫子母竹，新旧交织、高低相倚，若老少相依，常用来比喻母亲的慈爱。

节烈

愿茹荼苦,毋茹荠甘,此节概也。愿为玉碎,毋为瓦全,此烈概也。竹箭有筠①,贯四时而不改柯②易叶。志士犹难言之,故摩笄③矢志,山被荣名④;冒刃捐躯,阶衔血瘵⑤。如第曰无非无仪⑥,恶能担荷纲常哉?在室懿行⑦,亦门楣光,宜并著录。数节烈。

(十三人节烈略)

---

① 筠(yún):竹子的青皮。

② 柯:草木的枝茎。

③ 摩笄:同"磨笄"。称后妃殉国自杀。笄,古代的一种簪子,用来插住挽起的头发,或插住帽子。见《战国策·燕策一》:春秋时,赵襄子姊为代王夫人。襄子既杀代王,使人迎其妇。代王夫人曰:"以弟慢夫,非仁也;以夫怨弟,非义也。"遂磨笄自刺而死。

④ 山被荣名:赵襄子姊代王夫人磨笄自杀,代人怜之,名其地为摩笄山,在今河北省张家口市东南。

⑤ 阶衔血瘵:鲜血沁入台阶,喻女子刚烈长存。

⑥ 无非无仪:参见《诗·斯干》:"乃生女子,……无非无仪,唯酒食是议。"言女子以柔顺为德,以料理家务为行。

⑦ 懿(yì)行:善行。

义田规（江苏武进）^①

始祖镠，镠第二十子元㺬，以过被黜。㺬孙若水，宋初大臣。若水又十四传曰芝馨，元明间由潭州迁居武进之茶亭里，是为本支始迁之祖。又，义兴之夏坊、蒙山支，无锡之堠山、段庄、新安湖头支，武进之张墓、殷薛、苦竹支，及常熟、临海、台州等支，或以旧谱所载，未忍遽削，或以地近且通之故，亦并录入。

义田，固为祭祀与夫周贫穷、立义塾而设。然必祠事举而后推所余，以济以养者也。岁收所获，除办粮差外，当先葺祠宇、置祭器、时祭奠。三者备矣，则族人鳏寡孤独而无养者，给之以衣，食之以食。次而有父母兄弟，生不能娶、死不能葬者，亦有所助。其力能耕而资本不足，有不免于称贷者，则许其取贷于祠而少出息以偿之。子弟力不能延师，则助以束修^②。资质庸下者，使之粗知礼义；志趣向上者，使之殚力诗书。此其大略也。恐百亩之田不足以供浩费^③，司出入者，当思物力艰难，俟有赢余，必置出息之产，以资取给。为族人者，亦当心体祠帑，更相劝勉。祖先当祀者，思自祀之；亲属当养者，思自养之；子孙当教者，思自教之。读者刻励于芸窗^④，耕者竭力于南亩^⑤，慎勿冀仰于祠曰："我有祖宗，有祠堂祀之；我有后人，有祠堂教之；我无衣食，有祠堂给之。"如是而率以怠荒，未必不自此田始矣。吁，可戒哉！凡入祠田亩，或五年，或十年，择家道相应者，轮流经管，务使出纳惟明。又择有风裁^⑥心计者，验数填注。其伤风败俗

---

① 载于武进吴越《钱氏宗谱》（卷八）（思本堂），光绪戊子年（1888）重修。
② 束修：给教师的报酬。
③ 浩费：巨大的费用，指上述各种开支。
④ 芸窗：书斋。
⑤ 南亩：泛指农田。
⑥ 风裁：风纪。

者,虽贫莫与;读书进取者,虽富必资。年力强壮、游荡浪费者,虽亲莫恤;疲癃残疾、恳苦艰辛者,虽疏必怜。给之时,毋得徇私,有乖公议。其田租除岁歉无收,侵渔①者,鸣鼓共攻;逋欠者,通族公讨。然须宽待一分,使佃田无多求之苦,经管无赔累之虞。不然,则是田反为他日之祟矣,而何以义名哉!

_____

① 侵渔:盗窃或侵夺公众的财物。

家训（浙江嵊县剡北）^①

吴越四世孙惟演孙景纯任越州安抚使，景纯第三子奎任越州司理参军，靖康之乱时携幼子宇之避难于嵊西剡源乡瑠田，创祖祠而侨居焉。宇之生子六人，五子芝公，迁游谢乡谢岩，至十五世萧七公，元至治（1321—1323）时由谢岩迁居德政乡茶园头。

一曰孝。孝为百行之原。凡在人子，皆所当尽。虽语其极至，非可易言，而生事葬祭必诚必信，其理易晓，其事易行。行之有余，可以锡类^②；行之无伪，可以格天^③。知此而持身涉世之方，无遗恨矣。凡我宗族，各宜自勉。

二曰弟。善事兄长，厥名曰弟。立敬之始，道在能推。然或轻手足而重赀财，听妇言而乖骨肉，则角弓翩反^④，不齿^⑤人群。每有良朋，岂如同父？是故田氏有紫荆之瑞，姜肱有布被之欢。传之后世，以为美谈。吾愿子孙以此为法，勿使同气之戚互有参商，则兄爱弟敬、兄友弟恭。由是推之，而弟达乎天下矣。

三曰忠。忠之一道，原不专于事君。而事君以忠，实人臣至极之理。盖君子在朝，则笃棐^⑥靖献^⑦，不当或歉于隐微^⑧。即小人在野，而食德饮和^⑨，亦必

---

① 载于《剡北钱氏宗谱》。本训成文于光绪年间，光绪六年（1880）或光绪二十八年（1902）。1925年重修时，虽然保留了八条，但内容做了大幅度修改。

② 锡类：以善施及众人。

③ 格天：感通上天。

④ 翩反：弓之为物，张之则内向而来，弛之则反向而去。翩反表示完全相反的意思。

⑤ 不齿：不能同列。表示鄙视。

⑥ 笃棐（fěi）：忠诚辅助。

⑦ 靖献：臣下尽忠于君。

⑧ 隐微：隐约细微；犹隐私。

⑨ 食德饮和：谓以爱施人。食德，享受先人的德泽。饮和，使人感觉到自在，享受和乐。

尽心于报效。此马氏《忠经》所由，与《孝经》并列也。至若尽己之忠、人谋之忠，皆本此一念之纯诚①，随时而发见，固未有人而可以不忠者。是故圣人"四教"②，忠居其一。愿吾子孙当以此相勉焉。

四曰信。仁义礼智，非信不行。信固不止为朋友也，然自古圣人，每教人以信全交③。即一言一行，无不以此为兢兢。故曰："信以成之，君子哉。""人而无信，不知其可。"世岂有不信之人而可以同患难、托腹心、安贫贱、处富贵者乎？民无信不立，如其有之，蛮貊可行。④ 不然，虽宗族乡党，未有不弃绝之者也。

五曰礼。经礼三百，曲礼三千。⑤ 礼之为用，更仆难数。然语其大，则君臣、父子、夫妇、昆弟、朋友，各有当然之则。而论其细，则周旋、揖让、酬酢、往来，皆有不易之经。是故礼之大端有五，曰吉、凶、军、宾、嘉⑥。所以行礼者有二，曰恭与敬而已。礼之所必有，而至敬不可无，岂徒从事其末，遂足以称知礼哉？

六曰义。义者，行事之宜。见义不为，曰无勇。故有好义之功，有守义之方，有集义之学，有精义之用。义之为道，诚不可以易而言，所当为而为之则安，当为而不为则不安。知其不安，而勉强行之，以求至乎其心之所安，则于义其庶几矣。伦常日用，莫不有义。故必知之明，处之当，然后行自无窒碍⑦矣。

七曰廉。棱角峭厉⑧之为廉。而世之所称为廉者，则曰"临财无苟得⑨"。抑不思二者虽异而实同，固未有棱角峭厉之人，而贪多务得者也。盖千驷弗顾⑩，万钟⑪弗受。人固当廉以立心，而言不过辞，动不过意，⑫则人尤贵廉以律

---

① 纯诚：纯朴真诚。

② 圣人"四教"：文、行、忠、信。

③ 全交：保全友谊。

④ 出自《论语·卫灵公》："子张问行，子曰：'言忠信，行笃敬，虽蛮貊(mò)之邦，行矣。'"孔子教诲弟子子张说："说话讲忠信，行为讲笃敬，即使到了落后民族地区，也可以行得通。"后遂用为己身忠厚老实，不怕身处险地。

⑤ 经礼：指大的礼。曲礼：指小的礼。

⑥ 吉：五礼之冠，祭祀典礼。凶：哀悯吊唁忧患之礼。军：师旅操演、征伐之礼。宾：接待宾客之礼。嘉：饮宴婚冠、节庆活动之礼。

⑦ 窒碍：有障碍，行不通。

⑧ 棱角峭厉：锋芒外露。棱角，比喻人的锋芒。峭厉，严刻，严肃。出自《论语·阳货》："古之矜也廉。"句下朱熹注："廉，谓棱角峭厉。"

⑨ 临财无苟得：面对财物，不能随意占为己有。

⑩ 千驷弗顾：出自《孟子·万章上》："禄之以天下，弗顾也；系马千驷，弗视也。"意思是，即使把整个天下作为他的俸禄，他也不会回头；即使眼前有四千匹马，他也不会去看一眼。

⑪ 万钟：指优厚的俸禄。钟，古量名。

⑫ 不讲过头言辞，不做违规之事。

己。至于六计弊吏①，悉冠以廉。则居官者，更有不容忽焉。如其不廉，而放僻邪侈、卑污苟贱，殆有内不可以问心，而外不可以问世者矣。

八曰耻。耻之于人，大矣。"不耻不若人，何若人有？"自古圣贤，行己之行，全在于有耻。而色厉内荏，色取行违。无耻之人，诚不免负惭于衾影。其尤甚者，胁肩诌笑②，机械③变诈④，其人或恬不为怪。而充类至义之尽，虽穿窬之盗，亦不是过焉。是故知耻近乎勇⑤，人之迁善改过⑥，全在一"耻"字上着力。而羞恶之良心，尽人所同具。子孙而贤智，固不可放失⑦其良心；子孙而愚不肖，亦岂甘心于污下⑧哉？

以上八条，皆先民之懿训、列祖之贻谋，其旨甚约，其事甚赅。言之若易，行之实难。人能致力于此，则庶乎其可矣。爰述梗概，弁诸谱首。凡我宗族，幸各勉旃。

---

① 六计弊吏：用评判官府的六计来判断群吏的政绩。《周礼·天官冢宰·小宰》："以听官府之六计，弊群吏之治：一曰廉善，二曰廉能，三曰廉敬，四曰廉正，五曰廉法，六曰廉辨。"

② 胁肩诌笑：耸起肩膀，装出笑脸。形容诌媚逢迎的丑态。

③ 机械：机巧诈伪。《淮南子·原道训》："故机械之心，藏于胸中。"高诱注："机械，巧诈也。"

④ 变诈：诡变，巧诈。

⑤ 知耻近乎勇：知道羞耻，已经接近了勇敢。

⑥ 迁善改过：改正错误，向好的方面改进。

⑦ 放失：放纵不受约束。

⑧ 污下：卑下，鄙陋。

家训、家范（江苏溧阳霍山）①

王祖钱镠四世孙、翰林易致仕，后隐居溧阳大山里，为大山支（鹤水派）祖。钱镠六世孙、金陵太守景序，北宋年间迁至溧阳，为长林沙河之祖。七世孙恲，子孙迁溧阳吕长山，为南钱之祖。

家训十八则

一、修祠宇

祠宇者，祖宗神主所由藏，子孙昭穆所由序。祠宇不修，则昭穆虽存而序之无地，神主虽具而设之无所，何所感慨而仰祖宗之德业，何所景慕而兴子孙之孝慈？谱书虽具，世系虽明，特具文耳，其何补于实用也哉！是以凡我子孙，当以祠宇为重。东作既毕，便宜留心于此，修其墙垣，增其盖覆，风雨之害、鼠雀之残，稍见毁坏，即时修理。则为力既易，而永无废坠之患矣。

二、记坟墓

祖宗栉风沐雨，创产业以遗子孙，岂有他哉？不过望其世守坟墓而已。奈何于一二三世之间，犹能谨封树②、时奠扫而不遽遗忘。至于四五六世之后，则岁月云迈，事势不常，世远人亡，时移物换，百年荒冢知是谁何？遂至垦为田地，掘为沟渠。呜呼！其惨至此，尚忍言哉？凡我子孙，于祖宗坟墓，必先记以碑

---

① 载于《溧阳钱氏宗谱》（锦林堂），1915 年印本，裔孙鸣珂谨辑。该训约最迟修于光绪丁亥年（1887）。根据是一修族谱序言，隆庆丁卯，"重修谱牒，督责成规，使己子孙，当知祖宗积功累仁之深，创守继述之善，而贻谋于后世者，其虑致远也。"但根据谱例格式，不应早于乾隆年间。

② 封树：古代士以上的葬礼。堆土为坟，称"封"；种树作为标记，称"树"。

石，刻其上曰"某祖之墓"。则世代虽远，碑石永存，平毁之患，于兹可免。

三、时祭飨

死生人鬼，事殊理一。古人之于祖考，事死如事生，事亡如事存，职是故也。世人之切于生存而缓于死亡，虔于奉养而怠于享祀者，昧于人鬼之道耳。凡我子孙，于岁时朔望，生死忌日，必须洁俎豆，荐黍稷。竭如在之诚，致报本之敬，乃为得之。慎毋以形体既朽，有何饥寒之事，耳目既灭，有何食色之性，而怠其事也。

四、遵祖训

祖宗之为子孙谋者，无所不至。创第宅以安之，置田业以养之。而虑其不肖也，又为之立遗训以教之。然则祖宗之遗训，其可忽视乎哉？盖祖宗以老成练达之才，且经历世故之久，是以人情物理，熟察深知。凡人之所以贤愚，家之所以兴废，事之所以成败，皆身亲而目击之故。所以共知共见，列为科条，以论子孙，使知鉴戒。如其所谓善者而从之，则有若行者之求饱；如其所谓不善者而犯之，则有若赴火之必焚、蹈水之必溺。非特不敢不遵，而亦不得不遵者。凡为子孙者，读其训词，便当凛然敬畏。守其所戒，而勉其所劝，是为贤孝。苟视之为故纸，置若罔闻，则终身处于不肖之地，而他日亦何面目相见于泉下哉？

五、顺父母

一家之中，莫亲于父母，亦莫尊于父母。故欲和其家者，必先得父母之欢心，而后一家之人可得而和也。夫父母于我，生之膝下，一体而分，宜其无不我爱也。而或不然者，岂其情哉！良由平日，父母有所欲而拂之，有所为而阻之，有所爱而憎之，有所与而夺之，不能承顺父母之意。于是情相乖异①，则心相怨尤，而不孝之端自是始矣。故人子于父母，有所欲则足之，有所为则成之，有所爱则亲之，有所与则从之。于职所能，为理所可。为者罔不曲意以承顺之，庶不为忤逆之子。苟或于其爱妾后、庶子、赘婿之类，而欲阴厚②以财帛，多与以产业，即与之论辩曲直，较及锱铢。无怪乎父母之不我爱也。

---

① 乖异：指人的性情特异反常。
② 阴厚：背后、私下优待。

六、敬尊长

内而宗族,外而姻戚。乡党凡其分大者谓之尊,齿高者谓之长。在彼固有当敬之分,在我宜致尊敬之礼。我能敬人,人亦能敬我。如此则谦和之得日彰,逊悌之誉日至。苟或倚父兄之官势,伏门户之富盛,与夫学问之利达①,自立崖岸,凌忽尊长,固有为志得意满,殊不知先溺于轻薄,指而唾骂之者塞道矣。

七、睦宗族

近而同宗,远而同族。服制虽尽,始同一脉,须要视为一体。患难相救,忿争相平,喜庆相贺,内变相释,外侮相御。如此则和气既洽,祯祥骈至,无撤篱人犬之患矣。

八、和兄弟

兄弟者,一气之分。幼则相提携,长则同师友。天亲之爱,根于所性,有何不和之有?及其长也,各妻其妻,各子其子,尔我之势既分,暌违之情遂起。或以财利,或以产业,小有不均,遂生争竞,小则有言于家庭,大则致讼于官府,长枕大被之情,易而为阋墙操戈之变。呜呼!此非兄弟,乃吴越也。抑不思古语云:"难得者兄弟,易得者田地。"岂可以易得而伤其难得哉?

九、训子孙

夫子孙之贤不肖,家声之隆替因之;而父兄之教育与否,又子孙之贤不肖因之。故义方之教,实燕贻②之首务;而中材之弃,诚父兄之已甚③也夫。何今之人,恃目前之富贵,忘后日之远虑,虽有才器子孙,而亦溺于禽犊之爱,纵其骄惰之情,千里良骥,坏于奴隶。嗟夫!造化④之道,吉凶贞悔⑤,否泰循环,胜景不常,好筵易散。一旦城覆于隍,门户废坠⑥,饥寒相逼,耕则不能,读则已晚,

---

① 利达:显达。

② 燕贻:即燕诒。使子孙后代安吉。

③ 已甚:过分,过甚。

④ 造化:创造化育。

⑤ 吉凶贞悔:在我国的风水学中,以气为用,气按不同属性而分吉、凶、贞、悔。贞悔,指吉祥、幸福。

⑥ 废坠:荒废破败。

贾又无赀，或填于沟壑，或流为乞丐，其为祖宗之辱、门户之微何如哉？噫！此不独其子孙之不肖，而父兄亦不得辞其责也。凡我子孙，及今日丰亨之时，怀他日衰败之惧，其有资质者则教之，勤学问，知礼义，使穷可师儒，达可卿相，庶不堕我门户。其庸下不堪者，亦须习礼节，明农务，知勤俭，安天命，乃不忝于世家。

十、正妻妾

妻者，奉父母之命，通媒妁之言，行亲迎之礼，娶以配身，而奉祭祀、承宗祧者也。妾，则吾之所买，以广嗣息[①]、给使令耳。故妻贵而妾贱，妻尊而妾卑，不易之定分也。是以家庭之内、闺阃之间，惟妻主之，妾胜[②]虽多，服役而已。世之乱纲常者，宠爱其妾，则轻败其妻，甚而使之据妻之室，夺妻之权，行妻之事。嗟夫！家法之乱，莫甚于是。家法乱，则祸患生，衰败见矣。凡吾子孙，有子万不可娶妾。即或娶妾，亦不得宠之，使过其妻。房帏之下，大小截然，则家法立而家道隆矣。

十一、明嫡庶

嫡以统庶，庶以宗嫡，此合一之法。所以息人心之争而止其乱者，盖万世不易之定礼也。故天子之传天下，诸侯之传国，古今皆然，无敢异者。中古因之，立为宗法，于正妻首出之子名曰宗子，宗子以下诸弟及庶母所生诸兄弟，咸宗之。所宗者，嫡子也。宗之[者]，庶子也。庶人之嫡与王侯不同，无传国、传天下之事，然掌祠庙，主祭器，以统一家一族之纲纪，则亦有然者。是以冢子、庶子之分，冢妇、介妇[③]之辨，必森然而不紊。苟任私以为进退，是乱先王之法而背祖父之训也。乌乎可？

十二、择婚姻

家法之乱，每生于妇人，为其异姓之相聚也。故于娶妇之道，不可不诚，诚之如何，择其婚姻之家而已。择之云者，一择其祖宗积德之厚，德厚则余庆所

---

① 嗣息：子孙。
② 妾胜：疑为"妾媵"。
③ 冢妇、介妇：古代宗法制度称嫡长子之妻为"冢妇"，称诸子之妻为"介妇"。

及,而子女之福必隆;二择其母教之严,教严则规戒有常,而子女之性必淑;三择门户清白之家,贞洁夙成①,而子女之行必端;四择其父兄具俊伟之状、粹盎之貌、仁让之德、刚毅之风,则女子之生自美而贤、纯而正矣。盖女子之生袭父祖之气,气相聚则形必相似,而德亦相肖。古人求忠臣于孝子之门,凡以此耳。娶妇而能择是四者,则他日迎归必得贤女。苟惟贪其势利、颜色而已,几何不召牝鸡之祸乎?

十三、力农亩

耕稼为衣食之所自生,税粮之所从出,乃国家之大本,生民之常业。尽心竭力,不为贪利而害义,广收多积,不为为富而不仁,治生第一策也。凡人有安饱之乐,无匮乏之忧者,业田务本故耳。为今之计,但在储水利、厚硗薄、时耕作、垦荒废、谨盖藏,开源节流,量入为出,而谋生之道无事他求矣。至于工商之流、艺术之事,以之补助农业则可矣。若曰舍是而小道,弃本而逐末,是之谓不知务。

十四、省冗费

财之生,亦甚难矣。其生之也甚难,则其用之也亦不可易。且如天下之财,不过布帛菽粟②。其于金银钱楮③之类,不过假此以行其布帛菽粟。故布帛菽粟咸出于农,而农夫所获自仰事俯育之外,其所赢余能有几何? 财之所生不亦难乎? 而顾以其难得之财,供其不经之用,又何异于铸金弹雀④,烧蜡代薪⑤者耶? 故善理财者,尺布斗粟不轻费。出如衣帛食肉,上于父母,下而妻子,则使无冻馁而已。宾客之需,称家有无,不须勉强。祭祀岁有常数,婚丧礼有常经⑥,张乐设筵,无故弗为;诵经修斋,理不足信。宫室车马无嫌于质朴,冠服器用无嫌于省约,则藏有余财而用罔不足矣。

---

① 夙成:早成。

② 布帛菽粟:指生活必需品。比喻极平常而又不可缺少的东西。

③ 楮(chǔ):指宋、金、元时发行的"会子""宝券"等纸币。因其多用楮皮纸制成,故名。后亦泛指一般的纸币。

④ 铸金弹雀:以铜、锡等金属铸丸打雀鸟。

⑤ 烧蜡代薪:用蜡烛来代替木柴燃烧。形容奢侈浪费。

⑥ 常经:通常的行事方式,常规。

十五、戒争讼

争讼之端，或起于忿怒，或起于财产，不过借此以泄其忿、利其财耳。殊不知，一经官司，胜负未期，轻则受缧绁之辱①，重则遭桎梏之苦。纵使忿可泄、利可取，吾恐所得不偿所失。谚云："小小争差莫若休，不经府县便经州。乞敲乞打赔茶饭，赢得猫儿卖了牛。"②是以君子贵容忍。凡我子孙，遇事三思，勿听刁唆，以致倾家，重贻后悔。

十六、毋赌博

赌博之事，非生财之方；赌博之人，非成家之子。此事之不可为而党之不可入者。苟误入于此，袒裼③呼卢，言语无状，倾囊为注，亡身及家，共呼赌贼。玷辱祖宗，莫甚于此。

十七、积阴德

先正云："积金以遗子孙，子孙未必能守；积书以遗子孙，子孙未必能读。不如积阴德于冥冥之中，以为子孙长久之计。"④世之人未之信也，以积金为佳谋，积书为良策。而于阴德，反以为天道甚远，未必即报。及其身没之后，而产业罄为他人所有，而子孙流为奴隶矣。嗟夫！其积金乎，积阴德乎？阴德者何？积善于人所不见之地，施恩于物所不报之间。蛇，毒物也，而叔敖埋之⑤；蚁，微命也，而宋郊渡之⑥。随事开方便之门，遇物体好生之德，此阴德也。积之云者，非以祈天地之佑、鬼神之福。然一念之善，吾心之生机也，充之而有回阳换骨之力；一善之行，吾身之生路也，辟之而有修身立命之功。吾之子孙果能此，则人

---

① 缧绁（léixiè）之辱：身居牢狱的耻辱。缧绁，拘系犯人的绳索。引申为囚禁。

② 参见清钱德苍辑《解人颐》："些小争差莫若休，不经府县与经州。费钱吃打陪茶酒，赢得猫儿卖了牛。"

③ 袒裼（tǎnxī）：脱去上衣，露出肢体。

④ 出自《司马温公家训》。

⑤ 叔敖埋蛇：孙叔敖幼年的时候，出去游玩，看见一条两头蛇，就把它杀死后埋了起来。他一边哭一边回家。他的母亲问他哭泣的原因。孙叔敖回答道："我听说看见长两只头的蛇的人必死。我刚刚就见到了两头蛇，恐怕要离开母亲您而去了。"他母亲问："蛇现在哪里？"孙叔敖说："我担心别人又看见它，就把它杀掉埋起来了。"他母亲对他说："我听说积有阴德的人，上天会降福于他，所以你不会死的。"等到孙叔敖长大成人后，做了楚国的令尹，还没上任，人们就已经相信他是个仁慈的人了。

⑥ 宋郊渡蚁：传说宋朝的宋郊曾从水潦里救起许多蚂蚁，后来蚂蚁助其中了状元。比喻多做善事，会得到好的报答。

人积之,其善无积;世世积之,其福无疆。将来之盛,吾不知其当何如也!

十八、勤输纳

朝廷养练士马,驱逐戎寇,为我除贼害也。选用文武,删述律令,为我禁强暴也。兴立学校,开科贡举,为我成德业也。夫除我贼害、禁我强暴、成我德业,而我得以从容安于深耕易耨之事,优游暇逸于仰事俯育之间矣。况士马之刍粮,文武之俸禄,科举之用度,为我费也。则粮税之自我供者,还为我用之,尚可劳其催征,待其追呼耶?世之延捱迟滞,以希赦宥,此其罪不容戮,天地鬼神岂祐之哉?更可虑者,日复一日,年复一年,一以积十,十以积百,倘不遇赦,立押全完,势必尽弃其产,尚不足以完其正供。披枷带锁,徒受鞭扑,至于手足无措,悔不及时,零星早纳,亦已晚矣。凡我子孙,夏税秋粮,先期完纳,保全家室,毋自累以累官府,庶可为良百姓矣。

家范十八则

一、事君上

君者,民之父母也。吾等虽不能立朝佐治,凡在食毛践土①者,莫不沾其恩泽。故凡粟米之征,布缕之征,以下奉上,先公后私,民之职也。各宜依限完纳,毋致追呼之扰。倘不知国课之当重,任情延缓,致令剥啄②叩门,诛求索诈,无名之供反浮于应纳之数,而所未完者仍不能宽贷,何乐为此?爰首明其戒,为吾族警之。

二、敦孝行

百行莫先于孝,古人言之详矣。夫孝道有二:一要安父母之心。凡人之生子,悉望其为善人,行善事,成家立业,裕后光前③。为人子者,当守《内则》④《幼

---

① 食毛践土:吃的食物和居住的土地都是国君所有。封建官吏用以表示感戴君主的恩德。
② 剥啄:象声词。敲门。
③ 裕后光前:为后人造福,给前辈增光。
④ 《内则》:《礼记》篇名。内容为妇女在家庭内必须遵守的规范和准则。

仪诸训》[①]，毋罹刑法，贻父母辱；毋招怨尤，为父母忧。父母所爱亦爱之，父母所敬亦敬之。晨昏必省，出入必告，怡声下气，无所违逆，则父母之心安矣。一要养父母之身。孔子云："今之孝者，是谓能养。"是养亲亦孝之一端也。人子处境，贫富不同，或丰或俭，当量力而行之。兄弟分爨之后，切勿以父母为公堂之人，不肯多养一日。假如父母只是生我一个，更何所推诿？旨甘[②]必奉，寒燠[③]必问，出入扶持，则父母之身安矣。"天下无不是底父母。"父母倘有所憎恶，严加扑责，则子当和颜悦色，起敬起孝。父母虽严，未有不转恶为爱者。至于晚继嫡庶之分，易生疑忌，尤当曲致其情，始终不渝，有事则代劳，有疾则调治。父母殁，则丧葬尽礼，祭祀必诚，始得免不孝之罪。凡族中有忤逆不孝者，宗长宜重惩之，俾自改悔。若怙终不悛，则会同族老，送官究治，毋容轻恕。

三、笃友于

长枕大被[④]，天子且然；让枣推梨[⑤]，昔人所重。是以相好无尤，诗人善颂而善祷也。世之人往往始于友爱而终于睽违[⑥]者，或妇言是听，或财产是争。小则分财各爨，大则构祸兴讼，败化伤伦，莫甚于此。昔张公艺九世同居，凡事惟有一忍；浦江郑氏十世同居，惟不听妇人言：是真治家良法也。凡我族中兄弟，当念同胞手足之情，时加亲爱，勿听妇女之言，勿中小人之间，同心一气，有无相恤，患难相救。兄必友，弟必恭，则和气致祥，时人交重。至于异母兄弟，总系一父所生，切不可因嫡庶前后之分，妄生猜忌。且构衅阋墙，外侮立至，振古如兹[⑦]，不可不深戒也。族中有不弟者，审其轻重惩治，毋得徇庇。

---

① 《幼仪诸训》：出自方孝孺《幼仪杂箴》。
② 旨甘：美好的食物。常指养亲的食品。
③ 寒燠（yù）：冷暖。
④ 长枕大被：长形的枕头，宽大的被褥。比喻兄弟友爱。出自《新唐书·让皇帝宪传》："玄宗为太子，尝制大衾长枕，将与诸王共之。"
⑤ 让枣推梨：指小儿推让食物的典故。比喻兄弟友爱。出自《南史·王泰传》："年数岁时，祖母集诸孙侄，散枣栗于床。群儿竞之，泰独不取。"《后汉书·孔融传》注引《融家传》："年四岁时，每与诸兄共食梨，融辄引小者。"
⑥ 睽违：分离。
⑦ 振古如兹：自古以来就是这样。

四、劝刑于

富家之吉,利应女贞①;《关雎》起化,有自来也。然妇女无知,气习②多偏,惟赖夫纲独振,始得整肃家风。故凡于新婚之时,即当审察其性情而示以正道。若夫偏溺柔情,英雄短气,以致牝鸡司晨,颠之倒之,则所谓恶妇破家,非细故③也。须以宽厚有余、积善积福之事,时时开导,至于孝顺翁姑、敬重丈夫、调和妯娌、宽兹御下、笃厚邻族,件件分明指点,设法以范之,正身以化之,庶乎有益。

五、睦宗族

周之宗盟,异姓为后;鲁之开国,展亲④为先。凡我子孙,后嗣日繁,皆受祖宗荫庇。倘遇族人轻傲倨慢,不相亲爱,轻视族人,即轻视祖宗矣。我钱氏各支分居,地虽相隔,情则相亲。务宜息小忿,御外侮,通有无,问疾苦,扶微弱,恤孤寡。倘不肖子孙视骨肉如涂人,结外姓为腹心,鸣鼓而攻之可也。

六、择师友

发明义理,指引迷涂⑤者,师之功也。渐摩⑥砥砺,忠告善道者,友之功也。故凡教育子弟者,必择端方纯粹之师,直谅多闻之友,与之薰陶涵养,则子弟日进矣。不然,比匪之伤,可无戒乎?故师道尊于君父,良友比于金兰,不可不重也。"蓬生麻中,不扶自直;白沙在泥,不染自黑"。吾族尚其慎之。

七、教子孙

父兄之教不先,子弟之率不谨,子孙之成败,家门之兴废,全凭教训。而教之必自幼始,幼则天性未漓⑦,有真无伪,言行举动易于成习,所以古人谨胎教,端蒙养也。今人狃于溺爱,幼时畏其号啼,有求必得,诱其欢笑,无物不陈,骄惯

---

① 利应女贞:适宜女子正固。
② 气习:习气,性情。
③ 细故:无关紧要的小事。
④ 展亲:谓重视亲族的情分。
⑤ 迷涂:迷途。
⑥ 渐摩:浸润,教育感化。
⑦ 漓:丧失。

之余，全无禁忌。稍长则逾闲荡检[1]，听其所为，渐至废家荡业，甚而败行辱先。为父母者悔之何及？族中生子，能言之日，教其应对；能行之日，教其进退。尊卑有礼，长幼有序。子孙之聪明俊轶者，教之读书明理，穷可修身善俗，达可显亲扬名。愚顽鲁钝者，量其才力所能，教以各安生理，俾之习礼节、知勤俭、顾廉耻、守法度，可以全身保家而无忝厥祖[2]。

八、端身教

欲正家者，必先正身。故以言教者讼，以身教者从，理固然也。若长上先是不正，即坚圣贤道理，逐日训诲子弟，闻之能不反唇相稽乎？凡族中为长者，须先自己立正言，行正道，亲近正人，以为儿孙榜样。崇节俭为守业之常规，尚礼义为修身之要诀，勿作非义事，勿道非法言，勿畜非礼书，勿置无用器。至于招引匪类、掷雉呼卢、不安本分、贪吃懒做，皆败家之事，尤不可为子弟法。古人云："但留好样与儿孙。"[3]不可不谨。

九、谨闺训

在家子弟固不可不教，而女子为他人妇，教之尤不可缓。凡族中生女者，当自幼防闲，教以敬舅姑、礼丈夫、谐妯娌，以至针指蚕织、井臼烹饪，必使之身历其勤，则嫁至人家，自然共称贤淑。若溺爱不明，任其惰偷，身骨轻佻，笑言无忌，则嫁与人家，必然骄傲性成。而且舞唇弄舌，上则辱及父母，下则自玷其身，妇道之不循，母教之不预也。有女子者，戒之慎之。

十、严内外

凡为堂室，必严内外，所以别男女避嫌疑也。居乡田作，往往不能严内外。始则男女混杂，出入无忌；终则丑名扬播，欲盖弥彰者多矣。是故男位乎外，女位乎内；男子昼无故不处私室，妇人无故不窥中门；女子夜行无烛则止，男子升堂[4]必扬其声：皆古礼也，子孙宜谨守之。雇工一至，即明明指示：内外家中、

---

① 逾闲荡检：越出法度，不遵守道德规范。
② 无忝厥祖：指不玷辱，不羞愧有功之祖。
③ 出自袁崇焕撰宗祠联："心术不可得罪于天地，言行要留好样与儿孙。"
④ 升堂：登上厅堂。

夹路①厨房、外边收场砻②米，男女喧杂，最要关心。即平日亲戚村邻，男妇交谈聚话，嬉笑无度，都非正道，不可不一一戒斥。至于僧道及三姑六婆，最易为奸，俱不可容其入门。而妇女烧香看戏、浓妆艳服、相率成群，皆今时恶习，并宜禁绝。犯者，罪坐夫男。

十一、慎嫁娶

"娶媳求淑女，嫁女择贤婿"，朱柏庐先生之训详矣。然其美恶之分，未易真知。偶一缔结姻眷往来，人品之邪正因之，门户之盛衰因之，古人所以重择配也。然择婿择配不可徒贪财势，不可徒倚门楣，必须清白之家，门户相当者。其祖考有忠厚遗风，父兄有端方善行，一切母仪闺训确见有可取者，方许联姻。俗云："择婿先择媒。"此语确有至理。媒而正，断不往来于匪僻之家；媒而不正，断难交通于端方之士，是择媒尤为要着也。至世俗因丧嫁娶，律有明条而冒昧行之者，往往而有，稍知自爱者，断宜禁绝。且婚姻正始而凶嘉错杂，亦断非雎麟③瑞气所钟矣。

十二、重实行

忠臣孝子，代有表章，潜德幽光，岂容湮没？凡我族中有一善足称，一行可纪，及有功于祖者，见闻既确，必书其嘉言懿行，垂示后昆④。至媚妇抚孤守节，尤为难能，宜特为立传。如有孝子悌弟、义夫节妇，确有实迹，未经旌奖者，本房房长告知宗长，会同亲邻，公请县令学师⑤，申宪⑥请旌⑦，以示鼓励。

十三、专恒业

士农工商，四民正业，皆足以事父母，畜妻子，成家立业，但不可见异思迁，以致百无一就。为农者，乘时播种，竭力耕耘，督率子弟无荒于嬉，则力田逢年，

---

① 夹路：狭窄通道，如连廊之类。
② 砻(lóng)：磨。
③ 雎麟：对婚姻的美好祝福。雎，指《诗经·周南·关雎》，是一首爱情诗歌。麟，指《诗经·国风·麟之趾》，是一首祝福多子多孙，子孙品德高尚的诗歌。
④ 后昆：后代，后嗣。
⑤ 学师：州、府、县学学官。
⑥ 申宪：呈报。
⑦ 请旌：向朝廷请求表扬。

自致仓箱①之庆。士商工贾皆须如此，专心方能成业。若一心兼营二术，卤莽灭裂，终无所成。况本业一专，匪僻之心无由而入，天道亦喜此谋生正理而默佑之矣。

十四、杜争讼

睦族展亲，必惩小忿；恃强好讼，必致终凶。况近在同宗，乃祖先一本之谊。即远在异姓，亦平昔相与之亲，何忍戈矛相向？乃世之人，往往因一朝之忿成莫解之仇，伤族谊，费钱财，至于两败俱伤，悔之何及？凡我子孙，各宜修省，毋兴讼端，毋蹈覆辙。若同族扛帮，闻者察出，加罪。

十五、禁赌博

财者，养命之源，亦一身之血脉也。祖宗创业艰难，谁不望后人克守遗绪②？乃有等不肖子孙，呼朋引类，掷色由吾，终日赌博，轻弃钱财，抛荒产业，遂至鬻田卖地，祭祀不举，饥寒交迫，不顾廉耻，甚至穿壁逾墙③，残身害命，诚可叹也。

夫不肖之端非一，而赌尤甚。见人财物，辄思白手博取，败坏心术，不肖一也。窜伏类鼠，狂呼类狗，昼夜昏迷，为鬼为蜮，不肖二也。狎昵匪类，畏近正人，不肖三也。抛弃岁时，旷废职业，不肖四也。且有五祸：中人之产一掷而倾，流落等于乞丐，饿死而人不怜，一也。锱铢之细，怒骂相加，口不择言，辱及父母，甚至挥拳攘臂，毁体裂肤，二也。赌者多非同类，见利即合，或胥役侵盗官帑④，事发干连，百喙⑤难辨，祸且不测，三也。昼夜栖宿赌场，弃妻孥而不顾，以致门户不谨，多致丑声，四也。寒暑弗知，疲耗精神，冻馁交加，贪嗔并作，一撄⑥疾病，卢扁⑦难治，五也。钱财既尽，思为盗贼，败名丧德，无不由之。凡我族中有见知赌博者，当时呵斥，即取赌具，告其父兄，令之自举，依例责处。如知

---

① 仓箱：喻丰收。出自《诗经·小雅·甫田》："乃求千斯仓，乃求万斯箱。"意为丰收后，求"千仓以处，万车（箱）以载。"

② 遗绪：前人留下的产业。

③ 穿壁逾墙：指偷窃行为。

④ 官帑：国库；国库里的钱财。

⑤ 百喙（huì）：百口。

⑥ 撄（yīng）：招致。

⑦ 卢扁：即古代名医扁鹊。因家在卢国，故名。

而不告，即以同赌之罪加之。庶几互相觉察，不忍坐视子弟之陷溺①也。

十六、葺祠宇

祠宇者，祖宗神灵之所栖，子孙昭穆之所由序，尊祖敬宗、报本追远之情所由达。今之世家，莫不重此。然创建者经营艰难，而怠玩者任其颓废，非持久之道也。凡我子孙，当以祠宇为重，及时修葺，则为力②既易，永无废坠之患矣。

十七、诚祭享

凡祭祀，皆为报本，非为祈福。然夫子尝云"祭则受福"③，何也？盖圣人平日清明在躬，气志如神，④本可与鬼神合其吉凶⑤，而临祭之时又精诚专悫⑥，足以感格神明，故能受福也。若夫粢盛不洁，衣冠不整，临祭而跛倚⑦，对越⑧而喧哗，则祖考之灵爽，何能感通交接，来格⑨来歆⑩也？凡我子孙，当一心斋肃⑪，事死如生，洋洋乎，如在其上，如在其左右，则庶乎可以受福矣。

十八、记坟墓

茔墓者，祖宗体魄所安，孝子慈孙所思，世守而不忘者也。然岁月云迈，事势不常，一失查考，下同荒冢。且时移世易，或至垦为田地，掘为沟渠者，何可胜道？凡我子孙，于祖宗茔墓，不论远近，当树碑墓前，刻曰"某祖之墓"，旁载四止弓数，以防侵占。则世代虽远，碑石永存。清明节飘钱化纸，必率子弟亲往修筑，庶不至坍坏。

---

① 陷溺：沉迷。
② 为力：出力，尽力。
③ 祭则受福：祭祀者通过祭礼的活动，自己可以得到福报。
④ 孔子有澄澈之心，光明之心。他的气质和心志也是澄澈而光明的，如同神明一般。
⑤ 与鬼神合其吉凶：与鬼神的吉凶相契合。
⑥ 专悫：专诚笃实。
⑦ 跛倚(bǒyǐ)：站立歪斜不正，倚靠于物。指不端庄的样子。
⑧ 对越：祭祀。
⑨ 来格：来临，到来。
⑩ 来歆：鬼神前来接受祭祀。
⑪ 斋肃：庄重敬慎。

祠规、族规（湖北武昌）[①]

武昌始祖忠，明洪武三年（1370）从江西湖口五柳乡迁至楚，开辟武昌钱氏在江夏的一方天地。先祖三畏公，于康熙五十六年（1717）步访临安、天台等地，首创《会通》，后二修并创建祠堂、学堂。

祠规十八则

一、旧制有族长、族正、支正（即户首）之设。今仍其法，通族立族长一人，以齿德俱尊、声望为众所服者任之。族正两人，支正六人（旁支附入者，别派支正）。以公正廉明、勤慎能耐劳者任之，皆常设。遇大事会商，则每支别选参议一人，以公正、明事理者任之，不常设。其选举族长、族正，由各族集议，支正、参议由各支自议，均仿泰西举议员之法，以占数多寡定去取。旧时支正挨房轮班之制，宜永革。支正三年一易，无人可易，许留办。族长、族正非有大故不更。此外，设书记一人，以勤慎廉明，通晓文理、书算者任之。亦久于其职，非大故不更。守役一人，以愿谨劳耐苦、有保证者任之。书记、守役皆给俸，常住祠。余不住祠。经费拙时，书记可以族长一人兼摄。

以上职司，唯守役可用外姓。自书记以上，异姓入嗣者，虽富贵不得入选。违者罚举主，循隐[②]者同罪。

二、本祠现有财产，皆秀禄公子孙累世经营，始获积成此数。凡旁支附入

---

① 载于湖北武昌《钱氏家乘》，2009 年印本，钱有巧汇编。本规为光绪三十三年（1907）桂笙再次创修时所立。

② 循隐：徇私隐瞒。

者,既未尝捐助毫末,则嗣后虽有非常事故,祠中公项不准挪用分文。一切收支存放之事,亦不得令经手管理。倘违议强争,即擯之出祠,谱中亦为削籍。本族人如违众徇私,擅将公款与彼等管理,即借端挪用,许各族公同议罚。

旁支如捐款入祠,数在三百金以上者,载诸谱牒,一切权利许与秀禄公子孙一律享受。

三、族长主持一切,裁判失当,咎在族长。小则记过(记过之法:书条张贴祠内,言谋事裁判失当,记过一次,俾众周之,以示警惩),大则斥退。族正董率一切,督催不勤,咎在族正,议罚如上。支正经理一切,奉行不力,咎在支正,议罚如上。参议纠驳一切,若唯诺随众或挟私排抗,皆为失职,即斥退别选。书记记载一切,若蒙混不清或简略未备,亦为失职,小则记过,大则斥退。守役奔走,看管一切,失职则另易。(以上失职议罚之人,概不准讨情姑宽,违者同罚)

四、祠中诸司皆为办公而设,若各分私事非,违犯后列家训者,族长以下概不得出面干涉。事主亦不准擅开祖祠,求长、正为之担任办理。公项尤不可丝毫挪用,违者议罚。

五、各族大众(祠中无职司者),有选举职司、司稽弊渎之权,无入祠议事办公之权。盖既举有长、正参议,则族长、族正为一族之代表。支正参议为各支之代表,诸人议定之事,即为各族认可之事。不得任意阻挠,唯所议之事,支正参议必先期布告本支,使人人共悉,违者议罚。

六、祠中议事,在职诸人宜各抒所见,尽言无隐。依违两可①者,罚。挟私排抗者,罚。其是非可否,均三占人二,以占数多者为定数。均听族长依理决断,议定之后即不得再有更张。其办事各有专责,不得引职外之人以为扶助。职外者亦不准妄行干预,违者各议罚。

七、在职诸人如舞弊营私,查出除斥退革易外,得贿者加十倍罚款充公。若无贿者可计,即照本事加等估量,勒令罚款。同人有稽查之责,或贸然无知,或知而不言,皆当议罚。小则记过,大则斥退。其职外诸人,有因丝为奸②、借端索诈者,除加等议罚外,并笞责示惩罚。一切奸弊,皆许各族大众随时揭告。

八、祠中产约、佃字、粮券、器物清单、款项、籍簿皆宜存储,以备查考。凡有废兴改易,随时登载。每值支正退易之年,新旧交代,大众必通行检查一次,

①　依违两可:模棱两可。
②　因丝为奸:疑为"因缘为奸",意指互相勾结干坏事。

以防奸弊。产业必履勘，钱漕必核对，器物、款项必点交。一有不符，即宜根究明澈。新支正不准含混承领，违者议罚。其每年出入账目仍照旧例核算（田赋无契、券，以谱为据）。

九、孝子顺孙、贞女节妇，朝廷所旌，宗族尤宜敬礼。如有孤贫无依及殁不能埋葬者，本祠筹给公项，加意存恤，并令书记详细记录事绩①，以备有司采访、家族修谱之用。

十、旧制应试，获隽之士，祠中皆有帮费。今科举既停，此项自宜裁除。唯孤贫子弟有志读书，或欲肄业学堂，苦无资费，本祠仍酌给公项以资津贴。俟经费充足，义塾设立之后，即行截止。

十一、男女幼丁，流落无归，至鬻身为人奴婢者，《三畏公家训》本有祖祠筹资代赎之例，今仍遵行。

十二、祠中诸义举（如义塾、义仓一切公益之事）及前志建置未备之事，经费稍裕，在职诸人即当次第筹办，否则以失职论，公同议罚（此议各族主之）。

十三、旧时冗费宜逐件铲除，唯遇兴造大端，在职诸人实著劳绩，不可不酌给薪俸以示奖励。

十四、祠中祭产，旧制不准本族耕种，其法实在确难行。今议无论何姓存佃，皆须有殷实保户，情甘赔执者，方许给种。尤必在职诸人公同认可，一二人不得私相授受。唯公项仍尊旧制，本族不许借贷他姓。借贷保户认可之法，亦如祭产，本族有霸种、抗租、强贷不还者，送官严惩。

十五、旧制，祠中公项皆支正分掌，其弊甚大。今议于在职公举一殷实廉正者，专管收存，无论岁入多寡，都由应录入账。经手之人有亏空，责令照数赔偿，余人不得干预。若截留不缴，即以侵蚀论罚。唯支用账目报书记登载，收存者不得兼摄。

十六、每岁公项出入款目，在职诸人务于盘账前十日开列清单，分送各支并张贴祠门，俾大众咸览，以示大信而资考核，违者议罚。

十七、祠墓修葺，无定期，亦无定款。一有倾圮，即宜会议整理。坐视者，长正诸人皆议罚。

十八、祠中不得积杂物（本祠公物不在此论）、住宿杂人，祠外隙地、园林、

---

① 事绩：指前述孝子、节妇的感人事迹。

树木,不准开掘砍伐(祖墓同禁),此皆守役之责。违禁即革退。在职诸人亦宜以时巡查,勿任疏懈。

族规二十则

一、每支各房立房长一人,约束后辈。有不孝不悌、干犯尊长及为悖理乱伦之事者,该房长报闻在职诸人,扭至祖祠,小则笞责,大则逐令出户,永远不准入谱。不服,则送官治罪。房长隐匿者,查出议罚。

二、妇女不孝翁姑、不敬夫婿,辱言尊长及泼悍淫妒,有实事可据者,许房长报闻在职诸人,扭至祖祠,鞭责不贷。本夫亦公议惩罚。不服,则送官治罪(《三畏公家训》有休出之例。罪重者,准其酌行)。

三、士农工商各有本业,若游惰,自甘流为痞恶及作奸犯科,为害里□,许房长据实报闻,扭至祖祠,严加训饬。再三不悛,则逐令出户,永远不准入谱。若所犯重大(奸、拐、窃、盗之类),即时逐出,并禀官存案。房长隐匿者,议罚。

四、近世邪教会当所在皆是,愚民被其煽惑,变良为莠,危害最巨。本族有误入其中者,许通族人等随时举发,勒令弃邪归正,不从则禀官存案,并令出户,永远不准入谱。

五、开场聚赌,演唱淫戏,皆国律所禁。本族各支有犯此者,加等惩罚。不服,则送官治罪。支正、房长隐匿者,同坐。

六、乡党恶习有二,曰械斗,曰打抢。械斗者,两姓纠众,持械相斗,争一时之胜负者也。其衅多起于灯戏,他事亦间有之。打抢者,纠众打毁房室,抢劫财物,泄一时之仇怨者也。其事必缘于命、盗两案,二者律禁尤严,而愚民无知,往往以此嫁祸,败产倾家,戕生殒命,甚者殃及各族而不悟,何其悖也! 本族有犯此者,无论事理曲直,皆严惩不贷。纠首者送官,随从罚款。房长、支正皆议处(支正非同村者,免议)。若一支有事,旁支不能劝阻,反出力帮扛者,加等严治(凡纠党聚众之事,皆干律禁,犯者必罚)。

七、族人因事忿争,小者宜及时消释,勿伤和气。大者投鸣长、正,在祖祠秉公理处,不得擅自兴讼。必案情过重,本祠不能私了,方许禀官。违者,罚原告不贷。

八、异姓为后，例所不禁。本族有外姓入继者，回宗与否，皆听其便。唯出继外姓，三代后必令回宗，违者议罚。异姓为后，以有服之亲，女婿、外甥、内侄为正。无服者皆系养子，养子不可谓之后，本身即宜回宗，不必俟三代也。吾族先辈未有达礼者，谱中所载，淆混已久，无可究诘，嗣后宜有分别。

九、老而无子，例许立他人之子为后。唯无论同姓异姓，皆宜告之户首、族正。在祖祠书立嗣书，登载草谱，庶将来有所稽考，且以杜渎宗①争继之弊。出嗣外姓者亦然。若事主隐匿不报，房长、户首知而不言，一经查觉，皆严惩不贷。

十、立后之制，以本支有服者为正。若服内无人可立，则同宗无服之人与异姓有服之亲，其分皆相等。立贤立爱听本夫妇自择，他人不得强争。违者，送祖祠议罚。

十一、立本支之后，以服制亲疏为序，服等则立贤立爱，听本夫妇自择。强争者，送祖祠议罚（上二条皆为生存自欲立后者言之）。

十二、长子不可为人后，独子不可为人后。独子系兄弟之子可兼祧，不可为后。非兄弟之子不可兼祧。强争者，均送祖祠议罚。

十三、凡已立后与未立后，而其人本支服内有可以为后之人者，所遗产业，本支人不得擅行瓜分。已立后则全归为后者承受，未立后则由房长会同支正、族正、族长为之择贤立后。如本支服内无人可立与有可立而其人不愿为后，则遗产全数入祠充公。强争者，不论有服无服，皆议罚（凡为已故者立后，非期服侄不得援兼祧之）。

十四、凡有后可立而其不欲立后，愿以产业入祠者，虽期服之亲，不得阻止，违者议罚。

十五、凡为已故者立后，本支服内无人，则女婿亦可承嗣（必女在，则可），所谓有女不为绝也。若婿不愿为后，则遗产全数充公。

十六、强嫁制妇，律有明禁。本族有夫死，妇愿守节，而舅姑、尊长及亲属人等逼令改嫁者，许该房长投鸣族长、族正、支正，严惩不贷。

十七、寡妇坐堂招夫，必实因为事畜②计，情不得已，方许从此俗例。无翁姑、子息或虽有而不可劳该妇事畜者，不得借口，违者议罚。唯前夫产业，亲属、

---

① 渎宗：轻慢宗族。
② 事畜："仰事俯畜"的略称。谓养老抚幼，维持家庭生计。

房长必令全数开报，异时后夫之子丝毫不得分占。后夫及后夫之子尤不可改冒姓氏，蒙混乱宗。若后夫无子，亦不准以前夫之子改姓为嗣。违者，夫妇逐出，亲属、房长并议罚。

十八、凡坐招者，舅姑既殁，子已成立，该妇即宜出堂随后夫。妇其本过（后夫殁，即随夫之子归宗），若前夫之子情愿留养，则听其便。唯殁后不得入葬祖山，尤不得与前夫同垗。违者，前夫之子议罚。

十九、各支并宜筹集资费，以备本支公益之用。其公益如延师以教子弟，积款以防凶荒，修筑塘堰、堤圩以备水旱，蓄禁林木、坟墓以培风水……其他一切善举，指不胜屈，各择切要，量财力大小，次第为之。唯此基公费不得用以演戏闹灯及凡无益之事，违者，支正、房长并议罚。其筹集之方，各因地制宜，本祠不为预定。此事最关紧要。现值朝廷改行新政，一切自制①之事，皆就地筹款。吾族岂能独免？若不先为预备，将来必难应付裕如。前明，我族六分同居时，祖辈置有公田，一石数斗以应差役。此良法也，各支宜仿行之。

二十、同宗共祖，皆一本所发生。我族每支之中，凡共居一村者，有不肖子弟，长老宜为训导。同辈宜相规劝（不服者可告明支正、房长或族正、族长，责以家法）。一切是非口角，宜相忍相让。遇急难之事，宜彼此照顾。富者助财，贫者助力。同支有穷老孤幼、废疾无依者，宜设法周恤。决不可各怀私见，视同陌路。果能如此，其人必为祖宗所佑。一支如此，一支必兴，一族如此，族运必转，乃自然之理也。族众勉之。

---

① 制：应为"治"。

家规（江苏常州牛塘）①

绍祖系自忠懿王，后而籍嘉湖。至九世孙渊，字士深，因宦晋陵，偕其仲士清公源、季士□公远而迁居于常焉。其后渊居新塘、源居升西、远居迎春。始迁祖十二世孙致显，约于清代迁牛塘并建祠修谱。

《吕氏童蒙训》曰："事君如事亲，事官长如事兄，与同僚如家人，待群吏如奴仆，爱百姓如妻子，处官事如家事，然后能尽吾之心。如有毫末不至，皆吾心有所未尽也。"又曰："当官之法惟有三事，曰清，曰慎，曰勤。"知此三者，则知所以持身矣。

家王武肃受封于唐，忠懿纳土于宋。世笃忠纯，后先济美②。宋高宗尝御书"忠孝之家"四大字，赐我荣国公，鸿奖前贤，即示后昆秄式，意深远矣。近若大竹、黄冈二公而降，曾大父伊阳公、族祖莆田公、诸父永北公，皆以任重亲民、存心康济、政绩具存载诸志传。企曾③叨祖父之余荫，稍遂显扬。荷国家之厚恩，未能报称。愿偕族属，毋坠家声，共以忠孝自勉。虽在草莽，境殊而分一也。即如国课早完，急公趋事，具此尊君亲上之忱，何莫非④匪懈靖共⑤之本，为良民，为善士，为循吏，一以贯之，庶不愧先人慎勤报国、清白传家之意云尔。

旧谱有云，先世曾建"清白传家"之堂，垂训子姓。

---

① 载于常州《牛塘钱氏族谱》（种德堂），光绪三十二年（1906）重修。钱福卿等 2018 年重修。
② 后先济美：在前人的基础上发扬光大。
③ 企曾：人名。应为本文作者。
④ 何莫非：什么不，谁不，哪里不。
⑤ 匪懈靖共：恭谨地奉守，不懈怠。共，通"恭"。

横渠先生①曰：《斯干》诗言："兄及弟矣，式相好矣，无相犹矣。"言兄弟宜相好，不要相学。犹，似也。人情大抵患在施之不见报则辍，故恩不能终。不要相学，己施之而已。

晦庵先生②曰：父兄有爱其子弟之心者，当为求明师良友，使之究义理之指归③，而习为孝弟训谨之行，以诚其身而已。［禄］爵之不至，名誉之不闻，非所忧也。

横渠先生曰：舜之事亲，有不悦者，为父顽母嚚，不近人情。若中人之性，其爱恶略无害理，姑必顺之。亲之故旧，所喜者当极力招致，以悦其亲。凡于父母宾客之奉，必极力营办，亦不计家之有无。然为养又须使不知其勉强劳苦，苟使见其为而不易，则亦不安矣。

罗仲素④论"瞽瞍厎豫，而天下之为父子者定"云："只为天下无不是底父母。"

圣朝孝治天下，率土臣民罔不向化，矧吾钱氏孝谨素闻。江东列祖，贵章公少而失怙，事母以孝闻。师宝公尝语人曰："用天之道，因地之利，谨身节用以养父母。此圣人之至行也。吾庶几焉。"是皆无愧循陔⑤之义，用宏锡类之仁。至若武肃王之侍祖疾也，尝药求医，尽王公之大孝；居父丧也，殒身泣血，极人子之至情。既事生以养志，亦送死而慎终，远溯清芬，长留风矩⑥。凡我族人，永宜奉为家宝，务得欢心，以成顺德。果无间于人言，将必膺夫旌典⑦。不然者，根本一亏，是名教之罪人，为常刑所不宥，慎之哉！

陶渊明为彭泽令，不以家累自随⑧。送一力给其子，书曰："汝旦夕之费，自给为难，今遣此力，助汝薪水之劳。此亦人子也，可善遇之。"

晦庵先生曰："阴阳和而后雨泽降，夫妇和而后家道成。"故为夫妇者，当龟勉以同心，而不宜至于有怒。又曰："有非，非妇人也；有善，非妇人也。"盖女子以顺为正，无非是矣。有善则亦非，其吉祥可愿之事也。惟酒食是议，而无遗父

---

① 横渠先生：张载。北宋思想家、教育家，理学创始人之一。
② 晦庵先生：朱熹。
③ 指归：主旨，意向。
④ 罗仲素：名从彦，字仲素，号豫章先生。宋朝经学家、诗人。其名言："天下无不是底父母。"
⑤ 循陔(gāi)：谓奉养父母。
⑥ 风矩：风范。
⑦ 旌典：政府层面的表彰。
⑧ 不以家累自随：不带家眷，独自上任。

母之忧,则可矣。《易》曰:"无攸遂,在中馈,贞吉。"而孟子之母亦曰:"妇人之礼,精五饭,幂酒浆,养舅姑,缝衣裳而已。"

夫妇,人伦之始,家政之源。家王武肃夫人戴,既贵,孝不衰于父母,岁每归宁。王贻书曰:"陌上花开,可缓缓归矣。"因作为歌,至今传诵。文穆夫人马,性不嫉妒而能逮下①。初,武肃禁中外畜声妓。文穆壮,不宜男,夫人为之请于武肃王。喜曰:"吾家祭祀,汝实主之。"乃听文穆纳妾,生子数人。夫人抚如己出,尝置银鹿于帐前,坐诸儿于上而弄之,慈爱如一。若两夫人者,可谓孝慈兼尽者矣。欲征壸范,何假旁求②? 允宜奉作礼宗③,垂为姆教。但须整饬夫纲,实著刑于之化④;自见修行妇道,益征内助之贤。其或有妻妾失序者,族为改正。少年无子之父妾,当从治命⑤遣之。

明道先生⑥曰:"古者,十五入大学,择其才可教者聚之,不肖者复之农亩。"盖士农不易业,既入学,则不治农,然后士农判⑦。

苏琼除南清河太守,有百姓乙普明兄弟争田,积年不断,各相援据,乃至百人。琼召普明兄弟,谕之曰:"天下难得者兄弟,易求者田地。假令得田地,失兄弟心,如何?"因而下泪。诸证人莫不洒泣。普明兄弟叩头乞外更思,分异十年,遂还同住。

兄弟如左右手,随在相须,安常则花萼怡情,遇变则鸰原⑧排难。家王文穆于兄弟甚厚。兄元璙自苏州入见,文穆以家人礼事之,奉觞为寿,殊有长衾大枕之风。胡进思废忠逊,迎立忠懿。忠懿曰:"能全吾兄,乃敢承命。"奉兄倧居东府,治园囿娱悦之,岁时供馈甚厚。进思屡请除之,忠懿泣曰:"汝欲必行其志,吾当退避贤路。"遣将为之守卫,卒以保全,诚所谓外御其侮者也。惟愿吾族兄友弟恭,勿听妇言而薄伦,勿因赀产而构衅。准是心以长吾长,幼吾幼,庶乎仁让可风。否则,"不如我同父"、"不如我同姓"之谓何,而忍薄待之也? 纠以不悌之刑,随时戒饬。

---

① 逮下:谓恩惠及下人。
② 旁求:四处征求,广泛搜求。
③ 礼宗:遵守礼法之规范。
④ 刑之于化:指以礼法对待。后用以指夫妇和睦。刑,通"型",示范。
⑤ 治命:指人死前神志清醒时的遗嘱,与"乱命"相对。后亦泛指生前遗言。
⑥ 明道先生:指程颢。
⑦ 判:分开。
⑧ 鸰(líng)原:兄弟友爱。

《家语》曰："女及日乎闺门之内，不百里而奔丧。事无擅为，行无独成。参知①而后动，可验而后言。昼不游庭，夜行以火，所以正妇德也。"

《礼》："亲有疾，饮药，子先尝之。医不三世，不服其药。②"

明道先生曰："朋友讲习，莫如相观而善③工夫多。"

吕舍人曰："指引者，师之功也。行有不至，从容规戒者，朋友之任也。决意而往，则须用己力，难仰他人矣。"

先觉觉后学，重师资相知，知心情，深友谊。或供洒扫而求人师，或列金兰而告祖考，古人于师友间，诚重之哉。吾家隐耕公建宗祠，设义塾，甚盛举也。迨大父笠樵公、族祖廷机公，因先人之模范，广后进之津梁④，各捐义田，以备修脯⑤，延请明师，教习族中贫寒子弟读书应试，俾与有力者共底于成，可谓善继其志、善述其事者矣。⑥世守良规，人毋自弃。庶几吾族人文蒸蒸日上。至择师尚在父兄，取友多由一己，虽四民各从其类，而三友必取其端。倘或滥交，终将比匪⑦。芝兰之室，鲍鱼之肆，⑧交友者其辨之。

伊川先生曰："买乳婢多不得已，或不能自乳，必使人。然食己子而杀人之子，非道。必不得已，用二乳食三子，则不为害，但有所费。若不幸致误其子，害孰大焉！"

婢仆以力事人，效犬马之劳，收指臂⑨之益，恩沾豢养分等。子孙待之，务在内宽而外严，饥寒疾苦，体恤宜周。既慈以畜之，复庄以莅之。常使循规蹈矩，方为驾驭得宜。设或过于严刻，变生意外，必致倾家，悔将何及？萌蘖⑩之生，起于妇人见小⑪；消弭之术，端在君子知几⑫。至恶奴滋事，累及家长，祸亦非轻。尝见仕宦之家，稍或失检，即坐此病，是殆过宽之弊也。其在寒门，可不

---

① 参知：验证确知。
② 医生非世代相传，医术不能精熟，慎服其药。
③ 相观而善：观人之能而于己有益。
④ 津梁：比喻能起桥梁作用的事物。
⑤ 修脯：干肉。这里指送给老师的礼物或酬金。
⑥ 所谓的孝者，是善于继承别人的志向，善于传述别人的事迹的人。
⑦ 比匪：如同匪类，行为不良的人。
⑧ 参见《颜氏家训·慕贤》："与善人居，如入芝兰之室，久而自芳也；与恶人居，如入鲍鱼之肆，久而自臭也。"
⑨ 指臂：手指与臂膀。比喻得力的助手。
⑩ 萌蘖(niè)：比喻事物的开端。
⑪ 见小：所见不广。
⑫ 知几：谓有预见，看出事物发生变化的隐微征兆。

加谨？婢虽下贱，亦须遣嫁及时。禁锢之风，正宜力挽。他若乳妇、雇工、长随，既非奴婢可比，还须宽厚几分，惟在随时觉察而已。

陶侃为广州刺史，无事辄朝运百甓于斋外，暮运于斋内，以习劳勚①。诸参佐或以谈戏废事者，乃命取其酒器、蒲博②之具，悉投之于江。吏将则加鞭扑③，曰："摴蒲者，牧猪奴戏耳。"

人有恒产，始有恒心。欲求恒产，先专恒业。苦志读书，以期发达，上也。次则服畴食力，以敦本计。至若贾以货殖，工以肆成，又其次也。或借肥家，或资糊口，务各专心致志，以迄于成。倘或游手好闲，习为不善，博弈饮酒，好勇斗狠，破家资而干国法，通族秉公，严加责逐。

司马温公曰："凡为家长，必谨守礼法，以御群子弟及家众。分之以职，授之以事，而责其成功。制财用之节，量入以为出，称家之有无，以给上下之衣食及吉凶之费，皆有品节，而莫不均一。裁省冗费，禁止奢华。当须稍存赢余，以备不虞。"又曰："凡诸卑幼，事无大小，毋得专行，必咨禀于家长。"

治生为急，宜饶衣食之源；物力维艰，必杜骄奢之渐。耕三余一，耕九余三，虽逢旱潦而元气不伤，所谓有备无患也。居家大事，无过红白两端。凡我族人，或有壮不能婚，丧不能举者，如果出其盈余，以相佽助④，岂不甚善！但一人之力难继，众擎之举易成。与其独任其劳，何如相助为理？量力尽情，随事预分，每岁不过数起，尚可勉为。主事者，不必存世俗之见，直受不辞，礼尚往来，不论有力无力，彼此皆然。如应待以荤素酒筵，悉仍其旧，庶族谊敦而家风古⑤。所捐无几，所全实多矣。

柳玭尝著书戒其子弟曰："崇好优游，耽嗜曲药，以衔杯为高致，以勤事为俗流。习之易荒，觉已难悔。"

横渠先生曰："婢仆始至者，本怀勉勉⑥敬心。若到所提掇⑦，更谨则加谨，慢则弃其本心，便习以成性。"

朱子曰："江东妇女，略无交游。其婚姻之家，或十数年间，未相识者，唯以

① 劳勚（yì）：劳苦。
② 蒲（pú）博：同"摴蒲"。古代的一种博戏。后亦泛指赌博。
③ 鞭扑：用鞭子或棍棒抽打。
④ 佽（cì）助：帮助。
⑤ 古：质朴，厚重。
⑥ 勉勉：力行不倦貌。
⑦ 提掇：提出。

信命赠遗，致殷勤焉。邺下风俗，专以妇持门户，争讼曲直，造请逢迎，代子求官，为夫诉屈。此乃恒代之遗风①乎？"

治家务要严整。门庭之内，肃若朝典②，家始能齐。近见人家妇女，笑语之声喧于户外，且成群结伴入寺烧香，饭僧念佛，逢场看戏，赶集观灯，相习成风，毫无禁忌。稽之古训，其咎安归？不在家长，即在夫男。凡我族人，当于平时教诫，各守江东之旧俗，毋渐邺下之遗风，位内位外，肃然穆然，斯妇德正而家道隆矣。

伊川先生曰："君子观天水违行之象，知人情有争讼之道。故凡所作事，必谋其始，绝讼端于事之始，则讼无由生矣。谋始之义广矣，若慎交结、明契券之类是也。"

吾族素敦亲睦，永宜崇让息争。如果事关重大，自应听其经官律治。其余勿以睚眦小忿，轻涉讼庭，伤谊损财，致生嫌隙。设遇田房债负，或有执争，诉之族分，齐集宗祠，毋徇毋偏，秉公理剖，则涣然冰释，事息人宁矣。其有顽梗不遵者，方许告理。如不待公剖，辄先兴讼，先治其不守家法之愆，次论事之曲直。至若虽非健讼，而因事侵凌，以卑犯尊，是为干名犯义，理应责罚。其或强凌弱、众暴寡、长欺幼，既违亲睦之风，殊染诈欺之习，通族维持公道，鸣鼓而攻。③

伊川先生曰："病卧在床，委之庸医，比之不慈不孝。事亲者，不可不知医。"

旧谱云：知医之益有三：事亲，调身，济人，其道在明一身水火之理。火为气，水为血。火炎上，蒸水以升；水润下，敛火以降。火水均平，气血充和，诸疾不作。苟有偏胜，水不足以制火，则内炎外焦，为痨，为风；火不足以温水，则内滥外溢，为蛊，为胀。治之当求所主。肝心旺于春夏，主火；肺肾旺于秋冬，主水。火太炽则泻其肝心，水太泛则培其脾土。补泻异法，补则顺进，生阳助火；泻则逆退，生阴助水。此自然之理也。而一身中胃火为要，以其热水谷，制生冷，熏蒸其气以达四肢，而复能受外之水火以益其中也。屈指吾常世医之家，子孙无有不发，则知是道也，用心深厚，一段生机，亦积德累仁之一助云。思昔圣人不在朝，则在医卜。悟兹天道，不于身，必于子孙，可知所尚矣。

---

① 恒代遗风：指北魏鲜卑族以女权为重的风气。
② 朝典：朝廷的典章制度。
③ 出自《武肃王遗训》："倘有子孙不忠、不孝、不仁、不义，便是坏我家风，须当鸣鼓而攻。"

家训（江苏阜宁）[①]

　　吾族发祥于廷秀公，发迹于苏，来盐之北乡射湖之南岸范公堤西慈航里，插标立地入民籍，曰钱家庄。雍正九年(1731)，始分阜邑，遂为阜民。

　　稽古世家，莫不有训。训也者，著先哲之格言，为后人之明鉴也。其在宋时，有胡氏、颜氏及柳氏、司马氏为最著。童而习之，白首莫能逾。约以守之，凡事无不立。处则笃于修齐为佳子弟，出则措诸经纶为贤大夫，未有端人硕士[②]而不由于训之有素者也。兹以日用常行之道，传为世守不易之规。正如太羹[③]不和而知味存也，希音[④]无声而至乐寓也。奚必[⑤]摛华藻[⑥]、斗侈靡[⑦]，而始足动人听哉！谨登十八条于左。

修世系

　　所贵乎世家右族者，不徒以其财富之雄、科第之众也，以其世泽相承之久耳！惟其久也，故昭穆之详，非传说所能及；而谟烈[⑧]之盛，岂闻见所能周？不有谱书为之记载，则世远年湮，莫可追溯，必有视至亲如路人，冒他人为我祖者，虽有孝子慈孙，欲考正于百世下，终抱恨于文献之无徵。由是言之，则谱系之修诚世家之首务，而子孙所当兢兢焉者，不敢视为缓图也。我族世系须三十载一

---

①　载于江苏阜宁《钱氏宗谱》（六卷）（锦树堂），民国二十三年(1934)五修。
②　端人硕士：指品德高尚、学问渊博的人。端人，正直的人。硕士，硕学之士。
③　太羹：不和五味的肉汁。古代祭祀时用。
④　希音：奇妙的声音。
⑤　奚必：何必。
⑥　摛(chī)华藻：铺陈华丽的藻饰。
⑦　斗侈靡(chǐmí)：争铺张奢侈。
⑧　谟烈：谋略与功业。

修,不然恐有遗忘之患。

重祠宇

家庙之设,一以萃①祖考之涣②,一以联宗族之情,一以教子孙之孝。甚哉,所系至重也! 今之人治私室,则规模唯恐不善,而于祠宇兴废,漫不加之意焉。何为己谋者重,为祖考、宗族谋者轻也! 是亦弗思之甚矣! 夫惟孝子仁人,粢盛不洁,饔飧不备;祭服不具,不制衣裳;祠宇不修,不营私室。凡我子孙,于先祖祠宇,宜及时修理,慎勿因循,以致颓败。

志坟墓

坟墓者,祖宗体魄之所藏,以庇我后嗣者也。为子孙者,孰不欲世守之而勿失哉? 第③陵谷④变迁,岁月云远,既无碑记,又失传闻。遂使先茔下同荒冢,甚则犁为牧地,掘为池沼,于心安乎? 故凡先祖坟陵,无问远近新旧,并宜树立碑石,勒其名于上,上曰"某朝某府君、某孺人之墓"。虽或子孙代远他迁,拜扫不及,而墓志永存,人亦无敢废毁。

谨祭祀

《记》曰:"春,雨露既濡,君子履之,必有怵惕之心;〔秋,〕霜露既降,君子履之,必有凄怆之心。"祭祀以时,先王之所以教人孝也。且鹰未击而先祭鸟⑤,獭未飨而先祭鱼⑥。可以人而不思报本乎? 今约为定制,每至岁时祭祀,羹醢脯⑦馐,器有常品⑧。一月之前谕知通族,斋戒沐浴。临期,少长咸集,或拜扫于祖茔,或承祭于寝室。生死忌辰,各祀于家,必诚必敬。生子三日及娶妇三朝,皆于庙中告祭。

---

① 萃:聚集。
② 涣:散。
③ 第:但是,只是。
④ 陵谷:比喻世事变迁,高下易位。
⑤ 鹰未击而先祭鸟:相传,鹰是义禽,虽捕击诸鸟,但必先祭之。就像农人耕种丰收,祭祀天地自然之神一样,敬畏神灵,感恩报本。
⑥ 獭未飨而先祭鱼:初春,万物复苏,獭将捕得的鱼摆放在水边,好像祭祀一样。
⑦ 醢脯(hǎifǔ):醢,肉酱。脯,干肉。
⑧ 常品:平常的品类。

孝父母

"父母之恩，昊天罔极。"故孝为百行之原。小孝用劳，大孝不匮，此人人皆得自尽者也。然事富贵之父母易，事贫贱之父母难，脂膏潃瀡①，宜加洁也；事康强之父母易，事衰老之父母难，温清定省，宜加谨也；事具庆②之父母易，事鳏寡之父母难，承颜顺志③，宜加虔也。更或亲有过举④，小者曲从，大者几谏，务积诚以感其心。天下无不是的父母，万不可见父母有不是处。且古之孝者曰色养⑤，而色尤难善乎！温宝忠母夫人《家训》⑥曰："情急人，烈烈轰轰，凡事无不敏捷，只父母前一派自主自张气质，使父母难当；性慢人，落落托托，凡事讨尽便宜，只父母前一副不痛不痒面孔，亦使父母难当。"其言浅近而有味。为人子者，当知色难而自勉之。

友兄弟

《诗》云："兄弟阋于墙，外御其侮。"诚以手足之亲，分形联气⑦，均为父母遗体。故即偶尔相尤⑧，一有外侮，则同心御之矣。自古累世同居者，友爱克敦，不过曰忍，曰无私，曰不听妇人言。今人往往计财产而萧墙起衅⑨，惑妇言而同室操戈。既等骨肉于仇雠，必将视父母如陌路。凡若此者，非惟不友，且即不孝之尤。昔马禅师诗云："一回相见一回老，能得几时为弟兄？"又云："眼前生子又弟兄，留与儿孙作样看。"凡有良心者，皆当猛省。

敬长上

轻薄子弟，妄自尊大，每侈然⑩肆志于长者之前，乃至嗤老成为道学，诋前

---

① 潃瀡（xiǔsuǐ）：指柔滑爽口的食物。
② 具庆：谓父母均存。
③ 承颜顺志：看尊长的脸色，顺从其旨意。谓侍奉尊长。
④ 过举：错误的行为。
⑤ 色养：人子和颜悦色奉养父母或承顺父母。
⑥ 温宝忠母夫人《家训》：即《温氏母训》，为明人温璜录其母陆氏之训。璜初名以介，后以梦兆改今名，而字曰宝忠。乌程（今属浙江湖州）人。崇祯癸未年进士，官徽州府推官。
⑦ 分形联气：亦作"分形连气""分形共气"。谓形体各别，气息相通。形容父母与子女的关系十分密切。后亦用于兄弟间。
⑧ 相尤：互相指责。
⑨ 萧墙起衅：祸乱发生在家里。比喻内部发生祸乱，也比喻身边的人带来灾祸。
⑩ 侈然：骄纵、自大、夸诞的样子。

辈为迂儒。长者虽或见容,而井蛙之见、挑达之风已不免为识者鄙。所以古来有道之士,德业愈高,则意气愈下;名望愈重,则礼貌愈恭。虽年齿相等,犹不难屈节以待之,况长上乎?故为子弟者,凡遇尊长,勿论内外亲疏,皆当恪恭尽礼,毋得倨傲①成风。

训子孙

子孙之贤不肖,门户之盛衰因之;而父兄之教育与否,即子孙之贤不肖因之。是以君子之于子孙也,其贤而智者,躬仁义以导之,明经史以教之,择师友以辅之,严课程以督之,可以变化气质②,学修行成③,为家良,为国彦,庇宗④保世以滋大⑤也。其不能者,亦须从容诲涵育⑥熏陶,使之习礼让,知廉耻,庶几不致辱我门户。为父兄者,其念之。

正名分

语云:"名不正则言不顺,言不顺则事不成。"是以"礼莫大于分,分莫大于名"⑦。名分者,风化攸关,不可少有僭差⑧者也。故一家之中,长而父兄伯叔,幼而弟侄子孙,以至妻妾嫡庶之间,各有定名,期⑨各有定分。分定而后,卑不得以逾尊,少不得以陵⑩长,疏不得以间亲,小不得以加大。所以行必有序,立必有方,坐必有次。虽富贵,不敢以骄于宗族;虽贤者,不敢以先于父兄。如此,则礼教明而风化肃矣!凡我族人,苟有干犯名分者,必集合族于宗祠,面斥其罪,轻则叱詈,重则挞罚。

端阃范

夫妇阃闱之中,乃情欲相牵之地。不端之于初,御之以正⑪,则牝鸡司晨,

---

① 倨傲:形容人高傲自大、傲慢的样子。
② 变化气质:即要努力地去改变人的气质。
③ 行成:德行养成,美行修成。
④ 庇宗:庇护宗族。
⑤ 保世以滋大:保全自己不断壮大。
⑥ 涵育:涵养化育。
⑦ 礼教中最重要的是区分地位,区分地位中最重要的是匡正名分。
⑧ 僭差(chà):僭越失度;差错,差失。
⑨ 期:疑为"斯"。
⑩ 陵:凌驾。
⑪ 御之以正:控驭使不偏斜。

厉之阶矣。凡议婚姻，必先察其女之性行及家法何如，门楣欲其相等，年庚欲其相若。及娶而来归，则训以妇德。毋纵饰脂粉铅华①，毋侈用绮纨②锦绣。三日而庙见，使之重祭祀；弥月而中馈，使之洁酒浆。此翁姑之职也。其为夫者，必婉曲谕以正道，教之孝翁姑、和妯娌、睦爱姑姊、慈养婢仆。声不出于户外，足不越于中庭。苟或多言逞能，虽近于理，必诃禁之，以防擅专之渐。此丈夫之责也。至若嫡妾之分，尤宜谨严，"艳妻煽［方］处"③可为炯戒④。如是，则悍妒消而家道正，伦理明而化端矣。

务本业

农桑者，国家租税之所出，小民衣食之所赖也。虽工商技术，亦可资生，而务本之道则以力田为第一。吾族世传耕读，自儒业而外，子姓之愿朴者，惟令之力田，而工贾次之。故族无游手而温饱者多，人习勤劳而慆淫⑤者息。风俗日厚，礼让日兴，率由⑥是也。凡我子孙，宜世世守之。无以吾言为泛泛也，勉旃勉旃。

禁词讼

词讼者，丧德之事也。捏无实之辞以逞聪明，非忠信之道；为阴险之计以诬良善，无仁恕之心。轻遗体以受刑辱，丧廉耻之风；枉是非以求侥幸，灭公直之性。是以君子受诬不辩，不失足于公庭。有忿必惩，不角胜⑦于群小⑧。或有讦人阴私匿名暗害、唆人争讼挺作硬⑨中，轻则受辱遭刑，重则丧家损命，虽悔何及？本祠务加申饬，慎勿宽容。

---

① 铅华：古代女子搽脸的粉。
② 绮纨：犹纨袴。
③ 艳妻煽方处：美妻惑王之势正炽。艳妻，指幽王宠妃褒姒。一说指别的宠妃。煽，得势，炙手可热。方处，正盛。
④ 炯戒：明显的警戒或鉴戒。
⑤ 慆（tāo）淫：怠惰纵乐。
⑥ 率（shuài）由：都由于，皆由。
⑦ 角胜：较量胜负。
⑧ 群小：犹言众小人。用以称行为卑劣的人。
⑨ 硬：疑为"梗"。

戒酗赌

孟子云：博弈、饮酒为大不孝，[1]诚药石之论[2]也。酗饮者耽嗜[3]祸泉[4]，移谨厚而化为凶暴；赌博者呼卢角胜，荡财产而甘受饥寒。小则不齿于正人，大则身罹于国法。一切纵欲败度、作奸犯科之事，皆由是二者而起。此皆父兄约束不严之故也。各门尊长必杜渐防微，痛加惩创，使涤垢自新，挽回颓俗。

择交游

朋友，居五伦之一，而损益恒参半焉！交道之不可不慎也，明矣！自素交[5]尽，利交兴，或声势相援，或酒食相逐。其始合也，自谓管鲍复生，真若可以通有无，托妻子，共患难。然口血未干[6]，稍有利害，辄掉臂不顾[7]，甚则弯其弓[8]而下之石[9]。吁，可畏也！是在辨其邪正，期于久要[10]。毋拍肩执袂[11]以为契合，而持之以敬；毋朝往暮来以为亲厚，而成之以淡。敬则狎昵不生，淡则素心永矢[12]，而交可久矣。语云："因不失其亲，亦可宗也。"故择交者，立身之大节。凡我族人，尚共慎诸。

尊美德

礼义廉耻，谓之四维，君子之美德也。人须依此四字为立身制行之本，故"视听言动"[13]，必范于礼；辞受取与，一准于义。洁己为廉，不入于贪污；奋志为耻，不甘于庸贱。念念不忘，兢兢自励，则其生平所为，无惭于天日，无玷于祖

---

① 孟子认为普通民众生活中的不孝有五种。《孟子·离娄下》："惰其四支，不顾父母之养，一不孝也；博弈，好饮酒，不顾父母之养，二不孝也；好货财，私妻子，不顾父母之养，三不孝也；从耳目之欲，以为父母戮，四不孝也；好勇斗很，以危父母，五不孝也。"
② 药石之论：比喻劝人改过的话。
③ 耽嗜：深切爱好。
④ 祸泉：酒的代称。
⑤ 素交：真诚纯洁的友情。
⑥ 口血未干：指订约不久就毁约。古时订立盟约，要在嘴上涂上牲口的血。
⑦ 掉臂不顾：甩臂掉头而去。形容毫无眷顾。
⑧ 弯其弓：指原相互友善者反目成仇。
⑨ 下之石：往井下丢石块。比喻乘人之危加以陷害。
⑩ 久要：旧约，旧交。
⑪ 拍肩执袂：形容亲昵的样子。
⑫ 永矢：矢志不渝。
⑬ 视听言动：出自《论语》："子曰：'非礼勿视，非礼勿听，非礼勿言，非礼勿动。'"

宗。内焉不愧于心，外焉不欺于人。斯品行端而风俗益厚矣。

崇节俭

《易》曰："二簋，可用享。"①言应时也。孔子曰："礼，与其奢也，宁俭。"②示敦本也。晏平仲身相齐国，衣不重帛，食不重味，而国中待以举火者三百余家③。汉文帝露台惜百金之费，后宫无曳地之衣。其时家给人足，民殷富而户可封④。是皆节无益之费而施之有用之地者，孰谓俭非美德哉？吾族朴素醇良，风敦古处。近见一二浇漓之子，有习于繁华、好为驰骋者。此风日长，渐至骄奢过度，而物力有难继之忧，甚非居家之典则也。凡我族人，冠婚丧祭，一切皆称家有无，丰俭各适其宜，毋得恣意奢侈堕家业。

恤仆御

昔陶渊明为彭泽令，尝遣一仆助子薪水之劳⑤，遗书诫之曰："此亦人子也，可善遇之。"盖仆之与子虽有贵贱之分，而血肉之躯、疾痛之情、喜逸厌劳之心则一而已。为家主者，以爱子之心推为使众之心，可以为仁矣。今见巨家宦族，视役仆如草芥，驱奴婢若马牛。饥焉，而不思给以食；寒焉，而不思授之衣；劳焉，而不思恤其力。一触其怒，则詈辱随之；少拂其心，则捶楚加之。如是，而欲尽心竭力为我用者，鲜矣。孔子云："近之则不逊，远之则怨。"用是为驭下者警。

广阴德

《易》曰："积善之家，必有余庆；积不善之家，必有余殃。"君子之为善，固非望报于天，而天之福善祸淫，则感应之必然者也。古人谓阴骘可以延寿，又云："积德以遗子孙。"诚有见夫人寿之修短⑥、子孙之贤不肖，皆天也。盖惟天至公，惟天至明，冥冥之中，鉴观不爽。人能善不求知，恩不求报。病无所告者，为

---

① 两只簋就可用来祭祀。簋是古代中国用于盛放煮熟饭食的器皿，也用作礼器，圆口，双耳。流行于商朝至东周，是中国青铜器时代标志性青铜器具之一。意思是，祭礼亦可简单，惟在心诚而已。
② 在礼仪或对人表示敬意方面，与其奢华，不如俭约。
③ 钱公辅《义田记》："齐国之士，待臣而举火者三百余人。"晏子原文为"七十余家"，意味着这段意思取自《义田记》。钱公辅是仁宗朝进士，他对范仲淹设置义田的做法很欣赏。这篇文章正是为称赞范仲淹的这一善举而写的，叙述了范仲淹设置义田之事，并引用春秋时晏子的事迹与范仲淹作对比。
④ 户可封：同"比户可封"。意思是，差不多每家每户都有可受旌表的德行。用以泛指风俗淳美。
⑤ 薪水之劳：辛苦的劳动。
⑥ 修短：长短。

之医药;死无所归者,为之衣棺。限无辜之罪者,可与赎则赎之;遭不测之变者,可与济则济之。随物各开方便之门,量己量人,务广恩施之术。如此,不能动天心,邀天眷,获富贵显荣之报于子孙者,未之有也。

故以是为家训之终。

此文见诸多姓家谱中,比如江苏苏北的季氏、刘氏、张氏家谱。收入钱氏宗谱应为光绪年间(1875—1908)四修时。泰州海陵《钱氏族谱》(八训堂)1950年也收录,减为十五条。

先祖格言、家规、祠规（江苏常州包巷）^①

武肃王九世孙渊，字士深，世居湖州大钱港，因官常州晋陵尹，偶至太湖之滨新塘，即今武进雪堰。因喜毗陵东南湖山之胜，遂卜居于龟山之麓。邻近有宋张忠定公之茔，是谓张墓。厥后子孙繁衍，世称张墓钱氏。士深十三世孙永岩，因喜包巷土沃民饶，风俗淳厚，遂迁居兹土，至今已历五百多年。

先祖格言

父子箴

子孝父心宽，斯言诚为确。不患父不慈，子贤亲自乐。父母天地心，大小无厚薄。大舜日夔夔^②，瞽瞍亦允若。

夫妇箴

夫以义为良，妇以顺为令。和睦祯祥来，乖戾灾害应。举案必齐眉，如宾互相敬。牝鸡一晨鸣，三纲何由正？

兄弟箴

兄若爱其弟，弟必恭其兄。勿以纤毫利，伤此骨肉情。周公赋《常棣》，田氏

---

① 载于常州毗陵《包巷钱氏宗谱》（三瑞堂），丁酉年（2017）续修。民国三十六年（1947）岁次丁亥《重修常州毗陵包巷钱氏宗谱序》中指出："毗陵包巷钱氏为武肃王所出，六望之一。曾于逊清嘉庆年间创始修谱，后于丙午续修，具载先祖格言，父子、夫妇、兄弟、朋友四箴，家规十三则，及祠规、谱例各六则。凡嘉言懿行，无不详焉。"从谱序中查出，嘉庆庚辰年为 1820 年，重修为光绪丙午年即 1906 年。因此，推定本篇内容作于 1906 年之前。

② 夔夔（kuí）：悚惧貌。

感紫荆。连枝复同气,妇言慎勿听。

朋友箴

损友敬而远,益友宜相亲。所交在贤德,岂论富与贫?君子淡若水,岁久情愈真。小人甜似蜜,转眼似仇人。

家规十三则

一、顺父母

父母于我,不独有生成之德、怙恃之恩,而吾实共一体,喘息呼吸,靡不相通。故曾参母啮而心痛①,黔娄父病而心惊②。其关切如此,凡为人子,宜下气怡声,婉容以事之。其冬温而夏清,昏定而晨省;出必告,反必面;所游必有常,所习必有业。此礼又不可不知也。纵亲意或失中,而子有曲从之法;亲行或失正,而子有几谏之方。语云:"不得乎亲,不可以为人;不顺乎亲,不可以为子。"凡为子孙,必以孝为第一。

二、和兄弟

兄弟者,如人之手足也。吾与手足而争财产,分强弱,别盛衰,则亦何益之有哉!或有听旁人之谮,信枕边之言,视之如路人,目之如仇雠。噫,其谬甚矣!试观象之傲,舜尚亲爱之;跖之暴,惠尚容忍之③。况非象与跖者乎?且思:阋墙而御侮者何人?死丧而裒求④者何人?惟同胞之手足耳!是恶可不笃友于之道耶?

---

① 曾参母啮而心痛:有一次,曾参到山里去砍柴,家中忽然来了客人,曾母不知怎么办才好,急得咬起了手指。在山中砍柴的曾参有所感应,觉得一阵心痛,立即背柴回家,跪在母亲面前询问家里出了什么事。曾母回答:"家里来了客人,有急事找你。我只好咬一下指头,让你有所感悟,立即回家来。"

② 黔娄父病而心惊:古代南齐有名高士叫庾黔娄,是一个非常有孝心的人,任孱陵县令。他赴任不满十天,心慌意乱,感觉家中有事,于是辞官还乡,去一探究竟。黔娄回到家中,才知父亲已病重多日,生命垂危。

③ 传说,柳下惠与盗跖(zhí)是一对兄弟,前者是道德典范,后者是民间大盗。孔子让柳下惠劝弟弟改邪归正,他却说,跖是劝不了的,还是算了吧。

④ 裒(póu)求:出自《诗经·小雅·常棣》:"原隰裒矣,兄弟求矣。"意为弟兄有死亡葬在野外的,其弟其兄总往求其尸。裒,聚集,指聚土为坟丘。

三、睦宗族

族属虽有亲疏,以祖宗视之,则皆其子也。尊卑有伦,昭穆有序,夫谁得而紊之? 其或有小嫌介意、外构内攻者,是徒知雪一时之愤,而不顾荣辱通乎一原,乃祖宗之贼也。族中倘有若人,其合力拒之。

四、教子孙

子孙之贤不肖,家声之隆替因之;而父兄之能教与否,又子孙之贤不肖因之。世人不知教训,任其恣肆顽劣,暴厉凶恶,其不败家者几希! 间有知教,又粗率苟简,不知敬礼宾师,更耽禽犊之爱,子孙安得不终于下流乎? 善诒谋^①者,必教之通经史,明义理,穷可师友,达可卿相,庶不堕门户。

五、择姻婚

一家之乱,每生于妇人,为其异姓之相聚也。故于娶妇之道,不可不慎。盖子女之生,袭祖父之气。气相袭,故形相肖,而德亦相似。古人求忠臣,必于孝子之门,凡以此耳。所谓择之云者,一择其祖父积德之厚,厚则余庆所及,子女之福必隆;一择其父母教训之严,严则规矩有常,子女之德必盛;一择其门户清白之素,清白则贞洁性成。女子之行,必择是三者,则他日迎归,必得贤妇。苟慕其一时之富贵,而不择其德行,几何而不召牝鸡之祸乎!

六、守祖茔

坟茔,先人体魄所藏处也。所植松柏,所以荫坟墓耳。不肖子孙肆行斩伐,坟茔濯濯,牛羊践踏,不孝孰甚焉? 务须严加看守培植,庶坟墓有所荫,先人之体魄亦安,体魄安而子孙赖其荫矣。

七、课农桑

《周礼》:"宅不毛者,有里布;民无职事者,出夫家之征。"故古者,仲春,天子帅公卿大夫籍百亩,以劝农;王后亦帅内外命妇治蚕北郊,以教蚕。观此,则农

---

① 诒(yí)谋:为子孙妥善谋划,使子孙安乐。

桑之重可知矣！吾家子孙,男子必教以明农务,俾知稼穑之艰难;女人必教以勤纺绩,俾习织纴之功事:庶无饥寒之患。敬之勉之!

八、毋侵税粮

粮起于田,在我有必输之律;粮征于册,在官有必究之条。惟明办早输,以候解运,斯顺民也。假使花街酒市,不觉费用过多,而县并府催,一旦清查到底,纵诬小户之拖欠,托虚粮之赔累,而契券可据,串票可凭,毕竟无由抵赖,终于枷杻追完,徒自干戮辱耳。谚曰:"若要宽,先办官。"斯言最善。

九、守基业

凡祖宗创业,寸田尺地、片瓦只椽,皆自劳苦所得,子孙安忍轻弃?余见名门右族,莫不由祖宗忠孝勤俭以成立之,莫不由子孙顽劣奢傲以覆坠之。成立之难如升天,覆坠之易如燎毛,言之殊可痛心。故守业之道,在家长谨守礼法,以御群子弟及家众,分之以职,授之以事,而责其成功。守以四礼:冠婚丧祭;治以四教:文行忠信。更须恪遵古训,毋惰厥职,毋奢华淫逸。家计自裕,祖业克守矣。

十、戒赌博

赌博者,丧家之媒。当其始,特以为戏局耳;及其滥,而忘食忘寝从之,祖褐呼卢,自暮达旦,倾囊而注,丧气垂头。入为妻孥所谪,出为亲朋所鄙,抑何愚昧之甚耶。无论其他,如人一入赌局,屠沽下贱,亲如兄弟,庸贩小人,俱为等伦,甚至极而为贼为盗,蔑①不由兹。其流弊若此,可不戒哉!

十一、戒健讼

书曰:"夫人必自侮,而后人侮之。"是讼端非必自人启之也。奈何世人多恃财恃势、恃奸恃猾,结纳书吏,交好隶卒,一有小忿,即以刀笔称雄,扛帮枉证。嗟夫! 如谓弱者可欺,则天理安在? 如与强者为敌,则胜负难期。纵利口或可欺人,而叩首公庭,悬名牌示,威重先失,而况三尺无私,更有不可知者乎? 凡吾

---

① 蔑:无。

子孙，第当谦以待人，公以处事，先绝讼狱之由；万一横逆偶加，三思自反^①，以禽兽置之可耳。子孙识^②之。

十二、毋事奢靡

孔子曰："礼，与其奢也，宁俭。"又曰："奢则不孙。"^③则侈靡之害，圣人戒之。凡人里族庆吊，必有宴会；岁时伏腊，必有烹庖。皆宜量力，以为丰俭；不可斗胜，以启奢靡。寻常客馔，惟据诚敬，以致殷勤。古人云："或菜或腐，一茶一饭。客可常来，主可常办。"斯言最当。

十三、无崇斋醮

人之疾病，由于调养失节所致。苟能常自保摄^④，可以无疾。万一有之，谨求医药，理脉顺气，自可回生。世都惑于鬼神，非僧之斋，即道之醮。呜呼！倘鬼神可以酒腐招，性命可以纸钱买，则富贵者将长生矣。此必无之理。辨之辨之！

续修规例·祠规六则

一、每年清明、冬至二祭，各支子孙不论远近，须先行斋戒。临期谒祠，务必衣冠整肃，拜献如礼。倘有喧哗失礼、无故不到者，议罚。

二、族中子姓争殴，不禀宗族而遽鸣官府者，将原禀人照不应轻律议处外，再将被告人传至祠中问明虚实，秉公理喻，以儆顽梗健讼之徒。

三、凡妇女口角，本妇不禀宗族而越诉保邻，致有家丑外扬之咎，将本夫照不应轻律议处。

四、禁祖父没后暴露不葬。凡柩停半载之内，急宜安其骸骨。如有吝财惜费及过信阴阳家言，族尊及分长督责，令其急为安葬。

---

① 自反：反躬自问，自己反省。

② 识（zhì）：通"志"。记住。

③ 出自《论语·述而》："子曰：'奢则不孙，俭则固。与其不孙也，宁固。'"孙（xùn），同"逊"，恭顺。不孙，即为不逊，这里指越礼。

④ 保摄：保养。

五、父没而兄弟同居，固为孝友。即或不能，必欲析产者，俱静听族长、族贤、近支尊辈从公均拨，不得选择美恶、争长竞短，致相残贼。如有犯者，减不孝一等论。

六、溺爱偏私，酿成争斗。凡嫡庶所出，无论长幼贤愚，俱当一体教养。长成之后，产业一体均分。或因私爱而厚其子，或因劣子而薄其母，则一时之好恶，皆异日之争端也。如有犯者，族长、族贤督率劝谕，命其速改为是。

家规（江西玉山怀玉）[①]

武肃王之元孙曰惟遵公者，自光州固始县入闽，仕王氏，官从事郎，子孙繁衍为闽五大姓，历五传廷贤公徙居湖头里之牛角西山。怀玉始迁祖国承公即廷贤公之九世孙，于国朝康熙间（1662—1722）商贾过玉，见玉之山川秀丽，遂筑室于二十五都程村，复由程村迁今三十八都大山坞。

孝为百行之首。人子事亲，虽未能大孝、达孝、纯孝，如古所称，但是定省之礼、服劳奉养之道，不可不知。若视如途人，甚或至于忤逆，反不如禽兽矣。

卑幼之见尊长，坐必起，立必旁，行必后，对必名。有事则当服劳，诃责则当俯受。毋得并行，毋得并坐，毋得进而抗拒，毋得退而讥讪。如有侮慢不恭，敢于犯上者，宜惩责之，断不可以宽恕。

世间最难得者兄弟[②]，故兄于弟宜友，弟于兄宜恭，不以财利之末伤其手足之情，不以分爨之故失其同胞之谊，不以枕畔之言损其和气之恩。《诗》云："式相好矣，无相犹矣。"兄弟之谓也。

尊长之于卑幼，少则抚恤之，长则教训之；贤则奖劝之，愚则诱迪之。不挟分以自尊，不挟贵以陵贱，不恃大以压小。勿以独见而违众，勿以辨说而轻听。须中也养不中，才也养不才，庶为贤父兄矣。

子孙之事祖父母也，当以孝顺为本。子侄之事伯叔诸父也，当以恭敬为先。大功以下、缌麻以上，父母姑及从堂昆弟姊妹，皆宜爱敬亲睦，各尽其当然之理。

---

① 载于江西玉山《怀玉钱氏二修宗谱》（四卷）（同德堂），民国十三年（1924）印本，钱种茂修。根据内容，推断本家规作于一修期间，光绪十一年（1885）乙酉春。

② 世间最难得者兄弟：《北齐书·苏琼传》载，苏琼除南清河太守，有百姓乙普明兄弟争田，积年不断，各相援引，乃至百人。琼召普明兄弟，对众人谕之曰："天下难得者，兄弟；易求者，田地。假令得地，失兄弟心，如何？"因而下泪。众人莫不洒泣。普明弟兄叩头乞外更思，分异十年，遂还同住。

不可视为途人，薄其所厚而失亲亲之意。

夫妇居室，人之大伦也，必相敬如宾，恩礼不失。不可溺于衽席①之爱，至于亵狎。更不许其涉外事及禁其夫，以致门内不和。古人云："牝鸡司晨，惟家之索。"又云："入门休听妇人言。"此之谓也。

诸妇在家，专习女工及主中馈。奉舅姑以孝，事丈夫以礼，待妯娌以和，畜奴婢以恩。无故不出中门，无灯不得夜行，无主不得留客，无子不令男仆。治家毋袒裼，毋艳妆，毋嬉笑，毋詈骂，庶无恶德矣。

丧偶再娶者，不得听后妻之言，以凌虐前妻之子。为子者，亦须至诚爱敬以感之，不患其不厎豫。虞帝闵子，足为人之子法焉。

子弟须幼少时教，则易与为善。若骄纵之态、敖惰之气，习与性成，虽日挞而求其善也，亦难矣。此古人所以有胎教也。孩提方学语者，不可教以咒骂淫邪等语；童蒙方读书者，不可授以戏玩淫亵等书，是皆足以坏人心术，非教之道也。故人子至十岁，可使出就外傅，教以洒扫应对进退之节、礼乐射御书数之文，而孝弟忠信之道、雍容揖让之仪有基，不可徒诵章句而已。

父母生子，必命之名，以便称呼。如有前后重复者，顺其音而易其字，庶昭穆不至紊乱。

朋友居五伦之一，以道义相勉也。果有道义，当终身亲之。苟无道义，而徒以势利酒席相与者，子孙勿与之交，可也。

处邻里乡曲，惟在谦和。"己所不欲，勿施于人。"不可恃己之势以自强，刻人之财以自利，谋人之产以自丰。不然，纵使所欲既遂，他人何辜？至若不幸横逆相加，亦当谕之以理，切不可好勇斗狠，必不得已而诉之于官，犹得以辨其是非。若使曲直既明即罢，断不可求胜于人。《朱子治家格言》云："居家戒争讼，讼则终凶。"此之谓也。

子孙不许赌博，不许佚游。违者，重治之。盖勤俭可以治家立业，赌博、佚游，断未有不败家者也。

奴仆，当有恩以抚之，有威以制之。忠信可托者，当加优待；能干理家务者，次之；专务欺伪，弄权犯上者，须斥逐之。

衣食以备饥寒，不过取其保暖，毋得过为华丽。至于器用，当从俭约，不得

---

① 衽(rèn)席：泛指卧席。引申为寝处之所，借指男女色欲之事。

饰以金玉，争奇竞巧。

延师傅在家塾，必须清静。闲杂人不得到馆对坐语言，以妨功课。子弟亦不得私出馆外游玩博弈等事，此须在父兄师友之严。

造谱后，乾坤两房共谱四部，各领珍藏。每岁冬至，将所藏之谱送至家厅会众面对。如有不遵例者，公议罚银五两，仍即缴出宗谱，以防盗卖之弊。如果火烛盗偷者，当日即会众说明，以免其罚。

"不孝有三，无后为大。"如果本族过继，之后修谱照正丁派银，书明继子。其螟蛉外姓，办酒二席，出洋二十元，备帖相请两房族长，交明谱首，书明螟子。

吾姓屋后山树木，乃乾坤两房之后龙，风水攸关，子孙必要保护蓄萐，不许盗砍盗伐，挖土伤气。如有犯者，罚银一两，决不徇贷。

支庄庄规（上海金山）①

钱镠十五世孙以安公，到奉贤袁部盐场做官，随后就地安家。二十二世钱一夔迁金山，为金山钱氏。因居住秦望山以南，这支又自称为秦山钱氏。二十六世孙溥义，字景方，号槎亭，为"六房十三堂"共祖。仿范仲淹开创义庄制度，并积极投身地方公益事业，如修桥造路等。传至二十七世孙树芝，将家族的刻书事业带向了顶峰。二十八世孙钱熙祚组织纂辑《守山阁丛书》《珠丛别录》《指海》等大型丛书，在中国古籍校勘和出版印刷史上留下浓墨重彩的一笔。

义庄之设，始于高祖槎亭公。公讳义，生六子，长讳树本，次讳树棠、树艺、树立、树芝、树兰，时所称老六房者是也。时有槎亭公同曾祖昆弟字舜达，讳溥聪者，自浙西来，与槎亭公力田营室，遂家钱圩村。后无嗣，即以槎亭公幼子讳树兰为继，即铭江、铭铨之曾祖是也。时复有槎亭公同祖昆弟讳溥慧、溥信、溥智者，世居浙西。咸同间，其子多有迁居圩中，而籍贯仍隶平湖，时所称"西钱"是也。以上三支，实皆一派，惟槎亭公雄于财，且不自封殖，为六子析产，时令六房各提田三百亩，共田一千八百亩，欲法范文正[公]之意，留作义庄，向由族人轮管，现亦拟定章程，请详举办，即吾钱之总庄是也。

吾故祖讳熙祚，字锡之，系舜达公嗣孙，强识博闻，急公好义，又能振兴家业，复提存自置田一千三百余亩，拟作本支义田祭产，未及举行，赍志以殁②。铭江等幼承孤露，赖母王氏扶养成立，常述遗命，以善承先志。窃思义庄为赡族

① 载于《金山钱氏支庄全案》（一卷），钱铭江、钱铭铨纂修，光绪十六年（1890）木活字本。清康熙年间，钱章羽，字一夔，自奉贤迁金山钱圩村，钱熙祚即出自此族。是书为金山钱氏所建义庄情况。本文标点参照叶舟主编的《上海地区家风家训文献汇编》，上海社会科学院出版社 2021 年版，第 366—368 页。

② 赍（jī）志以殁：志向未申即去世。

起见，吾族支派繁衍，势难遍及，就始迁祖章羽公一支而论，已有槎亭公提存田亩捐作公产，合族赡养，不患无资。故祖锡之公复追念祖宗创业之艰，为子孙永远之计，更拟续置义田，为槎亭公、舜达公两支子孙贫乏之助，以贷公中之不给。故锡之公当日遗嘱，欲仿范氏支庄之例，以继总庄之后。铭江等上述先志，下赡近族，设立支庄，述其缘起，刊刻全案，以垂永久云。

光绪十六年岁在庚寅　铭江、铭铨　谨识

江苏松江府金山县儒学：

呈为仰承先志捐田赡族事。据职妇钱王氏领子文童钱铭江、钱铭铨，遵故翁三品封衔钱熙祚遗命，捐置义田祭产，拟立庄规，造具清册呈候宪核。须至册者。

计开

一、本邑新置义田，并地一千三亩一分一厘，现在都为一册，共立锡庆义田户名承粮。

二、本邑新置祭田三百三十四亩三分三厘七丝，现在都为一册，共立锡庆祭田户名承粮。

三、高祖舜达公与本生高祖槎亭公均系始迁祖章羽公元孙后，舜达公无嗣，即以槎亭公六子忍斋公为继，自后，凡在舜达公、槎亭公两支，皆得向义庄支领口粮。此外族姓繁衍，支派各分，赀产式微①，不能遍及。

四、槎亭公在日，早经提捐田一千八百亩为合族赡给公产，尚待请详立案。是庄系锡之公追念创业艰难，亟思报本，以垂永久，特援吴中范氏续设支庄之例，以为本支百世之基，故限以舜达公及槎亭公两支，以示与总庄有别。

五、章羽公由奉贤县始迁金山卫之钱圩村，自后各支，或隶浙省，或隶苏省，百余年来，谱系失修，散佚难考。今先于义庄全案内附刻自章羽公迁居金山卫一支支谱，其余宗谱俟采访详确，续行刊刻。

六、逐房计口给米，每日一升，并支白米，用部颁五斗三升斛斗较准应斛。

七、男女自五岁起，每口日给米五合，自十六岁以上成丁，日给米一升，闰月照给。女于出嫁日停给。

---

① 式微：衰微，衰落。

八、年过六十岁以上，于本分应支月米外，准许加给，如鳏寡孤独，兼有废疾，无人侍养者，亦许加给。惟加给之数不得多于应给之数。

九、丧葬，尊长有丧，先支钱十千；至葬，再支钱十千。次长，支钱八千；至葬，再支钱八千。卑幼及已成丁而未婚娶者丧葬，共支钱十二千，未满七岁者不支。其余久停不葬者，虽请勿给。或已领不即埋葬，别作花销，须于承领人应给米数扣除。

十、婚嫁婚娶者支钱十六千，嫁女者支钱十二千，定于临期具领，但须明媒正配，族长主婚。若娶再醮之妇、淫奔之女及嫁与匪人者，不准支给，同族并宜理禁。

十一、族人有独子单丁，年过四十无子，实在贫寒不能续娶及置妾者，公同酌给银两，听本人详慎自行。

十二、族人添丁，限满月后，即以某人于某月日时生男女，及生母某氏，男女、行第、小名书单呈报，察查注册，以备他日及年支粮。若违理逾时补报者，虽年长勿给。

十三、族人遇有病故，及男女未及领米之年夭殇等，随将月日报明开除。倘有隐瞒察出，照数追扣。

十四、支领口粮定于月朔，持折到庄批请。倘先期预支，不准给发。或有应给未给，托经手人留仓，他日并支者，即行扣提充公，以杜出入不清之弊。

十五、子弟有志读书，无力从师者，月给膏火钱五百文；应院试者，月给一千文；入学者，给奖赏钱二十千文，赴乡试者，给盘费十千文；发科者，奖赏钱三十千文；赴会试者，给盘费二十千文；登第者，奖赏钱五十千文。此宗钱文盘费限于起程给发，奖赏定于榜后给发，以杜蒙混。

十六、族中有贞节孝悌，例得请旌者，归入义庄襄办。

十七、族人力能自给，不请口粮，遇婚丧等事，不支贴费者，听①。其有出外营生，去乡就职者，一概停给。倘赋闲家居，以礼去官，仍准自行请给。

十八、义庄以赡贫乏，量入为出，明定章程，虽系亲房，不得越例动支公项。

十九、族人有以异姓之子承祧者，及出继他姓为后者，均不准入籍，领支口粮。

---

① 听：顺从，接受。

二十、子弟中不安本分，故犯为匪，为宗族乡党所不齿，公议摒弃出族。倘其子孙改悔，许由族人报明复籍，依旧支领。

二十一、祭产以备岁时修理祭扫之用，应修应扫之处，须由承管人报明庄正察看，然后开支，倘日后积有赢余，再增。

二十二、置墓田三四十亩，为族之无力葬亲者，仿古族葬法，以次葬埋。

二十三、义庄办事宜先公后私，虽有歉收，不得迟缓输赋。一切出入账目，务须逐月件件结清，不得移挪亏空，至误正项。

二十四、义庄田户所当优恤，使之安业，为子孙久远之计。如有实在顽佃，理宜由庄正禀官究治。

二十五、义庄仓屋于本邑六保廿三六图横浦场西团黄字圩买绝田六亩，并自造平房两进，门面三间，次进五间，作为仓房。倘日后不敷囤积，即于余地添造。

二十六、义庄设庄正一人，总理诸务；庄副二人，咨请而行。统归三人掌管，依规处置，虽族中尊长，不得干预侵扰。倘掌管人有苟且情弊，当会同宗族，从公理断。

二十七、庄正现由铭江承当，日后总以锡之公嫡支殷实可托之人举为庄正。另择公正族人轮司庄副。三人各须秉公，互相纠察，毋得徇情舞弊，以昭信实。

二十八、族人不准租佃义庄及借居庄屋，以昭公允。

二十九、义庄余租当仿余一余三之制，预备三年口粮，以补岁歉缓征之不足。倘三年外有余，续行增置田亩。及族中有慕义捐助者，约满半庄之数，即行禀案通详。

三十、遇有规条所载未尽之事，理宜掌管人与族人公同议定，然后施行。

家规（浙江乐清钱家垟）[①]

吴越五世孙正尚公（钱惟演子曙），为端州左司理。抵乐，遂家而为华阳始迁祖。七传至孝廉公，孝行表于州郡，九传至季庄，科名耀乎京邑。至二十传，景签公自华阳迁居单家垟，为单家垟始迁祖。后宙忠公迁县前，全忠公迁上庄，其间显晦各殊，盛衰不一。

一、父母，身所从出，恩同昊天。古来孝子事亲，先意承志，虽至艰至难之事，有所不辞。况凡事之可勉者，岂容推托？是无论贫富，凡父母有事，随其力量，以尽厥职。庶小伸报称[②]之情，不得粗声暴气。若怠惰闲游，不顾父母之养，此天地间第一罪人也，当合族以惩之。

二、兄弟属同胞，昔人以手足拟之，信不诬也。必须尽友恭之道，庶无伤父母之心。倘或争财夺产，铢锱必较，遂至分门割户，视若寇仇，乖伦灭理，莫此为甚！昔田氏分财产而荆花忽瘁，物类尚知兄弟之义，可以人而不如木乎？后人所当猛省。

三、族内尊卑长幼，自有定分。凡子弟一遇尊长，务尽恭顺推逊之道，不得触犯。即或分卑而齿迈，众亦当事以高年之礼。至于恤幼弱，矜鳏寡，周窘急，解竞难，亦敦睦之要务焉。

四、族中各父兄，须知子弟之当教。至七八岁，便送入学堂。随其资质渐长，若知有识，必择端庄师友，将经书严加训迪，以陶镕其性地。他日登进出仕，固共钦为良士忠臣。如功名不成，亦不失为醇谨君子。

五、宗谱，乃祖父事实名讳所关，更须珍重。宜付读明理之家收藏。每岁

---

① 载于华阳钱家垟《钱氏宗谱》，宣统庚戌年（1910）印本，不分卷。
② 报称：犹报答。

春秋，必看一回。如有损坏字迹者，族长叱责，另择其贤能子弟承管。至小子初生，即记其八字于副谱，待其长成，方收入正谱。

六、继子上承宗祧，下衍支蔓，必以嫡亲兄弟之子侄承之。如嫡者无可继，议从兄弟之子，又无，必择本房本族之贤、昭穆相对者，此千古不易之律。若异姓既招，而产业已与者，亦修入谱。但义子、养子宜著分明，不得混乱源流。

七、士农工商，各居其业。故子孙于本等事，宜加意勤谨，毋得怠惰闲游，以致无事成。至赌博一事，深可痛恨。凡辱身荡产，皆由乎此。子孙有犯者，阳不贷于国法，阴不蒙于祖佑。家长亦坐责不严之罪。

八、赋税力役，法所不免。若拖欠钱粮，躲避差役，官府定行拘比，甚至罹刑犯罪。即非良善百姓，家长务须依期办理明白。门无追呼，何等自在？

九、师巫邪说，律禁甚明。自风俗日下，僧尼之外，复有斋婆、卖婆、女相、女戏之流，哄诱妇女，识见不明，被其欺骗。不独费财，且有不虞之患。故善于齐家者，凡一切左道，皆当杜其来往，庶无后悔，而家风乃振。

祠规（江苏润州南朱）①

忠逊王钱倧之长子昆，仕宋，为秘书监；次子易，自杭迁居于会稽。真宗朝以易为翰林学士。易之后有立业公，乃武肃王镠之十二世孙，翰林学士，屡举不第，遂携钱氏家藏支系手卷，游学东吴，以南朱钟马迹之灵，山明水秀，土沃风醇，遂不归越而倚居焉，为南朱钱氏始迁之祖也。

祠规考小序

家道之盛衰，视乎子弟之贤否；子弟之贤否，视乎教法之兴废。祠之必有规也，由来尚矣。本族自初祖以来，俗尚醇厚，人勤耕稼，郡中推为望族，诚盛事也。至于今日道义不讲，凌兢②成风，习游闲而趋邪僻者，所在多有。揆厥所由③，实父兄之教不先，以致子弟之率不谨也。予兹修谱，斟酌时宜变通，习尚④稍为增损，其间仿诸旧家例，载入谱中，传之永久。惟愿族人父诫其子，兄勉其弟，尊祖敬宗，敦《诗》说《礼》⑤，务本乐业，将见贤哲踵生，媲隆⑥先烈，无难矣。

---

① 载于润州南朱《钱氏族谱》（射潮堂），1913 年印本。从内容推断为清末所作。
② 凌兢：欺陵争斗。兢，通"竞"。
③ 揆厥所由：揣度其原因。
④ 习尚：习俗。
⑤ 敦《诗》说《礼》：旧时统治阶级表示要按照《诗经》温柔敦厚的精神和《礼记》的规定办事。
⑥ 媲（pì）隆：谓兴盛之景况相当。

祠训十五则

建祠宇第一

《礼》曰："君子将营宫室，宗庙为先。"士、庶人无庙，祠堂即其庙。是祠也者，所以报本追远，萃涣①合族者也。先世未有祠，建造不可不急；先世既有祠，修理不可不时。春秋务须修葺，岁时必加扫除。庶庙貌常新，罔滋怨恫矣。

修谱牒第二

谱牒者所以一统，系清支派，别尊卑，序长幼，明伦睦族之大典也。必三十年一修，而后祖宗之卒葬、子孙之生齿，有所稽考。至于修谱之费，须验丁派银，以祠中租利补其不足。修谱之师，必择学问淹通②、立心正直、操守坚定者，以任其事。庶几踵事增华③，不致贻梨枣之灾④，来鲁鱼之诮矣。

孝父母第三

鞠育之恩，昊天罔极。人子事亲，日用常行之孝道，难以枚举。惟在各竭其力，各尽其心而已。若夫不爱其亲而爱他人者，谓之悖德；不敬其亲而敬他人者，谓之悖礼。甚有好货财，私妻子，忤逆天伦，伤残至性，此不孝之尤者，不思父母根本也。吾身，质干⑤也；子孙，枝叶也。岂有根本不培而枝叶茂盛者哉？故"五刑之属三千，而罪莫大于不孝"。族人勉之。

友兄弟第四

骨肉之亲，无如兄弟。存心举事，须以手足为重。相好无尤⑥，怡怡同气。上可以顺父母，下可以御外侮，此和气致祥之道也。若争赀角口，竞产成仇，

---

① 萃涣：萃，聚集。涣，散开。指渊源同一，家族繁衍。
② 淹通：渊博而通达。
③ 踵事增华：指继承前人事业而使之更加美好完善。
④ 梨枣之灾：形容滥刻无用不好的书。从前印书用梨木或枣木刻板。
⑤ 质干：躯干。
⑥ 相好无尤：出自《诗经·小雅·斯干》："兄及弟矣，式相好矣，无相犹矣。"尤，当作"犹"。

结交异类,构祸同支,究也财产不为己有,而反为他人所利,不亦深可悲哉?

教子孙第五

人之善恶,性生者少,习成者多。正人未有无助而进德,邪人未有无党而成非。始于一念之差,遂致终身之误。为父兄者,须延明师,择良友,朝夕切磋,虽愚鲁子弟,自能变化气质。其财力不及者,亦使子弟近好人,听好话,见好事,庶不至于下流。若童蒙时任其昏愚狂悖,及长大必至远正人,交异类,干名犯义,凡百非为①,无所不至。虽子弟不肖,岂非父兄失教之所致欤?

完赋税第六

有田则有赋,有丁则有差,此朝廷重务,人所当乐输者。钱粮须依限完纳,粮米必先期上仓。至于杂项差徭,亦宜验田支应。若拖欠条粮,规辟差役,贻累里长,刻剥细户,明干国宪,重拂群情,取祸非小,族共戒之。

勤耕读第七

耕则勤稼穑,取天地自然之利;读则习诗书,明古今不易之理。上可以致富贵,下可以赡身家。承先启后之业,莫善于此。外而百工商贾,虽为末艺,亦生财之道。若游手好闲,不务本业,反作非为,上无以事父母,下无以育妻孥,此不肖之尤者,当共惩之。

设义学第八

教化之隆,始于家庭。苟非读书,安望有贤良子弟足为朝廷所登进②哉?故必开立义馆,延请明师,俾有志无力与有志有力者皆得就学,则人无不学之悲,族鲜白丁之讥矣。

谨妇仪第九

妇者,家之所由盛衰也。事翁姑必孝,待妯娌必和,处宗族必雍睦,相夫子必恭顺。居身以端谨为要,无懒惰,无撒泼,无出门嬉戏,无入庙烧香,如此则为

---

① 凡百非为:出自清代石成金《传家宝》:"凡百非为不可为,为非何日不招非?"凡百,概括之辞。

② 登进:使升进。

贤哲之妇。若抵触翁姑,伤残姒娌,傲侮宗党,欺压丈夫,有干闺训者,族长当戒饬其夫男,令以理开谕,改过自新。不幸有乱伤风化者,勒出之,并其夫男永不许入祠。

遵礼法第十

尊卑长幼,既有定分称呼,拜揖自有成规。在尊长,须和平以待下;在卑幼,须恭敬以事上。数日不见尊长,虽途遇必揖,坐则起,行则徐,应对则柔声下气,此仁让传家之道也。若不明礼法,或称呼叔伯诸兄字讳,或嘲谑弟侄诸孙混名,坐拜行立俱不依序安分,甚至一言不合即恶语相詈,一事不投即攘袂奋拳,以尊凌卑,以强欺弱,以富虐贫,一切败伦灭理之事,率当分别惩究。

务本业第十一

士勤则读书成,农勤则衣食裕,工勤则技艺精,商勤则赀财厚,此起家之道也。若有余者,饱食暖衣,游荡无度;不足者,贪闲懒作,怠忽偷安。以致富者渐贫,贫者益窘,借贷无门,乞邻取憎。与其厚颜以求人,何如奋志以励己?业不论贵贱,人不问智愚,悉宜务力于本业,戒之勉之。

行庆吊第十二

本族子孙虽众,皆由一体而分。但居址散远,不能朝夕聚会。自同堂伯叔兄弟外,其疏远族属多有见面不相识者,岂同宗一体之谊乎?今后凡遇庆吊诸大事,不论远近,皆当亲到。三日前,各分皆先传信通知,临期敛分,厚薄随宜,庶不致日久渐成陌路。联宗睦族之法,莫善于此。

矜鳏寡第十三

鳏寡孤独之人,凄风苦雨既无父子以相慰,良辰美景又无骨肉以言欢。古者人家,同井尚相怜助,况一脉流传,何忍坐视?凡遇此等,不足者周恤之,有余者维持之,庶见同宗之意。若守节坐贞,终身无玷者,当会族公举,以旌奖之。若欺孤虐寡,毁名谤节,此无良之甚者,宜共攻之。

恤患难第十四

患难之事有五,曰水火,曰盗贼,曰疾病,曰诬枉,曰死丧,是皆变生于不测者。凡遇此项,当相为救护扶持,赈济申办,既尽亲谊,亦有阴德。如其幸灾乐祸,借影生端,此不仁不义之尤者,当同斥之。

摈下流第十五

人生天地间,上之立身扬名,以为宗族交游光宠;次之亦须安分守业,求不失为旧家①子弟。乃有败家风,变良为贱,或流入梨园,或窜身营伍,或甘居奴仆,玷祖辱宗,莫此为甚,族人当屏绝之。

---

① 旧家:指久居某地而有声望的人家。

家训（浙江潜阳）^①

武肃王六世孙、殿前都指挥使昭聪者，于大中祥符元年（1008）出镇婺州，卒葬金华之浦江，子孙遂于浦江之通化乡湖塘里。昭聪传至福建安抚使曰柔中，嘉熙二年（1238）致仕，卒葬金华，此系成为浦江钱氏。

一、论臣道

古人云：言君则称父，言孝则称忠。盖事父所以事君，尽忠所以尽孝。为人臣者，既以身许国，便当鞠躬尽瘁，能致其身。后世子孙有能出仕者，当存清白，一心敬事，节用爱民，丹心垂照国史，否则不忠便是不孝，有何面目见先祖于地下乎？

二、论子道

《书》称祇载^②，礼□□养孝经□□尤为圣人注意。盖为人子者，固当曲尽其孝，无论抚育长养，心念父母劬劳。有生以来，那^③一日不关父母心肠。故论子道，大则显亲扬名，次则服劳奉养；居常则怡情顺志，疾病则竭力调护。总之，一言难尽。若能以爱妻子事父母，则曲尽其孝。有一等人，自身富贵，遂忘父母，自身饱暖，不顾父母，是为乌、羊之不若矣。

---

① 载于《潜阳钱氏宗谱》（光裕堂），民国己未年（1919）重修。根据内容推断，应为清末首修时所作。

② 祇载：参见《书·大禹谟》："祇载见瞽瞍。"言舜敬事父亲瞽瞍。

③ 那：同"哪"。

三、厚兄弟

夫荆,一也,分之则枯,合之则荣。物且有灵,况于人乎?兄弟本同一气,而以锱铢之别,□□之譖,□□□□□□视亲若寇仇,则惑之甚者也。志必要怡怡然相聚一堂,此其大快也。虽有外侮,□□□□□□□□尤大彰明效著者也。吾愿宗族共效此意,而勿□□□□□□害攸关。

四、睦宗族

夫宗族之来,始于一人而致于千万人。如木之有本,水之有源也。甚至于不亲其亲而相视如途人,以致强凌弱、众暴寡,不知弃其族者,是自弃其源,弃其族者,是自扳其枝矣。记曰:"塞其流者绝其源,披其枝者戕其本。"若弃宗族而孑然独立者,其身益孤矣。是以范文正公义田,以恒宗族。欧、苏二公,汲汲于修谱。本族之子孙,当伏义居家,而宗族固当和合,可称为名望之家矣。

五、重祭祀

礼莫大于祭,祭莫大于敬。《诗》曰:峻命,奔走在庙重重,[1]《传》曰"明明德以荐馨香",[2]备祭扫也。为子孙者,受祖宗之恩,当报祖宗之德。故四节清明[祭]其祖,[祭]其祖而至其墓。忌日追思,各亲其亲,务当极其诚敬者尔。

六、教训子

皇祖有训:为祖父者,当保世滋大,必在于崇德象贤[3]。是以义方之教、式谷[4]之度,而有专事姑恤者,酿成骄妒之态,而不知如世所谓酒囊饭袋者可鉴矣。吾愿为祖父者,欲思子孙成就之计,则曰教以孝悌,课以书籍,娴以礼仪,示

---

① 出自《诗经·周颂·清庙》:"对越在天,骏奔走在庙。"意思是,遥对文王在天灵,奔走在庙步不停。此处文字疑有讹缺。

② 出自《左传·僖公五年》:"若晋取虞,而明德以荐馨香,神其吐之乎?""明德以荐馨香"意思是,崇尚德行,以芳香的祭品奉献给神灵。

③ 崇德象贤:能效法先人的贤德。

④ 式谷:谓赐以福禄。

以勤俭，俾大则得科发迹，小则务本成家。昔韦公以父明经垂训①，谚曰："遗子黄金满籝，不如教子一经。"庞公隐耕景升，[表]问之，对曰："世人皆遗之以危，我独遗之以安。②"此又为祖父者所当知也。

重增家训八条

一、立家庙，置祭田，洁祭祀，严家规，教子孙，尚孝义，绝奔竞，畏国法，守本分，睦三族，远奸佞。

二、圣贤有言：书者长物，子孙宜宝藏，勿可私鬻。训辞戒警，宜置座右，以示警惕。

三、先世或居官，有功业文章，有忠孝名节，孝子顺孙，义夫节妇，未经掉楔者，宜大书于谱。

四、子孙不宜佣佃、奴隶、僧道、巫觋、尼媪，以玷名教。且谈天地间，必当修身饬行③为本。

五、子孙作屋，不许伐丘陇之木。娶淫奔之女为妻，生不入祠，死不入谱。死不载，殇不书。

六、子孙当厚三党，睦九族。九族，即同姓同出于始祖也。母党、妻党之亲，庆吊相通。

七、经纬④中只书名，后复书表、号、嫁娶、生卒若干。无善行不宜虚谀，但书而已。凡族中有婺子⑤、贫不能嫁者，族中量家之丰啬而乐助之。

八、谱无绝，法昭穆，相应者继之。不许异姓紊乱，名表制字，当避国家圣贤及祖宗名讳。

---

① 西汉大儒韦贤于丞相位致仕，帝赐百金。去世前，散尽黄金，留子经书。二十四年后其四子韦玄成复以明经历位至丞相，人称"父子丞相"。故"遗子黄金满籝，不如教子一经"，成为当地谚语。明经，汉朝出现的选举官员科目，被推举者须明习经学，故以"明经"为名。

② 遗危：谓给予子孙以利禄，其结果是给他们的危厄。遗安：谓予子孙以德，使其淡泊自守，安宁无事。出自《后汉书·庞公传》。庞公乃宠德也，学识渊博，荆州牧刘表数延不就。

③ 饬行：使行为谨严合礼。

④ 经纬：家谱的编写方式，代指家谱。

⑤ 婺子：旧时用作对妇女的美称。婺，古星宿名，即女宿。

太史宋公作三十戒词，以羽翼^①欧、苏二公。词之余，意如刀锯鼎镬^②之严，使人千百载之下永守而不敢犯也。

戒称圣贤名表

戒议论朝政得失事

戒三党不亲

戒兄弟阋墙

戒禽犊之爱

戒婢媵为妻

戒用豪奴悍婢

戒阿谀逢迎

戒攻人之阴私

戒毁议谤先儒

戒称祖父名字

戒九族不睦

戒夫妻反目

戒妇寺^③之忠

戒无大故黜妻

戒欺公罔法

戒与恶人相处

戒评论女色

戒自逞富贵

戒浪使冗费

戒问自足

戒怒中发言

戒贪酷暴虐

戒残失家谱

戒忘清苦自励

---

① 羽翼：维护。

② 鼎镬(huò)：烹饪器具。代指刑罚。

③ 妇寺：宫中妃嫔的近侍；宦官。

戒奢侈倨傲

戒男懒惰

戒喜中许物

戒士无气节

戒经□奉佛饭僧

第五部分

民国时期家训

民国时期,由于人口流动,社会变迁,钱氏修谱之风更加盛行。而且,当时修谱大部分也编写家训。有的宗谱将武肃王遗训等内容放入;有的重录了清代的家训;也有相当一部分根据家训和家教文化的核心精神,由本支自己制定家训。

家规（湖南武冈）^①

必寿公生福大、福二、福三，三公居江南苏州府常熟县。福大公仍老居。福二公由常熟徙湖南永州后，从征逆苗，以军功官总戎，生文彬，落叶零陵县。福三公亦由常熟徙永州，生文伯公，文伯公由永州徙宝庆武冈紫阳之铜江。

家规引

民主立宪，纯然法治。上自元首，下至庶人，无不以法律为范围。守法者，受法律之保护；违法者，受法律之制裁。此民主国之通例也。家族乃国家之一分子耳，虽无立法、司法之权，要其保全安宁、维持秩序则一也。故国有国法，家有家规。国法能拘束一般之人民，家规能拘束特定之子姓。是家规与国法并重，则家规尚矣！作家规。

一敦孝弟

父子兄弟，人类之大纲；事亲敬长，吾人之天职。刑律对于伤害尊亲属之罪较伤害常人加重。嗣后，如有诟骂父母、侮辱兄长者，一经发觉，从重惩治。

二重人权

人自出生，法律认为有人格，即予以人权，无富贵贫贱等也。卖良为贱，侵害人权，乃法律所不许。我族历有女作婢妾、男作奴仆之禁。亟应申明，

---

① 载于湖南武冈《钱氏续修族谱》（述信堂），民国四年（1915）印本，钱孝纯等主修。本谱为文伯公支系。

嗣后,凡我族人,不得将自己男女卖与他人为婢、为妾、为奴仆,违者查出重惩。

三戒非行

赌博、盗贼、洋烟以及酗酒挞降,皆有害于社会,祸及身家,律有专条,不少假贷。在我族人,各宜痛戒。凡属钱姓地点,不得有此等行为,违者分别议罚。

四息争讼

民智愈开,则争竞愈烈,此争讼之不能无也。然谊属一本,忍让为贵。如遇万难忍让之场合而有争讼时,其两造或一造必先赴祠内,声明能否处理,不得径行起诉。违者虽理直,亦罚。但对于异姓之争讼,不在此限。

五笃宗族

子孙之身,其先乃祖宗一人之身,木本水源,一脉相承。此古人所由,九世同居,七百人共食也。我族分四大房,四大房之内又分各小房,要皆为我文伯公之子若孙①。无论亲疏远近,务宜出入相友,守望相助,尊卑长幼,各有等杀②。不得强陵弱、众暴寡,违者分别议罚。

六(略)

---

① 子若孙:子孙。
② 等杀:等级差别。

家训、家法（湖南零陵）①

该支明初由苏州府常熟县迁零。必寿公在明洪武初官指挥使，奉命领兵征粤过永，见是邦之山水清奇，五峰环绕，只涧萦回，甚爱之，遂家焉。生三子：福一、福二、福三。其中，福一公迁宝庆桃花坪；福三居邑东峱阳之沙帽洲；福二公任永州镇守使，生子文彬，遂居零陵。

家训引

先儒朱柏庐先生《治家格言》、陈榕门先生《训俗遗规》②，其于保室宜家之道，持身涉世之方，言之至深切矣。吾宗聚族繁昌，读书习礼之士固多；即未能读书，习礼之人亦复不少。苟非渐之以仁，摩之以义，则荡检逾闲③之事，卒难保其必无。故子舆氏有云："中养不中，才养不才。"④诚有味乎其言之也。是用采辑先正之嘉言绪论，缀成俚语，谐之音声，撮其大纲，分为细则，切而要，简而赅。俾凡为父兄者，共明斯旨，奉作家箴。每于朔望之期、耕作之暇，召子弟于庭，讲明而切究焉。繇⑤是渐渍⑥优游⑦、潜移默化，则上智固日迁于善，即中材亦自不至为非，循循乎道德之林，彬彬乎礼仪之选矣。其裨益岂微鲜哉！

---

① 载于《零陵钱氏族谱》（五卷），民国十七年（1928）印本，钱盛涛修。本谱为福二公支系。

② 陈榕门先生《训俗遗规》：陈宏谋（1696—1771），字汝咨，号榕门。著有《训俗遗规》，主要讲述乡里、宗族间致讼原因和如何消除矛盾的途径，汇集了历代一些会规、宗约、治家格言等内容。

③ 荡检逾闲：形容行为放荡，不检点，超出法度。

④ 出自《孟子·离娄下》。品德修养好的人教育熏陶品德修养不好的人，有才能的人教育熏陶没有才能的人。

⑤ 繇：由。

⑥ 渐渍：浸润。引申为渍染，感化。

⑦ 优游：从容习染。

一曰孝

人无父母，身从何来？三年恩爱，始免于怀。乌尚反哺，羊犹跪足；禽兽不如，有腼面目①。冬温夏清，昏定晨省；顺亲悦亲，子道克尽。人当贫贱，奉养尤难；竭力供职，毋缺旨甘。

二曰敬

水源木本，派衍云礽②；祖宗虽远，祭祀宜诚。春秋朔望，冥诞忌辰；明禋致敬，僾见忾闻③。清明扫墓，展厥孝思；泥涂④风雨，劳瘁勿辞。精诚感召，肹蠁潜通；神必祚汝，福禄攸同。

三曰友

凡今之人，莫如兄弟；式好无尤，一堂和气。天下至亲，同胞手足；勿听妇言，反乖骨肉。宜学姜氏，大被同眠；宜学田氏，荆茂长年。内笃其亲，外御其侮；灼艾燃萁⑤，同分痛苦。

四曰慈

生男勿喜，生女勿忧；一般看待，长大何愁？莫学恶妇，毒甚虎狼；忍心溺女，丧尽天良。凌虐幼媳，打骂生嗔；任意冻饿，威逼戕生。谕我族众，共具婆心；皇天眷佑，多子多孙。

五曰礼

尊卑有等，贵贱有差；长幼有序，别嫌明微。冠昏丧祭，义取⑥从宜；不丰不

---

① 有腼面目：出自《诗经》："有腼面目，视人罔极。"意思是，枉生了一张人脸，心思却险恶莫测。腼，因怕生或害羞而神情不自然。

② 云礽（réng）：比喻后继者。

③ 僾（ài）见忾闻：仿佛看到身影，听到叹息。形容对去世亲人的思念。僾，仿佛，隐约。忾，叹息。

④ 泥涂：污泥，淤泥；泥泞的道路。

⑤ 灼艾燃萁（qí）：灼艾分痛，指宋太祖、宋太宗兄弟友爱的故事。燃萁，指曹植《七步诗》，形容兄弟同胞相残。

⑥ 义取：用正当手段取得报酬或利益。

啬,恪守成规。同姓不婚,古有明训;转配灭伦,实干例禁①。伯叔乏嗣,侄可承祧;杜绝异姓,宗祠永昭。

六曰让

谦谦君子,大度能容;恶声不反,厉色弥恭。人以逆来,我以顺应;虽至愚顽,当无恼憾。与人论事,勿究实虚;与人营利,勿较锱铢。肩挑背负,路窄桥倾;缓行一步,休与相争。

七曰勤

民生在勤,勤则不匮;一寸光阴,都为可贵。流水不腐,户枢不蠹;日炼月磨,精神愈固。谋生技艺,要会一行;自甘怠惰,到底困难。饱食暖衣,空谈闲耍;终日昏昏,甘居人下。

八曰俭

俭为美德,致富之术;非为惜财,只缘惜福。锦绣丝萝,有荣有辱;何如布衣,知足常足。甘脆肥酞②,腐肠之药;淡饭粗茶,长享安乐。雕梁画栋,转眼成墟;土阶茅茨③,风雨无虞。

九曰廉

不贪为实,立志惟清;横财莫取,非义弗营④。孽钱易使,神鉴难欺;宜师杨震,清夜四知⑤。蕴利生孽,多财亡身;近害自己,远报儿孙。何如廉介,止水⑥盟心⑦;丝毫毋苟,祸变不侵。

---

① 例禁:谓条例中所明令禁止者。
② 甘脆肥酞(nóng):味美的食物,泛指美好的酒食。出自汉代枚乘《七发》。
③ 土阶茅茨:以土为阶,以茅草盖屋。比喻住房简陋。
④ 弗营:不惑乱。
⑤ 杨震,东汉时期名臣。直到五十岁时才在州郡任职。当他前往郡里路过昌邑时,从前他推举的荆州茂才王密正任昌邑县长,前来看望,晚上又送金十斤。王密说:"现在是深夜,没有人会知道。"杨震说:"天知、神知、我知、你知,怎么说没有人知道呢?"王密惭愧地离开。"四知堂"后成为杨氏的堂号。
⑥ 止水:死水,滞止不流的水。
⑦ 盟心:盟誓在心。

十曰仁

博施济众，胞与为怀；矜孤恤寡，恩惠孔皆①。心要慈悲，事要方便；残忍刻薄，惹人恨怨。诸姑伯叔，犹子比儿；或遇贫窭②，推食解衣。乡有冻馁，鹄面鸠形③；输粟救急，一芥千金。④

十一曰谨

大嚼多噎，大走多蹶；⑤翼翼小心，庶几无忽。惟口启羞，言多必失；宜学金人，三缄⑥则吉。躁急无成，从容有济；慎始钦终，勿轻尝试。凡遇事来，再三审慎；动作周详，十分安稳。

十二曰信

季布金诺⑦，世有令名；人而无信，跬步难行。友朋结纳，久要不忘；翻云覆雨，未免荒唐。尊长之前，休要说谎；自欺欺人，能无颜赧。一语或虚，百语皆假；亲戚绝交，外人笑骂。

家法引

国也者，积家而成焉者也。国有刑律，而后天下无莠民；家有规条，而后族中无败类。故除暴锄奸之典，恒患其不严；而责成戒败之文，尤患其不备。夫牛马，至愚也，绳之以羁牵之具，则性驯；猿犬，至黠也，施之以鞭挞之威，则首俯。

---

① 孔皆：普遍。

② 贫窭（pínjù）：指贫穷的人。

③ 鹄面鸠形：面容憔悴，形体瘦削。形容饥疲的样子。

④ 参见"恩若救急，一介千金"。意思是，若能在人急需时施恩援救，再微贱的东西的意义也相当千金。形容急难之人对些微的帮助都会刻骨铭心地感激。一芥，一粒芥籽。比喻轻微、不值钱的东西。

⑤ 谚语。比喻做事要谨慎稳妥，贪多求快往往适得其反。

⑥ 金人三缄：比喻因有顾虑而闭口不说话。《孔子家语》载："孔子观周，遂入太祖后稷之庙。庙堂右阶之前有金人焉。三缄其口，而铭其背曰：'古之慎言人也。'"

⑦ 季布金诺：季布，西汉初楚人。楚汉战争中，为项羽部将，数困刘邦。汉朝建立，被追捕，由大侠朱家求夏侯婴向刘邦进言，因得赦免。后任河东守。原为楚地著名"游侠"，重信诺，时有"得黄金百斤，不如得季布一诺"之语。

无他法,有以制之也。审乎此,则知家庭虽有椎鲁①极拙之夫、桀骜难驯之子,诚得贤父兄编为法戒,惩后惩前,俾知家法綦严②,凛乎其不可犯。繇是③积愧生悔,积悔生悟,未有不勃然兴、油然化者。是故欲子弟之为孝子顺孙,必自整饬伦理始;欲子弟之不为邪僻④小人,必自严申禁令始。

第一条　忤逆不孝

游荡废业,偏听妇言,不顾父母之养,甚至詈辱相加。经房长、村长屡诫不悛者,即由亲属报告族长,捆送宗祠。除笞责外,并着游街示众,以儆将来。不服,鸣官究治。如亲属袒庇不报者,亦当受连坐之处分。

第二条　侮辱尊长

无故肆逞野蛮,侮辱从堂祖父母及叔伯父母,或九族五服内之尊长者,经当事人报知族长,传至宗祠,重则笞责,轻则罚跪。但须经村长、房长三人以上之证明,得实行之。

第三条　勾通匪盗

平日素行不端,勾引面生歹人入境,致发生抢劫情事,甚至身为匪盗,被人控案,确有证据者,即由亲属会同村长、房长报知族长,协力密拿,捆送宗祠,公同议决,尽法惩治。或褫革除名,驱逐出境。

第四条　灭伦转配

期功之亲⑤,或九族⑥五服内兄弟之妻,早寡不能矢志柏舟,例应再醮。如有灭绝伦纪,私自转配者,一经查出,除勒令改嫁外,并科以五十串以上、二百串以下之罚金。

---

① 椎(chuí)鲁:愚钝,鲁钝。
② 綦(qí)严:严密,严格,严厉。
③ 繇是:于是。表示一后事承接前一事,后一事往往是前一事引起的。
④ 邪僻:品行不端的人。
⑤ 期(jī)功之亲:指近亲。期,指期服,服丧一年,这里指穿一年孝服的人。功,分大功、小功,这里指穿大功服、小功服的亲族。
⑥ 九族:一说为高祖、曾祖、祖父、父亲、己身、子、孙、曾孙、玄孙。

第五条　异姓乱宗

本生无子,例应抚亲属子侄为嗣,以承厥祧。凡义子、赘婿之属,不准入谱。如有偏听妇言,胶执己见,舍同姓而抚异姓者,所遗产业俟所后者身殁之后,一概充公,作为阖族常年祭祀之费。

第六条　钻继夺产

本生无子,抚侄承继,礼有明条。择爱择贤,均得自主,但以同姓为衡,不以亲疏为断。如亲属子侄颇不相当,必欲强之入继,图侵占其业权,或任意阻挠,冀瓜分其财产。经当事人报知族长,开会讨论,公决应以何人之子承祧甚为适当。须得双方同意,书立抚约,以延似续①而泯争端。如有恃强不服者,公同议处。

第七条　任意出妻

夫妇为人伦之始,温恭和顺,盟订百年,乃是家庭幸福。如有妇性不良,干犯"七出"之条,经族众屡戒不悛者,即强留在家亦终无益,不如从权再醮,以全伦理。倘因些小嫌怨,并未报经族众公同表决,遽行生拆离异者,一经查出,即科以一百串以上、二百串以下之罚金。

第八条　鬻卖子女

族内立社育婴,原为保养婴孩起见。果系特别赤贫,三岁已周②,不能存活,除依照普通例给养外,另由社内提钱十串津贴嫁费。如有蓦地将女贩卖他人为婢者,一经查出,从重议罚。

第九条　虐待幼妇

贫家聘娶童女为媳,翁姑自应同负保护爱养之责任。如有阿姑赋性悍泼,对于幼妇任意虐待者,一经查出,或被外氏央中③理论,除严斥外,并科以十串以上、三十串以下之罚金。

---

① 似续:同"嗣续"。继承。
② 三岁已周:已满三周岁。
③ 央中:谓请某人做中人。

第十条　聚众赌博

赌博为盗贼之根，无论何人何地何时，如年节新正、吉凶庆吊之类，不准开场聚赌，引诱良家子弟，致贻荡产倾家之害，即责成各村长、房长随时查察。违者，公同议处，并科以十串以上、三十串以下之罚金。

第十一条　吸卖鸦片

鸦片流毒，为害剧烈。无论士农工商，不知自爱，嗜好成癖者，不得侪于正绅之列。甚至贫无聊赖，或在村内开设烟馆，藏匿歹人，即由亲属会同村长、房长严行禁止，除将房屋封闭外，并科以十串以上、二十串以下之罚金。

第十二条　恃强械斗

一本之谊，道在雍和。如有恃强欺弱，偶因小忿，动辄持械殴人，及纠众捣毁人家器物，或强牵耕牛者，经当事人报告族长，公同讨论，验明受伤轻重，彻查损失大小，除责令分别医治赔偿及服礼寝事①外，并科以十串以上、三十串以下之罚金。

第十三条　荒废职业

士农工商，各有恒业。如有不良子弟游手好闲，不谙生产者，即由该亲属负教督管束之责，俾免流为盗匪，致玷家声。

第十四条　逞刁健讼

族内之人，间因口角肇衅，业经报由族长秉公理处，和平解决，应即式好如初。如事后误听人言，遽尔翻异，犹复捏词控诉官厅者，即为健讼。应由阖族公正绅耆联名参加，证明其诬，俾得依法反坐，以彰公道而息讼端。（与外人因田宅、坟茔涉讼者，不在此列。）

第十五条　侵蚀社产

保管社产，首在得人。族内各项公社②，必由公推明通书算、信用素著者，

---

① 寝事：息事，完事。
② 公社：公共事业。

充当经理。每年须清算一次,统订于三月十六日,由本社经理携同簿据,邀请族绅齐赴宗祠,秉公监算,并将本年收入支出各项抄录清单,张贴公览。如有侵蚀亏短情弊,一经查出,除勒令如数赔偿外,即行除名,另推接管,不稍瞻徇①。

第十六条　限制津贴

津贴士子毕业,所以奖励后进,广育人材也。然必有所限制,方足以免糜费。如现在高小校毕业,议定津贴费若干,须俟考升中学入校时支款;中校毕业,议定津贴费若干,须俟考生高等或大学入校时支款。不得借一纸证书,希图津贴,遽行自满。倘未经族众公决而社首擅自开支者,以私相授受论,公家概不承认。

第十七条

本条例自谱牒告成之日起实行。

---

① 瞻徇:徇顾私情。

家训（江苏张家港禄园）[①]

始迁祖元孙，宋末自台州迁海。六世孙镛、珍，派分为海禄园、奚浦两支。明人永安，号振鹿，出禄园支，先世先迁鹿苑，续迁陈巷桥，永安又自陈巷桥返迁鹿苑。

振鹿公支家训

吾人处世，自有常轨。先贤以礼教提倡之，国家以法律限制之，要皆示此轨道之方向也。能小心翼翼，循轨而行，对国家方不失为善良之国民，对祖宗方不失为贤孝之子孙。苟误入歧途，每至丧名败德，噬脐莫及。所以本谱首列家训，择礼教法律所公许之范围，作为处世之圭臬，分个人、家庭、社会、国家四项，即《大学》修齐治平之道，吾族人其善体之。

吴越三十五世元蕚、三十六世昌运　同辑

个人

一、正心

心术端正，保持天良。勿事欺诈，勿入邪僻。使胸怀坦白，俯仰无愧。

---

① 载于《海虞禄园钱氏振鹿公支世谱》，民国十九年（1930）印本，钱昌运等人主修。与钱文选版《钱氏家训》比较后可以明确，钱文选在采辑《钱氏家训》时，与钱昌运有过交流。

二、修身

洁身自好,趋善远恶。以道德为准绳,以圣贤为模范。使寡过鲜咎,举世称道。

三、谨慎

凡事三思而行。勿妄率,勿招摇,则稳健有余,失败可免。

四、谦和

对人和颜悦色,勿骄勿伐。己所不欲,勿施于人。则持泰保盈[①],乐于我亲。

五、忍耐

任大事,成大业,必先有忍耐功夫。小得勿喜,小失勿较。胸襟磊落,万物包容。

六、诚实

安分守己,忠厚待人。言必信,行必果。

七、坚决

见善勇为,知过必改。

八、好学

智识自书籍引出,学问从经验得来。

九、克己

抑私欲,绝嗜好。戒奢侈,避虚荣。

十、择业

择正当职业,勿游荡偷安。

---

① 持泰保盈:保持安定兴盛的局面。

家庭

一、孝敬

孝父母，敬尊长。务博欢愉，勿使忧切。

二、和睦

兄弟宜友爱，妯娌宜和睦，夫妇宜同心。

三、嫁娶

嫁女择佳婿，勿慕富贵；娶媳求淑媛，勿计妆奁。

四、祖先

祭祀宜诚意，祠墓宜保护，谱牒宜修辑。

五、宗族

家富有则提携宗族，或设义塾，或置公田，勿遗鄙吝之讥。家贫困则善自勉励，勿怠工作，勿趋下流，以遗同宗之羞。

六、教育

子弟须令求相当之教育，以作谋生基础。勿放任，勿溺爱，导之以义方。

七、勤俭

勤俭治生为兴家之本，家族诸人宜各定职务。振作精神，力求向上；量入为出，善自俯蓄。

八、秩序

门庭宜整洁。宜严肃，宜早起。

九、破迷

破除无谓之迷信,禁止三姑六婆之往来。

十、佣仆

勿多佣仆役。宜督率,宜体恤。

社会

一、信义

守约勿失,负责勿诿。

二、慷慨

勿贪意外之财,量力济人之急。恤孤寡,助老废;赒饥寒,解纷难。

三、公益

修桥、筑路、浚河、设渡、兴学、积谷等,诸地方善举,宜量力襄助。

四、交友

交益友,勿交损友。

五、办事

在社会办事,须振作精神。除权利,捐私见,与人和衷共济。

六、乡邻

邻里乡人,宜联络亲爱,互相扶助。

国家

一、爱国

生财节用则国富，进贤使能则国强，兴学育才则国盛，交邻有道则国安。

二、守法

守法勿犯，诉讼勿预。

三、纳税

赋税勿欠，公捐勿吝。

四、奉公

有官守者，执法如山，守身如玉，爱民如子，去蠹如仇。兴利除弊，培本安邦。

家规、家训（河南固始）[①]

元瓘之裔。先代难以枚举。明末璬公由江左至徽州婺源尽花街，复迁河南双河保，居住后名为钱家楼。后因房因洪水横流，屋宇飘荡，璬公后人士盈公偕弟士望公又迁水注冲，距固邑七十里。见夫泉甘而土肥，风俗淳美，田土膏腴，山环水绕，乐为之居，此确据之源也（后有认为，始迁祖璬自明中叶迁固，为二十一世）。

家规

国与天下，皆家之所积也。家固不得有政，未始[②]不可立规。仰承圣王之德化[③]，聿兴[④]仁让之淳风。约略十余条，俾一家体忠厚之传，遵荡平[⑤]之道而率履，于以罔越[⑥]焉。

统率之规

族中子弟甚繁，不可无所统率。每代必择一公平正直、醇谨诚笃[⑦]之人为族正，各分又选有才能者或五六人为支正。族正不能遍察细事，支正邻近逐一

---

① 载于河南双河《钱氏家乘》（照石堂），1935 年印本，1995 年二修。同见湖北汉川《钱氏宗谱》，庶公支系，民国二十八年（1939）印本。
② 未始：未必。
③ 德化：以德感人。
④ 聿（yù）兴：兴起。
⑤ 荡平：平坦。
⑥ 罔越：不逾越规矩。
⑦ 诚笃：诚实厚道。

采访,行实①详语,正登簿实录,善者褒扬,不肖者赴祠惩劝,子弟自有所观感而为善。

奉法之规

法律之设,科条严明。国朝用以昭示臣民,恪守而不可犯也。夫刑以待小人,而君子怀之。正恐一朝失足,身投文网②,亏体在此,辱亲在此,后悔焉其何及? 愿吾族子姓,务以畏刑于未然,省身寡过。善人则亲之,助德行于身心;恶人则绝之,杜灾祸于眉睫。以至戒绝争讼,早完国课,刑罚可无自而来焉。庶在家为贤嗣,在国为良民矣。

敦本之规

人伦之大,莫先孝弟。羊跪乳,鸦反哺,禽兽尚知孝,而人何独不然? 昔王裒读《诗》至"哀哀父母,生我劬劳",每不胜感泣焉。善事父母者,服劳奉养,必一一以爱敬意将之。《礼》曰"下气怡色柔声",可取法也。至兄弟,乃分父母之遗体也。凡今之人,莫如兄弟,《诗》详之矣。兄弟虽有小忿,无伤一本。世之听妇言,乖同气,以伤天伦之乐事者,非夫也! 吾愿为子弟者,深明祗父恭兄③之道焉,则幸甚。

睦族之规

同族之人,支分派别,不无亲疏。以祖宗视之,均是子孙,最宜和睦,不可稍有猜嫌心。居住一村,或数十户、数百户以至千万户,子孙之盛尤征祖宗积德之厚。凡我族人,一切小加大、少陵长、疏间亲之行,可勿为也。就令衅开未弭④,可同赴祠,听族正、支正排解,断勿经公争讼。至缓急相通,富者当有解推⑤之德,贫者应无觖望⑥之思,各宜体量之。

---

① 行实:谓生平事迹。
② 文网:法网。
③ 祗父恭兄:恭敬父亲和兄长。
④ 衅开未弭:引起争端,尚未弥合分歧,或者尚未和解。
⑤ 解推:慷慨赠人衣食。谓施惠于人。
⑥ 觖(jué)望:不满意,怨恨。

追远之规

祠宇之设,原尊祖、敬宗、睦族、序伦之地也。苟或玩视①,豺獭不如矣。吾族卜居②水注冲桃园,建修祠堂。每岁冬至上祀,族正传谕支正,凡与祭者,先期沐浴,整肃衣冠,不可亵服③,狎侮④先人。至春祭、秋祭,宜各于祖父坟茔自须祭奠,务宜亲理,不可夅⑤龙塞墓。五年大修一次,一年小修一次。庶无人畜践踏,先人之尸骸可免暴露矣。尚其慎之。

慎终之规

居丧之时,世人多于附身附棺之类一切苟且者,而误信浮屠诳语,侈陈斋醮,以为可销往孽,以资冥福。谓君子不以天下俭其亲,不知亲殁之后,附身务密,附棺务坚。故言游氏曰:"敛首足形,还葬,县棺而封,人岂有非之者哉?"⑥凡我族人,务宜哀致其敬,敬本于哀,勿朴儽⑦而无礼,勿繁缛而不情,以共勉于圣贤中正之教,斯庶几耳。

服教之规

子弟之服教,必先端其学术。故索隐行怪⑧,圣贤所必距也。愿吾族咸敦礼让,悉本正学。非先王之法言不敢言,非先王之德行不敢行。彼此互相砥砺,争自观摩,以底于有成。倘或一入歧途,左道惑众⑨,师巫邪术,皆王法所必诛者也。戒之慎之。

---

① 玩视:犹忽视,轻视。
② 卜居:选择地方居住。
③ 亵服:古人家居时穿的便服。
④ 狎侮:轻慢,戏弄。常用以形容人物言行举止。
⑤ 夅(qiá):跨。
⑥ 出自《礼记·檀弓上》:"子游问丧具,夫子曰:'称家之有亡。'子游曰:'有亡恶乎齐?'夫子曰:'有,毋过礼。苟亡矣,敛首足形,还葬,县棺而封,人岂有非之者哉?'"敛首足形,衣裳足够遮盖身体就可以了。还,同"旋",不久。悬棺,以手拉绳,拽棺而下。县,同"悬"。
⑦ 朴儽(pǔsài):朴陋而浅薄。
⑧ 索隐行怪:言探求隐僻之理,而过为诡异之行也。出自《礼记·中庸》。
⑨ 左道惑众:用旁门左道来蛊惑众生。

立品之规

人之立心制行，要必以礼义廉耻为大端。凡娼优、隶卒、奸盗、邪淫等事，玷辱祖宗，贻害子孙，我族人不可犯也。由是多行阴德，勿绝人嗣，勿破人婚，勿唆人讼，勿伤人天伦，勿致人流离，勿陷人重罪，勿暗藏恶意，借剑伤人。《易》曰："积善之家，必有余庆；积恶之家，必有余殃。"斯言不诚然乎？

蒙养之规

子弟幼稚之时，各禀良知良能，当养其德性，不可稍萌残刻。《易》曰："蒙以养正，圣功也。"苟任性自恣，久之败纵，如已决之水，不可提防，何以为少成地哉！愿吾族子弟初就塾时，慎择明师，导以礼义，使知亲贤友善，循规蹈矩。而动履①不越，即一出门，时人共知子弟恂谨，可以见父兄有先教焉。否则，佻达②日开，德业无成，是谁之咎欤？

务业之规

人之一身，必各执一业，以为终身之计。吾族子姓蕃衍，秀顽③各异，切勿自怠荒，逾于四民之外，或岐黄④，或堪舆，皆有功于人。先贤云："为人子者，不可以不知医理，尤不可以不知地理。"此言极当。如或肩挑贸易，学习技艺，以图生理。托业既殊，要无不可，以仰事俯畜⑤。倘颓惰自甘，家道难成，后悔其曷极乎！

尚学之规

学校之设，由来久矣。古者，十五入大学⑥，明德⑦新民⑧，即以期其有成。

---

① 动履：谓起居作息。

② 佻达：轻薄放荡，轻浮。

③ 秀顽：聪明的，顽皮的。

④ 岐黄：指黄帝和岐伯，传说是中医的始祖。这里指从事中医职业。

⑤ 仰事俯畜：谓上要侍奉父母，下要养活妻儿。亦泛指维持一家生活。

⑥ 大学：在古代有两种含义：一是"博学"的意思，二是相对于小学而言的"大人之学"。古人八岁入小学，学习"洒扫应对进退、礼乐射御书数"等文化基础知识和礼节；十五岁入大学，学习伦理、政治、哲学等"穷理、正心、修己、治人"的学问。

⑦ 明德：儒家认为人生来便具有善良光明的德性，此即为明德，却受到后天物质利害的蒙蔽压抑。若加以适当的教育，便能使明德显露出来。

⑧ 新民：不断敦品励行，自我革新求进，然后推己及人，将自己的德学贡献给社会。

我祖籍来江浙,簪缨承累世之贻谋;职掌丝纶①,教授②昭一人之模范。或名标蕊榜③,或身列黉宫④,家学渊源,裕后有成也。公议自今俊秀子弟"业精于勤,勿荒于嬉;行成于思,勿毁于随"。果磨砺以须⑤,庶及锋而试⑥,至游泮⑦掇科,开甲⑧入官,酌予奖励,均宜祀祖告事。然必族长齐集行礼,始见一体庆幸鼓励之意。

内教之规

妇人之言,不可轻听,幽闲贞静⑨者少,偏私⑩忌刻者多。所言不当,兄弟则伤和气,邻里必起争端。《柳氏家训》曰:"人家兄弟不义者,尽因娶妇入门,异姓相聚,争长竞知⑪,以致背戾⑫,分门割户,患若贼雠,皆汝妇人所作。"至哉言乎!至若闺门,最要严肃。妻妾虽贤,不可窥伺外客,及与男子言笑。《鲁史》称季康子往朝,公父文伯之母,系从叔祖母,"阃门与[之言],皆不逾阈"⑬。男女之别,真可垂法后世。且好妇女必不轻易出门,有骨气丈夫亦不许妇女外走,须六旬以上者可也。

立祠之规

人生斯世,孰不愿吉梦频占,多男有庆哉!倘时运不齐、命途多舛,而痛深伯道⑭,悲切庭坚⑮,亦生人恨事也。吾族人丁蕃衍,固不能必其皆有子克家⑯,

---

① 掌丝纶:指中书省代皇帝草拟诏旨。
② 教授:古时设置在地方官学中的学官。
③ 蕊榜:科举考试中揭晓名第的公示榜。
④ 黉(hóng)宫:古代学校,也用以称后来的府学、县学。
⑤ 磨砺以须:磨快刀子等待。比喻做好准备,等待时机。
⑥ 及锋而试:原指乘士气高涨的时候使用军队。后比喻乘有利的时机行动。
⑦ 游泮:明清科举制度,经州县考试录取为生员者就读的学宫。
⑧ 开甲:指考取功名。
⑨ 幽闲:柔顺貌。贞静:端庄娴静。
⑩ 偏私:袒护私情,不公正。
⑪ 知:应为"短"。
⑫ 背戾:悖谬,相反。
⑬ 公父文伯的母亲,是季康子的叔祖母。季康子去看她,她就开着门和季康子说话,彼此都不越过门槛。阃(wěi),打开。
⑭ 伯道:晋邓攸的字,平阳襄陵(今山西临汾东南)人。七岁丧父,不久母亲、祖母相继亡故,和弟弟相依为命。在一次逃难中,用担子挑着侄子和儿子,料想在如此困境中两个孩子不可能都保全下来,对妻子说:"我弟弟死得早,只有这一个儿子,按理不应该让弟弟绝后,只能把我们的孩子丢掉了。如果我们有幸生存下来,以后还会有儿子的。"妻子哭着答应了。后来,由于种种原因,邓攸没再有儿子。
⑮ 庭坚:出自《左传·文公五年》:"皋陶、庭坚不祀忽诸。"后指无后人祭祀。
⑯ 有子克家:指孩子长大,对家庭有贡献。

此继绝之义，所当亟讲也。于是房正同族正，除异姓不得乱宗外，依服制承继。立长立贤立爱，务须不偏不循，秉公酌立。至若贪财产而恃强争立者，亦必议罚，或吞谋家计而生端拦阻者，送祠责惩。

戒赌之规

子弟贫穷，须寻正经生理，切勿入于赌博之场，自误生平。子舆氏以博弈、好饮酒为不孝，陶士行①以樗蒲为牧猪奴②，虚诚以赌博者暗设弋矛，心术坏矣；尊卑同场，品行丧失矣。以及伤命玷宗，失教荡产，久之生事变，离骨肉，皆国法之所不容，上天之所必谴者也。吾族或以聪明才辨之人，以赌博为事而执迷不悟，卒不能改，公议送祠重惩。

息讼之规

宗族最宜和睦，构讼之端，切不可误。《文公家训》云："居家戒争讼，讼则终凶。"斯诚为格言。公议族中事有不平者，投鸣族正、支正，剖决是非，使非者伏罪。不可控告公庭，以薄祖宗元气，且不以自相鱼肉之诮，贻讥外人。若不令与闻，遽然控讼，曲者固从重惩，而直者亦必议罚。族长、房长须博采众论，虚心斟酌，期于排解和协，毋令跃冶。至族长，为通族所重。或以秉公致怨，遂为反唇之讥，因而借端报复者，无良之甚也！亦必重惩，以警不驯。

御侮之规

外侮之作，由家庭不和也。甚至不孝子弟潜通外人，与家庭构祸，以行其毒，不思与外人好，以害其同宗，一旦己有外侮，而谁为相恤？是自伤本也，是自取祸也。《诗》曰："兄弟阋于墙，外御其侮。"斯言可味乎！凡有外侮，彼此皆以理之曲直，而不可轻为控讼，以荡其资费。若果遭欺逼，则族正不得坐观成败，而终以忍让为得也。

往来之规

族中庆吊之事，理所应有也。古云："礼尚往来，来而不往非礼也，往而不来

---

① 陶士行：陶侃，字士行，东晋名将。
② 牧猪奴：对赌徒的鄙称。出自《晋书·陶侃传》："樗蒲者，牧猪奴戏耳！"

亦非礼也。"凡我族中,喜则庆,忧则吊,亦辑睦①之一道。倘遇此事,本人预报族正,族正传谕通族,人人皆知。即贫而无以为礼者无妨,本人不能备办酒食者亦不妨,原以致其亲爱之意而已。

保家之规

持家之道,贵乎勤俭。司马温公曰:"凡为家长,必谨守礼法,以御群子弟及家众,分之以职,授之以事,而责②其成功。制财用之节,量[入以为出。称家之有无,以给]上下之衣食及吉凶之费,皆有品节,而莫不均一。裁省冗费,禁止奢华,常须稍存赢余,以备不虞③。"《太甲》云:"慎乃俭德,惟怀永图。"《春秋》亦以克俭为保家之主。《孝经》有曰:"谨身节用,以养父母。"《易》曰:"不节若,则嗟若。"④大抵由心侈而用奢,用奢而财匮,财匮则产尽业绝。丰年尚空虚,歉岁必穷困。凡我族人,各宜思祖宗之创业甚艰,克勤克俭,勿坠家声焉。

居祠之规

祠堂不许有室子弟强居住,止令老而无依者看守,可也。

家训

《易》曰:"君子多识前言往行,以蓄其德。"⑤遵圣经,订贤传,⑥摭⑦名论,纪善行,集为家训数十则。凡我同宗,尚尊所闻而行所知,切勿视为具文⑧也。

孔子谓曾子曰:"夫孝,德之本也,教之所由生也。复坐,吾语汝。身体发肤,受之父母,不敢毁伤,孝之始也。立身行道,扬名于后世,以显父母,孝之终

---

① 辑睦:和睦。
② 责:要求。
③ 不虞:指意料不到的事。
④ 本该约束节制的,不能节制,事后却嗟叹。
⑤ 君子要多学习前代圣贤的言行,用来增加自己的德行。
⑥ 圣经、贤传指儒家经典及对经典所作的权威性注解文字。
⑦ 摭(zhí):摘取。
⑧ 具文:空文。谓徒具形式而无实际。

也。夫孝，始于事亲，中于事君，终于立身。"《大雅》云："无念尔祖，聿修厥德。"①

又曰："孝子之事亲也，居则致其敬，养则致其乐，病则致其忧，丧则致其哀，祭则致其严。五者备矣，然后能事亲。事亲者，居上不骄，为下不乱，在丑不争。居上而骄，则亡；为下而乱，则刑；在丑而争，则兵。三者不除，虽日用三牲之养，犹为不孝也。"

又曰："孝子之丧亲也，哭不哀，礼无容，言不文②，服美③不安，闻乐不乐，食旨④不甘，此哀戚之情也。三日而食，教民无以死伤之，毁不灭性，此圣人之政也。丧不过三年，示民有终也。为之棺椁衣衾⑤而举之，陈其簠簋而哀戚之。擗踊哭泣，哀以送之。卜其宅兆⑥，而安厝⑦之。为之宗庙以享之。春秋祭祀，以时思之。生事爱敬，死事哀戚，生民之本尽矣，死生之义备矣，孝子之事亲终矣。"

程伊川先生曰："今人多不知兄弟之爱。且如闾阎⑧小人，得一食必先以食父母。夫何故？以父母之口重于己之口也。得一衣必先以衣父母。夫何故？以父母之体重于己之体也。至于犬马，亦然。待父母之犬马，必异乎己之犬马也。独爱父母之子，却轻于己之子，甚者至若仇敌。举世皆然，惑之甚矣！"

又曰："冠婚丧祭，礼之大者，今人都不理会。豺獭皆知报本，今士大夫家多忽此。厚于奉养，薄于先祖，甚不可也！某尝修《六礼大略》。家必有庙，庙必有主。月朔必荐新，时祭用仲[月]⑨，冬至祭始祖，立春祭先祖，季秋祭祢⑩。忌日迁主祭于正寝⑪。凡事死之礼，当厚于奉生者。人家能存得此等事数件，虽幼者可使渐知礼义。"

又曰："孤孀贫穷再嫁者，只是后世怕寒饿死。然饿死事极小，失节事

---

① 怎能不念你祖先，努力学习而修其德。
② 言不文：（居丧期间）言辞要朴质。
③ 服美：穿着华丽的衣服。
④ 食旨：吃好吃的东西。
⑤ 衣衾：指装殓死者的衣服与单被。
⑥ 宅兆：墓地。
⑦ 安厝（cuò）：停放灵柩待葬，或浅埋以待正式安葬。
⑧ 闾阎：里巷的门。借指平民。
⑨ 仲月：从隋文帝开始，祭孔都选在春秋仲月，即农历二、八月上丁日。
⑩ 祢（mí）：父庙。亦为亡父在宗庙中立主之称。
⑪ 正寝：住宅的正屋。

极大。"

《丹书》曰："敬胜怠者吉，怠胜敬者灭。义胜欲者从，欲胜义者凶。"

曾子曰："官怠于宦成，病加于小愈，祸生于懈惰，孝衰于妻子。察此四者，慎终于始。"《诗》云："靡不有初，鲜克有终。"①

陶士行曰："大禹圣人，乃惜寸阴。至于众人，当惜分阴，岂可逸游荒醉？生无益于时，死无闻于后，是自弃也。"

司马温公曰："凡诸卑幼，事无大小，毋得专行，必咨禀家长。凡子受父母之命，必籍记而佩之，时省而速行之，事毕而返命焉。或所命有不可行者，则和色柔声，具是非利害而白之，待父母之许然后改之。若不许，苟于事无大害者，亦当曲从。若以父母之命为非而直行己志，虽所执皆是，犹为不顺之子，况未必是乎！"

又曰："冠者，成人之道也。成人者，将责为人子、为人弟、为人臣、为人少者之行也。将责四者之行于人，其礼可不重欤！冠礼之废久矣，故往往自幼至长，愚騃②如一，由不知成人之道故也。敦厚好古之君子，俟其子年十五以上，能通《孝经》《论语》，粗知礼义之方，然后冠之，斯其美矣。"

又曰："五代之时，居丧食肉者，人犹以为异事。今之士大夫，居丧食肉饮酒，无异平日。又相从宴集③，腼然无愧，人亦恬不为怪。礼俗之坏，习以为常，悲夫！"

又曰："妇者，家之所由盛衰也。苟慕一时之富贵而娶之，彼挟其富贵，鲜有不轻其夫，而傲其舅姑[者]，养成骄妒之性，异日为患，庸有极乎？借使因妇财以致富，依妇势以取贵，苟有丈夫之志气者，能无愧乎？"

又曰："先公为群牧判官，客至未尝不置酒，或三行④，或五行，[多]不过七行。酒酤于市，果止梨、栗、枣、柿，肴止脯、醢、菜羹，器用磁漆。当时士大夫家皆然，人不相非也。会数⑤而礼勤，物薄而情厚。"[司马温公]又与其兄伯康友爱尤笃。伯康年将八十，公奉之如严父，保之如婴儿。每食，少顷，则问曰："得无饥乎？"天少冷，则附其背曰："衣得无薄乎？"

---

　　① 出自《诗经·大雅·荡》。原意是，凡事没有不好好开始的，很少有（或鲜有）结果。即有始无终的意思。用以告诫人们为人做事要有头有尾、善始善终。

　　② 愚騃(ái)：愚笨痴呆。指痴傻的人。

　　③ 宴集：指宴饮集会。

　　④ 三行：祝酒三次。

　　⑤ 会数：聚会多。

朱子曰："君子将营宫室，先立祠堂于正寝之东，为四龛①，以奉先世神主。旁亲之无后者，以其班祔②。制祭田，具［祭］器。主人晨谒于大门之内，出入必告。正至朔望则参③，俗节则献以时食，有事则告。或有水火盗贼，则先救祠堂，迁神主、遗书，次及祭器，然后及家财。易世则改题主而递迁④之。"

何武义曰："孝顺父母，尊敬长上，和睦乡里，教训子孙，各安生理，毋作非为。"这六句包尽做人的道理，凡为忠臣、为孝子、为顺孙、为圣世良民，皆由此出。无论贤愚，皆晓得此文义，只是不肯着实遵行，故自陷于过恶。

范文正公曰："吾吴中宗族甚众，于吾固有亲疏。然吾祖宗视之，则均是子孙，固无亲疏也。自祖宗来，积德百余年，而始发于吾，得至大官。若独享富贵而不恤宗族，异日何以见祖宗于地下？今何颜入家庙乎？"

柳玭⑤戒子弟曰："予见名门右族，莫不由祖先忠孝勤俭以成立之，莫不由子孙顽率奢傲以覆坠之。成立之难如升天，覆坠之易如燎毛。言之痛心，尔宜刻骨。"

邵康节先生戒子孙曰："目不观非礼之色，耳不听非礼之声，口不道非礼之言，足不践非理之地。人非善不交，物非义不取。亲贤如就芝兰⑥，避恶如畏蛇蝎。或曰：［则］不谓之吉人，吾不信也。［凶也者，］语言诡谲，动止阴险，好利饰非，贪淫乐祸，疾良善如仇隙，犯刑宪⑦如饮食，小则陨身灭性，大则覆宗绝嗣。"或曰："不谓之凶人，［则］吾不信也。汝等欲为吉人乎？欲为凶人乎？"

杨文公⑧家训曰："童稚⑨之学，不止记诵。养其良知良能，当以先入之言为主。日记故事，不拘古今，必先以孝弟、忠信、礼义、廉耻等事。如黄香扇枕⑩、

---

①　四龛：指高祖父、曾祖父、祖父、父亲。

②　班祔（fù）：郑玄解释："班，次也……祔犹属也。祭昭穆之次而属之。"班祔之礼即是请逝者神魂入祖庙，而附属排次于祖先之列。

③　参：进谒，参拜。

④　改题主而递迁：这里指古代的"改题递迁礼"。

⑤　柳玭（pín）：唐代京兆华原（今陕西耀县）人，兵部尚书、太子太保柳公绰之孙，唐朝名臣、书法家柳公权之侄孙，天平军节度使柳仲郢之子，官至御史大夫。

⑥　芝兰：古时比喻德行的高尚或友情、环境的美好等。

⑦　刑宪：刑法，刑罚。

⑧　杨文公：杨亿，北宋文学家。浦城（今属福建）人。七岁能文，十岁能赋诗。年少时便有"愿秉清忠节，终身立圣朝"之志。

⑨　童稚：小孩子。

⑩　黄香扇枕：黄香九岁的时候，母亲就去世了。他自小懂事，帮父亲干活，对父亲也很孝顺。当夏季炎热的时候，他拿扇子给父亲扇凉，晚上为父亲把床上的枕、席也扇凉，驱赶蚊虫。后世的人用"黄香扇枕"来形容人的至孝。

陆绩怀橘、叔敖阴德、子路负米①之类，只为俗说，便晓此道理。久久成熟，德性若自然矣。"

马援②兄子严、敦③，并喜讥议，而通轻④侠客。援［前］在交趾⑤，还［书］诫之曰："吾欲汝曹闻人过失，如闻父母之名，耳可得闻，口不可得而言也。好议论人长短，妄是非正法⑥，此吾所大恶也。"

《颜氏家训》曰："妇主中馈，唯事酒食衣服之礼耳。国不可使预政，家不可使干蛊⑦。如有聪明才智，识达古今，正当辅佐君子，劝其不足，必无牝鸡晨鸣，以致祸也。"

缪彤⑧少孤，兄弟四人皆同财业。及各娶妻，诸妇遂求分异，又数有斗争之事。彤深怀忿叹，乃掩户自挝⑨，曰："缪彤，汝欲修身谨行，学圣人之法，将以齐整风俗，奈何不能正其家乎？"弟及诸妇闻之，悉叩头谢罪，遂更为敦睦之行。

刘向曰："以爱妻子之心事亲则孝，以保富贵之心事君则忠，以责人之心责己则寡过，以恕己之心恕人则全交⑩。"

汉昭烈⑪将终，敕后主曰："勿以恶小而为之，勿以善小而不为。"

张敬堂先生座右铭曰："勿展无益身心之书，勿吐无益身心之语，勿为无益身心之事，勿近无益身心之人，勿入无益身心之境。"

汪信民⑫尝言："人常咬得菜根，则百事可做。"胡康侯闻之，击节叹赏。

《吕氏童蒙训》⑬曰："今日记一事，明日记一事，久则自然贯穿；今日辨一

---

① 子路负米：仲由是春秋时期鲁国人，字子路。他从小家境贫寒，非常节俭，平时只能吃野菜。但是，他可以为了买米去到百里之外的地方，再背回来，只为了奉养双亲。

② 马援：字文渊，扶风茂陵（今陕西兴平东北）人。西汉末年至东汉初年将领，东汉开国功臣，汉明帝明德皇后之父。著有《诫兄子严敦书》。

③ 严、敦：马严、马敦。

④ 通轻：指爱与人结交。

⑤ 交趾：汉郡，辖境相当今越南北部。

⑥ 正法：政治、法制。

⑦ 干蛊：泛指主事，办事。

⑧ 缪彤：汉朝人，父母早逝，留下缪彤兄弟四人相依为命。作为长兄，缪彤自然就承担起了照顾抚养弟弟们的重担。

⑨ 挝（zhuā）：击，打。

⑩ 全交：保全、维护交情或友情。

⑪ 汉昭烈：指刘备。

⑫ 汪信民：汪革，字信民，江西临川腾桥人。北宋诗人。宋哲宗绍圣四年（1097）进士。

⑬ 《吕氏童蒙训》：共三卷，宋代吕本中撰。宗旨是光宗耀祖，使祖宗的德业能流芳千古，并以此勉励自己的后人。

理，明日辨一理，久则自然浃洽①；今日行一难事，明日行一难事，久则自然坚固，涣然冰释，怡然顺理，久自得之，非偶然也。”

薛文清公②曰："世人取不义之财，欲为子孙计，殊不知子孙命当富贵。今虽无以遗之也，他日富贵将自至。使其命不当富贵，虽积金如山，亦将不能保。况不义而入者，又有悖出之患乎！"

申文定公③百字箴："欲寡精神爽，思多血气衰。少杯不乱性，忍气免伤财。贵向勤中得，富从俭里来。温柔终益己，强暴必招灾。善处真君子，刁唆是祸胎。暗中休使箭，乖里放些呆。养性须修善，欺心莫吃斋。公门休出入，乡党要和谐。安分身无辱，闲非口莫开。世人依此语，灾退福星来。"

张公艺九世同居，北齐、隋、唐皆旌表其门。麟德④中，高宗封泰山，幸其宅，召见公艺，问其所以能睦族之道。公艺请纸笔以对，乃书"忍"字百余以进，其意以为宗族所以不协，由尊长衣食或有不均，卑幼礼节或有不备，更相责望⑤，遂为乖争⑥。苟能相与忍之，则家道自雍睦矣。

---

① 浃洽：贯通。

② 薛文清公：薛瑄。明代著名理学家、廉吏。一生的主要工作是执法，曾任监察御史、山东提学佥事、大理寺少卿、大理寺卿，并曾进入内阁，参与国务。他所到之处均能廉洁奉公，惩治腐败，甚至甘冒杀头之险而与权奸斗争。殁后谥文清。

③ 申文定公：申时行。字汝默，号瑶泉，晚号休休居士，南直隶苏州府长洲县（今属江苏苏州）人。

④ 麟德：唐高宗李治的年号（664—665）。

⑤ 责望：责怪抱怨。

⑥ 乖争：纷争。

家规、宗禁、宗约（江苏常熟虞西蒋桥）[①]

武肃王钱镠越十二传，千一公随父伯高宦通州，会通州公卒官，因元兵塞路不获归，爰渡江居常熟之奚浦，是为海虞始祖。又五传至十七世，时用公为奚浦始祖，静闲公为禄园始祖，五传至二十二世西畴公又自禄园移家巷前，又两传至二十四世孙东川公讳铢始出赘蒋桥蒋氏，生子四。

家规

家之有规，犹国之有律也。但律惩已然之恶，而规劝未来之善。其用虽不同，而务去不善以从善，命意则一也。兹谨遵先祖遗训，治家之道，为人之本，乃辑录家规一帙，详于谱端，垂示子孙，俾世世守之，用光祖德以起家声焉。谱家规。

修录世系

祖宗德业之盛，子孙生聚之繁，往往未及五世，而德泽之在先祖者泯然无闻，子孙之在后世者恝然无情。此何以故？亦惟谱牒之不修耳！诚有以修明谱系，则文献足而功德有征，名分定而尊卑有序，则千百世之上、千百世之下展卷无遗，后之贤裔相继纂修，是为巨家之首务。

碑记坟墓

祖宗所赖于子孙者，为世守一抔土耳。然或世远人亡，时异势殊，苟无志

---

① 载于江苏常熟《虞西蒋桥钱氏支谱》（射潮堂），民国十六年（1927）印本，三十八世孙钱钟瑜主修。

表,或犁为田地、掘为沟渠者,不能保其必无。凡我祖宗坟墓,悉宜树以碑石,题其上曰"某处士、某故官、某氏孺人之墓",则百世永存,人孰敢有平毁之者?

遵奉祖训

祖宗之爱子孙,无所不至。不惟生之、养之、安之,而虑其不肖也,为之设训词以教之,其所虑者深矣。能领其训词,如亲见其形容,奉行不怠,则为贤肖子孙矣。苟视为故纸,置之不闻,他日何以见祖宗于地下哉? 其慎思之。

修理祠宇

祠宇者,祖宗神灵所由栖,子孙昭穆所由序,报本追远之意,尊祖敬宗之心。每创立于贤子孙,而废毁于愚不孝者。凡我子孙,宜岁加修葺,风雨所坏,鼠雀之伤,稍见倾圮,鸠工①修筑,庶无所废之患矣。

岁时祭享

祖宗生育、创垂②之恩,昊天罔极,难以补报。而求以少裨其万一③者,惟于岁时朔望,感雨露风木之恩,以荐明德黍稷之馨④而已。世人切于生存,而缓于死亡。凡我子孙,当事死如事生,事亡如事存。则孝子仁人之心,亦少尽之矣。

孝顺父母

亲为生身之本,孝为百行之源。凡为人子者,当思父母鞠育训导之恩。念十月怀胎、三年哺乳之苦,"哀哀父母,生我劬劳",恩岂可忘哉! 务要委屈承顺,冬温夏清,昏定晨省,敬顺养志,尽力量之所能为,日求其欢心。若少忤逆,一蒙不孝之名,则天地间之罪人也。臭名万代,何以当之?

---

① 鸠工:聚集工匠。
② 创垂:指开创业绩,传之后世。
③ 以少裨其万一:稍能补报祖先恩德一点点的地方。
④ 以荐明德黍稷之馨:以献美德和黍子、谷子的香气。为什么"明德"有香气呢?《左传·僖公五年》:"黍稷非馨,明德惟馨。"意思是,黍稷不算芳香,只有美德才芳香。"民不易物,惟德繄物。"意思是,人们拿来祭祀的东西都是相同的,但是只有有德行的人的祭品才是真正的祭品。

尊敬长上

内而宗族,外而姻亲,分同祖父者,为之长上。在彼固有当敬之分,在我宜致尊敬之礼。我能尊之,而尊长亦自反敬于我矣。尝见族中子弟,有恃其父兄之贵盛者,有自恃门户财势者,出入起居,目无尊长。尊长固不与之较,而不知志得意满,养成骄惰之气,溺于轻薄指摘而唾骂者,不少矣。

和睦兄弟

生乎吾前者兄,生乎吾后者弟。一气相关,本于天性。幼则相扶携,长则同师友,手足之情至矣。至于各妻其妻,各子其子,尔我既分,情义遂隔。或以财产不均,或以言语离间。小则有言于家庭,大则致讼于官府。阋墙操戈之变,誓不相见,诚吴越①也。语曰:"难得者兄弟,易得者田地。"岂可以易得者而失难得者乎!思之思之。

正妻妾

妻之为言齐也,取其与夫齐德之义;妾之为言接也,取其代夫接后之义。故妻先而妾后,妻尊而妾卑。房帏之内,大小分焉。世之庸人鄙夫,往往宠重其妾而凌虐其妻,是乱家法也。家法乱则内变作矣,家安得昌盛乎?处其境者,切勿蹈此。

教子孙

子孙者,百世之宗祧所系,家门之兴替攸关。故义方之训,为传家之要。为父兄者,必教之以孝弟忠信。读诗书者,明义礼,习农务,知勤俭。穷可为师为友,达则为卿为相,庶不致败我门户,得称为贤子孙也。故父兄之教不严,则子弟之率不谨。今之愚夫愚妇,溺于禽犊之爱,养成骄惰之气。一旦盛极当衰②,饥寒相逼,耕则不能,读则已晚,商则无资,贾则乏本。有耻则填沟壑,无耻则流于乞丐矣。凡我子孙,慎之勉之。

---

① 吴越:春秋时吴国和越国互为仇敌。代指兄弟成仇,不相往来。
② 盛极当衰:兴盛到极点必然衰败。

和宗族

睦姻任恤，"六行"所先。凡我同族，情谊相关，自不可视同陌路。我事出无辜，适遭外侮，当共相扶救。如疾病在身，必欲去之，以示同族共祖之义。至平日相与，务宜雍雍睦睦，黜薄去浇[①]，此尤通族之大要也。

择婚姻

家之祸乱，每生于妇人，故娶妇不可不慎。一择其祖宗积德之厚，德厚则余庆所及，子女之福必隆；二访其父母教训之贤，教严则规诫有常，子女之性必淑；三选其门户之清白，清白则操守必廉，子女之行必端。苟利其财帛产业，贪其富贵颜色，几何而不被牝鸡之鸣乎！

怜亲旧

亲戚故旧，原其结婚之始，必其门户相当、阀阅相称者为之。今或衰落，乃其气数耳。岂可听其饥寒而不为之顾恤哉！若贫困者，周急之；患难者，救援之；孤寡者，收养之。如是，不惟亲戚感之、乡里义之而已，即阴德亦莫厚矣。

恤奴仆

奴仆或祖父所遗，世有勤家之绩，而久代力作之劳，皆我之所当重爱者。须念其饥寒，知其疾苦。奈何膏粱子弟，四体不勤，五谷不分，惟知饱食暖衣，而下人之劳苦不怜悯。每有小过，又不能容忍，动辄笞杖。如是而犹欲下人之尽忠于我，其可得乎？

哀茕独[②]

鳏寡孤独，天下之穷民而无告者，不幸而吾族有之。苟不哀怜而收养，任其流落于他乡，使有人指之曰：此某人之子侄也，此某人之叔伯也。不惟玷辱祖宗，抑且何颜立于乡党之中耶！

---

① 黜薄去浇：指去除轻浮庸俗的社会风气。
② 茕（qióng）独：谓孤独，没有依靠。

力农亩

国以农为本,民以食为天。自我始祖以来,世守田园,仰事俯蓄,有饱暖生聚之乐,无离乡背井之苦。视彼任风波于万里,瞻亲舍于云间者,何如耶?凡我子孙,但务储水利,垦荒芜,谨盖藏,开源节流,量入为出。而谋生之道,何事他求哉?

时输纳

钱粮一项,惟正之供,惟民之职。凡我族中有田地者,每岁田租,先完国课,后及他务。限出即照数全完,粮米依时交兑,此为庶人之忠。如顽梗不遵法律,拖欠贻累族中者,会祠长重处。

防饥馑

岁有丰歉,天地盈虚之数。熟年积之有余,荒岁得之不足。故古人三年耕必余一年之食,九年耕必积三年之粮。今人一遇乐岁,便生侈心,或为俳优,或为健讼,一切用度繁华。一遇凶年,计无所施,或典田当地,卖子鬻女,血产①轻抛,割恩②剖爱③。困穷之灾,皆由丰年不能积谷使然耳。

节财用

难聚而易散者,财也。语曰:“礼,与其奢也,宁俭。”凡冠婚丧祭,宾客往来,称家有无,不须勉强。梨园之徒,勿与近狎;术艺之士,弗与同居。修斋设醮,理不可信;张乐设宴,事不可恒。家室堂构④,朴素为佳;衣服器用,省约为善。宁失之俭,毋失之奢,则财恒足矣。

积阴德

古云:“积阴德于冥冥之中,以为子孙长久之计。”又云“阴骘可以延寿”,诚能善不求知,恩不望报。病而无告者,医药之;死而无归者,掩埋之;陷无辜之罪

---

① 血产:指辛辛苦苦创立起来的产业。
② 割恩:弃绝私恩。
③ 剖爱:割爱。
④ 堂构:这里指殿堂或房舍的构筑。

者,代赎之;遭不测之变者,哀恤之。随事应物,各施方便,则阴德无穷,而后之子孙必昌寿而长久矣。

宗禁

族人亿众,岂必皆贤? 兼以贫寒者多,读书识字者少。故有甘居邪慝亲冒不韪者,亦有衷无识解偶犯伦纪者,败祖宗之清德、贻通族之羞污,若不明昭禁戒,势必责罚难申焉。谱宗禁。

禁游惰

人之一生,必须各有职业: 读书者当认真读书,种田者当认真种田,做生意者当认真做生意。各勤职业,自然无游手好闲之人,衣着自然各有生路。若一浮游浪荡,不着东不着西,必至流入匪类,成群作党,或赌钱,或吃酒,或打街骂巷,做出许多无赖事来。一到此地,口里不说好话,做事不归正路。遇着正经人,亦不知礼貌相接。乡党宗族,人人厌恶,自家有何好处? 此游手好闲,不可不禁也。

禁赌博

今人败家之道,莫甚于赌博。然以古道之人看来,败家还是后一层事,坏品行乃是头一层事。古人说,不义之财,苟非吾之所有;一毫之末,且莫轻取。乃用纸牌骰子,强骗别人身边的银钱。不顾他贫富,不顾他借来当来抵偿要紧用处,不顾他父母打骂,不顾他妻子怨恨,局到赌场,不弄他输完不住手。如此,则与盗贼偷窃抢劫有何异处? 况且自己原有输的日子终归到精光的地位。若被别人捉住报官,还要枷打受辱。即邀幸不遭刑罚,已日日在违条犯法之中。见正经亲友,惭愧不堪,赧颜躲避。何苦做此自轻自贱之人? 思量到此,务须猛省,自戒立志不为,仍旧可做一个光明正大的人,有何不好! 此赌博之所以必当严禁也。

禁酗酒

酒之为物,少饮可养性情,多吃则至于败德乱事。人必须留正经,有节制。量可吃一斤,只好吃半斤;量可吃半斤,只可吃四两。不可吃早酒,不可无顿数,每日只好夜来一次,亦不可尽量多吃,自然不致误事。或遇亲朋筵燕,尤须存体。所以先王制为酒醴一献之礼,宾主百拜,终日饮酒而不醉焉,盖所以避酒祸也。若任意多吃,不论早晚,日在醉乡,酒气触人,胡言乱语。小则颠倒误事,大则惹祸招非。旁人讪笑唾骂,人品丧尽,饮酒之乐何在? 此酗酒所以不可不禁也。

禁淫欲

一夫一妇,人之正理。切不可任一时邪欲,淫人妻女,败坏别人名节,伤害自家品行,上而玷辱祖宗,下而遗臭后世。污秽之名,挂人齿颊,几代难洗。在少年未娶之人,将来自有配偶。一身品行,所关尤甚,当着意谨慎。譬如一块美玉,自然人知贵重,有了一些瑕玷便不值钱了,且终身洗不洁净,补不完全。试于良心发现之时,仔细思量,一失足时终身难挽,悔恨何及! 至于轻薄少年,遇见女色,注目赞看,信口讥评。宿娼养妓,耽于淫欲,尤属可恶。况且惟有淫欲之事,阳犯刑罚,羞辱难堪;阴遭天谴,报应更速;折福减寿,贫穷孤苦。或报自己,或应子孙,诸般报应,天理昭然,皆由此等造孽人自取其祸,可不猛省,自思用力操持,以此为禁矣。

禁下贱

从来富贵之人宜立品,贫贱之人宜立志。世上富贵能有几人? 若非祖宗积德累仁,培养元气,那能生出富贵人来? 假使为官的不仰体祖宗培养之功,贪污暴虐,致干参处①。为富者骄淫无度,伤败彝伦,为人耻笑,原与下贱一般。至于贫困之人,世上颇多,不足为耻。只要本分谋生,执业正路,切不可甘为奴隶,充当贱役。如今之皂快、禁卒、弓兵、门斗、脚夫、雇工之类,即营兵行伍,亦不雅道。至于正匠,不得已为之,可以别图,亦不必做。其余可以养生之事,如渔樵、农圃、贸易,皆可为之。只要立志不致玷辱祖宗为主,此所以下贱亦当禁也。

禁骄妒

从来轻薄之人,易生骄傲。小见之人,易生妒忌。读书者学问未深,便有自

---

① 参处:加以弹劾和处分。

满之意，觉得别人总不及他。富贵者略处顺境，便有势利之见，现于形色之间。又有一等小有才的人，心里本无大见识，不知大道理，逞了一点私智，就口舌利便，觉得十分能干，处处要凌驾别人。此等之人，皆因识见浅薄，并无涵养，总承载不起大事，终为蠢陋之物。彼亦未见深藏涵蓄之人，胸罗万卷而不耻下问，位列公卿而礼贤下士，家资累万而蔬食布衣，有经天纬地之能而谦恭退让。若与此等人物相较量，则骄傲者自当惭愧无地矣。至于妒忌者，我本无能而嫉人之有能，本不如人而恶人之胜我。想富贵不得而忌人之富贵，反若别人害他的一般，此等人皆因器狭量小，满肚私心，徒然自家抑郁不乐，总无快活境界，枉自为小人。何如放开胸襟，宽洪大量，随人好丑，不与我事，安然自得，有何不乐？此骄傲妒忌之当禁也。

禁詈骂

今时恶习，最可恶者轻口骂人。每以伤人父母为口边语，岂知律上骂人原拟杖罪，若骂尊长，还要加等治罪。乃人家不知礼教，每于小儿才会说话时，就纵容他骂人。为父母者，反以为能事可喜，如此教调，自幼至长，习惯便成自然。无论开口粗俗，大失斯文体面，为正人君子所耻笑。且骂他人的父母，人亦骂尔的父母；辱及他的祖先，人亦辱及你的祖先。究竟有恁便宜？徒增祖宗父母羞辱，还要惹出官司，斗殴弄成大事。人家小儿，若不自小教训，惯成恶习，此皆父母之过也。凡教子者，可不以此为禁乎？

禁嗜好

嗜好之弊，无过于吸食洋烟。夫洋烟流入中国，为害最烈，说者谓为气数所趋，实造物者有以主之也。要之天定自可胜人，己不受天之厄，即彼苍亦莫奈我何。乃人不所为，天所弃之人，反诩诩然以吸食洋烟为得计，为趋时，良可哀已！始则邀一二好友，偶一为之，借作消遣。继则日日为之而不厌，以为阴图蜜事，长养精神，莫妙于此。至日久月长，遂致成烟瘾而不能脱矣，于是始悔之。或吞丸，或设醵①，名曰戒烟酒，欢呼畅饮，达旦不休，做出诸般丑事，为世人所讪笑。至此，则迟矣、晚矣！何如及早回头，此地不到，此友不近，此物绝不一尝，为得

---

① 醵（jù）：凑钱饮酒。

乎？况现近国家悬为厉禁，犯者罪在不宥。凡我族人，何可以身试法！所当严以禁之。

宗约

厥维吾宗，丁繁族茂，虽或散轶遐方，实多连居近地，乃宗族而兼邻里之义者也。古人井田相守，尚有同心，况乎同族敢生异意，是用公约以一众心焉。谱宗约。

励行检

君子当为天下不可少之人，无为天下所共非之事。言行为君子之枢机，尤悔宜寡[1]；取与乃君子之操守，廉惠无伤[2]；死生更君子之大节，轻重宜审。纲常不可自我而坏，名节不可自我而亏。鬼神森列，屋漏不可自宽；指视交严，内省不容有疚。恶无小，痛绝方不至大恶；善无微，力行乃可为至善。有初鲜终[3]，则前功尽弃；得此失彼，则后悔难追。人禽判于几希[4]，舜跖[5]分于平旦。至闾里小民，惟是勤本业，绝外务，乐天伦，畏国法，即盛世良民、克家肖子矣。愿与我族共勉旃。

端术业

术业所托，终身以之。工，忌淫巧；贾，忌诈伪。然工贾取厚利者，每不免焉。非性然也，习使之也。故为子孙计，莫如耕读两途。耕所以谋衣食，下亦不过无闻知；读所以学圣贤，次亦借以取科第，心术无不可对人者。况乎习稼穑之艰，亦能致富；守诗书之业，未必终穷。耕读亦何负于人哉？然工贾，去其所忌

---

① 尤悔宜寡：出自《论语·为政》："言寡尤，行寡悔。"意思是，言语上减少过失，行为上减少悔恨。

② 廉惠无伤：出自《孟子·离娄下》："孟子曰：'可以取，可以无取，取伤廉；可以与，可以无与，与伤惠；可以死，可以无死，死伤勇。'"意思是，直取不失廉，信与不失惠，忠死不失勇。

③ 有初鲜终：指做事有头无尾。

④ 人禽判于几希：出自《孟子·离娄下》："孟子曰：'人之所以异于禽兽者几希，庶民去之，君子存之。'"几希，不多，一点儿。

⑤ 舜跖：参见《荀子·不苟》："盗跖吟口，名声若日月，与舜、禹俱传而不息。然而君子不贵者，非礼义之中也。"意思是，众人口中都会说盗跖，盗跖的名声好像日月，和舜帝、禹帝一起流传而不息。然而，君子不尊盗跖，因为不在礼义之中。

而行其所安，其与徒手无藉习下倾家者，不又相悬①霄壤②欤？愿我族人好自为之也。

卜邻里

晏子曰："非宅是卜，惟邻是卜。"诚以邻为休戚所关，而善恶所由分也。乃流俗③动辄羡居城市。夫城市，非不可居，一或居之而不慎，其弊有不胜言者。四民杂处，诈伪迭乘，嚣凌④成习，苟非德性坚定，与居与游，鲜不近墨而黑者。况乎操奇赢财⑤如粪土，美衣食人易骄淫。一败涂地转入下流，求为同田舍之翁而不可得。惟是村居而朴，野处而秀。出则相与话桑麻，入则相与勤诵读。衣不求鲜，食维果腹。即运蹇时乖⑥，畎亩之子佣，耕作而止矣；诗书之胄业，经师而止矣。以视夫居都会、列市里廛⑦，走入恶道者相去不远甚哉！而其中又自有辨：曰豪横，曰刁诈，曰淫佚，曰赌博，曰盗贼，曰孤独。此六者，里之不居者也。曰愿，曰朴，曰勤，曰俭，曰诗礼。此五者，里之不可失者也。孔子曰："择不处仁，焉得知？"⑧不得已而安土重迁，与不仁人居。凡我族人亦当思，自固其守，以免于累。

礼崇让

《记》曰"礼不下庶人"，亦谓难求备于庶人耳，非谓庶人遂可自外于礼也。试观《曲礼》《少仪》《内则》诸篇，无非日用行常之事，可不讲欤？让者，礼之实也。而习仪以亟，无诚恳之思、和蔼之意，以相款洽⑨，礼胜则离⑩，乖戾因之以起。孔子曰："礼以行之，逊以出之，君子哉。"夫让之效，固非一端，不必言其大也；言其小者，不必观其深也；观其浅者，让人一步，人未必以我为谦而自不以我

---

① 相悬：相去悬殊。
② 霄壤：形容差别极大。霄，天空。壤，土地。
③ 流俗：朱熹注《孟子·尽心下》曰："流俗者，风俗颓靡，如水之下流，众莫不然也。"
④ 嚣凌：嚣张气盛。
⑤ 操奇赢财：同"操其奇赢"。操纵市场上货物奇缺以及过剩情况，以获暴利。
⑥ 运蹇(jiǎn)时乖：时运不佳，处于逆境。
⑦ 里廛(chán)：古代城市居民住宅的通称。
⑧ 出自《论语·里仁》："子曰：'里仁为美，择不处仁，焉得知？'"意思是，孔子说："跟有仁德的人住在一起，才是好的。如果你选择的住处不是跟有仁德的人住在一起，怎么能说你是明智的呢？"
⑨ 款洽：亲密，亲切。
⑩ 礼胜则离：指礼节过分，亲属也显得疏远了。

为傲；让人一钱，人未必以我为惠而自不以我为贪。江河汹涌，沧溟①纳之而其势常平；山岳峥嵘，扶舆②奠之而其气常靖。两相和而争以息，两相亲而爱以深，两相助而功以成，两相交而名以著。我让而人亦让，固为两美；我让而人不让，亦为独善。我让而欲人之让，即非能让我让，而责人之不让，亦非真让。让则秦越相亲，不让则夫妻反目；让则虞芮③相睦，不让则兄弟成仇。让之义，大矣哉！故有子曰："礼之用，和为贵。"凡我族众，其尚思之。

养蒙童

古人重胎教，妊子之时即为之。谨寝食，肃视听，凡以慎所感也。今纵不能，既生之后，亦宜杜渐防微。若依然姑息，纵其所能为，及其既长，习与性成，虽日挞而求其善，不可得已。是以养正当自童蒙始。盖童蒙天性未漓，知识渐长，正本清源，端在于是。教之应对，男唯女俞④；教之坐立，必端必直。梨取其小，教之让也；鱼不更益⑤，教之廉也；买肉以啖⑥，教之信也；男女异席，教之别也。洒扫以教之勤，进退以教之礼；襦裤不帛⑦以防其奢，言语无诳以绝其伪。

训以小学则所闻皆正言，范以严师则所见皆正行。幼而习焉，中心安焉。先入为主，见异不迁。智者固可以上达，即愚者亦不至入下流，所谓事半而功倍者，此也。苟非然者，已放之良心，收之未易；既开之情窦，闭之实难。即天分资禀本好，加之推挽有方，亦费无数，勉强周折。况其不可训诲者乎？吁，诲何及矣！我族人其共戒之。

---

① 沧溟：海水弥漫貌。常指大海。

② 扶舆：犹扶摇。形容自下而上。

③ 虞芮：周初二国名。相传两国有人曾因争地兴讼，到周求西伯姬昌平断。《史记·周本纪》："于是虞芮之人有狱不能决，乃如周。入界，耕者皆让畔，民俗皆让长。虞芮之人未见西伯，皆惭，相谓曰：'吾所争，周人所耻，何往为，只取辱耳。'遂还，俱让而去。"后因以"虞芮"指能谦让息讼者。

④ 男唯女俞：唯和俞都是"答应的声音"。孩子能够说话时，教男孩子用"唯"回答问题，教女孩子用"俞"回答问题。

⑤ 鱼不更益：出自《韩非子·外储说右下》。公仪休做鲁国的宰相，很爱吃鱼，全国的人都抢着买鱼送给他。公仪休不接受，回答说："如果接受了鱼，就可能违反法律，宰相就会被罢免。那时，我又不能自己供给自己鱼吃。如果不接受送的鱼，宰相就不会被罢免。虽然不能吃别人送的鱼，但我能够长期供给自己鱼吃。"

⑥ 买肉以啖：出自《韩诗外传》。孟子少年时，有一次邻居杀猪。孟子问他的母亲："邻居为什么杀猪？"孟母说："要给你吃肉。"孟母后来后悔了，说："我怀着这个孩子时，席子摆得不正，我不坐；肉割得不正，我不吃。这些都是对他的胎教。现在他刚刚懂事，而我却欺骗他，是在教他不讲信用啊！"于是，孟母买了邻居的猪肉给孟子吃，以证明自己没有欺骗他。

⑦ 襦裤不帛：不应该用丝织品来裁制内衣。这是因为襦和裤都是内衣，儒家崇尚简朴。

培本根

万物本乎天，人本乎祖。培本根，必先重祠墓。祠为祖宗栖神之所，"将营宫室，宗庙为先"。宜肃穆，宜洁清。梁栋腐败，则易之；垣墙坍塌，则筑之。门庭则洒扫而黝垩①之。墓为祖先藏魄之区，看守宜谨，相视宜勤。蓬棘则芟除之，松柏则培植之，碑碣损坏则建树之。或被人侵占盗卖，则同心协力以复之，而不但已②也。葬所以送死，棺椁衣衾竭其力，不以天下俭其亲③。祭所以追远，粢盛酒醴尽其诚，不以具文毕乃事。谱所以收族，时加修辑，使知一本之谊，而孝弟之心油然以生。凡此五者，皆根本之事，毋视为不急之务。凡我族人，勉旃毋忽。

---

① 黝垩（è）：涂以黑色和白色。
② 但已：仅此而已。
③ 不以天下俭其亲：（君子）不因为天下大事而俭省应该用在父母身上的钱财。

家范遗训（浙江富阳东安）^①

始迁祖绍丰，行贵五，宋代迁居新城县（今属富阳市）东安镇（今新登镇）。

崇孝道

孝顺父母，尊敬长上，和睦乡里，教训子孙，各安生理，毋作非伪，此六句包尽道理。凡为忠臣，为孝子，为顺孙，为良民，皆由此出。人当着实遵行，毋陷匪彝。

正名分

圣门为政，以正名为先，名不正则百行难举。分在父兄则尊称之，分在子侄则卑称之。毋以富贵而凌贫贱，毋以疏远而忘大分。此故家右族第一件事，毋忽毋忘。

崇祠墓

祠宇，祖宗神灵之所依；坟墓，祖宗体魄之所藏。凡遇倾颓，则修辑之。毋任坍塌，置之罔闻。

睦宗族

族中虽有远近，实同原于一本。近世富者以财骄，贵者以势焰，挟智用力者

---

① 载于杭州市富阳区史志办公室、杭州市富阳区档案局编《富阳历代宗谱序记选编》，西泠印社出版社 2016 年版，第 410—412 页。

以诈以勇，甚有为物欲陷溺，不顾大义、纲常名分，惟以顽蛮为本事，以刁诈为才能，因私废公，损人利己，巧言变乱事理，利口剪灭公论。惟恃血气之勇，拴联宵小[1]，敢与宗族为仇，诬良害善，不法奸刁，无所不至。此门族之大不祥也。凡我族众，须念同祖同宗，克敦逊让，以和御之。毋生嫌隙，毋萌衅端，务循礼义，克敦雍睦。目前虽不能胜，厥后可几[2]昌大。

端蒙养

《易》严蒙教，《礼》重乡塾。谓小子实成人所造，蒙训乃圣学所基，慎不可付之轻率，以自误其子弟。先要择师之明且正者倡率其间，不惟以言为教。即若端人正士，一举一动皆身教所关。倘轻易行事，付之匪人，不惟谩其师傅，而且误我子弟多矣。慎之重之。

肃闺门

男正位乎外，女正位乎内，圣训也。君子正家取法乎此，其闺门未有不严肃者也。闺阃乃风化之原，门阃实节义之范，此而不肃，何以称世家右族哉？须要别嫌疑，明微杜渐，戒谨省察。毋游嬉，毋冶容，毋径行，毋夜走。戒之慎之，惟妇道是尽。庶几为百世之闺范，以率风化之原矣。

勤职业

士农工商，谓之四民。而士则杰出于四民之上者也，其境若穷，职在名经求志；其遇若达，职在致主泽民。农则职在耕耘，工、商各司一业。毋偷惰，毋奢侈，毋僭越，以自陨其所职。

崇节俭

人惟奉先祭祖不得不丰，其余可省可约，俱可量力为用，不可奢糜败度，即有酒席，必择相亲相爱举之。亦安用以太过为？戒之省之。

---

① 宵小：旧谓盗贼之类。
② 几：通"冀"，觊望。

重树畜

不树则木植之利不兴，不畜则孕字之利难举。此两者，不惟寒素农家所当重，即富若陶朱①、贵如王谢②，必不可置之不讲。

禁争讼

太古无争，物平不讼。族中之淳良、谨厚者，固属可法而可传，即倨傲自肆者，毋容较长而絜短。倘或情理难堪，纵属水源木本，只须禀宗尊、宗长，和息勤勉。毋以财而凌贫，毋以智而瞽愚，毋以细事而斗气，毋以刁讼而称能。大则殒身灭命，小则荡产破家。即才高智广，一生善讼而无失，独不结仇于邻里，构怨于乡党乎？积德之君子，宜拳拳服膺而勿失。

养士品

人家显扬，须得贤子弟，庶上光祖考，下荣闾里。忠君、孝亲，皆赖读书人出，族中富而贤者，固不待而兴。倘负质颖敏，艰于衣食而难继者，不问人我，助以油烛，作兴有成。且时寒为之衣，饥为之食，俾无一分心，专志学业，则人皆借以感发向上，中必有蕴藉宏深，抱璞超群，掇巍膴锦以继其先烈者，是难其人之自奋，要亦作养之功居多。慎勿以迂谈，付之一笑也。同志者思之。

柏林主人遵订于亦政轩中重录

《东安钱氏宗谱》(1931)

---

① 陶朱：即陶朱公，范蠡的自称。范蠡功成身退之后，来到齐国，投身商海，富可敌国，成为中国古代富豪的化身，被视为商人鼻祖。

② 王谢：指六朝望族王氏、谢氏。

家训（湖北黄冈）[①]

吾族自唐宋以来著于浙右，元明之际肇迁楚北，始占籍于黄者为德公，钱氏之始祖，由江右肇迁楚北黄冈县，聚族于郏城之西、张店之东大理湖，名其村曰钱家墩，历时数百年，历世二十余代。

一、孝父母

凡人有父母，斯有此身。为人子者，肥甘亲暖，不足以报乳哺之恩，温暖衣□，□□□十月怀胎之苦。父母即是天地，爱吾恶吾，皆当顺命而不敢违。我为父母所生，虽孝极尊亲显亲，皆非过分之事。世俗不晓此理，尝见于父母处，或言行有过举，而子即求全，争较其是非，不知天下无不是底父母。族中有子媳行孝者，公举祠所，重加优奖。

二、宜兄弟

兄弟气运一体而分若手足，宜其相爱而式好无犹者也。何世之人，多以富贵、贫贱、贤愚、弱强往往相形，遂生妒忌，甚而深听妇言，大伤天性！或争占田地，或竞夺财物，反成仇敌，彼此怀恨，互相殴伤，阋墙之变，流于子孙，良可悲也。今族之人，当念同气之亲，毋伤手足之雅，全天性于自然，视妇言为祸薮[②]。试思"难得者兄弟，易得者田地"。况富贵贫贱皆天也、命也，岂人之所能强乎？故古之称义者，财产均分，不倚长占幼，不恃强凌弱。内患则安全之，外侮则力敌之，过失则善导之，空乏则周恤之。丧葬婚庆，助其所不

---

① 载于湖北黄冈《钱氏家训》（万选堂），1990年印本，钱求望等经理编修。光绪三十一年（1905）创修，民国三十三年（1944）重修。因为家谱中载有《康熙圣谕广训》，却称为"格言十六条"，后又落款为"民国甲申年敬刊"，推测本家训修于民国三十三年。

② 薮（sǒu）：人或物聚集的地方。

及；零丁孤苦，抚之以有成。须使内庭和睦，妯娌安闲，毋令舌锋酿祸，变乱家法也。

三、睦家法

族之人众矣，自祖宗视之，皆一体也。倘一体之不流贯，谓之痿痹；有一人之不联属，谓之乖离。则亲睦之道，不可不讲也。夫贤愚贵贱，家家有之，祖宗之心，常愿同族子孙均皆得所也。为同宗者，务体祖宗。尊长恤卑幼，卑幼敬尊长；贤智教愚昧，愚昧听贤智；富贵赒贫贱，贫贱辅富贵；弱寡亲强众，强众扶弱寡。彼此相维，情义相孚，有无相济，患难相持。此则和睦之族，兴旺之象也。若以大欺小，以卑凌尊，富吞贫，贫害富，狡猾逞才智以弄庸愚，凶悍放刁泼以侵良善，是祖宗之罪人、族之蛇蝎，通族家长秉公处治。

四、立宗子

宗子主器，有君道焉。一家之所宗也，宗其继始祖者，百世不迁，一家之人宗之，是为大宗。宗其继高祖者，五世则迁，三从兄弟①宗之；宗其继曾祖者，再从兄弟宗之；宗其继祖者，堂兄弟宗之；宗父嫡子，亲弟宗之：是为小宗也。家有大事，则大宗命小宗，小宗率群弟子听命焉。必贤者而后可任此责也。如或宗子未必皆贤，则公择族中之贤者而宗之。凡有悖逆不义之徒，俱要听从剖治，不可持颃不服，以干祖宗之规例而败家门之习俗也。

五、继嗣绪

继立之道，自古有之，不得已而为之也。世之立后者，多有立爱一事故之人，子弟亦有利人之财产而自请为后者。殊不知房分有亲疏，班次有大小，甚不可苟且为也。倘徇情苟且，则一房继立，各房妒忌，争讼不已，祸莫大焉。凡族中或有继立者，当以亲疏尊卑之义为主。孤子[不]可立，长子不可立，异姓之子不立，必同胞兄弟之次子则立。如方择堂兄弟之次子继之，又不得以房分之弟为子，以侄孙辈为子，必要昭穆顺序。至于立嗣之日，务必告于宗祠，闻之族众，

---

① 三从兄弟：同一高祖、不同曾祖的同辈人之间互称为族兄弟。唐代以后，又称为三从兄弟。同一天祖、不同高祖的同辈人之间则互称为四从兄弟（亲同姓）。

咸知某人之子承嗣，某人家产已付绍业①，本支毋得视为绝支，妄起争端。之为子者，亦不得苟图承继，厚顾私亲，当竭力以事继父母。凡生养死祭，一礼而不苟。有能实尽孝行者，必要禀公旌奖。

六、立妇道

夫妇乃人伦之始，门闱实化之原，甚不可不讲也。凡子侄堂亲，妇之始当教之以孝敬公姑、和睦妯娌。凡事上使下，以及司中馈、勤纺织，一一务尽其职，庶可以见修乎妇道而不愧也。倘不凛三从四德之规，而言行举止任意操纵，甚而擅招六婆入门，并出外谒庙、烧香、踏青、顾盼等事，毫无忌惮，不惟吾宗子弟失刑于之化，而且虑牝鸡晨鸣以致乱也。

七、重婚姻

《书》详釐降，《诗》首《关雎》。此人道之始，风化之原，而要欢联两姓之好，以合百年之欢者也。第匹配之后，上以之承宗支，下以之开枝流。故婚礼重乎周制，而缔好须合乎时宜。夫时宜者，必家势相若，品行相若，年纪、职分相若。倘不此之论，而惟赀财较而豪势趋，贪目前之便利，而滥为结纳②。始而杯酌之情固浓，岂知后之弊不可胜道？

八、择交友

朋友系五伦之一，故"比之匪人，不亦伤乎"？夫《易》所以垂戒也。先儒云："与善人交，如入芝兰之室，久而不闻其香；与恶人交，如入鲍鱼之肆，久而不闻其臭。"故读书必择直谅多闻之友，则德业日进，自无燕朋废学③之累。业工商贾者，必择端方笃实之友，则习尚日精，无群居不义④之为矣。不然，党恶⑤败名，祸己辱亲，未有不自比匪始。吾族之子孙，其凛然而勖诸。

---

① 绍业：指继承某种事业。
② 结纳：纳采。古代婚俗，订婚时男方向女方送的聘礼。
③ 燕朋废学：如果一个人安于和不正派的人做朋友，就会违背老师的教导；安于和不正派的人做邪恶的事，就会荒废自己的学业。出自《礼记·学记》："燕朋逆其师，燕辟废其学。"
④ 群居不义：比喻整天成群地聚在一起，不做正经事。出自《论语·卫灵公》。
⑤ 党恶：结党作恶。亦指结党作恶之徒。

九、崇儒业

人生天地间,原是一大好汉。只为不读书,不明理,是以内不能正己以齐家,外不能治人而善俗。处富则骄奢淫佚,处贫则卑污苟贱。贤愚莫辨,是非不明,甘处下流,碌碌然草木同腐,不亦虚生天地间乎?故未业儒者,贵尚其志;既业儒者,必端其趋,崇其品地①。彼卑琐龌龊之徒,只知争锱铢,求口腹之欲,不顾名义,播弄②贤愚,以致玷辱斯文,伤败儒教,是又出于四民之下矣。

十、敬师友

发明义理、指引涂辙③者,师之力居多也。切磋琢磨,忠告善道,友之助也。人生五伦,赖师友而成立。故宗其德行、宗其学业、宗其术艺者,均师道也。师之即尊之敬之,终身不可怠慢。凡同窗同业,以道义相与者,皆谓之友。友之,即当爱之敬之,真心相孚,始终如一,毋舍砥砺友而结口面交也。至于子弟,尤当逊志时敏④,互相劝勉,以期于有成。试观古今之名门巨族,其子弟之率成,可以备乡举里选之用者,究皆由夫尊希取之道得来耳。

十一、定生理

谚云:居家以治生为急,而不可一日无谋食之计。况王制之诏禄⑤有经,食民有法者乎?故庶人之孝,必用天之道,分地之利。⑥ 制节谨度,毋怠乃事。士农工商,各率其业,岂可徒袭虚名,苟延岁月,以作游惰匪类之民?自四民之外,或业为九家,或工于技巧,故术不可不慎也。倘不书察而流于巫优隶卒之列,不惟有玷于家声,亦且贻羞于族戚。

十二、供赋税

尺地莫非王土,一民莫非王臣。故朝廷立贡之司,而编氓⑦皆正供之赋。

① 品地:品格。
② 播弄:挑拨,摆布,玩弄。
③ 涂辙:路上的轮迹。引申为途径、道路。
④ 逊志时敏:谦虚好学,时刻策励自己。
⑤ 诏禄:报请王者授予俸禄。
⑥ 出自《孝经·庶人》。利用自然的季节,认清土地的高下优劣。
⑦ 编氓:亦作"编民"。指普通人。编,编入户籍。

地丁钱粮，是民间一大急务。今上制例，四月完半，十月务须限输纳全完。［不可］急私务而怠缓公，有干国典。孟子曰："公事毕，然后敢治私事。"倘有奸猾之徒故意拖欠，致累户族充赔，或抱揽①侵欺不完者，亲房鸣之公族，送官惩治。

十三、谨祭祀

祭者，子孙追远之诚，水源木本不容已也。窃见世俗之人，富者厚于奉养而薄于祖先，贫者甚至终岁不祀，其不可也。故凡富者，必当罗列珍馐、酒馔丰洁；贫者，即三肴二簋，亦可用享。务要诚敬之心存于中，精洁之物陈于外，祖先自尔来格。《易》曰"东邻杀牛，不如西邻之禴祭，实受其福"②者，此之谓也。族之祭祀，原有定期，春以清明为率，秋以中秋为规，必期斋戒沐浴。庙祭者，必先洒扫尘秽，安定神基。祭者先须斩刈荆棘，除去本根。至为者，陈设祭品后，无论尊卑长幼，各整衣冠，各依行次，皆当儼见忾闻，如在其上，不可嬉戏失次。如子孙有不遵家法仪节者，公罚警后。

十四、表实行

忠孝节义者，乃天地之正气，可以激庸愚而振颓风者也，自古重之。人能于四者之中，或不愧于一端，亦可以风当世③，况宗族乎？吾族中，凡有赤心可以报朝廷，厥职无忝，名冠于子弟者④，本族当优礼之。举之官司，闻于上国，以邀旌表。虽在贫乏，必给之以供具，玉成其美。且于谱系中详赞其实事，以光家乘，而勿使之湮灭焉，可也。

十五、积阴功

大凡阴功之说，非厚施广赍，如今之修桥铺路，造佛像者也，即念虑之。今长存利人济物之心，便是天地神明，必供鉴之。将来福泽，近则亲如其身，远亦及乎子孙。譬之树木然，枝叶虽未蕃衍，而根本已培植，自然畅茂条达，莫能遏矣。

---

① 抱揽：专门负责，并从其中获取利益。
② 出自《周易·既济卦》。王弼注："牛，祭之盛者；禴，祭之薄者。"
③ 风当世：指劝勉世人。风，教化。当世，谓随顺世俗。
④ 此二句中，"忝""冠"原互错简，"名"讹作"各"，并据文意乙正。

十六、祛隐匿

世有一等人,令人莫及觉察之,恶则隐匿,实甚非,必在害人损己。盖奸淫邪谋处之,即立心之间、启口之际,其肆祸如稼,遗害若射,妒贤忌能,潜奸流毒,其心已不可问矣。即天地鬼神,岂为若辈①宽?故将来之天殃不亲于其身,必及乎子孙;犹之树木,本干既先拨,虽枝叶未害,而颠扑可立而待矣。吾族之子弟,各宜猛省焉。

十七、戒争讼

排难解纷,原是一段生机;起怨构祸,原是一段杀机。近见不仁不让之人,不知反求自责,只见得他人不是,所以有小事便成大讼。骨肉参商,乡邻争斗,百计求胜,以矜其能。欲人畏己,甚至倾家捐命,亦所不顾。嗟乎!古今是那过争胜到底,以至冤深莫解,世仇结怨,则心术坏而德行亏,且莫知其祸之终极。而局外好事之徒又乘机构隙、塌架、挑唆,其言词主意足以耸人,将一场可忍可息之事播弄得百样风波收煞不住。彼方自以为得计,赚其钱而食其酒肉,且不着自己痛痒,真良心丧尽绝之徒也。而祖宗岂佑之乎?谚云:"好兵国必亡,好讼家必败。"而人何可以不慎之哉!

十八、禁非为

非礼义廉耻、孝弟忠信之为,人所共恶也。忤逆固天理所必诛,而盗贼尤王法所不赦。嫖荡赌博必辱身而丧己,奸淫诈伪更败俗而伤风。种种糊行,为害不小,上辱祖宗,下祸子孙,且非名门巨族之事也。凡吾族中,更宜交相饬。倘子弟中有犯此一事者,公解至祠所,严加惩责,并革除祭祀,不许入谱。

十九、取字命名

取字命名,所关甚大。高曾祖考之讳,固不敢袭取;亲房叔伯,亦宜知避。族中如有犯此者,入谱时悉当更改,庶为知礼之家。

---

① 若辈:你们;这些人,这等人。

二十、叙其长幼

定派行，所以序昭穆、别长幼也。吾族先世谱牒散佚，但前派未显著，故为混淆。今兹创修谱牒，新增二十字为派①，以后添丁均案字取名，无得凌淆。

家训、家诫、俚言（安徽怀宁）^①

当元末扰攘时，聿求宁宇，据称吴越王钱镠十六世孙文质公与弟文德公迁居怀邑西乡青龙墈，及义公过怀，又爱之宜塘之龙沟而居焉。

家训八则^②

孝亲

孝为百行之原，尽孝则根本立，一切事业皆缘是而成。彼于二人之前，不克竭乃心力者，亦未尝反而思之耳。试观反哺跪乳，禽兽尚知报恩，而靦然人面反禽兽之不如乎？生前不承有限之欢，死后空洒无情之泪。^③ 修斋设醮，夫何为哉？愿族之为子者，与其椎牛而祭墓，不如鸡黍之逮存。^④ 若待终天抱恨，固极生悲，始想音容于杳渺，冀笑语于生前，晚矣！

厚兄弟

《诗》云："凡今之人，莫如兄弟。"五伦之中，兄弟居一。古来孝于父母者，未有不和于兄弟者也。世之人骨肉参商，分门割户，良可惜耶！盖兄弟如手如足，本父母一体之遗，残害兄弟并去残忍父母者，几希。阋墙之变，煮豆之

---

① 载于安徽怀宁《钱氏流光续谱》（经畲堂），民国二十年（1931）修，1998年续修。
② 原谱为家训十则，其中有两则疑为1998年续修时所加，予以略去，以与本书收录截至1949年之前时间一致。
③ 出自明范立本《明心宝鉴》："生前不承有限之欢，死后空洒无情之泪。"
④ 出自《韩诗外传》："曾子曰：'椎牛而祭墓，不如鸡豚逮亲存也。'"意思是，与其杀牛去墓地祭祀父母，不如父母活着的时候杀鸡杀猪给他们吃。

伤,古今同慨。族众当共念同气之亲,笃埙篪①之雅,慎勿听妇言、见小利,以致斗粟尺布②之不容,而自伤恩爱也。

和夫妇

夫妇为人伦之始,男位乎外,女位乎内,天地阴阳之义也。"阴阳和而后雨泽降,夫妇和而后家道成。"苟或溺于声色,或失于乖争,则家道由此坏矣。慎毋以类己者多引而自证,慎毋以伤风者众习而相安。凡为人夫为人妇者,其共凛诸。

严尊卑

尊卑原有定分。每见卑幼疏于礼节,竟不知其僭逾之非,识者鄙之,谓其素无家教也。夫今日之尊长,即前日之卑幼;今日之卑幼,即异日之尊长。易地以观,得不爽然自失?惟尊不失为尊,卑不失为卑。而尊卑之分,著于日用之间,是则族之厚幸也夫!

重先茔

先正云:子孙馈问③可以弗讲,而祭扫之礼不可不修;子孙居室可以弗完,而坟茔之守不可不谨。盖祖茔乃子孙根本,根深则枝茂,理固有一定而不可易者。俗例清明、伏腊登山拜扫,断不可阙。即无嗣,坟冢亦宜标挂,况己之先茔乎?亟宜因拜扫而遍览界畔,恐被侵占,更宜修理坟圹,蓄养树木,立碑标名。倘不时加培植,年深日久,沉沦于荒烟蔓草之中,将不识其冢为何考何妣,祖宗之灵能不抱痛于地下也哉!

教子弟

盖闻父兄之教不先,子弟之率不谨。古来大圣大贤,端自蒙养,以裕其基。幼不督责,将来放肆无忌,以至叱辱④不羞,鞭扑不改,干名犯义,上辱祖先,下及

---

① 埙篪(xūnchí):皆古代乐器,二者合奏时声音相应和。因常以"埙篪"比喻兄弟亲密和睦。
② 斗粟尺布:比喻兄弟间因利害冲突而不和。
③ 馈问:馈赠慰问。
④ 叱辱:斥责侮辱。

儿孙。为父母者,此时忿恨,悔之无及。何如蒙以养正,读者使之亲师取友,学问底于精醇①;耕者使之出作入息,手足无致游惰。则子弟无不才不肖之患矣!

睦宗族

子孙千枝万派,罔非始祖一脉之遗。如以一脉之遗而秦越相视,异日何以见祖宗于地下? 今又有何颜以对族人! 此睦族之道,不可不讲也。族中有事,勿争长而较短,勿口是而心非,勿因小忿而酿大祸,勿倚势力而生欺凌。以理为衡,自然尊者爱而卑者服。平情而断,何患我为弱而彼为强? 如是而阖族有不归于和乐者,鲜矣。

慎交游

士农工商,各有其友。而人有贤否,则交游不可不慎。第②直谅多闻之士,恒予人以难亲;便辟善柔③之徒,恒予人以易合。使舍益友而昵损友,始虽醴甘醪④固,反眼则攘背相争,甚且有落井下石者,害其可胜言哉!《语》云:"日近小人,至性不愁不乱;时亲君子,良心愈讲愈明。"族之人其慎诸。

七戒

奢华

文为质之叶,质乃文之根。悭吝虽可鄙,奢侈更不情。借掇装体面,何如率本真? 布衣胜文绣,蓬户抵朱门。不必夸豪富,莫想假奉承。与奢毋宁俭,圣言会丁宁⑤。

赌博

耕读是本业,赌博败身家。勾引人似鬼,逢场装正人。口内甘如蜜,心里毒

---

① 精醇:精良纯粹。
② 第:但是。
③ 便辟善柔:逢迎谄媚,善于阿谀奉承。
④ 醪(láo):浊酒。
⑤ 丁宁:同"叮咛"。嘱咐。

似针。若是入圈套，何愁家弗倾！若是夸手眼，赢者也不赢。十输因久赌，徒落不美名。钱钞今何在，良心总莫存。赌博无痴汉，尔自细思论。

行凶

道理通天下，横暴步难行。一时轻动手，惹出大祸根。乡邻难解释，国法不顺情。披枷并带锁，亏体兼辱亲。只缘一口气，忍住便安平。过后着意想，也须泪满襟。我愿贤子弟，安分作良民。怕事方无事，饶人不下人。齿敝舌还在，借鉴自然明。

酗酒

酒是人间禄，拼命独何因？不是真李白，莫作假刘伶。人品有高下，亦在酒中分。拼命不过醉，醉后没人形。更有酒后乱，闯出大事情。适可即当止，切勿起贪心。我教好酒的，醒眼看醉人。

争讼

好酒必伤命，好讼必败家。总宜务职业，切勿弄琵琶。理正山也倒，那用进官衙？只因争口气，总说我不差。钱财如粪土，官事乱如麻。输赢未曾定，探囊自咨嗟。胡不安本分，行正莫行邪。胡不听人劝，我让他比比。本家大小事，更宜息鼠牙。

纵子

人生大事业，自幼沃其根。独怪愚父母，娇养似宝珍。子倚父母势，长大便胡行。国法无私曲，犯罪罚不轻。父子本天性，能不痛伤心？亲方痛其子，子转怨其亲。若是早教训，怎得到如今？我愿为父母，勿效禽犊恩。

弃婴

天地无私曲，阳生阴亦生。乾坤好施与，男成女亦成。男子固足贵，女儿亦匪轻。缇萦曾救父，木兰代从军。古来孝顺女，多扬父母名。胡为分厚薄，不爱女儿生？虎狼不食子，父母忍吞婴？人各有衣禄，切勿弃生灵。

俚言

辑谱必载训戒,所以警醒族人,知劝惩也。倘雕饬文辞,则字义艰深,贤智虽能理会,而愚昧之人懵然不识为何物,此所谓会聋而鼓之^①也。特制俚言三十四条,使闻之者无不了然,庶于阖族之人心习,尚稍有裨益焉。

孝悌

人从养儿辛苦时,想着父母生养我的恩意,不愁孝心不生;人从只身受欺时,想起兄弟最难得的念头,不愁悌心不生。由此扩充上去便是孝子弟悌。

忠厚

人说乖巧最好,不知人一乖巧,有事都来寻他。他也自逞才干,胡作乱为,闯出事来,或至败坏身家;人说忠厚无用,不知人一忠厚,人都不忍欺他,他也自甘朴拙,安分守己,怕惹祸事,自然保全身家。这等看将起来,毕竟乖巧的到底吃苦,忠厚的到底受福。

勤俭

懒惰的人,只是惜力气,不思荒时废业,到得事势穷蹙^②,岂但费气力,且受尽许多挫折;奢侈的人,只是好体面,不思滥使泼用,到得家资倾荡,岂但没体面,且见出无限的丑陋。所以"勤俭"二字,是持身家紧要法子。

忍让

我从气忿时,打人一下,毕竟被人打了,可是忍些的好? 我从人要打我时,认个不是,他要纵打我,也不好动手,可是让些的好? 我从气忿时,骂人一句,毕竟被人骂了,可是忍些的好? 我从人要骂我时,陪个笑脸,他纵要骂我,也不好

---

① 会聋而鼓之:出自《孔子家语·六本》。把聋子集中起来,敲鼓给他们听。
② 穷蹙(cù):窘迫,困厄。

开口，可是让些的好？昔人有诗云："卖尽呆呆又卖痴。"①此语最好。

端方

诡僻人花言巧语，似极好相交，毕竟藏头露尾，一经人觑破，便是半文不值。端方人正颜厉色，似令人难进，毕竟身稳口稳，都说他老实，自然到处成邻。所以人在世间，要以端方为主。

谨言

在人当面错讲了一句话，我说未曾唐突，偏有招怪的订成大隙。在人背后妄谈了一件事，我说无关紧要，就有送信的构成祸胎。谚云："祸从口出。"可不谨哉！

慎行

行事要识见，倘偏执己见，那得不差？行事要才能，倘妄逞其能，那得不错？所以做事须要小心，与其在事后追悔，不如在事前审慎。

耕田

人纵田地广阔，若是人工不到，也只广种薄收，与蜗窄的一样，反而费了牛种，多纳了钱粮；人纵田地蜗窄，若是人工既到，毕竟少种多收，与广阔的一般，且少费了些牛种，少纳些钱粮。谚云："田地是叠起来种得的。"又云："种田田边歇。"洵然②。

读书

可笑世间人，动云"只有挑箩借稻，从无挑箩借字"，不思家无宿舂③，固要借稻；人不读书，有事定要借字。若读书之人，无论登科上达，不消借稻，但有一块砚，便是一庄田，既不消借字，亦不消借稻。

---

① 出自明代陈继儒《陈眉公先生全集》："近来学得长生诀，卖尽騃呆又卖痴。"
② 洵然：确实如此。
③ 宿舂：本指隔夜舂米备粮。后指少量的粮食。

择师

择师教子，必要品行好的。品行不好，子弟观感坏了，日后走不上正路。又要学问好的，学问不好，子弟摹仿差了，日后难出人头地。品学都好，决不肯奉承东家。谚云："惜钱休教子。"[①]不可贪图便宜，请师失人以自误子弟。

取友

士农工商，都要有个好朋友。我与邪僻人往来，自己先纵正道，日复一日，连我也邪僻了；我与端正人往来，自己先纵寻常，日复一日，连我也端正了。但邪僻人最易合，端正人每易疏，总在自己认得真、拿得定。

端蒙

稚子无知，防闲总在父母。若是诳人一言，父母反说他乖巧，便是日后奸诈的根子；探人一物，父母反说他停当，便是日后盗贼的根子。他如凶狠游赌，尽是父母娇养成的。语云："桑条从小摠，长大摠不成。"[②]良然。

训女

女为舅姑、丈夫所喜悦，父母亦添喜悦心。女为舅姑、丈夫所憎嫌，父母亦起憎嫌气。所以人家养女，必要教他亲纺纴，治酒食，知艰苦，务勤俭，不许他任性多言。日后能曲尽妇道，父母才多一件欢乐事。

择妇

家之成败，半由妇人。妇若和气寡言，力勤守俭，便是成家的妇；长舌撒泼，好吃懒做，便是败家的妇。但妇最难择，需看她祖上忠厚，门风端正，父母有教训。兼此数者择之，方得贤妇。若只顾外面声势，希图妆奁丰盛，便误却大事。

选婿

谚云："养女攀豪门。"此言莫错认了。尝见人家结姻时，多有富贵的，不数

---

① 出自《增广贤文》："惜钱休教子，护短莫从师。"
② 出自《韩湘子全传》五回："桑条从小拗，大来拗不直。"

年都化作灰尘，女儿受尽饥寒，父母反受连累。又有贫贱的，不数年却陡然发达，女儿享尽福泽，父母反有体面。所以人家选婿，必要见他祖父忠厚、女婿沉潜，才是真豪门。

敦族

人纵富足，本族人都道他刻薄，便大家憎恶他，他也富足不长；人纵贫穷，本族人都道他忠厚，便大家扶持他，他也贫穷不久。盖本族人是一脉源流，最好共安宁，最好共患难。一犯本族之怒，动本族之忌，则外侮来了，必要呼吸相通，有无相顾才是。谚云"只有千年宗族"，良然。

睦邻

人有偶然缺乏，远亲虽富厚，一时通挪不到，还是邻舍人家救得急；人有陡然变故，远亲虽停当，一时管顾不到，还是邻舍人家帮得忙。切不可因酒食失敬，牲畜相侵，些微事情，便与邻家订隙。谚云："远亲不如近邻。"信哉！

不忤逆

天下无不是底父母。若说自己见得是，父母见得不是，便违拗了父母；若说妻子讲得是，父母讲得不是，便抗拒了父母。如果时时存个父母是的心思，哪有忤逆？

要和睦

兄弟本是和气的，只为些小财物起见，便乖戾了；兄弟本是相爱的，只为妻子言语起见，便参忿了。若能于些小财物上装得些痴，妻子言语间推得些聋，何至参商？

争讼

构讼只是争气，及走到公庭，领官吏的辱骂，反多受了气；构讼只是争财，及走到衙门，遭差役索骗，反多破了财。不如忍了一口气，丢却那项财，还省了无限惊吓，免了无限波喳①。

---

① 波喳：谓唠叨，争吵不休。

不淫邪

人佻自己妇女，势必起嗔怒心；己佻他人妇女，偏觉有欢悦心。但将自己欢悦心换作他人嗔怒心，不愁淫心不灭。

不贪鄙

祖父准折他人田地，子孙后来仍旧被人准折。祖父勒掯①他人银钱，子孙必挥金如土，并不消人勒掯。可见天道好还，那贪鄙心肠都是无用的。

不刻狠

人不识"过刻"两字，但是本分当得的，全不放松，便是刻了。不识"过狠"两字，但是斛面戥秤上，稍有盘算，便是狠了。究竟"刻、狠"得谁人，不过为自己消些福泽，为子孙埋些祸根。

不眼浅

贫富原是无常的，人要放开眼孔，不可在势利上起见。近来炎凉世态，看见人家偶然富豪，虽是极下贱的人，也趋奉他；看见人家偶然萧索②，虽是极亲厚的人，也厌恶他。此等眼界真是鼠目寸光！

不情薄

看见人家富盛，不说他勤俭起家，反生个妒忌念头；看见人家灾祸，不说他时运乖蹇，反生个欢乐念头。此等造意，究竟害不得甚某人，徒然坏了自己良心，添了自己阴恶。

不游荡

人要务正业，才挣得衣食，那游荡的必荒废正业；人要远匪人，才保得身家，那游荡的必狎昵匪人。所以，唆讼插证是游荡的活路，犯盗窝赌是游荡的下场。

---

① 勒掯(kèn)：强迫，故意为难。
② 萧索：萧条，冷落。

悭吝

当减省时也要减省,若只是丰厚,亦伤坏自己;当慷慨时也要慷慨,若只是吝惜,亦得罪他人。每见人在分文上坚执不肯与人,遂构成大衅,反荡费多金。所以一涉悭吝,便害事不小。

苦乐利害

苦乐是个混沌物事,不贪乐的自然不受苦,不怕苦的只管去贪乐;利害是个囫囵东西,不贪利的自然没有害,不怕害的只管去贪利。

是非毁誉

当面说人非,背后却只说人是,便是长厚的意思;当面说人是,背后却又说人非,便是诡僻的心肠。

早纳钱粮

钱粮有常限,如任意迟延,造到暮夜追呼,毕竟多使费用;钱粮有定额,若急公输纳,就是夜半犬吠,却也不着惊慌。

沈阁①冒认

沈阁父母枯柩,久之棺朽骨露,明明抛了自己根本,岂不大罪通天!冒认他人祖坟,及至清夜问心,明明乱了自己命脉,岂不愧死无地!

不轻信地术

积德方才得地,明眼不是庸师。若不择人而信,有无常业的,要寻生活门路,只落得撮摸营生;有丧良心的,因想掣骗银钱,故说得天花乱坠。试看世间地师,几个自己葬得好地,图得富贵,自己都没有了,哪能待他人图吉地、得富贵?

不进香酬愿

不向心田里去求福,偏在土偶②前去求福。无论求不得福,就令得福,也是

---

① 沈阁:搁置,耽搁。
② 土偶:泥塑人像。

他命运凑巧。若是土偶降来的,当有影响。不从改过上去消灾,偏在木偶前去消灾,无论消不得灾,就令无灾,也是他侥幸苟免。若说是木偶保佑的,更属荒唐。

不结义干亲

三党亲朋,尚且酬应不到,若结义干父干子,定是弄穷的厉阶。同宗男女,尚且嫌疑必避,若结义干妹干兄,定是诲淫的妖孽。

家教终。

家训、家规（浙江永康铜川桥里）^①

吴越有国时，镠曾于永之铜山开采山麓，途经庙口金玉坑，插木建庙，神灵显应，居民祷祀。五世孙律公闻而知之，亲往其地，仰观俯瞩，见夫铜川桥里秀灵钟毓，遂托居焉。一说律命其孙懋功迁居永康铜川桥里守生祠。

家训

正旦朔望拜参于祠庙，岁时奉祀祖先。

清明墓祭曾祖考妣，附祭大父考妣二位于下，由近故也。

所取祀田，以为粢盛之用。所有余租，面众同收，命管理者积放，不得擅有侵取私易，违者罚之。

祭祀以诚为本，以礼为贵，必须斋戒沐浴。见闻之间，恍乎如在其上。如此方谓尽其诚意，则祖考来格。不然，虽盛其衣冠，洁其器皿，丰其品物，犹如不祭，然亦不可不致其丰洁。

尊卑者，人伦之大要。夫人有夫妇，而后有父子；有父子，而后有兄弟。推之于九族之亲，莫不由一气所生。吾族子孙既已渐众，苟能知同所自出而相与雍穆，则尊卑秩然有叙，而无欺凌傲虐之患。凡我子孙，当共勉之。

贫贱富贵，人所常有，人之常情，孰不恶贫贱而欲富贵？幸而至于富贵，尤当谦恭好礼。骄奢侈靡之态，不稍加于父兄宗族，如此则富贵长守而人不妒之也。不幸而至于贫贱，尤当勤俭柔顺，咨嗟诡谀之态，不稍呈于父兄宗族，如此

---

① 载于浙江永康《铜川钱氏宗谱》，民国三十四年(1945)撰，2007年续修，程显平主编。

则贫贱未必久而人亦不厌之也。诸房子孙,宜周知焉。

人之于家也,父慈则子孝,兄友则弟恭,夫和则妻顺。一门之中,果能以诚相接,以礼相下,则家道和而福日至矣。其或父不慈、子不孝,兄不友、弟不恭,夫不和、妻不顺,又不能以诚以礼相接相下,如此则家道乖而祸日至矣。凡厥子孙,敬而听之。

人家于世,务立其志,志高则行高,志卑则行卑。士农工商,谓之四民。古者士生于农,而工、商不与焉。吾宗本世家,渐至于替。凡厥子孙,当身本尚农而有志于士,可也。其次则为工为商,亦无害矣。四者之外,其或甘居卑下,失身奴隶者,黜名不入宗谱。

古者人生,七岁则入小学,教之以洒扫应对进退之节、礼乐射御书数之文。至十五则入大学,教之以穷理尽性、修己治人之道。圣人法度之言、经常之语,具载方册。学则得之,不学则失之。人而无学,犹居暗室之中,虽有目而无所见,而欲望其致远,可乎?吾族为父兄者,须教子弟读书,读书则知礼,知礼则不失为人之道。纵不能穷经究史,苟知大义,则终身尽有用处。后人勉之。

吾族子孙,务宜知足。凡产业财物之可欲者,慎不可觊觎贪慕。果合义而取,诚亦不妨。若非理苟求,虽得之,实非允当。况未必能尽得之乎,又未能尽守之乎?徒是取怨于人而薄德于己。故曰:"知足不辱。"后人戒之。

赌博钱物,盗贼之萌也。原其所自,皆因懒惰放僻,饱食而无所用心,故有此作。若能勤俭劳力,孜孜于生理,则不为也。非不为也,亦不暇也。吾宗子孙,有不肖而为此行者,家长宜深诰诫。其或不悛,官有常刑,勿贻后悔。

衣食二事,人所要需,务在适中,不可奢侈以过为,亦不可鄙吝以失礼。凡在子孙,果能衣取蔽寒,食取疗饥,则用日周而无穷乏窭绝之患,不然反为口体所牵制。饕餮于人者有之,乞取于人者有之,穿窬而盗者又有之,礼义廉耻都自丧了,可不慎欤!

假贷钱物,人所时有。务在应时偿纳,庶不失于人情。再欲假贷,人自欢迎。如或负欠而不偿,致来取索,反加嗔恨,是何理欤!亦有过多取息而起人之非议者,此又为富不仁之一端。余尝见之因利忘义,故并及之。

基业虽有厚薄之殊,要皆祖宗之遗下,凡在子孙,当固守之。或遇死丧患难,出乎不得已,尚有可辞。如或悖理妄为,以致倾覆者,异日何面目见祖宗于地下?后人慎之。

　　嘉言善行，可为法则者，凡在子孙，当留心记忆，异日将为己用，幸勿以其近而忽之。非徒不负作者之心，抑亦可以自警。

家规序

　　家有规，所以规其家以及其远也。规远则家由以远，是规所以远其家者也。晦庵朱夫子《家礼》，本之《礼经》而损益之，固足以传远矣。后世诸家，又纷然倡为家规云者，岂以晦庵为不足法欤？盖家有差，族有等，地有南北，而末流之弊，今之时又殊非昔之时矣。然则故家巨族，安得不更立科条，以规其家，以传诸远耶？查吾钱氏为永旧家，原有家训，至理名言，亦既善矣，然少有阙略而未称备。兹经宗躬劬搜访，借人形己，因地制宜，参以众情所同，而为礼之所得厘者，另定家规，计二十条：一曰建祠宇，二曰守庙墓，三曰抚群从，四曰事尊长，五曰端心术，六曰慎言语，七曰养童蒙，八曰行冠礼，九曰议婚姻，十曰严内外，十一曰谨称谓，十二曰崇节俭，十三曰治丧葬，十四曰时祭飨，十五曰贻世业，十六曰闲孔道，十七曰厚宗姻，十八曰驭群小，十九曰供赋役，二十曰殖赀产。

　　先之以建祠，次之以守墓，严之以端身教、辨内外，重之以丧祭冠婚，别之以尊卑称谓。上之而公赋勤，下之而人力节。纤之而契券之交、使役之御之类，皆根于理，裁于法。所以祛时弊，翼家礼，正人心，培风俗，贤者循而守之，不贤亦有所忌而不敢肆。承先启后，舍此末由。际此倭寇荡平、六全复古、污俗维新、谱牒重修之会，宗惧夫人心之日漓、风俗之弗古，父兄之教不先，子弟之率不谨，从而优胜劣败之公例，不识强主弱奴之大势，不知栾、郤、胥、原之降为皂隶，而不自觉也。爰①谋诸伯叔兄弟，将所辑家规尽量付梓，俾得家置一编，人袖一册。父以是诏其子，兄以是勉其弟，个个躬行，人人实践，规矩依然，典型弗坠。将见兰芽②瓜瓞，继继绳绳③，礼乐衣冠④，彬彬称盛，吾钱氏之家之远也，顾可以世计乎哉！顾可以世计乎哉！

---

　　①　爰：于是。
　　②　兰芽：比喻子弟挺秀。
　　③　继继绳（mǐn）绳：指前后相承，延续不断。
　　④　礼乐衣冠：指各种等级的穿戴服饰及礼仪规范。泛指封建社会中各种典章礼仪。

一、建祠宇

立祠堂于村西,所以栖先世神主。子孙应岁时修葺,毋致倾圮。有水火患难,救护先之,势不获已,则保存神主。其祠库所贮祭器什物,不许私假及他用。命一人处守之,兼责以司香烛、时洒扫、供祀事,役使岁给租田二百秧劳之,世以为常。

二、守庙墓

庙塑显祖神像,墓藏先人体魄,子孙所当世守。庙口殿五王肖像供焉。马头颈金钩铜坑后山、锭塘后山、本村后山,诸祖妣墓厝焉。应随时留心料理,毋任椽瓦倾颓,毋使牛羊践踏。所有殿后山及近茔树木,无故不得翦伐,自贻不孝。

三、抚群从

凡为家长者,自当检点,以端率人之本。而又主以公平,示以诚实;体恤以宽恕慈惠①,则群从有所观法,方能孚悦服从。其或本既能端,而才识弗逮②,则当虚心听纳,择人委任,事亦无不济者。若乃卑幼挟智傲上,与夫为不善者,姑训诲之。训诲不听,又戒饬之。戒饬不悛③,又会众惩罚之。惩罚而有后言,则告官究治之。究治而恶益甚,则削其谱牒氏名,不与散胙。三年能改者,复之。

四、事尊长

凡卑幼事尊长,当以忠诚恭逊为本,事无大小,必咨禀乃行。尊长或执偏见,或徇己私,则当和声讽④之,婉言导之,积诚意感动之,未有不转移者。苟徒阿佞以幸其成,狡诈以扬其过,皆非!若尊长遇事掣肘,弗能胜任,则当献计策,曲为赞襄⑤,以匡其不逮⑥。倘袖手旁观,莫为之助,反从而腹诽心议者,亦非!戒之勉之。

---

① 慈惠:仁爱。
② 才识弗逮:才能和见识都不高。
③ 戒饬不悛:训诫整肃而不悔改。
④ 讽:以委婉的言语进行规劝。
⑤ 赞襄:佐助。
⑥ 匡其不逮:对于达不到的地方给予纠正或帮助。

五、端心术

大学教人，首重心正。心正而后身修，身修而后家齐。心何以正？由于无嫖赌烟酒之嗜好始；家何以齐？由于无阴谋压迫之劣迹始。抑心为制事①之本，一存否之间而天道之顺逆系焉，子孙善恶所由分也。凡我长幼，必存乃心，以合斯理。务使平恕而不苛刻，光明而不暗昧，正大而不侧小，忠厚而不浮薄，诚实而不虚诈，庶几循天理而培成贤子孙。反是而恣其血气之偏，极其计谋之巧，以谓人莫己知，而可无所不至者，孰知冥冥之中，有天临之，昭昭之表，有人见之，欲掩而卒莫能掩。如此何益？当重为戒。

六、慎言语

夫言出诸口，一或苟焉，兴戎②丧邦，故与其辨也宁讷。凡我子孙，于事上接下③之际，必审理度义而慎其出焉。毋矜己长，毋扬人短；毋非人之是，毋阻人之善；毋攻发人之阴私，毋离间人之骨肉；毋恃便捷儇利④而侈然自以为直信。能以是置诸怀抱，不致放去，虽未必尽善，苟无口过而外至之尤万一其可少矣。爱惜身家，此为最先，毋以为易而忽之。

七、养童蒙

蒙以养正，子弟一生之成否基于此。凡年至七岁，必须送校就学，教师应延请品学兼优、训蒙详而有法者，尤以久于其任为原则。除现行课程外，兼教孝弟忠信之道，以培养其心身课程，应随质量授。当循循善诱，使生嗜学之心；勿厉色疾言，以阻向学之趣。父母不可怜惜、纵容嬉戏，以长骄惰。不率教者，父兄加以督治，内外俱严，庶可长进，更须勉筹升学。盖人有学问，然后有智识；有智识，然后有事功；有事功，然后有名利。求名与利，端在求学。本村烟户⑤，十逾甲之多，筹画学校，强固基金，尤属目前急务。

---

① 制事：谓处理政治、军事等重大事件。
② 兴戎：引起争端。
③ 事上接下：事奉尊长，接待处于下位的人。
④ 儇（xuān）利：敏捷灵巧。
⑤ 烟户：人户。

八、行冠礼

礼始加冠,责成人也。暇日宜率子姓演习礼仪,讲明礼意,俾知子臣弟友之道,则他日行之裕如。然必年至十六以上,形体长成,人事粗谙,始依礼择宾行之,斯合古人本意。若短少懵闇①,非年至二十不可。未冠更不可命名称字,以损忠厚之风。

九、议婚姻

婚姻乃人伦之始,万化之原。夫妇和而后家道成,家和则万事兴。婚姻关系何等重要!故议婚须择家法性行,毋得论财。自此义不明,生男惟慕妆奁,虽卑屈不耻;生女惟邀聘币,置家世不论。卒致妇姑②勃溪③,亲戚成仇,争讼淹溺,罔不至焉!吾家娶妇,但得世德作求、信义交孚④足矣。既归夫,率妇以正,妇弗顺则罪其夫。嫁女随分,择婿不得偏听徇私。女长,及时遣之,诲以妇道,毋致非议,以忝门风。

十、严内外

男女远别⑤,礼也。嫂叔兄妹之属,无故不许亲相授受。而女婿、母妻族属之往来,须宿外舍。贱而臧获⑥、佃人之供役使,亦必严立界限,以肃内外。女内夫家,外父母,已嫁归宁,不得淹流⑦,致妨家务。未嫁,亦不得预通婚来。男未娶者,不得先往妇家觅利。违者,重罚其父。

十一、谨称谓

亲属称谓,名分攸关。故卑幼之称尊长,父则父之,母则母之,舅姑则舅姑之,不得假借旁亲,以乱名实。至于伯叔诸兄,则以行⑧,不敢字之⑨,其应对惟

---

① 闇(àn):愚昧,糊涂。
② 妇姑:婆媳。
③ 勃溪:吵架,争斗。
④ 交孚:谓互相信任。
⑤ 男女远别:男女要远嫌、有别。
⑥ 臧获:古代对奴婢的贱称。
⑦ 淹流:羁留,逗留。
⑧ 行(háng):辈分。
⑨ 不敢字之:不敢用字称呼之。

名，毋称尔我，若侪辈①然。若尊长之称卑幼，或以名、以行、以字，视其所宜。亦不得张大官爵以导谄谀，推此可施乡闾邦国。

十二、崇节俭

夫财用盈缩，家之兴废系焉。故凡亲朋燕飨②往来、交际赠遗之类，必使丰俭适宜，可为久远计者。慎勿夸耀，以至倾败。若父母不存，生辰当倍悲痛，岂忍受贺张乐、纵饮为乐？惟具牲醴告庙③、会众散胙可也。娶妇，礼宜不贺。至末俗假赛神④娱宾为辞，恣情饮啖⑤，任意狼藉，宜厉禁之。

十三、治丧葬

治丧固称家有无，然得之为有财者，礼宜从厚，安可苟简以俭其亲？世俗惑左道拘忌⑥，方所年月日时，殡殓丧葬，多不及时，甚至蠹棺暴尸者，忍莫大焉。今而后如礼躬行，子孙其世守之，毋复蹈袭前非。及供佛饭僧、听用巫觋等事，以紊正礼，建者罪以不孝。

十四、时祭飨

飨祀所以报本，有礼存焉。故春秋常祀，俗节献新，有事祝告，为死忌不为生忌。祀墓、祀灶、祀土神之类，一准《文公家礼》，参以《丘氏仪节》。然礼不虚行，必以诚敬为本。子孙宜悉此意，毋怠毋忽。

十五、贻世业

祖贻产业，所以供宾祭，应门户不时之需。本宗产业寥寥，加以管理不良，岁祀岁用全无着落。年来族人远虑，牵萝补苴⑦，已有基础。此后轮管理事，能妥积放，集腋成裘，聚沙成塔，二十年后，可臻大观。

---

① 侪(chái)辈：同辈。
② 燕飨(xiǎng)：指以酒食祭神。泛指以酒食款待人。
③ 告庙：古时皇帝及诸侯外出或遇有大事，例须祭告祖庙。
④ 赛神：谓设祭酬神。
⑤ 饮啖：吃喝。
⑥ 拘忌：禁忌。
⑦ 牵萝补苴(jū)：形容生活贫困，挪东补西。

十六、闲孔道

世界交通①，信教自由。儒释道耶，尺有所长，各成其是。然而入则孝，出则弟，言忠信，行笃敬，成己成人，独善兼善，内圣外王②之实际工夫，自生民以来，未有如尼山③夫子圣号时中道④集大成。所谓"气备四时，与天地日月鬼神合德；教垂万世，继尧舜禹汤文武为师"⑤。凡我子孙，有志希贤希圣，只须师法孔门，无庸他骛。

十七、厚宗姻

宗族原有亲疏远近，一以名分为主，毋以富贵加之，其贫弱者悉当拯济。虽难尽如吾愿，惟视力所能及者，加意一分则亲亲之义存矣。若乃顽泼无藉者，义无容恤。然岁首聚会，则直白其失而教戒之，不忍弃也。姻戚，爱当一体，毋随家势轩轾⑥，以新间旧。延款国⑦在随家盈虚，以为厚薄。固不得勉强所无，自取空乏；亦不得畏避丰腆，遂废礼仪。先正谓"会数礼勤，物薄情厚"⑧者，可为常法。若强人以酒，使之乱德丧仪，又在所戒。

十八、驭群小

书称："女子小人为难养。"然董之以威则畏，绥之以惠则怀，此感应之所必然者。吾所使役之人，当饥寒恤之，劳苦节之，强悍亵慢惩治之。勿茹其懦，勿利其有，勿长其恶，勿侵扰以戕其生，勿调戏以启其侮。人有悉其奸、诉其非者，本主不得慢视回护⑨而无所处。至远方人氏无根着者，不许容留，以遗后患。

---

① 交通：交往，往来。
② 内圣外王：中国古代的一种理想人格。意为内修圣人之德，外施王者之政或外务社会事功。
③ 尼山：指孔子。
④ 中道：儒家之道。
⑤ 上联化用《周易》意，赞孔子道德崇高。谓其德行与天地相合，其光辉与日月相等，其进退与四季代谢一样井然有序，其奖罚与鬼神所降的吉凶相应。"气备四时"，语见南朝宋刘义庆《世说新语·德行》："褚季野虽不言，而四时之气亦备。"原指春、夏、秋、冬四时之气，也指气度宏远。"天地日月鬼神合德"，语出《周易·文言传》："夫大人者，与天地合其德，与日月合其明，与四时合其序，与鬼神合其吉凶。"下联概括韩愈《原道》："尧以是传之舜，舜以是传之禹，禹以是传之汤，汤以是传之文、武、周公，文、武、周公传之孔子……"联语气势恢宏，符合孔子这位"万世师表"的思想家、教育家的崇高地位与身份。
⑥ 轩轾：高低。此句意思是，不要因亲戚贫富而态度不同。
⑦ 国：疑为"固"。
⑧ 要熟悉礼节进退，勤于向客人施礼；不要太看重物质，而应当着重于情意。
⑨ 慢视回护：轻视，袒护。

十九、供赋役

有田则有赋，有身则有役。输赋以时，供役惟分，则上守国法，下保身家。如有包揽输税、因公纳贿、索取闲年常例之类，凡吾子姓，不愿有此。如选公务人员，须择娴礼法、谙人情者充之，庶无诖误①贻累。

二十、殖赀产

语云："刻薄成家，理无久享。"②盖天道好还，未有逆取而顺守者。凡我子姓，增置产业，酬值惟所当。毋笼愚，毋剥贫，毋乘人之急以邀利。亩税须按籍收纳，契据要如期验明，田地界限宜随时修葺完明，毋致侵人、被侵于人之弊。森林水利，看守必悬赏誓众。如有偷盗被获，能输诚谢过者听，其怙恶不伏则告官治之。塘坝崩塞，须竭力修浚，及时蓄泄，验亩均溉，不得徇私自利。违者，申约示禁，量情处罚。此皆理家切务③，务须循理知法，慎守毋违。

三十二世孙　肖宗

---

① 诖（guà）误：也作"罣误"。贻误，连累。
② 因刻薄待人而致富的人，不会长久享受富裕的生活。参见《朱子家训》。
③ 切务：当务之急。

家训、家规、律例（安徽潜山）[①]

武肃王后，十世孙臻公，因方腊之乱，迁新安江，居南村。十一世孙尝公，生长子大圭公，迁居秔田。十四世壿公，由秔田迁居豫章（今南昌）溪东。十七世汝鹏公，生二子，长仁育公迁潜山钱家湾，为始祖；次义公迁怀宁钱家排，为始祖。

家训

家何以有训？所以明礼义，崇教化，俾家之人秩然而齐一者也。鲁駜谷诒[②]，丰芑燕翼[③]，所从来也。汉唐而下，若颜氏、司马氏、欧阳氏、朱氏，皆有严例。家训之作，贻谋甚远。兹遵先贤矩矱[④]，撮其大要，汇成数则。阐纲常伦纪之懿，端习尚浇漓之弊。垂法示戒，酌古准今。严而不苛，恕而不纵。为族所易从，有外御其侮之情哉。谁非子弟，尚其念诸！

矢忠贞

前谱君臣之义，系君主时代之名词。今为民主立宪，凡在外仕宦者，仍宜尽忠。此乃忠尽国、忠于民、忠于事，而非忠于君主也。至于奉公守法，赋税早输，系分内之事，毋得拖延，有负国课。

---

① 载于安徽潜山彭城郡《钱氏宗谱》（敦睦堂），2018 年印本。
② 鲁駜谷诒：出自《鲁颂·有駜》："有駜有駜，……君子有谷，诒孙子。"
③ 丰芑燕翼：出自《大雅·文王有声》："丰水有芑，武王岂不仕？诒厥孙谋，以燕翼子。"与上句意皆教育后代之典。
④ 矩矱（jǔyuē）：规矩法度。

积阴德

人生斯世，行止动静，举念矢口之间，须要着意检点，不可暗室亏心。当严不义之财，戒非己之色。毋讦人阴私，谈人闺壸。遇人有急，随时方便。如此存心，虽不希报，自然衍庆将来。汉昭烈曰："勿以恶小而为之，勿以善小而不为。"司马温公曰："积阴德于冥冥之中，以为子孙长久之计。"真至言也。

治生理

居家以治生为先，士农工商，皆本业也。为父兄者，当量子孙材质，俾与四民中专治一业，毋令游闲。子孙务率父兄之训，如刻意攻书，乃最上一等。农以力田，工商各尽尔职，则高可以取富贵，次可以得温饱，免饥寒。倘为俳优胥吏，以玷家声，族尊重处，令其改业。

从节俭

人生福分，各有限制。诸凡宫室饮食，服饰器用，吉、凶、客、宾之类，俱当遵从节俭，留有余不尽之享，以还造化。且以俭示后，子孙可法，有益于家；以俭率人，敝俗可挽，有益于国。奢侈最为恶习，其弊在于好门面一念始。

隆师友

凡家素清约，自奉宜薄。然待师友，则不当薄也！切不可因己无成而不教子弟，又不可以家资匮乏而不从师。为父兄者，务要竭力尽礼，延请明师教之。孝悌忠信、礼义廉耻，以养其性；应对进退、诗书礼乐，以防其身；谨言慎行，以寡其过。庶上可以发名成业，次亦理明气醇，泽于大雅，无骄奢淫佚及朴陋鄙僿①之态。

睦族人

族姓既繁，自有亲疏之异。溯之当年，总一人之身耳。倘视若秦越，肥瘠漠不关心，异日何以见祖宗于地下乎？凡我同宗，务要情意浃洽：生必庆，死必

---

① 鄙僿(sài)：鄙野闭塞，粗俗。

吊,有无相通,患难相恤。毋凌卑弱,毋慢尊长,毋自相攻讦,以折藩篱。和气致祥,厥后之昌,必基于此矣。

谨婚嫁

《书》重釐降①,《诗》美《关雎》,所以重人伦之始,端万化之原也。故娶妇有道,毋慕势而侧媚权奸,毋贪财而狎昵卑贱。惟期足承祖宗之祧,而奉神灵之统,斯可矣。至于为女择配,尤期家世清白,而贫富非所论也。所当戒者,指腹为婚,襁褓订盟,恐异日恶疾无德,悔无及矣。

家规

粤稽古制,家塾党庠,四时有教,非徒诵章句、制举业、矜博识而已。夫亦谓伦纪秩叙、礼义廉耻,所以立身而善俗。讲之明,闻之熟,匪僻邪心潜消而不自知尔。孟子曰:"庠序学校,皆所以明人伦也。"今虽古法不复,不可不师其遗意。于是每月朔望,合我宗族,群聚而处,讲明伦理。俾父老之所传,幼壮之所习,一于是而已,谨列规条于左。

举祭祀

礼莫重于祭。凡事死之礼,当厚于奉生。亲存则生辰必致庆祝,殁遇此日能不感慕?自当事之如生。忌日祭则必哀,故祭义为终身之丧也。至清明、岁暮及春秋当祀之期,务要积诚举祭,必丰必洁,毋得后时。其或失时缺祀,是则豺獭之不若也。祖宗之为,人所难犯,家传户守,世世遵行。

敦孝悌

《诗》云明发②,《书》云天显③,可知孝悌为百行之原也!苟于亲而不孝,人生之大本以亏;于长而不悌,终身之礼让安在?故为人子者,以大舜、曾闵为法,

---

① 釐降:出自《尚书·尧典》:"釐降二女于妫汭,嫔于虞。"本谓尧女嫁舜事,后多用以指王女下嫁。
② 明发:天亮。出自《诗经》:"明发不寐,有怀二人。"意为直到天明还未入睡,想念父母在世恩情。
③ 天显:天所显示的。出自《尚书》:"于弟弗念天显,乃弗克恭厥兄。"

斯无忝于所生；为兄弟者，以姜被、田荆是效，乃无惭于同气。况风木遗悲，每有追思不急之叹；阋墙致变，更赖有子孙者谓何。宜重思之。

重茔墓

茔墓，祖宗体魄所栖，亦子孙命脉攸系，须严禁照管，不得于前后左右钻穴加葬。其有颓塌崩毁，碑铭迷失者，清理修辑之。如有盗卖盗葬、议拚①荫树、纵畜践踏者，俱以不孝论罪。外姓盗穴盗买及侵犯茔界树木者，同众协力鸣公。如有徇情受贿、退避推脱者，即以戕祖治罪。

正嫡庶

夫妇，人伦之首也。行道必先妻子，身修，然后家齐。至于仕宦，以贵显而纳宠，士庶因无子而畜妾，则嫡庶之分，不可不严。为夫者，当以刑于正室，不可养鹙②弃鹤，渎乱人伦。妻也，相夫惠下，不可稍存妒忌。妾也，贯鱼承宠③，亦宜安命宵征。倘如艳妻煽处，尤物移人，势必小加大，贱妨贵。不为《小星》④《螽斯》⑤之咏，而反来哲妇⑥家索之讥矣。他如溺爱后妻子而薄待前妻子者，亦所当戒。

肃闺门

王化起于闺门，则唱随之宜，不可不尽也。是故夫当以刑于自持，毋媟⑦亵以起傲慢，毋乖戾以致怨尤。妇则无非无仪，主中馈而已，不预外政，且闺门最宜清肃，勿许轻出。古礼，授受不亲，厕浴椸架不共，别嫌也。外家不数往来，夜行则必以烛。弗得诣寺观烧香，弗得引六婆入门，庶风教以端，乃为大家闺范。

慎交游

凡人家子弟，与端人正士往来，则模范有资，身日进于高明而不自知也。若所交游者谑浪笑傲之徒，狡猾诈伪之辈，或作无益，或欢歌乐饮，或禽荒顽耍。

---

① 拚（pàn）：舍弃，不顾惜。
② 鹙（qiū）：水鸟名。
③ 贯鱼承宠：宫中的后妃依次受到宠幸。
④ 《小星》：《诗经》里的诗。《毛诗序》云："惠及下也。夫人无妒忌之行。"
⑤ 《螽斯》：《诗经》里的诗。描写后妃子孙众多。不妒忌，则子孙众多。
⑥ 哲妇：《后汉书卷五·孝安帝纪》："既云哲妇，亦'惟家之索'矣。"
⑦ 媟（xiè）：轻慢。

号为酒乐快友,不知废业荡产,皆由交游之不慎故耳。凡我族人,各宜自省。

惩暴戾

孔子曰:"血气方刚,戒之在斗。"孟子曰:"好勇斗狠,以危父母。"甚言暴戾之不可不惩也。每见世人变起非常,祸罹不测,其始皆由血气是凭。虽小岔微利,酒后言语,辄握拳透掌①,横加搏击,其后悔恨无及。族中如有性情暴戾之人,宜预为教戒。犯本宗者,痛责弗贷。侮异姓者,罚以平情。他如倚金作胆,凌懦欺愚者,惩无徇,处无赦。

禁刁讼

甚哉,讼之为祸烈也!本非莫解之冤,一事必捏数词;原非不共之恨,一词动经数载。轻则破家荡产,重则忘身及亲,皆由睚眦小岔,不自忍耐故也。讵知②让路不枉百步,让畔③不失一塅。与其俯首屈膝,何如退步安身?岔气一时,免忧百日。外之可无见贱于官司,内之可无贻惭于梦寐。我族夙称良善,罔有健于(讼)之徒,然当永垂为戒。

戒嫖财

赌博者,贼盗之源也。抹牌掷骰,呼卢决胜,定有一班无赖棍徒为之勾引,始云洒落,输茶输酒,渐以金注,几赢数百,累输千金,致卖田卢④、鬻妻子、受饥寒,因而为非为盗,以致殒命。若嫖不惟破家,且至害身。子弟如有此等,族众公惩。致沉湎酗酒,狂泼闯祸,亦所当戒。

律例

谱列家训家规十数条,其所以教我族人者,至详且悉,似无烦谆谆再告矣。

---

① 握拳透掌:紧握拳头,指甲穿过掌心。形容愤慨到极点。

② 讵知:怎知。

③ 畔:田地的边界。出自《新唐书·朱仁轨传》:"(仁轨)常诲子弟曰:'终身让路,不枉百步;终身让畔,不失一段。'"一辈子让路,也多走不了百步;一辈子推让田界,也少不了一段。

④ 卢:疑为"庐"。指居住的房屋。

虽然，人之无所慕而为善，无所畏而不为不善者，鲜也，则劝惩之方亦不可少。第予等律学未习，谨将前朝律典①抄录数十条，使愚顽知所警戒云尔。

凡乡党序齿及乡饮酒礼，已有定式，违法者笞五十。

乡党序齿，士农工商人等平居相见，及岁时晏会之礼，幼者先施。坐次之列，长者居上。

乡饮坐序，高年有德者居于上，高年淳笃者并之，以次序齿而列。其有曾违条犯法之人，列于外坐，不许紊越正席。

凡子孙违犯祖父母、父母教令及奉养有缺者，杖一百。

凡骂祖父母、父母，及妻妾骂夫之祖父母、父母者，并绞。须亲告乃坐②。

凡骂内外缌麻兄姊，笞五十；小功兄姊，杖六十；大功兄姊，杖七十。尊属各加一等。骂期亲同胞兄姊者，杖一百。伯叔父母、姑、外祖父母，各加一等。并亲告乃坐。

凡闻父母及夫之丧，匿不举哀者，杖六十，徒一年。若丧制未终，释服从吉，忘哀作乐，及参预筵晏者，杖八十。若期闻亲尊长丧，匿不举哀，亦杖八十。若丧制未终，释服从吉者，杖六十。

凡有丧之家，必须依礼安葬。若惑于风水，及托故停柩在家，经年暴露不葬者，杖八十。

民间遇有丧葬之事，不许聚集演戏以及扮演杂剧等类，违者按律究处。

男女婚姻各有其时，或有指腹割襟为亲者，并行禁止。

凡以妻为妾者，杖一百。妻在，以妾为妻者，杖九十，并改正。若有妻，更娶妻者，亦杖九十。后娶之妻，离异归宗。

凡立嫡子违法者，杖八十。其嫡妻年五十以上，许立庶长子，不立长子者，罪亦同。

凡乞养异姓义子，以乱宗族者，杖六十。若以子与异姓人为嗣者，亦杖六十，其子归宗。

立嗣虽系同宗而尊卑失序者，杖六十，其子亦归宗，改立应继之人。

若养同宗之人为子，所养父母无子而舍去者，杖一百，发付所养父母收管。若有亲生子及本生父母无子欲还者，听。

---

① 前朝律典：应是《大清律例》。

② 亲告乃坐：古代法律处理家庭纠纷的一种基本原则，要求当事人亲自控告，官方才追究并处罚。

　　凡私家告天拜斗，焚烧夜香，燃点天灯七灯，亵渎神明者，杖八十。妇女有犯，罪坐家长。

　　有官及军民之家，纵令妻女于寺观神庙烧香者，笞四十，罪坐夫男。无夫男者，罪坐本妇。其寺观神庙住持及守门之人，不为禁止者，与同。

　　凡师巫假降邪神，书符咒水，扶鸾祷圣，自号端公、太保、师婆，及妄称弥勒佛、白莲社、明尊教、白云宗等会，一应左道异端之术，或隐藏图像，烧香聚众，夜聚晓散，佯修善事，煽惑人民，为首者绞；为从者各杖一百，流三千里。

　　军民装扮神像，鸣锣击鼓，迎神赛会者，杖一百，罪坐为首之人。里长知而不首者，各笞四十。其民间春秋义社，以行祈报者，不在此限。

　　凡教唆词讼，及为人作词状，增减情罪，诬告人者，与犯同罪。若受雇诬告者，同受财者计赃，以枉法从重论。

　　凡赌博，不分兵民，俱枷号两个月，杖一百。偶然会聚开场窝赌及存留之人，抽头无多者，各枷［号三］个月，杖一百。

祠训、家训、宗型（江苏宜兴学圩）[①]

始祖镠。始迁祖德润，明代自宜兴西洋溪迁学圩。

祠训九则

凡吾宗人，当以孝敬为先。下气怡声[②]，承颜养志。父母有事，为人子者代其劬劳。使有疾病，即宜不脱衣冠而养，违者罪之。

凡宗族，当循礼法。必须长幼有序，尊卑有别；子孝父慈，兄友弟恭。背者以不孝不悌论。

凡族长，当立家规，以训子弟。毋废学业，毋惰农事，毋学赌博，毋好争讼。毋以恶凌善，毋以富吞贫。违者叱之。

祠堂为妥神之所，务须洁净。凡遇朔望，宗子拜谒，行香务期肃敬，毋得慢亵。

祖宗坟茔如有毁坏，即当修治，不可视为等闲。凡值清明佳节，各宜拜扫。怠者叱之。

宗族子弟读书，当择名师训之。务遵礼法，教以孝弟忠信礼义廉耻八则。如有资质异常者，更当激厉以成之。

宗族子孙，士农工商，各尽其职。务宜勤俭，毋得怠惰，以玷祖宗。违者罪之。

祖宗祀田，不许子孙私自盗卖。当立成规，各房轮流掌管，以供祀用。

---

① 载于宜兴学圩《钱氏宗谱》（锦树堂），民国壬午年（1942）重修，钱盘宝主修。
② 下气怡声：形容声音柔和，态度恭顺。下气，态度恭顺。怡声，声音和悦。出自《礼记·内则》："及所，下气怡声，问衣燠寒。"

宗族相聚，务必和气。叔侄以咸、籍为型，兄弟以许由^①为念，不可因财失义。如有不循此者，始以道论，不悛则以宗法惩，毋贻后悔。

家训

孝父母

凡为人子，务孝于亲。饥寒衣食，温清晨昏。圣经贤传，教戒谆谆。毋衰怠^②于妻子，毋毁誉于乡邻，毋博弈而眠花嗜酒，毋好勇而斗狠伤人。尔去骂人，肆无忌惮；人来骂汝，何忍相闻？为父母者，爱子之心，何所不至？为子妇者，事亲之礼，须要殷勤。若忤逆而不奉养，子职何以常存？若能谨言慎行，不至亏体辱亲。戒之谨之。

敬尊长

人之礼貌，敬长为先。内则伯叔母姑兄姊，外则乡党父执^③高年，即席饮食之际，必须居后；出入行步之处，毋得趋先。敬师傅如事父母，亲贤友如就芝兰。出言不可轻犯，接待不可轻看。勿矜己以傲慢，勿作事以自专。苟能雍容揖逊，长者无不称贤。凡我子孙，佩服斯言。

宜兄弟

人家兄弟，父母遗体，虽则分形，实由同气。如手如足，本相维系。及各娶妻，异姓相聚，枕边长舌，遂生乖戾，割户分门，争非竞是。谁为祥兄，谁为览弟？^④田真紫荆，姜肱布被。而今而后，各相勉励。患难须要扶持，窘迫必相周济。毋使宗党相欺，毋致人称不悌。尔能戒之，绳绳不替。

---

① 许由：《晋书·华谭传》："昔许由、巢父让天子之贵，市道小人争半钱之利。"此处喻兄弟因争利而失和。

② 衰怠：懈怠，轻慢。

③ 父执：父亲的朋友。

④ 祥兄、览弟指琅琊王氏的王祥、王览这对同父异母的兄弟。距今一千七百多年前，晋朝的王祥因为"卧冰求鲤"的故事，一直被尊为"孝圣"。他的弟弟王览则因为"王览争鸩"的典故，被后人称为"悌圣"。王祥、王览兄弟二人以孝悌起家，后世子孙有出息者延绵不绝。如被后人称为"书圣"的王羲之，即出自王览一脉，是王览的曾孙。

睦宗族

凡我宗族，须知所自。木本水源，共派同枝。祖宗视之，本乎一气。勿以贫贱而相轻，勿以暴戾而自弃。毋因小节而参商，毋竞官司而破费。时或箪食豆羹，可以相娱；暇则相聚清谈，俱可长志。文正义庄①，公艺②"忍"字。婚姻死丧，必相扶助。贫穷患难，必相周济。家门若此雍睦，不亦美乎！

习礼仪

人生天地间，先须知礼义。义以善为基，礼以敬为主。为人不学礼，无以立身于天地；立身不尚义，无以流芳于后世。义不可无礼，礼不可无义。人若无礼义，行藏如狗彘③。嗜欲则失礼，见利则忘义。噫！吾族子孙，若能谦恭逊顺，排难解纷，先彼后己，自卑尊人，不为君子乎？不为善人乎？

谨婚姻

男女婚姻，实由前定。温公之言，万古龟镜④。若贪势利富贵，女必骄悍妒性。嫁女须胜吾家，妇道必钦必敬。迩来婚礼浸衰⑤，养女只图厚聘，男家不顾低微，只要资装丰盛。及至婚娶过门，两家意不满称。姻娅⑥一旦成仇，绝迹不登门境。今后吾之宗族，不可苟图侥幸，但得门户相当，可以一言为定。婚娶若是论财，夷卢⑦禽兽之行。但得子孝孙贤，何患室如悬罄⑧？勉之谨之，斯言可听。

慎丧葬

丧祭礼大，不可不慎。衣衾棺椁，与家相称。服饰衣制，祭奠之仪，一遵《家礼》，慎勿有违。慎终必尽其礼，追远必尽其诚。毋得忘亲纵欲，毋得作乐娱宾，毋得代为媒保，毋得赊销乡邻。殡葬毋乱昭穆，务使父母安魂。毋泥风

---

① 文正义庄：宋代范仲淹在苏州设立的义庄。
② 公艺：唐代张公艺以百忍治家。
③ 行藏如狗彘：指为人无耻，行为像猪狗一样。狗彘，犬与猪。常比喻行为恶劣或品行卑劣的人。
④ 龟镜：龟可卜吉凶，镜能别美丑，因以比喻可供人对照学习的榜样或引以为戒的教训。
⑤ 浸衰：逐渐衰减。
⑥ 姻娅：亲家和连襟，泛指姻亲。
⑦ 夷卢：夷与卢都是周朝时归属于周的落后部族。
⑧ 悬罄(qìng)：亦作"悬磬"。形容空无所有，极贫。

水，毋惑沙门①。地好不如心好，自有孝子慈孙。勿谓斯言可藐，辜负吾诲谆谆。

务根本

天下四民，士农工贾，各治一业，衣食有所。士则攻书，冀登天府；农则耕耘，莫辞劳苦；匠凭绳墨，方员矩度；贾事贸易，经营是务。似我耕读，绍祖绳家；观我族人，颇皆勤俭。自今以后，各专职业。女织男耕，读书莫辍。毋闲游以废时，毋怠惰以玩日；毋好饮以荒亡，毋好赌以失业。有一于此，终罹祸孽。而今而后，吾族子孙，各安生理，勿玷辱祖宗，可也。

戒污辱

吾族吴越钱氏，寰宇芸芸。我祖来迁，紫溪是滨。世传清白，佑启后昆。子孙蕃衍，富贵难期。或富贵，而鬶族中之子女；更贫贱，而为势宦之奴媛。不知富贵由乎祖德。贫贱即应周济，一本荣枯，何忍役为奴婢！贫贱由乎天定，穷困且须自忍，若还投靠人家，子孙都要害尽。甚有资业颇饶，因忿争小事，一旦赔了身家，投献势豪出气，不知见了家主，谁许你作揖行礼？任凭役使驱遣，再难出人头地。而且羞辱祖宗，谁许你子孙赎退？女媳由他呼唤，污辱家传世世。凡我子孙，有一不遵此训，非特逐出宗祠，必定重重处置。凡百贵在于和，一味忍之而已。倘有不忍，致讼端之竞起，彼欲求胜于我，我欲求胜于彼，至于丧身亡家，临时悔之晚矣。告状不如不告，骂人不如不骂，状准先要用钱，骂人又输一着。拳拳服膺②，斯言的确。

秉公道

人同此心，心同此理。不欲勿施，所宜三复。吾之宗族子孙，毋通苞苴③之路，毋启奔竞④之门，毋徇贪婪之利，毋图利己伤人。明有国法，幽有鬼神。而今而后，勿视先人之言为虚文。即如售产一节，卖者不为饥寒之切身，则为公私

---

① 沙门：出家的佛教徒的总称。
② 拳拳服膺：诚恳信奉，衷心信服。
③ 苞苴：原指包裹鱼肉的蒲包，后转指赠送的礼物，再引申为贿赂。
④ 奔竞：奔走竞争，多指对名利的追求。

之逋负,非出于不得已为之乎? 买者欲为子孙悠久之计,当体论时价,尽数交付,毋得潜萌侵人利己之图。天道好还,如此得,即如此失,终无错误。文正公三买田宅,职是之故。吾族子孙,可不深思而猛悟也耶?

右,祖训十则,其事秩如,其言炯如,其序次又井如。诵之铿然有声,味之津津有理。吾祖立训,非徒为本族计,亦为世道计也;非徒为一时计,亦为后世计也。

宗型八则

其一曰敦族谊

族谊何以首重也? 族属虽众,一气交通;祖宗虽远,一心相感。兄弟阋墙,父母必抱痛于厥心;族人秦越,祖宗必怀伤于幽冥。先人不安,子姓必不昌。故敦族谊,即所以安先人,实所以固根本也。慈祥恺悌,原吾人召庆之端而施诸骨肉之间,上足以格天神;温柔敦厚,本吾人淑躬之范①而加诸萧墙之内,下足以训子姓。苟有蕃衍之思者,族宜不可以不敦。

其二曰肃家规

家规何以云肃也? 夫在国有律,处家有规。律治顽梗,规惩不肖,为失德者虑也。柳玭家训曰:"凡门第高者,可畏不可恃。"门第高则骄易生,骄则凌人,凌人则召祸后人。知此,则族愈盛愈当循分,常守正道,勿蹈于非,此世世保家之道也。夫纲常伦纪,为先王立教之本,而临之以庄重,则致远而不泥②。礼义廉耻,为吾人齐家之要,而守之以端严,则历久而不衰。凡有家之责者,家规不可以不肃。

其三曰培冢树

大道有阴阳,二者各异其气,亦各异其居,盖阳尚乎明,阴尚乎幽。古人隧地葬埋,封壤必树,道从阴也。彼冢墓累然而松楸郁然③者,岂徒风水是利乎?

---

① 淑躬之范:亲自做良好的楷模。
② 致远而不泥:化用"致远恐泥"。致远,到达远方,比喻委以重任。泥,阻滞拘泥,难行。
③ 郁然:茂盛的样子。

亦曰栽培盛则阴气凝,阴气凝则祖宗之魂魄庶得所①,式凭②有所,庇荫而安焉云尔。

其四曰避尊讳

凡人生有讳,非尊长不得呼也。支裔可冒昧而犯之乎?故古人社稷山川不以立名,惧易犯也。字父不拜,失所称也。见石不履,触父讳,不敢践也。在祖宗之讳,而安然犯之,其谓之何?今之人世守椎鲁,家乘无传,生子命名每蹈前人之旧。即令一身未蹈而云仍绵衍,保无有蹈之者乎?夫我先人已宴然于地下,乃其名而数呼之,必震惊不安。呼之者匪他人,实子孙也,是莫大之罪!于字为耦尊,于义为犯礼,于律为上刑。故在族取名,必考家乘,历传何讳而谨避之,幸勿草率而犯之耳。

其五曰服先畴

先畴③者,先人之所贻也。祖宗创业,艰苦备尝,亦为子孙久远计也。设亚旅④优游,风雨畏避,有田而不耕,与无田同;耕而惰力,与不耕同。古人礼乐政教,必本于井田,其意盖可思矣。

其六曰袭书香

曷言乎书香?其余味,诚有未易言者。天生至人,以辟宇宙之奇;世积英华,以显人文之蕴。殚精悉虑而不能穷其奥,极深研几⑤而不能尽其藏,固古人之出其美备以相赠也。赎书则日进于温文,可以化人气质;读书则日进于高明,可以增人识见。人之有能有为者,多出于士子;人之有德有行者,必出于士子。则建功立业者,必借于书;穷神达化⑥者,必资于书。特患人之优游玩忽,有学之名,无学之实,以至于不文不武,反不如术艺⑦耳。苟其博雅通经而胸怀千

---

① 得所:谓获得应处的位置。
② 式凭:依靠,依附。
③ 先畴:先人所遗的田地。
④ 亚旅:指兄弟及众子弟。
⑤ 极深研几:研究探讨事物的微妙深奥之处。
⑥ 穷神达化:穷究事物之神妙,了解事物之变化。
⑦ 术艺:经艺;技术,技能;历数、方伎、卜筮之术。

古，则世味①均为可捐；洞达天人而望冠一时②，则恒境俱不足计。凡为父兄者，不可以惜赀而不教子；为子弟者，不可以怠惰而不及时。均勉旃。

其七曰慎婚姻

凡男女之婚姻，寒舍朱门俱可不问，而要以择人为上。择人者，择其贤也，婿而贤则于归得所矣，妇而贤则中馈攸宜矣。吾谓择婿有道，如鲍宣之少君不可及也，即东床啖饼③如王家儿不易得也。苟见人家子弟有气度温良，或英英秀拔者，馆甥是选，当无忝焉。若帏房深处，未易知其贤否也，似较择婿而倍难。吾则曰：非难也。道有三焉，观里俗、审门楣、询母范也。大［体］里俗风淳④，则郊无拾翠⑤矣；门楣⑥声旧，则嗣有徽音⑦矣；母范端严，则工勤筐绩矣。兰生于谷，珠产于渊，礼义之家幽贞⑧伏焉，择者详之。

其八曰剔异种

凡物之生，各有种类，不可混淆。人类亦然。古人吹律定姓，有五音之别，有五行之分，孰得而易之？世俗继祚，多用异姓。渠⑨谓螟蛉变为象我，气相蒸也。雀入海为蛤，雉入淮为蜃，⑩候所化也。在异姓之子，亦将以同类视之耶！不知以人情钟好而论，则四海兄弟彼此可以同仁；以世泽垂绪而推，则九祖渊

---

① 世味：人世滋味，社会人情，功名宦情。

② 望冠一时：同"冠绝一时"。形容在某一时期内超出同辈，首屈一指。冠绝，遥遥领先，位居第一。

③ 东床啖饼：东晋郗鉴派门生到名门王家挑选女婿。其他王氏子弟十分重视，修整衣冠，认真对待。只有王羲之不当一回事儿，躺在东床上懒散地袒腹吃饼。没想到，这个衣冠不整大吃胡饼的王羲之，却偏偏被郗鉴选中，成为"东床快婿"。

④ 淳：淳朴。

⑤ 拾翠：指妇女游春。

⑥ 门楣：门框上的横木。旧时富贵之家门楣高大，因以"门楣"借指门第。

⑦ 嗣有徽音：指继承前人美德。

⑧ 幽贞：高洁坚贞的节操。

⑨ 渠：他。

⑩ 出自张岱《大易用序》："雉入大水为蜃，雀入大水为蛤，燕与蟹入山溪而为石，变飞动而为潜植，此不善变者也。"比喻事物随环境气候不同而发生变化。雀入海为蛤，寒露这个时候，一般是没有雀鸟出没的，但是古人在这时来到海边，看到了很多的蛤蜊出现，而且花纹与颜色竟然都和雀鸟十分相似。因此，古人认为这些蛤蜊是雀鸟变化而来的。雉入淮为蜃，大鸟飞到大海那边，变成大蛤，成了一道非常壮观的奇景。

源臭味不歆二本。为我族姓，露濡霜陨①，感之而怆然，庙祀墓祭，承之而竦然②，知所本也。以异姓而奉祀，是为渎祖；以异姓而合族，是为乱宗。国有定律，礼有明条，当摈之而勿与焉。

---

① 露濡霜陨：参见《礼记》："霜露既降，君子履之，必有凄怆之心。"言思念故去的亲人。
② 竦（sǒng）然：恭敬貌。

诚约（贵州钱敖）^①

　　南宋景定四年（1263），钱镠十四世孙江西水北下港师圣二子俊可降生，号北皋。师圣因内兄敖叔谦无嗣，为继承其下港、跃塘、远塘诸庄田产，便将年幼的次子俊可过继于舅父敖叔谦为嗣，更名为敖北皋。北皋后在舅父精心培养下长大成人，成家立业，生儿育女，成为敖氏家族的顶梁柱。北皋生四子。数百年后，北皋七世孙（钱镠二十二世孙）敖质等敖姓族人，于明正德六年（1511）九月初四奏准一体查编，通复钱姓，从此钱、敖一家。

　　祀事已毕，庆礼孔嘉，先祖遗训，静听毋哗。

　　一、为子者，必孝其亲；为妻者，必敬其夫。为兄者，必友其弟；为弟者，必恭其兄。毋纵骄佚以荒厥事，毋耽曲糵^②以乱厥性；毋刻剥以益己，毋阴谋以损人。睦宗党，和而有节；待奴仆，宽而有制。秉心以公，处家以忍，此张公艺所以九世同居，陈氏所以得为义门者也。

　　二、冠婚丧祭，礼之大者。宜遵《文公家礼》，力不赡者量力为之，力可及者自当如宜。

　　三、士为四民之首。凡子姓有志于学者，父兄必当聘致明师，严加训诲。苟因循悭吝^③，弃而不教者，是乃父兄之过；教而不成，徒费无益者，诚子姓不孝之人。

　　四、食乃民为天。凡子姓不学而力于耕者，务在朝夕任勤，毋得怠惰，则秋成有望而仓廪不乏也。

---

　　① 载于贵州《钱敖谱志》，1997 年印本，钱邦喜编。
　　② 曲糵（niè）：酒曲，代指酒。
　　③ 悭吝（qiānlìn）：吝啬。

五、子姓为耕而呈志于高者,务游必有方,勤俭兼致。少则满岁而回,多则二三年而返,则定省不久旷而家属副望,人子之道仅得矣。

六、子姓中或有奸盗诈伪、赌博无籍①之徒,是乃不才之甚者,家长必痛责以愧之,不悛则告之尊长,陈于官司,以惩其恶。

七、娶妇以继嗣续为先,事翁姑为大。其间有等泼妇,原失姆教②,故于归,咆哮百端③。为夫者,必日夕严加诲谕,无蹈不孝之罪。其诲而不善者,黜之。不改黜者,幽则获罪彼天④,祖宗谴祸;显则后之子妇,亦复如之。所谓影响形声⑤者焉。

八、子姓凡有争互,必请决于尊长。刁横不听者,白之官司,以别其是非。毋得恃尊凌卑,恃强凌弱,以众暴寡,以富吞贫,则偏序⑥以止而家用平康⑦,争竞之风何自起欤?

九、凡男女媾婚,不拘贫富,务在阀阅相称。自后,但有苟贪财贿于鄙族,骤与之家私成婚配者,会众鸣鼓攻之。(以下略)

十、凡礼筵庆会及私交际之间,饮食行坐各宜谦让,循其长幼之序。若或骄诞诳妄,不分叔侄孙祖,傲然对垒,是乃禽犊之类,祖宗当不尔佑矣。

该戒约实先祖之遗训,而修节于后人者也。凡我子姓,宜服膺而勿忘,不可徒视为故事。苟诲之谆谆,听之邈邈,诚子姓不孝之甚,而招祖宗之谴也,必矣。听之听之,免戒免戒。

---

① 无籍:亦作"无藉"。指无赖。
② 姆教:女师传授妇道于未嫁女子。
③ 百端:多种多样。
④ 彼天:上天,上苍。
⑤ 形声:有形和无形。
⑥ 偏序:不正常的秩序。
⑦ 平康:平安。

家训（江苏无锡新渎）①

始祖镠。十八世孙维贵，明初由太平府当涂县湖阳乡入赘宜兴新渎里吴氏，为始迁祖。

一要：凡做人，立心端正，培植本元，勿怀小怨，当知大礼。毋得饮酒撒泼，好勇斗狠，丧身亡家，以危父母。昔魏武公行年九十有五，尚知箴儆②，贵且犹尔，况其下者乎？

二要：安分务实，非读书即耕稼，便是好业。毋得游手好闲，淫靡花浪③，倾败祖业。纵十分无倚，亦不可轻易弃家，堕入恶道，有玷祖宗。

三要：地丁④国课，务宜早办纳官，毋得拖延，上劳官府，下累当役之家。

四要：晏⑤睡早起，勤俭自持。纵富贵天成，而用度有限。勿得暴殄天物，懒惰光阴，以伤元气。昔陶侃运甓及积竹头木屑⑥，皆能有用。为今之人，岂不可以为法乎？

五要：处世谦和，虚己听人，好话自然有益于身心也。毋得骄吝，自取侮慢。

---

① 载于《新渎钱氏续修家谱》（诒燕堂），民国壬午年（1942）印本，钱俊彩、钱川法主修。

② 箴儆：犹规戒。《国语·楚语上》："昔卫武公，数九十有五矣，犹箴儆于国。"

③ 花浪：挥霍钱财。

④ 地丁：清摊丁入地后田赋和丁银的合称。

⑤ 晏：晚，迟。

⑥ 竹头木屑：晋朝陶侃造船，将废弃的木屑和竹头收藏起来，后以木屑铺雪地御湿，以竹头作钉装船，传为美谈。后用以比喻细微而有用的事物。

附录

其他钱氏家训

本书选编历代吴越钱氏支派的家训族规。但是,非吴越钱氏也有自己的相关家教内容,兹附一篇于此,供吴越钱氏宗亲学习参考。比较起来,发现二者在核心教化内容和价值上几乎一致。这进一步说明,吴越钱氏家族的家训文化尽管有自己的一些特色,但其核心价值仍是中国传统优秀家教文化的组成部分。两者都是中国优秀家教文化的代表。

湖南常德钧公支家规①

晋代,有弥公官至辅国大将军、大司农,爵封豫章县(今南昌)侯,为居南昌之始祖。弥公祖籍乃(浙江)长兴东(与镠王先祖是否为同宗,未可知也)。始迁祖钧,明永乐二年(1404)携四子自江西南昌府丰城县大枫树迁居湖南常德府龙阳(今汉寿)金牛山。其子伯贵居武陵钱王嘴,仲贵居澧县药山坪,亨贵居武陵牟家垱,德贵居慈利雷公垱。是为四房合修谱。

家规十训

共敦孝友

父母者,生我之人。兄弟者,同胞之人。人能入孝出弟,祗父恭兄,方为尽伦之士。若忤逆犯上,一经父兄投鸣,支长、户首查实真情,除上祠堂责惩外,纪其大过一次,贴在祠墙戒众。再犯,则送公律处。

各安生理

人生天地,四民为本。耕者实用其力,则贫者可富;读者实用其心,则贱者可贵。各宜严束子弟,可耕则耕,可读则读,可为工商者则工商营生。若听其游手好闲,流为匪类,除惩戒外,罚其父兄,无父兄者则着落亲支。

---

① 载于湖南常德《钱氏族谱》(彭城堂),钧公六修,民国二十五年(1936)印本。

敦笃宗族

家庭系一本所出,其间有贫乏者则提携之,有愚昧者则怜悯之。举凡吊死问疾,行情施惠,亦所应然。若以富欺贫,以智欺愚,无关休戚①,虽有富贵,于族无荣,族中亦何乐有此人哉?

和睦相邻

同沟共井,非亲即友。若有急难,有无相通。往来酬答,随分自尽。纵或牲畜啄践生芽,子妇私窃菜果,亦当以理制之,不可逞强恃势,欺凌里党。

尊崇祀典

春秋②者,人子报本之日。祭扫填墓,必清理疆界,以杜侵占之弊。修补宗庙,务宜踊跃争先,勿坠先人规模。若图私毁公茔山,听其牛马践踏,樵采铲削,祠宇任其砖消瓦破,沟渠壅塞,虽有子孙,皆无祖宗之人也。可不愧且勉哉!

敬礼师长

自古帝王,莫不有师。师者,所以传道授业解惑也。未延之先,必择其人之仪范端严、学问宏博者,方可以子弟付之。供膳束修,不可吝惜,所谓"师道立而善人多"也。自时风日下,斯文扫地,皆由无耻之徒好为人师、苟且图俸、误人子弟者自取之也。圣贤岂容乎!

慎择交游

夫以友辅仁,圣贤所以不废也。然必有益身心,可为观摩者,方可以心许之。若朋党为非,倚势结盟者,非徒无益而反以取祸。不独此也,即如以酒食游戏相征逐,以通财合利为知己者,亦非久交之兆。古语云:"黄金不多交不深。"③取友者,尚其志之。

---

① 休戚:喜乐和忧虑,福和祸。

② 春秋:指春祭和秋祭。

③ 出自唐张谓诗《题长安壁主人》:"世人结交须黄金,黄金不多交不深。"意思是,世上多势利之交,交深交浅唯以金钱为转移。

谨守遗爱

先代所留之典籍，深望后人之守承也。如有子孙天资聪敏者，即处家寒，亦必从师诵读，以继书香。若目前无令子贤孙，亦必将先人手泽郑重爱惜，以待后起。至若基屋田产，非万不得已不可轻易变卖，致令子贤孙力无所施，身无所托，而宗祀无主也。

居心正直

君子小人之分，只在一心圣贤，所以有治心之学也。人能秉心公正而无一毫私曲，则不但能取信于人，抑亦为己之实功也。若阳奉阴违，包藏祸心，遗害愚昧者，虽邀暂尔①之荣，子孙必不昌达。

立品端方

俗正人者必先正己，而正己之道莫先于立品。人苟能端其身范，不图苟且，则子孙莫不望而生畏，所谓身修而家齐也。若同流合污，屈己徇人，则庸夫孺子皆得而侮慢之，何以为子孙之模范乎？凡有修齐之责者，当如此致其意也。

同治己巳岁仲夏月　合族同立

家规十戒

逆理乱伦

鞠育②之恩固人之所当报，而伯叔实与吾父同所出，以及本支合族，莫非同宗共祖之人。假如族中有祖辈者则尊为祖，有父辈者则亲犹父，方为顺理。若以年幼于己、贵不敌己而率意侮慢，行不让路，坐不让席，皆为乱伦。一经查觉，合族公处。

---

① 暂尔：暂且，暂时。
② 鞠育：养育，抚养。

欺公忘族

前人所起之公项，皆有深意存焉。或修筑坟墓，或补葺祠宇，则以公给公。如族中有聪颖子弟，家贫不能教者，则延师以课之；功名成就，有光祖宗者，则提公项以帮而助之，所以广祖宗之惠也。若各存私意，有借无还，不惟拂前人之初意，其欺祖莫甚于此，九泉有知，当共谴之。

悖盟赖婚

夫妇为人伦之始，闺门乃王化①之原，一切聚麀②苟且之事，送公律处，所不待言。即子女结好，亦当审之于始。择其门当户对，素无过犯者，凭媒订盟之后，贫富自安于命，如有苟图财礼，嫌贫爱富者，一并送公律处。

争业夺产

田地屋宇，子孙根基，或系祖遗，照关承管。纵有强弱不一，祖父非有成见，子孙须当遵守。仁让相与，方不为悖遗命。如系己身续置，则有契约、卖主中证。成交之日，必须与关新支原业。成交之后，随即投税完粮，方免互混。若改契、罩占、短价③、勒买、笼约、抗价等情，必合族公罚。

唆讼④渔利

夫排难解纷，生人之大德也。人当忿怒之际，能将事之利害反复劝解，则冰消雾释矣。若代捏情词、搬弄是非，愚昧者未尝不待为腹心、倚为泰山，及至酿成祸端，倾败产业，能免二家之怨嗟乎？近有不肖之子弟，刀笔擅长，借此以营生，宜乎⑤为里党所不屑，士林⑥所深鄙也。

---

① 王化：帝王的教化。

② 聚麀(yōu)：指两代的乱伦行为。出自《礼记·曲礼上》："夫唯禽兽无礼，故父子聚麀。"麀，泛指母兽。意思是，禽兽不知父子夫妇之伦，故有父子共麀之事。

③ 短价：压低价格。

④ 唆讼：挑唆人打官司。

⑤ 宜乎：怪不得，无怪乎。

⑥ 士林：文人士大夫阶层，知识界。

酗酒赌博

酒以为人合欢，固不可废。然旨酒①必恶，帝王有节饮之道。今见一等不法子弟，沉湎曲蘗，放狂屡舞，甚或三五成群，赌钱宿娼，倾败祖业，典当衣物。行窃罹法②，死于非命，深可痛恨。为此布告族众，如有此等子弟，务宜鸣族议处。

玩灯耍戏

以傩③逐疫，古礼有之，然必于新春闲暇之日方可行。亦不可造作淫词，蛊惑男女，败坏风俗。且优倡皂隶，原为下流，虽有贤子令孙，不准应试。近日族中子弟纵有新正玩灯者，亦不过仿乡傩④之意也。但勿戏唱淫词，以自外于礼法。慎之勉之。

习拳学法

天下惟理足以服人，岂拳勇所能屈哉？抑岂邪术所能愚哉？近有一等横逆子弟，动逞血气，行凶斗殴，亡身及亲而不顾。否则假立邪教，引诱愚人，离经叛道而弗悟。为此布告族中子弟，有则改之，无则加勉，共遵斯道，以为我族争光，余等之所厚望也。

损人利己

终身可行则惟一恕人，能以己度人。凡所作为不自取便宜，则公恕⑤足以服人。一旦有事，呼之即至，何虑信任不专乎？若一人场中便为己谋，则有利于己，必损于人，纵此事受其笼络⑥，彼事早为躲避。恶名外播，势必有损于己矣。

---

① 旨酒：美酒。
② 罹法：触犯法律。
③ 傩（nuó）：古时腊月驱逐疫鬼的仪式。
④ 乡傩：迎神驱鬼的民俗。
⑤ 公恕：公正宽厚。
⑥ 笼络：用权术耍手段，以驾驭、拉拢人。

背亲向疏

合族皆祖宗之裔,俗语所谓"万年不朽也"。虽有懿亲①亦终属异姓。凡遇事故,纵子弟有不公不平之事,止可私自责惩。若对众理剖,略无②曲护③,外人虽服其公,己身未免沽直④而于一本亏也。

同治己巳岁仲夏月　合族同立

---

① 懿亲:至亲。

② 略无:全无,毫无。

③ 曲护:曲意袒护;委曲袒护。

④ 沽直:故作正直的举止来谋取名誉。见明王守仁《教条示龙场诸生》:"凡讦人之短,攻发人之阴私以沽直者,皆不可以言责善。"

后　记

一

　　"钱氏家训家教"作为中国优秀的传统家教文化之一,2013 年被列为上海市非物质文化遗产(当时项目名称为"钱氏家训及其家教传承"),成为全国民俗类第一个家训类省级非遗,在钱氏宗亲中引起了强烈的反响,在全国各地掀起新一轮传习热潮。但是,对于申遗代表性版本"钱氏家训"到底是什么时候问世的,各方有不同的说法。有人认为,具有这么大影响的家训应该是武肃王钱镠或者是忠懿王钱俶写的,经历千年传承。但事实并非如此。申遗小组经考证后认为,钱氏家训是在继承了武肃王"遗训(八训)"精神内核的基础上,由钱武肃王钱镠 32 世孙、清末举人钱文选采辑完成的,并收录于 1924 年出版的《钱氏家乘》中。但是,随后又有一个疑问:从"遗训"到"钱氏家训",钱家分支众多,千年以来只有两个版本的家训吗? 如果还有其他的,那么从"遗训"到"钱氏家训",是否可以看出演化路径或者流变轨迹?

　　为回答上述疑问,从 2014 年起,我邀请上海社会科学院历史研究所几位研究生,中共上海市浦东新区委员会党校副教授姜朋和陈军、上海社会科学院图书馆张瑞力等人,把搜集到的全国各地家谱里的家训摘录出来。但是,由于大家都很忙,我自己工作头绪又很多,断断续续整理了六七年时间,才初步找到了近 50 种家训。校对、标点和注释这些工作更为繁杂,常常是劳其一日,仅得一篇。如果理解错误,则句读、注释必然跟着错误。原本准备三至五年后将成果出版,结果一拖再拖。非不为,实不敢为、不能为矣。

　　2021 年,"钱氏家训家教"又荣幸地被确定为国家级非物质文化遗产,也是规约民俗类第一个全国性家训家教非遗。在此影响下,我们又陆续发现了全国各地各种家训版本。因此,有必要去寻找一些家训流传的脉络,也进一步研究钱氏家族家训的特色,包括 1949 年后重修的几十种家训,是回应时代需要、家庭需要和国家需要的新式家教文化;同时,需要进一步考察中国当代家教文化的变迁,整理、研究的需求更加迫切。因此,我下决心抽出时间,加快整理的步伐。又经过一年多的努力,书稿终于可以付梓了。

二

为什么上海的国家级非遗项目,却要搜集全国吴越钱氏各支家谱中的家训呢?主要原因有两个:第一,采辑人钱文选在修订《钱氏家乘》时,向全国各地钱氏宗亲征集各支派家谱,在借鉴各支家谱里家训家规的基础上,以他的学识和境界,取其精华,去其糟粕,用将历代各支钱氏家训的核心价值,与中国古代格言警句、儒释道思想、名人家训语句相结合等方式,整理成今天我们所看到的钱氏家训,被全国钱氏宗亲广泛传颂。第二,上海是海纳百川的城市,自开埠以来,就有全国钱氏不断到此创业和生活。在上海钱氏中,有相当比例是外地迁来的。上查三代,更是如此。他们就是在当地支派家训影响下成长起来的。他们来到上海,将其家教文化带到了上海,融入上海。他们与全国其他地方的来沪钱氏一起,在上海钱镠文化研究会的影响下,逐渐形成一种新型的家风家教传承机制。

目前存世的钱氏族谱均是明朝之后数修而成的。特别是康乾、同光以及民国三个时期,修谱最为活跃。据家谱专家钱银川兄说,目前存世的各支家谱(含重修)约有四百部。我看过其中近两百部,有家训的超过三分之二,去掉重复部分,有 60 余篇。家教文化依五代—两宋—明初—明末—清初—清末—民国这个时间节点演化下来,越往后面,谱内的家训系统化倾向越明显,谱内载入的内容也越丰富。特别是有些支谱,经数修后,家训按不同的时代分别载入,从中可以看出家教文化的流变思路。

也许是修谱者疏忽,也许是他们认为该家训已经成为祖训或者宗族共有的财富,家训编著完成后,不少未标注成文时间。历次重修均予以照录,导致很多家训无法确定其完成的具体年代。当然,后修时也有根据当时实际进行一定程度修改的,就更难说清楚具体的成文时间了。这种文化流变虽有其积极意义,但抹去了时代的印记。因此,本书中家训的成文时间的确定,一是根据谱中记载;二是根据序言和上下文推测;三是实在看不出的,就以修谱时间为准。因此,本书有可能把前代家谱看成是后代才成文的,比如把明代的家训放入清代,也有可能把清代家训看作民国家训。

三

有读者会觉得自己不姓钱,没有必要读钱氏家训。实际上,钱氏家训是中国优秀家教文化的代表之一,其内容多来自中国优秀的家教典籍、劝世格言、经典名句等。比如,钱氏家训中的孝悌主要来自儒家文化经典,礼仪主要来自《周礼》,冠婚丧祭礼主要来自《朱子家礼》,还有一些重要内容来自《司马温公家训》。清代以后,特别是民国后的家训,又受《朱柏庐治家格言》《王士晋宗规》影响很大,摘取了其中很多语句,这些内容很难说都是钱家原创的。甚至可以说,大部分支派的家训都摘取了中国传统家教文化中的经典思想或语句,是钱家的,也是中国各姓氏的。甚至还有把《朱柏庐治家格言》《王士晋宗规》等直接作为家训的支派,也不在少数。

我们还看到,有的家训内容与他姓家训几乎是一样的。比如,无锡文林公家训的部分内容与江阴包氏家训的内容几乎一样,安徽巢县柘皋万选堂家训与赖氏家规相同,浙江奉化的"钱王遗训"与吴兴惠氏的"遗训"只有少数字句的出入。当然,这些家谱几经修订,已经很难说是谁"借鉴"了谁。我们并不认为这是一种不好的"抄袭"行为,而恰恰反映了这是中国传统家教文化的"普世"内容。只能说,写在钱氏家谱里的是钱氏家训,写在赖氏家谱里的就是赖氏家训。

因此,我们没有必要拘泥于这些家训的"姓氏"特征。不少家训都借用了《论语》《颜氏家训》《司马温公家训》《朱子家训》中的经典语句,不外乎孝亲、睦族、治生、勉学、和夫妇、慎交友、肃闺阁等内容,如果不详细考察其出处,还会以为就是钱家的。钱氏家训既受中国传统优秀家教文化的影响,又是优秀家教文化的重要组成部分。

四

需要说明的是,家训是中国古代自然经济和宗法社会之下的产物,尽管不少涉及修身、治家、关心社会、报效国家,有其积极的时代意义,但是也有一些内容与当代现实并不符合,比如重男轻女、职业歧视、贬低宗教、明哲保身、因果报应、封建迷信等内容,希望读者在阅读时予以辨别。

本书中家训的相关内容,有的是明清时代创制的,有的是民国时期的。20世纪80年代以来,各地新修家谱里增加了很多新家训,体现了时代特色,特别是与社会主义核心价值观对接。但因内容较多,风格各异,目前尚未收集完整,将于今后另辑成册,单独出版。

本书历时十年断断续续乃成,时间虽不能算短,但里面的错讹之处肯定不少,句读、解意、顺序、注释等均可能存在不足。本书作为弘扬优秀传统家教文化的一种尝试,更多的是起抛砖引玉的作用,期待读者指正,也期待对一些遗漏的重要的支派家训有所补充,以便再版时完善。

最后,特别感谢国家海关总署原署长钱冠林宗长的全程指导并作序。特别感谢著名教育家、中国工程院院士、华东师范大学校长钱旭红教授在百忙中为本书题名并作序。感谢文化和旅游部国家非遗保护资金对本书出版的经费支持。感谢上海地方史志学会王依群会长、肖春燕秘书长,上海市文旅局非遗处陈平处长,上海市群艺馆吴鹏宏馆长、张黎明老师,上海钱镠文化研究会钱成锡会长、钱俭俭秘书长的支持。感谢上海市传统文化和非遗研究专家陈勤建老师、蔡丰明老师、杨庆红处长等对本书内容和体例的指导。感谢学界专家占旭东主任、张靖伟老师和叶舟博士的点校指导。感谢全国各地钱氏宗亲和镇国老会长、家驭宗长、银川宗长提供的很多家谱,让我得以从中摘取家训的原文。感谢家人的支持。也感谢上海教育出版社缪宏才社长和陈杉杉编辑的鼎力支持。

吴越钱氏三十四世孙　运春

二〇二四年五月十日

图书在版编目（CIP）数据

聿修厥德　绍续家风：历代钱氏家训选编 / 钱运春
点注. — 上海：上海教育出版社，2024.4
（钱氏家教文化丛书）
ISBN 978-7-5720-2547-1

Ⅰ.①聿… Ⅱ.①钱… Ⅲ.①家庭道德－中国－通俗
读物 Ⅳ.①B823.1-49

中国国家版本馆CIP数据核字(2024)第054480号

责任编辑　陈杉杉
封面题字　钱旭红
封面设计　金一哲

钱氏家教文化丛书
聿修厥德　绍续家风——历代钱氏家训选编
钱运春　点注

出版发行　上海教育出版社有限公司
官　　网　www.seph.com.cn
地　　址　上海市闵行区号景路159弄C座
邮　　编　201101
印　　刷　上海昌鑫龙印务有限公司
开　　本　787×1092　1/16　印张 26.75　插页 1
字　　数　425 千字
版　　次　2024年8月第1版
印　　次　2024年8月第1次印刷
书　　号　ISBN 978-7-5720-2547-1/G·2243
定　　价　98.00 元